化工机械设备与应用

周志荣　李博扬　何　川　主编

石油工業出版社

内容提要

本书内容涉及石油化工、盐化工、煤化工和精细化工四个行业，以点带面对典型行业的化工机械设备和我国化工设备现状进行了介绍，包括化工基础理论、常见化工机械设备和典型行业化工机械设备应用三篇内容。

本书可供化工领域研究及生产人员阅读，也可供高校相关专业师生参考。

图书在版编目(CIP)数据

化工机械设备与应用 / 周志荣，李博扬，何川主编 . —北京：石油工业出版社，2022. 1

ISBN 978-7-5183-4849-7

Ⅰ. ①化… Ⅱ. ①周… ②李… ③何… Ⅲ. ①化工设备-机械设备 Ⅳ. ①TQ05

中国版本图书馆 CIP 数据核字(2021)第 179046 号

出版发行：石油工业出版社

(北京安定门外安华里 2 区 1 号 100011)

网 址：www. petropub. com

编辑部：(010)64523825 图书营销中心：(010)64523633

经 销：全国新华书店

印 刷：北京晨旭印刷厂

2022 年 1 月第 1 版 2022 年 1 月第 1 次印刷

787×1092 毫米 开本：1/16 印张：18. 75

字数：450 千字

定价：180. 00 元

(如出现印装质量问题，我社图书营销中心负责调换)

《化工机械设备与应用》编写组

主　　编：周志荣　李博扬　何　川

副 主 编：张晓宇　武可艳　李　燕　李　想

编写人员：曹胜强　陈秀娟　董　奇　耿媛颖　顾为忠
李　妍　刘　琴　赖艳萍　孟征祥　牛文静
齐福敏　李雪源　刘子宇　王　飞　王文兴
王恒斌　许璐璐　张　巍　周　辉　邹　雷

审核专家：吴建水　张玉福　赵元魁　司红梅　刘　雷
沈其中　庞梦霞　孙金霞

前　言

在现代石油、化工生产中使用的机械统称为化工机械。化工机械在化工生产中往往起着决定性的作用，因此做好化工机械的选型与配备，是提高化工企业生产效率、增大经济效益和确保安全生产的重要手段。

化工机械必须能适应化工生产过程中常出现的高温、低温、高压、超低压、高真空、易燃、易爆以及强腐蚀性等特殊条件，因此其选型的科学性和合理性等对相关技术人员在专业知识方面提出了要求。为了适应我国高速发展的化工企业的需要，让化工企业的相关技术人员了解我国化工设备现状，增强化工机械设备操作技能，防范和减少安全生产事故的发生，我们组织编写了本书。

本书由中安广源检测评价技术服务股份有限公司组织编写。本书共分3篇10章，第一篇包括第一章至第三章，对化工基础知识、化工机械基础知识和化工设备基础知识进行了介绍，其中第一章由王恒斌、张巍编写，第二章由赖艳萍编写，第三章由董奇、曹胜强、王飞编写；第二篇包括第四章至第六章，对常见的流体类、固体类和其他化工机械设备进行了介绍和分析，其中第四章由牛文静、赖艳萍编写，第五章由耿媛颖、李雪源、李妍编写，第六章由顾为忠、刘子宇编写；第三篇包括第七章至第十章，对石油化工、盐化工、煤化工和精细化工4个行业的典型化工机械设备应用进行了介绍，其中第七章由陈秀娟、赖艳萍编写，第八章由许璐璐、孟征祥、王文兴编写，第九章由刘琴、齐福敏编写，第十章由周辉、邹雷编写。张晓宇、武可艳、李燕、李想担任本书副主编，负责全书的具体组织和审查工作；周志荣、李博扬、何川担任本书主编，负责全书整体工作。在本书的编写过程中，吴建水、张玉福、赵元魁、司红梅、刘雷、沈其中、庞梦霞、孙金霞等多位专家对全书进行审读，提出了许多宝贵的意见。在此向所有参与本书编写和审读的专家表示真诚的谢意！

由于本书内容技术性强、涉及面广，加之编者经验不足、水平有限，疏漏和错误之处在所难免，恳请读者批评指正。

目　　录

第一篇　化工基础理论

第二篇　常见化工机械设备

第三篇 典型行业化工机械设备应用

第一篇
化工基础理论

第一章

化工基础知识

化工，化学工业、化学工程和化学工艺的统称，是研究化学加工生产过程的规律，通过寻求技术先进、经济合理的原理、方法、流程、单元操作和设备，生产出质优价廉的产品的过程。在化工生产过程中，原料需通过各种设备，经过一系列的化学和物理加工工序，最终才能转化成合格的产品。因此，化工生产过程是若干个加工工序的有机组合，而每一个加工工序又由若干个(组)设备组合而成。

第一节　化工生产过程

一、化工生产工序

化工生产是将若干个单元反应过程、若干个化工单元操作按照一定的规律组成生产系统，该过程包括化学工序和物理工序。

1. 化学工序

化学工序就是以化学的方法改变物料化学性质的过程，也称为单元反应过程。按照共同特点和规律，化学工序可分为若干个单元反应过程，如磺化、硝化、氯化、酰化、烷基化、氧化、还原、裂解、聚合和水解等。

2. 物理工序

物理工序是只改变物料的物理性质而不改变其化学性质的操作过程，也称为化工单元操作，如流体的输送、传热、蒸馏、蒸发、干燥、结晶、萃取、吸收、吸附、过滤和破碎等加工过程。

二、化工生产过程组成

一个化工生产过程一般包括化工生产准备过程、化工反应过程、化工产物分离和提纯过程、化工产品后加工过程等。此外，为保证化工生产的正常运行，还需要动力供给、机械维修、仪器仪表、分析检验、安全和环境保护、管理等保障和辅助系统。

化工生产过程组成如图 1-1-1 所示。

1. 化工生产准备过程

化工生产准备过程包括反应所需的各种原料和辅料的储存、净化、干燥、加压和配制

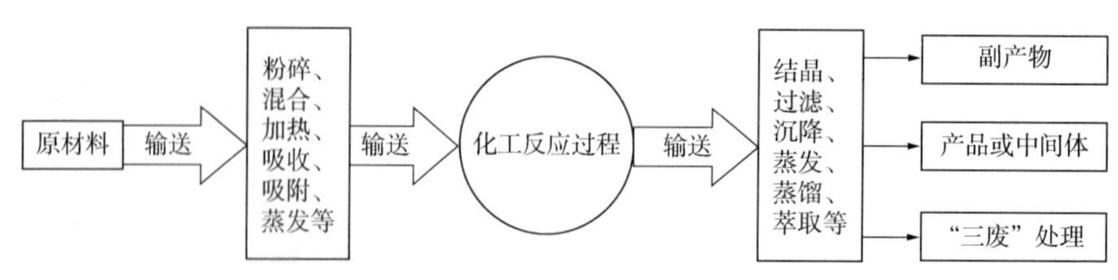

图 1-1-1　化工生产过程的组成

等操作。生产化工产品的起始物料称为化工原料。化工原料的共同特点是原料的部分原子必须进入化工产品。

1）化工原料

（1）化工基础原料。

基础原料是指用来加工化工基本原料和产品的天然资源。通常为石油、天然气、煤和生物质，以及空气、水、盐、矿物质和金属矿等自然资源。

（2）化工基本原料。

基本原料是指自然界不存在，需经一定加工得到的原料。通常为低碳原子的烷烃、烯烃、炔烃、芳烃和合成气、“三酸”（盐酸、硫酸、硝酸）、“两碱”（氢氧化钠、碳酸钠）、无机盐等。

（3）辅助材料。

在化工企业生产中，除必须消耗原料以生产目的产品以外，还要消耗一些辅助材料。辅助材料是反应过程中辅助原料的成分，可能在反应过程中进入产品，也可能不进入产品。化工生产中常用的辅助材料有助剂、添加剂、溶剂和催化剂等。

2）化工产品

化工产品是原料经化学变化及一系列的加工过程所得到的目的产物。化工产品种类繁多，本书仅根据化工产品的类属介绍化工生产的主要产品。

（1）无机化工主要产品。

“三酸”“两碱”与化学肥料：无机酸主要有盐酸、硫酸、硝酸等；常用碱类主要有氢氧化钠、碳酸钠等；化学肥料主要有氮肥、磷肥、钾肥和复混肥等。

无机盐种类很多，主要有碳酸钙、硫酸铝、重铬酸钾等。

工业气体包括氧气、氮气、氢气、一氧化碳、二氧化碳、二氧化硫等。

元素化合物主要有氧化物、过氧化物、卤化物、硫化物等。

（2）基本有机化工主要产品。

以碳氢化合物及其衍生物为主的通用型化工产品，如乙烯、丙烯、丁二烯、苯、甲苯和二甲苯等。

（3）高分子化工主要产品。

通过聚合反应获得的分子量高达 $10^4 \sim 10^6$ 的高分子化合物。

（4）精细化工主要产品。

一类加工程度深、纯度高、生产批量小、附加值高、自身具有某种特定功能或能增进（赋予）产品特定功能的化学品，也称为精细化学品或专用化学品。

(5) 生物化工主要产品。

采用生物技术生产的化工产品，主要有乙醇、丁醇、丙酮、柠檬酸、乳酸、葡萄糖酸、维生素、抗生素、生物农药、饲料蛋白和酶制剂等。

2. 化工反应过程

化工反应过程包括物理过程和化学反应过程，其中化学反应过程往往是生产过程的关键。化学反应过程进行的条件对原料的预处理提出了一定的要求，化学反应进行的结果决定了反应产物的分离与提纯任务和未反应物的回收利用。一个产品化学反应过程的改变将引起整个生产流程的改变。因此，化学反应过程是化工生产全局中起关键作用的部分。

化学反应过程的分类情况见表 1-1-1。

表 1-1-1 化学反应过程的分类情况

<table>
<tr><th colspan="2">分类依据</th><th>分类介绍</th></tr>
<tr><td rowspan="9">反应的特性</td><td rowspan="2">反应机理</td><td>简单反应。同一组反应物只生成一种特定生成物的反应，其不存在反应选择性问题</td></tr>
<tr><td>复杂反应。由一组特定反应物同时或接连进行几个反应的反应过程。复杂反应的形式很多，主要有平行反应、连串反应、平行—连串反应和共轭反应等</td></tr>
<tr><td rowspan="2">反应是否可逆</td><td>可逆反应。受化学平衡的限制，反应只能进行到一定的程度，反应产物需要分离和提纯，未反应物应该回收和循环使用</td></tr>
<tr><td>不可逆反应。能进行到底，反应物几乎全部转变为产物</td></tr>
<tr><td>反应分子数</td><td>从动力学角度分为单分子反应、双分子反应和个别的三分子反应</td></tr>
<tr><td>反应级数</td><td>从动力学角度分为零级反应、一级反应、二级反应、分数级反应和负数级反应等</td></tr>
<tr><td>反应热效应</td><td>吸热反应和放热反应。两类反应的热特性不同，因此反应过程要求的温度条件完全不同，使用的反应器类型也不同</td></tr>
<tr><td rowspan="2">反应物系相态</td><td>均相反应。反应组分(包括反应物、产物和催化剂)在反应过程中始终处于同一相态</td></tr>
<tr><td>非均相反应。反应组分在反应过程中处于两相或三相状态</td></tr>
<tr><td rowspan="2">反应条件</td><td>温度条件</td><td>等温过程、绝热过程和非绝热变温过程。某些场合又分为低温、常温和高温过程。反应过程总是伴随一定的热量变化，并且反应器和外界常有热交换和热损失，因此严格的等温过程和绝热过程都是不存在的。如果装置在保温良好的情况下操作，那么过程接近绝热</td></tr>
<tr><td>压力状况</td><td>常压、负压和加压过程。加压过程根据压力的高低又分为高压、中压和低压过程</td></tr>
<tr><td colspan="2" rowspan="3">操作方式</td><td>间歇过程。分批处理物料，周期操作。设备中的物料浓度等操作参数随时间变化，是一种非稳态操作过程</td></tr>
<tr><td>连续过程。与间歇过程相反，连续过程是均匀加入原料、连续取出产品，设备内各处的物系参数不随时间而变，是一种稳态操作过程</td></tr>
<tr><td>半连续过程。半连续或半间歇过程介于前两种之间，或者间歇加入物料、连续取出产品，或者连续加入物料、分批取出产品，仍然是一种非稳态操作过程</td></tr>
</table>

3. 化工产物分离和提纯过程

产物是指从反应器中出来的物料。大多数反应产物都是混合物，包括未反应的原料和反应生成物。气相反应器和气固相反应器的产物主要是气体产物和夹带的催化剂粉尘；液相反应器和固液相反应器的产物主要是液体产物与液固混合物；气液相反应器和气液固三相反应器的产物则有气体产物、液体产物和液固混合物。

产物的分离和提纯是化工生产中的重要环节，它不仅可以由产物中分离出所需要的产品，并进一步提纯至一定产品的规格，还可以使未反应的物料得以循环利用。因此，产物的分离和提纯操作对保证产品质量和生产过程的经济效益起着重要作用。

1）气体产物的分离

气体的净制是指除去气体产物中的固体颗粒和雾滴的过程。按照净制原理不同，气体净制方法可以分成机械净制、湿法净制、过滤净制和电净制 4 类(表 1-1-2)。

表 1-1-2　气体净制方法分类

气体净制方法	特　点	典型设备
机械净制	利用重力、惯性力和离心力等机械力的作用使微粒从气体中分离出来	重力沉降室、惯性除尘器和旋风分离器
湿法净制	使气体与液体接触，用液体洗去气体中的微粒，从而使气体净化	各种湿式洗涤器等
过滤净制	气体通过过滤介质时微粒被截留而使气体净化	袋式过滤器等
电净制	使气体通过高压电场，其中的微粒在电场的作用下沉降，从而使气体净化	电除尘器等

2）液体产物的分离

液体产物通常含有两种以上的液体组分，往往也会带有少量固体杂质或结晶。液体本身既有完全互溶的溶液，又有互不溶解的液体混合物，还有溶质分散在液相主体中的乳液。液体产物的分离主要分类如下：液体产物中除去固体颗粒、从不互溶的液体中除去其中一种液体、溶液增浓、将互溶的液体分离成不同组分、将液体产物全部或部分变为固体。

3）固体产物的分离

主要是固液分离和固体的干燥。

4. 化工产品后加工过程

产品后加工是产品作为成品的最后一道工序，是质量保证体系的终端环节，因此要以保证成品的质量标准为中心，设计后加工方案。产品后加工一般以两条标准为指导：一是商品的标准，产品最终作为商品投放市场，有商品的条件(如计量、检测、标签、包装和其他装饰等)要求；二是使用标准，用户对产品提出特殊要求。为方便下一工序的工作，产品生产出来后，可能要做后加工处理。

每一批产品都必须检验，出具检验合格证书，制定合格标识，并有质量监控指标、质量标准要点和主要指标，注明产品生产日期、出厂日期、保质期限、储存运输和使用注意事项等，随产品送至用户。

第二节　化工生产技术

一、流体流动及流体输送技术

气体和液体统称流体，在化学工业生产中，原料或加工后得到的半成品及成品等很多都是流体。为了满足生产的需要，常将物料依次输送到各种设备中进行化学反应或物理变化。在化工厂中，管道排列纵横交错，与各种设备连接，完成流体输送任务。除流体输送以外，化工生产中的传热、传质过程也都是在流体流动下进行的。

流体体积如果不随压力以及温度变化，则这种流体称为不可压缩流体；如果随压力和温度变化，则称为可压缩流体。实际上，流体都是可压缩的。由于液体的体积随压力及温度变化很小，因此一般把它当作不可压缩流体。当压力及温度改变时，气体的体积会发生很大的变化，属于可压缩流体。但是，当压力和温度变化率很小时，也可以将气体视为不可压缩流体处理。

1. 流体静力学主要物理量

1）密度

物质的质量除以体积称为密度，密度的计算见下式：

$$\rho=\frac{m}{V} \tag{1-2-1}$$

式中　ρ——物质的密度，kg/m^3；

m——物质的质量，kg；

V——物质的体积，m^3。

（1）液体密度。

液体密度一般由实验测定，在实际中，可从物性数据手册中查取。温度对液体的密度有一定的影响，如温度为277K时水的密度为$1000kg/m^3$，温度为293K时水的密度为$998.2kg/m^3$，温度为373K时水的密度为$958.4kg/m^3$。因此，从物性数据手册中查取液体密度时应注意所对应的温度。压强对液体密度的影响较小，一般可以忽略。在一般工程计算中，当温度变化不大时，可将密度视为常数。

化工生产中常遇到液体混合物，其密度准确值由实验测定，也可选用经验公式估算。

（2）气体密度。

气体具有可压缩性及膨胀性，其密度随温度和压力有较大的变化。在一定温度和压力下，气体的密度常用理想气体状态方程近似计算。

$$pV=nRT=\left(\frac{m}{M}\right)RT \tag{1-2-2}$$

$$\rho=\frac{m}{V}=\frac{pM}{RT} \tag{1-2-3}$$

式中　p——气体压力，kPa；

T——气体温度，K；

V——气体体积，m^3；

n——气体物质的量，mol；

m——气体质量，kg；

ρ——气体密度，kg/m^3；

M——气体摩尔质量，kg/kmol；

R——理想气体常数，取 8.314kJ/(kmol·K)，任何气体的 R 值相同，R 值随选用 p、V、T 等的单位不同而异。

在物性数据手册中常可查到气体在标准状态(273.15K，101.325kPa)下的密度 ρ_0，由气体密度公式可知：

$$\frac{\rho}{\rho_0}=\frac{pT_0}{p_0T} \tag{1-2-4}$$

因此，可以算出任意温度 T、任意压力 p 下的气体密度 ρ：

$$\rho=\rho_0\frac{pT_0}{p_0T} \tag{1-2-5}$$

(3) 相对密度。

相对密度为物质的密度与参考物质的密度在各自规定的条件下比值，符号为 d。

工程上将参考物质的密度规定为 277K 下纯水的密度，即 1000kg/m^3，因此流体的密度又可表示如下：

$$\rho=1000\ d_{277}^{T} \tag{1-2-6}$$

纯液体的密度可通过实验测得。液体混合物的密度可选用经验公式估算。

工业上常用测定流体相对密度的方法来确定流体的密度，其做法是将密度计放在待测密度的液体中测出其相对液体的相对密度，然后按公式计算出液体的密度。此外，可以从手册查取常用液体的密度或相对密度。表 1-2-1 中列出了常用液体/溶液在 20℃时的密度。

表 1-2-1　某些常用液体/溶液在 20℃时的密度

名　称	密度，kg/m^3	名　称	密度，kg/m^3
水	998	31.5%盐酸	1157
25%氯化钠溶液	1186(25℃)	50%氢氧化钠	1525
25%氯化钙溶液	1228	苯	879
汞	13546	酒精	793
二硫化碳	1263	100%甘油	1261
98%硫酸	1836	丙酮	792

对于某些气体的相对密度，则用其在标准状况下的密度与干空气密度之比来表示。表 1-2-2 中列出了某些气体的密度与相对密度。

表 1-2-2　某些气体的密度与相对密度

名　称	密度，kg/m^3	相对密度	名　称	密度，kg/m^3	相对密度
空气	1.293	1	甲烷	0.71268	0.554
氮气	1.2505	0.96	乙炔	1.1747	0.907
氨	0.77140	0.596	乙烯	1.26035	0.975

(4) 比容。

比容为单位质量的物质所占有的容积，用符号 v 表示。

由比容的定义可知，其数值是密度的倒数，因此流体的密度也可表示如下：

$$\rho = 1/v \tag{1-2-7}$$

2) 压力

垂直作用于流体单位面积上的力称为流体的静压力(也称为静压强)，简称压力或压强，用符号 p 表示，表示如下：

$$p = \frac{F}{S} \tag{1-2-8}$$

用液柱高度表示压力时，由于 $F = mg = V\rho g = Sh\rho g$，则有

$$p = \rho gh \tag{1-2-9}$$

式中 p——压力，Pa；

F——作用力，N；

m——液体质量，kg；

ρ——液体密度，kg/m^3；

V——液体体积，m^3；

S——受力面积，m^2；

g——重力常数，9.8N/kg；

h——液体在压力 p 作用下产生的高度，m。

液体一定时，h 与 p 呈正比关系；同一压力下，h 与 ρ 呈反比关系，且与液体的种类有关。因此，用液柱高度来表示液体的压力时，必须注明是何种液体，该液体一般按常温确定 ρ 值，若注明了温度，则应按注明的温度确定 ρ 值。

在生产中，测压仪表所测的压力为表压，而在公式计算中，一般都要用绝压(即以绝对零压为起点的压力)。以大气压力为起点，比大气压高的部分称为表压；比大气压低的那部分压力称为真空度(又称负压)。三者的关系如图 1-2-1 中 A、B 两点状态所示。

因此，A 点绝压 = 表压 + 大气压；B 点绝压 = 大气压 − 真空度。

必须指出的是，大气压随温度、湿度和海拔高度的变化而变化。同一表压在不同地区测得的绝压不相同，同一地点的绝压也随季节变化而变化。因此，在实验中要用到压力时，必须测出当时当地的大气压。

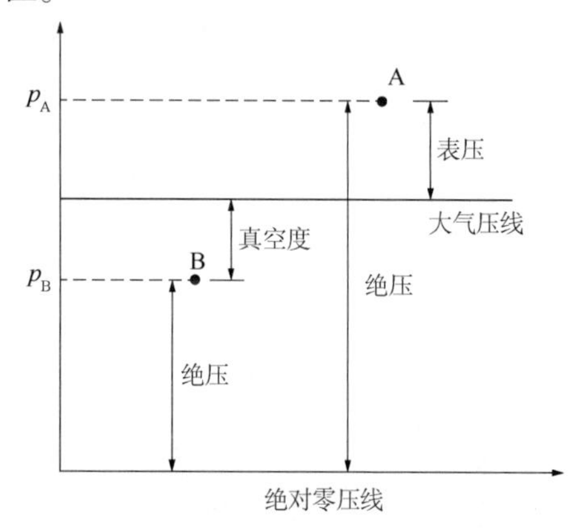

图 1-2-1 绝压、表压、真空度的关系

2. 流体动力学主要物理量

1) 流量

流量为单位时间内流经管道任一截面的流体量，分为体积流量和质量流量。

(1) 体积流量。

体积流量为单位时间内流经管道有效截面的流体体积，用符号 q_v 表示，其单位为 m^3/s 或 m^3/h。有效截面是指与流体流动方向垂直且被流体充满的流道截面积。

(2) 质量流量。

质量流量为单位时间内流经管道有效截面积的流体质量，用符号 q_m 表示，其单位为 kg/s 或 kg/h。

质量流量与体积流量的关系为

$$q_m = q_v \rho \tag{1-2-10}$$

2) 流速

流速为单位时间内流体在流动方向流过的距离。

(1) 平均流速。

流体流经管道截面上各点的速度是不相同的。管道中心处的流速最大，靠近管内壁流速较小，且在管壁处流速为 0。流体在截面上某点的流速称为点流速；流体在同一截面上各点流速的平均值称为平均流速，用符号 u 表示。

(2) 质量流速。

单位时间内流经单位有效截面的流体质量称为质量流速，用符号 G 表示。

上述各种流量和流速间的相互关系如下：体积流量 $q_v = uS$；质量流量 $q_m = q_v \rho = uS\rho$；平均流速 $u = q_v/S$；质量流速 $G = q_m/S = u\rho$。

其中，前两个关系式为常用的流量方程。

由于气体的体积随温度、压力变化而变化，当用体积流量和平均流速表示气体状态时，须注明温度和压力条件。

根据流体在管路中流动时各种参数的变化情况，可将流体的流动分为稳定流动和不稳定流动。若流动系统中流体各物理量仅随位置变化而不随时间变化，这种流动称为稳定流动；若流动系统中流体各物理量不仅随位置变化而且随时间变化，这种流动称为不稳定流动。

在工业生产连续操作过程中，如果生产条件控制正常，则流体流动多属于稳定流动；连续操作的开车、停车过程及间歇操作过程属于不稳定流动。本书讨论的流体流动类型为稳定流动。

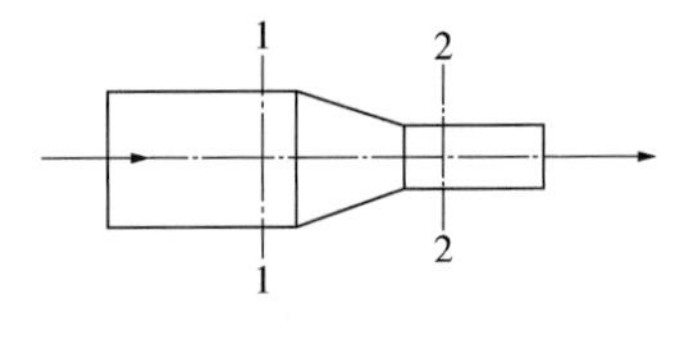

图 1-2-2　流体流动的连续性

稳定流动系统如图 1-2-2 所示，流体贯穿管道，并连续不断地从截面 1—1 流入，从截面 2—2 流出。根据质量守恒定律，截面 1—1 处的质量流量 q_{m1} 与流出截面 2—2 处的质量流量 q_{m2} 相等，即

$$q_{m1} = q_{m2} \tag{1-2-11}$$

由于

$$q_m = uA\rho \tag{1-2-12}$$

因此

$$q_m = u_1 A_1 \rho = u_2 A_2 \rho \tag{1-2-13}$$

式中　q_m——流体的质量流量，kg/s；

u——流体在管道任何一截面的平均流速，m/s；

A——管道的有效截面积，m^2；

A_1，A_2——分别为截面 1—1 和截面 2—2 处的截面积，m^2；

u_1，u_2——分别为截面 1—1 和截面 2—2 处的流速，m/s；

ρ_1，ρ_2——分别为截面 1—1 和截面 2—2 处的流体密度，kg/m^3；

ρ——流体密度，kg/m^3。

由以上分析可知，管道中的任何一个截面，有

$$q_m = uA\rho = 常数 \tag{1-2-14}$$

因此，在稳定流动系统中，流体流经管道各截面的质量流量恒为常量，但各截面的流体流速随管道截面积和流体密度的不同而变化。

若流体为不可压缩流体，即 ρ 为常数，则有

$$q_v = uA = 常数 \tag{1-2-15}$$

式中　q_v——流体的体积流量，m^3/s。

从上式可以看出，不可压缩流体不仅流经各截面的质量流量和体积流量相等，而且管道截面积 A 与流体流速 u 成反比，即截面积越小，流速越大。

3. 流体阻力

流体流动时遇到的阻力称为流体阻力。流体阻力的大小与流体动力学性质(黏度)以及流速、管壁粗糙度等因素有关。

在圆管内流动的液体，可以看作被分割成无数个极薄的“圆筒”，一层套着一层，各层以不同的速度向前运动(图 1-2-3)。靠中心的圆筒速度较大，相对靠外的圆筒的速度小一些，前者对后者起带动作用，后者对前者起拖拽作用。圆筒与圆筒之间的相互作用就形成了流体阻力。这种运动着的流体内部相邻两流体层间的相互作用力，称为流体的内摩擦力。流体在流动时的内摩擦是产生流体阻力的重要依据。

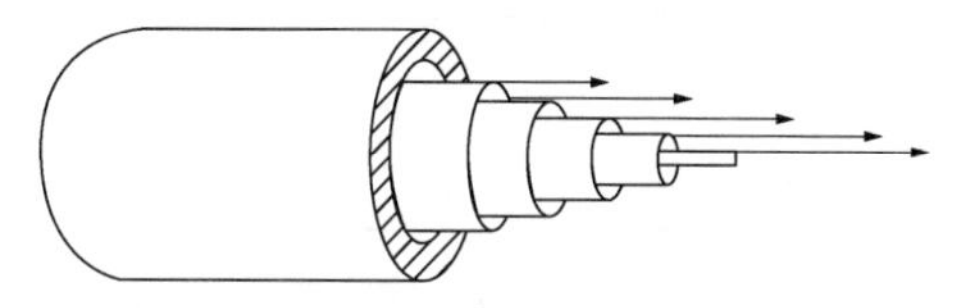

图 1-2-3　流体在圆管内分层流动示意图

1）流体的黏度

实际流体流动时流体分子间产生内摩擦力的特性称为黏性，黏性越大的流体，其流动性越差，流动阻力就越大。衡量流体黏性的物理量称为黏度，用符号 μ 表示。

理想流体不具有黏性，因此流动时不产生摩擦阻力。

在国际单位制中，黏度的单位用 $N \cdot s/m^2$ 或 $Pa \cdot s$ 表示。

流体的黏度随温度变化而变化，其中液体的黏度随温度的升高而降低，气体则相反，黏度随温度的升高而增大。由于气体和液体的黏度只有在极高或极低的压力下才发生变化，因此压力对其黏度的影响可以忽略不计。

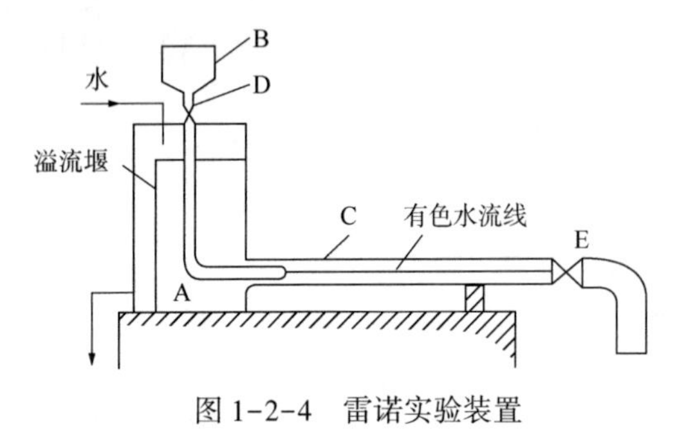

图 1-2-4　雷诺实验装置

2）流体的流动形态和雷诺数

流体的流动形态可以通过雷诺实验进行判断。

雷诺实验装置如图 1-2-4 所示，A 是储水桶，其水位用溢流装置维持恒定，水由 A 经玻璃管 C 流出，用出口阀 E 调节流量。在 A 的上部有一只有色水储器 B，有色水经玻璃管流入 C 的中心，其流速由阀 D 调节。

(1) 层流。

当 C 内水的流速不大时，有色水在玻璃管中成一直线，且和周围的水不混合[图 1-2-5(a)]。这一现象说明，此时管中的流体质点都沿着中心线平行的方向运动，质点之间互不混合，犹如一层一层的同心圆筒平行流动，流层与流层之间有明显的速度差。这种流动类型称为层流或滞流。

若将管内的流速逐渐增大到某一定值，原来成直线的有色水流线便开始出现波动[图 1-2-5(b)]。

(2) 湍流(又称紊流)。

当将 C 内流速继续增大到另一定值时，有色水流线就会完全消失，使玻璃管内的水染成均匀的颜色[图 1-2-5(c)]。显然，此时液体的流动状态已无法发生显著的变化，流体质点有剧烈的扰动、碰撞和混合，做不规则运动，产生大大小小的旋涡。这说明流体已不再是分层运动，除沿管轴向前流动以外，还有垂直于流动方向的位移，流速的大小和方向都随时发生变化。这种流动类型称为湍流或紊流。

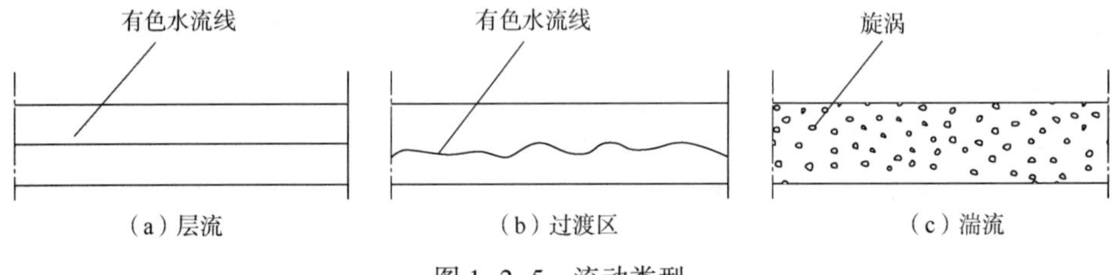

图 1-2-5　流动类型

由此可见，随着流速的变化，流动状态出现了两种截然不同的类型。通常把流动状态由层流转变为湍流时的流速称为临界流速。

必须指出，即使管内流动的液体为高度湍流时，在邻近管壁的流体薄层中，由于固体管壁的阻滞作用，流速较小，因而仍保持为层流。如将有色水注入此层，则发现有色水仍为明晰的细直线。因此证明，无论流体主体的湍流程度如何剧烈，在管壁附近总是存在一个边界层。在这个边界层中，紧靠管壁的薄层流体仍维持着层流，该薄层称为层流底层。湍流主体与层流底层之间则为过渡区。

(3) 雷诺数。

根据不同流体和不同管径所获得的实验结果表明：影响流体流动的因素除了流体的流速 u，还有管径 d、流体密度 ρ 和流体黏度 μ。u、d、ρ 越大，μ 越小，就越容易从层流转变为湍流。因此，雷诺得出结论：上述 4 个因素所组成的复合数群 $du\rho/\mu$ 是判断流体流动类型的准则。

这个数群称为雷诺数，用 Re 表示。计算 Re 的四个物理量需用同一单位制中的单位。根据大量的实验得知，当 $Re \leqslant 2000$ 时，流动类型为层流；当 $Re \geqslant 4000$ 时，流动类型为湍流；当 $2000<Re<4000$ 时，流动类型不稳定，可能是层流，也可能是湍流，或者两者交替出现，与外界干扰情况有关，这一范围称为过渡区。

4. 流体输送管路布置

流体沿着管道流动和输送，在化工厂中极其常见。工程上使用的管路，可按是否具有分支进行区分：无分支的管路称为简单管路；有分支的管路称为复杂管路。复杂管路实际上是由若干简单管路按一定方式连接而成的。根据不同的连接方式，管路又可分为串联管路、分支管路和环状管路。

1）管子的类型

管路由石油管子、管件、阀门以及管架等构成。管子是管路中的主体，其通常按制造材料进行分类。根据所输送物料的性质（如腐蚀性、易燃性、易爆性等）和操作条件（如温度、压力等）选择合适的管材，是化工生产中经常遇到的问题。

目前，在化工生产中经常使用的管子类型有以下几种：

（1）钢管。

根据材质的不同，可分为普通钢管和合金钢管；按制造方法不同，可分为水煤气管（有缝钢管）和无缝钢管两种。

① 水煤气管。

水煤气管多数是用低碳钢制造的焊接管，通常用在压强较低的水暖、暖气、煤气、压缩空气和真空管路中，在压强不高的情况下，也可以用在蒸汽支管和冷凝液管路中。

水煤气管还可以分为镀锌的白铁管和不镀锌的黑铁管，带螺纹的管和不带螺纹的管，普通水煤气管、加厚水煤气管和薄壁水煤气管等。

② 无缝钢管。

无缝钢管是石油化工生产中使用最多的一种管型。它的特点是质地均匀、强度高，被广泛用于压强较高、温度较高的物料（如蒸汽、高压水、高压气体等）的输送，还可以用来制造换热器、蒸发器等设备。无缝钢管的直径通常以 ϕ 外径×壁厚来表示，如 $\phi25\text{mm}\times2.5\text{mm}$。

（2）铸铁管。

铸铁管通常用于埋于地下的给水总管、煤气管和污水管，也可以用来输送碱液和浓硫酸等腐蚀性介质。铸铁管的优点是价格便宜，具有一定耐腐蚀性能，但比较笨重和强度低，因此不易输送高温流体。

（3）有色金属管。

有色金属管的种类较多，化工生产中常用的有铜管、铅管、铝管等。铜管（紫铜管）的导热性能特别好，适用于制作某些特殊性能的换热器；又由于铜管易弯曲成型，因此也用来作为机械设备的润滑系统，以及某些仪表管路等。铅对硫酸和10%以下盐酸具有良好的抗腐蚀性能，因此铅管适合作为这些料液的输送管路，但不适合用于机械强度较高的场合。通常储存或输送腐蚀性物料是用无缝钢管且表面挂上一层铅，从而具有强度高又耐腐蚀的性能，同时由于铅的导热性能好，也可以用来制造换热器。

(4) 非金属管。

非金属管是用玻璃、陶瓷、塑料等制成的管材，以及搪玻璃管件等。目前，大多用的非金属管是塑料管，如聚氯乙烯管和聚乙烯管。塑料具有良好的抗腐蚀性能以及重量小、价格低、容易加工的优点，虽然强度较低、耐热性较差，但是随着性能不断改进，在许多方面可以代替金属管。工程上临时管道一般用多用玻璃管和橡胶管，排放强腐蚀性气体还可以用陶瓷管。

2) 管件、阀门以及管路的连接方式

任何一个管路都是由管子、管件、阀门等按一定的排布方式构成的。管子是管路系统的主体，其余为管路的附件。

(1) 管件。

管路中的各种零件统称为管件。根据在管路中的作用不同，可分为以下 5 类：

① 弯头：改变管路方向[图 1-2-6(a)]。

② 三通、四通：连接支管[图 1-2-6(b)]。

③ 外接头、内接头和活接头：连接两端管道[图 1-2-6(c)]。

④ 大小头、内外螺纹接头：改变管路的直径[图 1-2-6(d)]。

⑤ 丝堵或盲板：堵塞管路[图 1-2-6(e)]。

必须注意，管件和管子一样，也是标准化、系列化的。选用时必须注意和管子的规格一致。

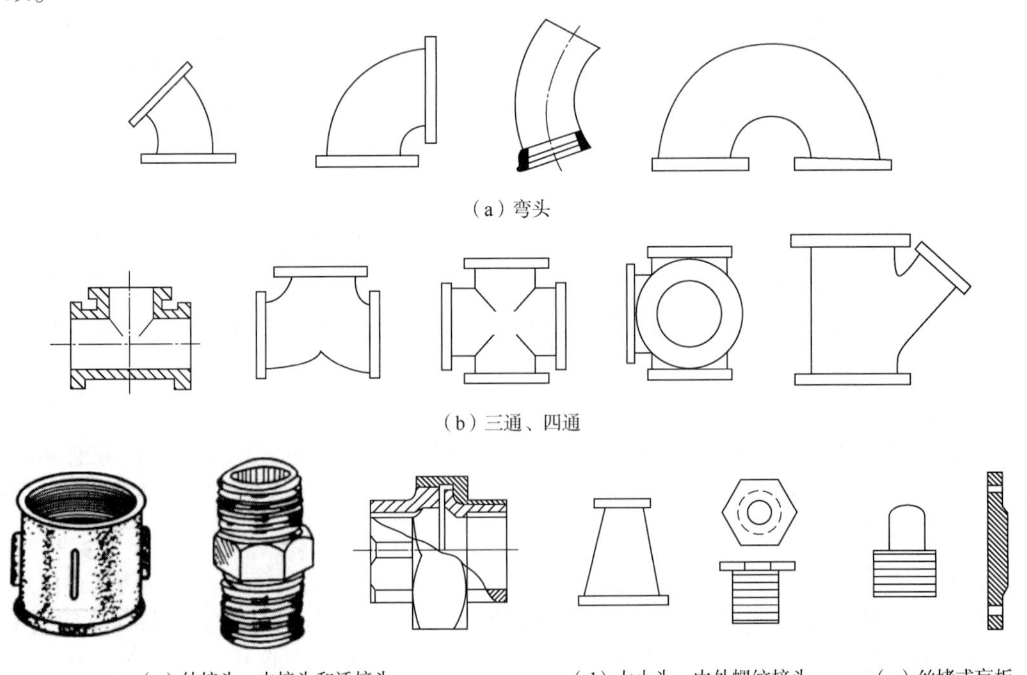

(a) 弯头

(b) 三通、四通

(c) 外接头、内接头和活接头　　(d) 大小头、内外螺纹接头　　(e) 丝堵或盲板

图 1-2-6　管件

（2）阀门。

阀门是流体输送系统中的控制部件，具有截止、调节、导流、防止逆流、稳压、分流和溢流泄压等功能。阀门通常用铸铁、铸钢、不锈钢以及合金钢等制成。

阀门的用途广泛、种类繁多，总体分为自动阀门和驱动阀门两大类。

第一类为自动阀门，依靠流体本身的能力而自行动作的阀门，如止回阀、安全阀、调节阀、疏水阀、减压阀等。第二类为驱动阀门，借助手动、电动、液动、气动来操纵动作的阀门，如闸阀、截止阀、节流阀、蝶阀、球阀等。

以下介绍工程上几种比较常用的阀门。

① 闸阀。

闸阀相当于在管路中插入一块和管径相等的闸门，闸门通过手轮进行升降，从而达到启闭管路的作用。闸阀构造如图 1-2-7 所示。

闸阀在管路中主要起切断作用，全开时阻力小，一般不用来调节流量的大小，也不适用于处理含有固体颗粒的料液。闸阀的外形尺寸和开启高度较大，安装所需空间较大，造价高，制造维修均比较困难。

② 截止阀。

截止阀也称球心阀，是使用最为广泛的一种阀门，阀体内有阀座和底盘，通过手轮使阀杆上下移动，可改变阀盘和阀座之间的距离，从而达到开启、切断以及调节流量的目的。截止阀的构造如图 1-2-8 所示。

截止阀的特点是密封性好、密封面间摩擦力小、寿命较长、可以准确地调节流量，适用于蒸汽、压缩空气、真空管路以及一般的液体管道，不适用于输送有颗粒或黏度大的流体管道。

在安装截止阀时，应保证流体从阀盘的下部向上流动，否则在流体压强较大的情况下难以打开。

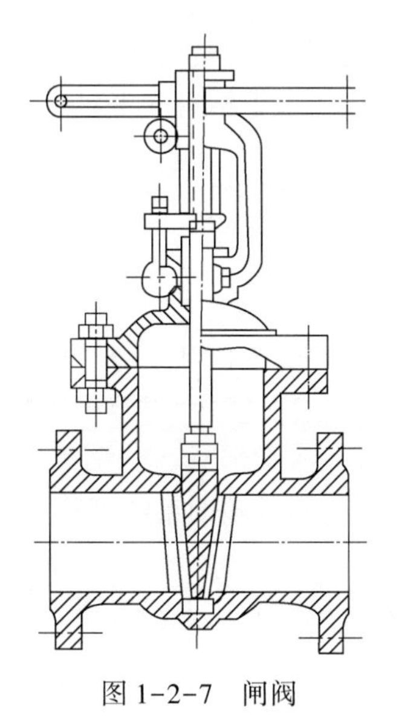

图 1-2-7　闸阀

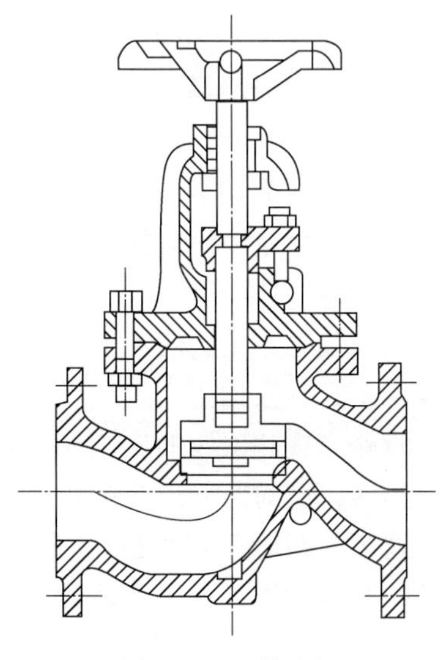

图 1-2-8　截止阀

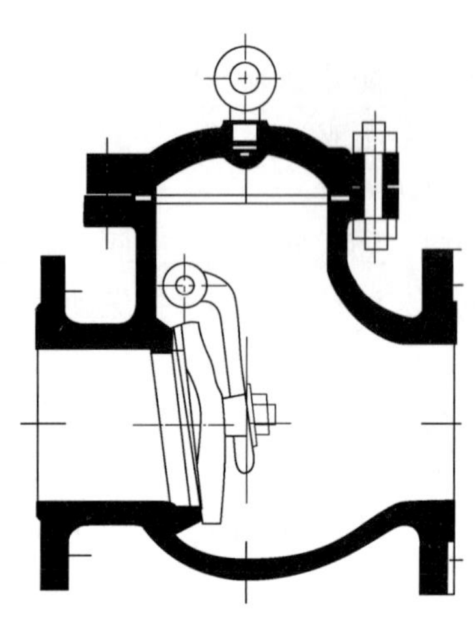

图 1-2-9　悬启式止回阀

③ 止回阀。

止回阀是能自动阻止流体倒流的阀门，也称逆止阀。止回阀的阀瓣在流体压力下开启，流体从进口侧流向出口侧，当进口侧压力低于出口侧时，阀瓣关闭防止液体倒流。悬启式止回阀构造如图 1-2-9 所示。

④ 旋塞。

旋塞又称考克，是用来调节流体流量大小最简单的一种阀门。它的主体部件是一种空心铸件，中间插入一个锥形旋塞，旋塞的中间有一个通孔，旋塞可以在阀体内自由旋转，以通孔所在的位置不同，来调节流体的流量或启闭。

旋塞结构简单、启闭迅速、全开时流体阻力小，可适用于带固体颗粒的流体，不适用于口径较大、压力较高、温度较低的场合。

3）管路的连接方式

（1）法兰连接。

法兰连接是工程上最常用的一种连接方式，法兰与钢管通过螺纹或焊接连接在一起，铸铁管的法兰则与管铸为一体。法兰与法兰之间安装起密封作用的垫片。

法兰连接拆装方便、密封可靠，适应的温度、压力、管径范围大，但造价较高。

（2）螺纹连接。

螺纹连接主要用于管径较小(<65mm)、压力不大(<10MPa)的有缝钢管。螺纹连接处还需缠有涂有油漆的麻丝或聚四氟乙烯薄膜等。

螺纹连接拆装方便、密封性能好，但可靠性不如法兰连接。

（3）承插连接。

承插连接是将管子的小头插在另一根管子大端的插套内，然后在连接处的环隙内填入麻绳、水泥和沥青等起密封作用的物质。承插连接多适用于铸铁管、陶瓷管和水泥管。

承插连接安装方便，但不易拆卸、耐压不高，多用于地下给排水中。

（4）焊接。

焊接是比上述方法更为经济、方便且更严密的一种连接方法。煤气管和各种压力管道以及输送物料的管路应尽量采用焊接。

4）管路布置和安装原则

在管路布置及安装时，主要应考虑安装、检修、操作的方便和安全，同时必须尽可能减少基建费和操作费，并根据生产的特点、设备的布置、物料特性以及构筑物结构等方面进行综合考虑。管路布置和安装的原则如下：

（1）布置管路时，应对车间所有的管路(生产系统管路、辅助系统管路、电缆、照明、仪表管路、采暖通风管路等)全盘规划，各安其位。

（2）为了节约基建费用，便于安装和检修，以及考虑到操作上的安全，管路铺设尽可能采取明线(除下水道、上水总管和煤气总管以外)。

（3）为了便于共用管架，各种管线应成列平行敷设，尽量走直线、少拐弯、少交叉，不仅要考虑节约管材，减少阻力，同时还要力求做到整齐美观。

(4) 为了便于操作和安装检修，并列管路上的管件和阀门位置应错开安装。

(5) 在车间内，管路应尽可能沿厂房墙壁安装，管架可以固定在墙上，或沿天花板及平台安装；露天的生产装置，以管路柱架或吊架安装。管与管之间及管与墙的距离，以能容纳活接管或法兰以及方便进行检修为宜。

(6) 为了防止滴漏，对于不需要拆修的管路连接，通常采用焊接；在需要拆修的管路中，适当配置一些法兰和活接管。

(7) 管路应集中铺设，当穿过墙壁时，墙上应开设预留孔，过墙时，管外再加套管，套管与管子间的环隙应充满填料；当管路穿过楼板时，最好也按上述操作。

(8) 设置管路离地的高度以便于检修为准，但通过人行道时，最低离地不低于 2m；通过公路时，不得低于 4.5m；与铁轨面净距不得低于 6m；通过工厂主要交通干线的管路一般高度为 5m。

(9) 长管路要有支架支撑，以免弯曲存液和振动，跨距应按设计规范或计算为准。气体和易流动液体管路的倾斜度为 3/1000～5/1000；运送含有固体结晶或粒度较大的物料时，管路倾斜度为 1%或大于 1%。

(10) 一般上下水管及废水管适宜埋地敷设，在冬季结冰地区，埋地管路的安装深度应在当地冰冻线以下。

(11) 输送腐蚀性流体管路的法兰，不得位于通道的上空，以免发生滴漏影响安全。

(12) 输送易爆、易燃的物料(如醇类、醚类)时，其在管路中流动会产生静电，使管路变为导热体。因此，为了防止这种静电集聚，必须将管子可靠接地。

(13) 对于运送蒸汽的管路，每隔一定距离应装置冷凝水排除器。

(14) 平行管路的排列应考虑管路间的相互影响。在垂直排列时，热介质管路在上，冷介质管路在下，这样可以减少热管对冷管的影响；高压管在上，低压管在下；无腐蚀性介质在上，有腐蚀性介质在下，以免腐蚀性介质滴漏时影响其他管路。在水平排列时，低压管路在外，高压管路靠近墙柱；检修频繁的在外，不常检修的靠近墙柱；重量大的要靠管架支柱或靠墙。

(15) 管路安装完毕后，应按规定进行强度和严密度实验。未经实验合格，焊缝及连接处不得涂漆及保温。管路在开工前须用压缩空气或惰性气体进行吹扫。

5. 流体输送机械

在化工生产中，常常需要将流体从低处输送到高处，从低压位置输送到高压位置，从一个工段长距离送到另一个工段等。因此，需要对流体提供机械能，以提高其位能、静压能来克服输送沿途的阻力等。对流体提供能量的机械统称流体输送机械。

在化工厂中，输送流体的性质(如黏度、腐蚀性、是否有悬浮固体颗粒等)各不相同，而且诸如流量、压强等也有不同的要求。因此，为了适应不同情况下的流体输送要求，需要不同结构和特性的流体输送机械。流体的输送机械根据工作原理不同通常分为离心式、往复式、旋转式和流体作用式 4 类。

由于气体具有可压缩性，因此气体输送机械与液体输送机械也不同。输送液体的机械通常称为泵；输送气体的机械则称为压缩机或风机。

二、传热技术和换热器

1. 传热方式

热的传递是由系统内或物体内温度不同而引起的。但无外功输入时，根据热力学第二定律，热总是自动地从温度较高的部分传给温度较低的部分，根据传热机理不同，传热的基本方式有热传导、对流和热辐射3种。

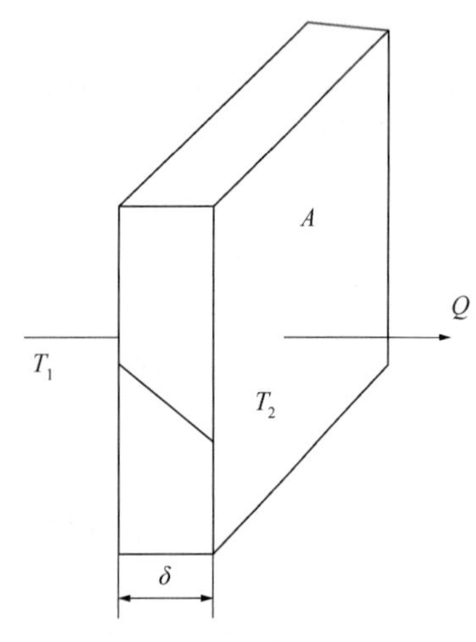

图1-2-10　单层平壁的热传导

1）热传导

热传导又称导热。当物体内部或两个直接接触的物体之间存在温度差异时，物体中温度较高部分的分子因振动而与相邻的分子碰撞，并将能量的一部分传给后者，因此热能就从物体温度较高部分传到温度较低部分。在热传导过程中，没有物质的宏观位移。

假如有一种均匀固体物质组成单层平壁（图1-2-10），面积为A；壁厚为δ；壁的两面温度保持为T_1和T_2。当$T_1>T_2$时，则热量一定会以热传导的方式从温度为T_1的平面传递到温度为T_2的平面。

从实践中总结出这样的规律：单位时间内由高温面以热传导的方式传递给低温面的热量Q与面积A成正比，也与传热温度差(T_1-T_2)成正比，与壁厚δ成反比[式(1-2-16)]。

$$Q\propto\frac{A}{\delta}(T_1-T_2) \tag{1-2-16}$$

引入比例系数λ，把比例式写成等式，则有

$$Q=\lambda\frac{A}{\delta}(T_1-T_2) \tag{1-2-17}$$

式(1-2-17)即为热传导方程式，或称傅里叶定律。λ即热导率。

将式(1-2-17)写成下面形式：

$$\frac{Q}{A}=\frac{T_1-T_2}{\dfrac{\delta}{\lambda}} \tag{1-2-18}$$

表明单层平壁进行热传导时，其热阻如下：

$$R=\frac{\delta}{\lambda} \tag{1-2-19}$$

式(1-2-19)表明，平壁材料的热导率越小、平壁厚度越厚，则热传导阻力越大。

热导率的物理意义就是壁面为$1m^2$、厚度为1m、两面温度差为1K时，单位时间内以热传导方式所传递的热量。热导率值越大，则物质的导热能力越强，因此热导率是物质导热能力的标志，为物质的物理性能之一。通常，需要提高热传导速率时可选用热导率大的

材料；反之，要降低热传导速率时，应选用热导率小的材料。

各种常用物质的热导率都是由实验室测定的。一般来说，金属的热导率最大，固体非金属的热导率次之，液体的热导率较小，气体的热导率最小。

固体的热导率一般随温度升高而增大。表 1-2-3 至表 1-2-5 分别列出了部分固体、液体和气体的热导率。

表 1-2-3　部分固体在 273～373K 时的热导率

金属材料		建筑或绝热材料	
物　　料	λ，W/(m·K)	物　　料	λ，W/(m·K)
铝	204	石棉	0.15
青铜	64	混凝土	1.28
黄铜	93	绒毛毯	0.047
铜	384	松木	0.14～0.38
铅	55	建筑用砌砖	0.7～0.8
钢	46.5	耐火砌砖	1.05
不锈钢	17.4	绝热砌砖	0.12～0.21
铸铁	46.5～93	锯木屑	0.07
		软木片	0.047
		玻璃	0.7～0.8

表 1-2-4　部分液体在 293K 时的热导率

名　　称	λ，W/(m·K)	名　　称	λ，W/(m·K)
水	0.6	甲醇	0.212
苯	0.148	乙醇	0.172
甲苯	0.139	甘油	0.594
邻二甲苯	0.142	丙酮	0.175
间二甲苯	0.168	甲酸	0.256
对二甲苯	0.129	醋酸	0.175
硝基苯	0.151	煤油	0.151
苯胺	0.175	汽油	0.186(303K)

表 1-2-5　部分气体在大气压下的热导率与温度的关系

温度，K	λ，10^{-3}W/(m·K)									
	空气	N_2	O_2	蒸汽	CO	CO_2	H_2	NH_3	CH_4	C_2H_4
273	24.4	24.3	24.7	16.2	21.5	14.7	174.5	16.3	30.2	16.3
323	27.9	26.8	29.1	19.8	24.4	18.6	186	—	36.1	20.9
373	32.5	31.5	32.9	24.0		22.8	216	21.1		26.7
473	39.3	38.5	40.7	33.0		30.9	258	25.8		
573	46.0	44.9	48.1	43.4		39.1	300	30.5		

续表

温度，K	λ，10^{-3}W/(m·K)									
	空气	N_2	O_2	蒸汽	CO	CO_2	H_2	NH_3	CH_4	C_2H_4
673	52.2	50.7	55.1	55.1		47.3	342	34.9		
773	57.5	55.8	61.5	68.0		54.9	384	39.2		
873	62.2	60.4	67.5	82.3		62.1	426	43.4		
973	66.5	64.2	72.8	98.0		68.9	467	47.4		
1073	70.5	67.5	77.7	115.0		75.2	510	51.2		
1173	74.1	70.2	82.0	133.1		81.0	551	54.8		
1273	77.4	72.4	85.9	152.4		86.4	593	58.3		

2）对流

在流体中，由于流体质点的位移和混合，将热能由一处传至另一处，这种传递热量的方式称为对流，对流又称热对流或对流传热。对流传热过程中往往伴有热传导。对流传热包括固体壁面与紧靠壁面的流体质点间，以及立体层流内层的热传导和流体内湍流主体对流等传热过程，因此对流除受热传导的规律影响外，还要受流体流动规律的支配。

（1）对流传热方程式。

大量实验证明，在单位时间内，以对流传热过程传递的热量 Q 与固体壁面 A 的大小、壁面温度 T_b 和流体主体平均温度 T 二者的差成正比，即 $Q \propto A(T_b-T)$。

引入比例常数 α，则有

$$Q=\alpha A(T_b-T) \tag{1-2-20}$$

α 即对流传热膜系数或给热系数，其代表 1m^2 的固体壁面，壁面和流体主体温度差为1K 时，1s 时间内以对流传热方式传递的热量。式(1-2-20)为对流传热方程式，是计算对流传热过程的一个基本关系式。

（2）影响给热系数的因素。

影响给热系数的因素很多，最重要的因素如下：

① 流体的种类：液体、气体或蒸汽。

② 流体的对流状况：强制对流或自然对流。

③ 壁面的形状、大小，管或板平面或垂直，高度、长度、直径等。

④ 流体的流动状况与性质：层流、过渡流或湍流，温度、压强、密度、比热容、热导率及黏度。

3）热辐射

任何物体，只要其绝对温度不为 0，都会不停地以电磁波的形式向外界辐射能量；同时，又不断吸收来自外界其他物体的辐射能。当物体向外界辐射的能量与其从外界吸收的辐射能不相等时，该物体与外界就产生热量的传递，这种传热方式称为热辐射。

热辐射以电磁波的形式进行传播，可以在真空中传播，无须任何介质，这是热辐射与对流和热传导的主要不同点。因此，辐射传热的规律也不同于对流和热传导。

(1) 辐射传热。

热射线和可见光一样，服从反射和折射定律，能在均一介质中进行直线传播。在真空和绝大多数气体中，热射线可完全透过，但不能透过工业上常见的大多数固体和液体。

如图 1-2-11 所示，投射在某一物体上的总辐射能 Q，其中有一部分辐射能 Q_A 被吸收，一部分辐射能 Q_R 被反射，另一部分辐射能 Q_D 则透过物体。根据能量守恒定律，得

$$Q_A+Q_R+Q_D=Q \qquad (1-2-21)$$

即有

$$\frac{Q_A}{Q}+\frac{Q_R}{Q}+\frac{Q_D}{Q}=1 \qquad (1-2-22)$$

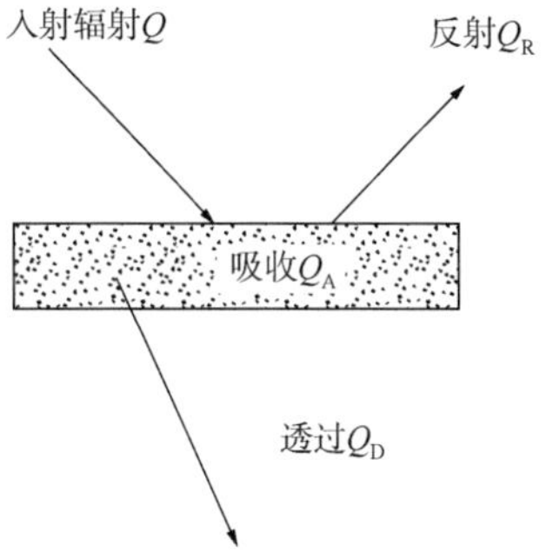

图 1-2-11　辐射能的吸收、反射和透过

令 Q_A/Q 为吸收率 A，Q_R/Q 为反射率 R，Q_D/Q 为透过率 D。当 $A=1$，即 $R=D=0$ 时，这种物体称为黑体或者绝对黑体。实际上黑体并不存在，但某些物体接近于黑体，如无光泽的黑煤的吸收率约为 0.97。引入黑体的概念只作为一种实际物体的比较标准，以简化辐射传热的计算。当 $R=1$，即 $A=D=0$ 时，这种物体称为镜体或白体。白体也不存在，但有些物体接近于白体，如磨光的金属表面的反射率约为 0.97。当 $D=1$，即 $A=R=0$ 时，这种物体称为透热体。例如，单原子或对称的双原子构成的气体，一般可视为能让热辐射完全透过；多原子气体和不对称原子气体则能够选择地吸收或发射某一波长范围辐射能。

实际物体，如一般的固体，能部分吸收 0 到∞的所有波长范围的辐射能。凡能以相同的吸收率且部分地吸收由 0 到∞的所有波长范围的辐射能的物体，定义为灰体。灰体也是理想物体，但大多数工程材料可视为灰体。

(2) 物体的辐射能力。

① 黑体的辐射能力。

物体在一定的温度下，单位表面积、单位时间内所发射出来的全部波长的总能量，称为该温度下的辐射能力，用 E 表示。

对于黑体，其辐射能力 E_0 只与温度有关。理论表明，黑体的辐射能力 E_0 与其表面的热力学温度 T 的 4 次方成正比，即

$$E_0=\sigma_0 T^4 \qquad (1-2-23)$$

式中　σ_0——黑体的辐射常数，5.669×10^{8} W/($m^2\cdot K^4$)；

　　T——黑体表面的热力学温度，K。

式(1-2-23)被称为斯蒂芬—玻尔兹曼定律。该式也经常写为

$$E_0=C_0\left(\frac{T}{100}\right)^4 \qquad (1-2-24)$$

式中　C_0——黑体的辐射系数，取 5.669W/($m^2\cdot K^4$)。

② 实际物体的辐射能力。

在一定温度下，黑体的辐射能力比任何物体的辐射能力都大。

实际物体的辐射能力 E 与同温度下黑体的辐射能力 E_0之比称为该物体的黑度，以 ε 表示，即

$$\varepsilon = E/E_0 \tag{1-2-25}$$

由此，可以推算出实际物体的辐射能力为

$$E = \varepsilon C_0\left(\frac{T}{100}\right)^4 \tag{1-2-26}$$

黑度表明了物体接近于黑体的程度，反映了物体辐射能力的大小。黑度越大，物体的辐射能力越强，黑体的黑度等于 1，实际物体的黑度小于 1。黑度是物体自身的性质，与外界条件无关。

黑体能够全部吸收投向其上的辐射能，其吸收率 $A=1$。实际物体只能部分吸收投向其上的辐射能，且物体的吸收率与辐射能的波长有关。实验表明，对于物体吸收波长在 0.76~20μm 范围内的辐射能，即工业上应用最多的热辐射，可认为物体的吸收率为常数，且等于黑度，即有 $A=\varepsilon$。由此可见，物体的辐射能力越强，其吸收能力也越强。

③ 两物体间的相互辐射。

工业上常遇到的两固体间的相互辐射传热，皆可视为灰体之间的热辐射。两固体由于热辐射而进行热交换时，从一个物体发射出的辐射能只有一部分到达另一个物体，而到达的这一部分辐射能还要反射出一部分能量，即只有一部分回到原物体，而这部分辐射能又部分地反射和部分地吸收，这种过程将继续反复进行。实际上两物体间的辐射计算式很复杂，它不仅与两物体的吸收率、发射率、形状及大小有关，而且与两者之间的距离和相对位置有关，一般以下式表示：

$$Q = CA\left[\left(\frac{T_1}{100}\right)^4 - \left(\frac{T_2}{100}\right)^4\right]^4 \tag{1-2-27}$$

式中 Q——两物体间的辐射能；

A——两物体之间的辐射传热面积；

T_1，T_2——分别为两物体温度；

C——总辐射系数，由于物体表面形状、相对位置不同，决定了 A 和 C 的不同。

实际上，上述三种传热方式很少单独存在，而往往是同时出现的。例如，化工生产中广泛应用的间壁式换热器，热量从热流体经间壁传向冷流体的过程，以传导和对流方式进行。图 1-2-12 所示的套管式换热器就是间壁式换热器的一种，它是由两根管子套在一起组成的。两种流体分别在内管与两根管的环隙中流动，进行热量交换。热流体的温度由 T_1 降至 T_2；冷流体的温度由 t_1升至 t_2。间壁两侧流体的热交换情况如图 1-2-13 表示。由于热流体与冷流体之间有温度差 Δt_m，则热量通过间壁从热流体传给冷流体。单位时间内的传热量(即传递速率)与传热面积 A 及两流体的温度差 Δt_m成正比：

$$Q = KA\Delta t_m \tag{1-2-28}$$

式中　K——比例系数，称为总传热系数，W/(m^2·K)或W/(m^2·℃)；

Q——传热速率，J/s或W；

A——传热面积，m^2；

Δt_m——两流体的平均温度差，K或℃。

如图1-2-13所示，热流体以对流传热的方式将热量传给管壁，在管壁中以热传导的方式将热量从一侧传到另一侧，再以对流传热的方式将热量从管壁传给冷流体。

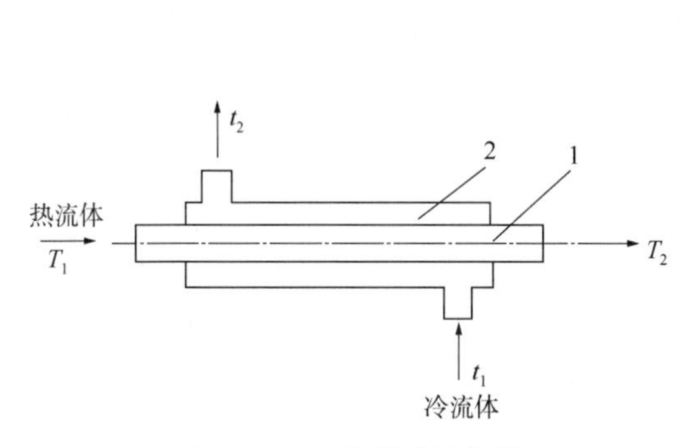

图1-2-12　套管式换热器

1—内管；2—外管

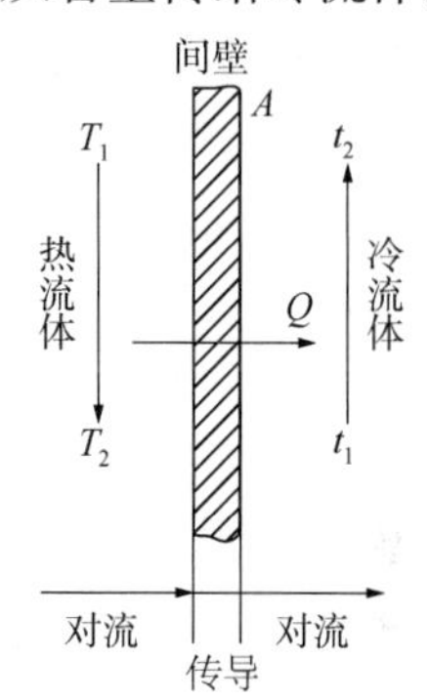

图1-2-13　间壁传热示意图

2. 换热设备

在工业生产中，实现物体或流体之间热交换的设备统称换热器。

按工业生产上的换热方法不同，换热器可分为间壁式、混合式和蓄热式。

按换热的用途和目的不同，换热器可分为以下几类：

(1) 冷却器：冷却工艺物流的设备，冷却剂多采用水。

(2) 加热器：加热工艺物流的设备，加热剂多采用饱和水蒸气。

(3) 冷凝器：将蒸汽冷凝为液相的设备。只冷凝部分蒸汽的设备称为分凝器；将蒸汽全部冷凝的设备称为全凝器。

(4) 再沸器(又称加热釜)：专门用于精馏塔底部分汽化液体的设备。

(5) 蒸发器：专门用于蒸发溶液中的水分或溶剂的设备。

(6) 换热器：两种不同温度的工艺物流相互进行热交换的设备。

(7) 废热锅炉：从高温物流中或废气中回收热量而产生蒸汽的设备。

按传热面的形状和结构不同，换热器可分为以下几类：

(1) 管式换热器：由管子组成传热面的换热器，包括列管式换热器、套管式换热器、蛇管式换热器、翅片管式换热器和螺纹管式换热器等。

(2) 板式换热器：由板组成传热面的换热器，包括夹套式换热器、平板式换热器、螺旋板式换热器、伞板式换热器和板翅式换热器等。

(3) 其他形式：液膜式、板壳式、热管等换热器。

三、蒸馏技术

蒸馏是利用混合物中各组分挥发度的不同(即沸点的不同)，将混合液加热沸腾汽化，分别收集挥发出来的气相和残留的液相，从而将液体混合物中各组分分离的操作过程。蒸馏按方式可分为简单蒸馏、精馏和特殊精馏。

1. 简单蒸馏原理和流程

将液体混合物加入蒸馏釜并加热，其逐渐地进行部分汽化，并不断将产生的蒸汽移去，则可使组分部分分离，这种方法称为简单蒸馏。简单蒸馏适用于分离沸点相差较大且对分离精度要求不高的溶液。图 1-2-14 为简单蒸馏装置图。操作的过程是将原料液加入蒸馏釜中，并逐渐汽化，产生的蒸汽不断进入冷凝—冷却器中冷却至一定温度，之后馏出液可按不同的组成范围分别导入容器中。

以图 1-2-15 所示苯—甲苯溶液简单蒸馏为例，当混合液中苯的含量为 x_F、温度为 t_a（图中的 A 点）时，只有液相存在；若加热到 F 点时，溶液开始沸腾，系统中出现了与液相平衡的蒸气，其中苯的含量为 y_F，且 $y_F>x_F$；如果继续加热至 g 点，气液两相共存，蒸气中苯的含量为 y_G，与其平衡的液相中的苯含量为 x_G，且 $y_G>x_G$。如果这时把蒸汽引出来加以冷凝，就可以使其苯的含量比原来有所提高，而残液中的苯的含量则相应地减少，这就是简单蒸馏的原理。但是随着操作的进行，釜中液相的浓度不能始终保持在 x_F 不变，而是越来越低，馏出液的浓度也相应发生变化。因此，通常用几个容器把不同浓度范围的馏出液分别收集起来。

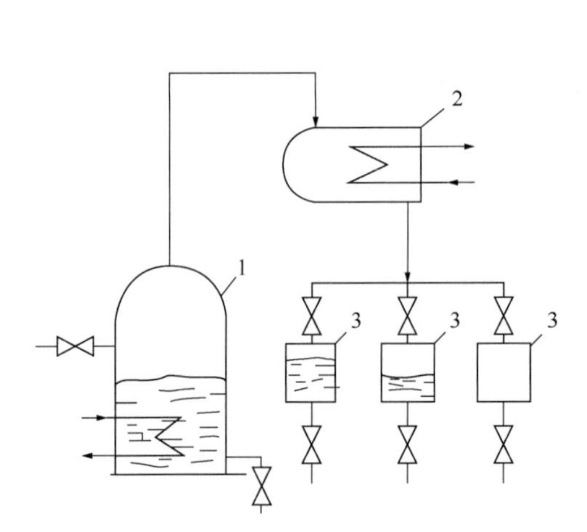

图 1-2-14　简单蒸馏装置图

1—蒸馏釜；2—冷凝—冷却器；3—容器

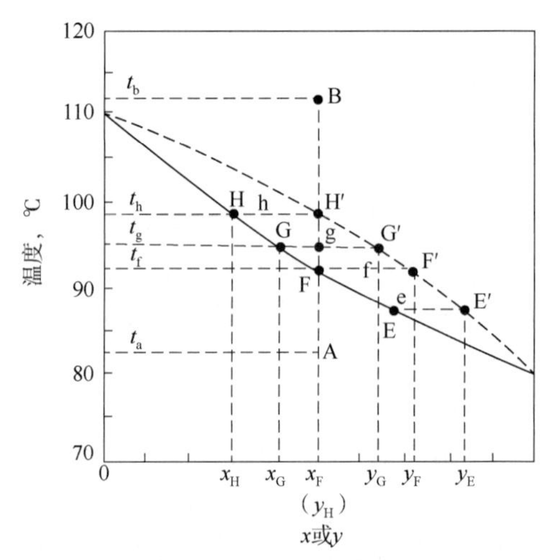

图 1-2-15　苯—甲苯溶液简单蒸馏 $T—x(y)$ 图

如果不把气体引走，而是继续加热至 H′点，溶液则全部汽化，气相组成与原始溶液的组成相同，即 $y_H=x_F$；如果再继续加热至 B 点，蒸气成为过热蒸气，温度虽然升高了，但组成仍不变。显然，全部汽化达不到分离的目的。同理，将 B 点的混合气体在密闭系统中冷凝至 g 点，一部分冷凝成苯含量为 x_G 的液体，一部分为苯含量为 y_G 的蒸气，且 $y_G>x_G$。如果继续冷凝至 F 点或 A 点，组成和原来混合气体组成一样，没有发生变化。这就是说，全部汽化或全部冷凝都不能实现溶液的分离，而部分汽化和部分冷凝是将溶液分离实现蒸馏操作的根本途径。

由上可知，简单蒸馏为间歇、非定态操作，在操作过程中系统的温度和浓度随时间而变。

简单蒸馏的分离效果不高，其蒸馏出液体的最高组成也只有 y_0，即与料液成平衡时的气液组成，因此只有两组分的相对挥发度很高时，才能够得到比较好的分离效果。简单蒸馏通常只能进行粗分和初步分离。

2. 精馏基础

由简单蒸馏可知，溶液部分汽化所得易挥发组分含量较原溶液高，但要想获得比较纯的组分是不可能的。在化工生产中，经常要求将溶液分离为接近纯的组分，通过简单蒸馏是无法实现的，必须由能够进行多次部分汽化和多次部分冷凝的精馏操作来实现。

根据图 1-2-15，如果将原料液加热至 g 点，将得到苯含量为 y_G的蒸气，$y_G>x_G$。然后将其引入冷凝器进行部分冷凝至 f 点，则可以得到进一步增浓的组分(苯含量为 y_F)，$y_F>y_G$。将平衡的气相再一次部分冷凝至 e 点，又得到更加增浓的组分(苯含量为 y_E)，$y_E>y_F$。这样，经过足够多次的操作，最后就可以得到易挥发组分含量极低的产品——难挥发组分。

图 1-2-16 显示了根据上述分析而设计的一套精馏模型。将组分含量为 x_F的原料液加入蒸馏釜中部分汽化，分离成组分含量为 y_3的蒸汽和组分含量为 x_3的残液。将组分含量为 y_3的蒸汽引入冷凝器中进行部分冷凝，分离成组分含量为 y_2的蒸气和组分含量为 x_2的二级残液。组分含量为 y_2的蒸气再引入另一冷凝器中进行部分冷凝，又分离成组分含量为 y_1的蒸气和组分含量为 x_1的三级残液。如果操作到此为止，则将组分含量为 y_1的蒸气经全凝器全部冷凝下来，液相中易挥发组分的含量 $x_0=y_1$，比原料液中的含量有了很大提高。但是，这种操作有很大的缺点，就是每一次部分冷凝都要产生一个中间液相馏分，最后馏出液的量可能很少。为了弥补这一不足，提高产品的收率，可将部分冷凝所产生的中间馏分再部分汽化(图 1-2-17)。将组成为 x_1的中间馏分在汽化器中部分汽化，使产生的蒸汽与分凝器中的气相汇合，以补偿因部分冷凝而减少的蒸气量。将汽化器中的液相与分离器所冷凝的液相汇合，送至加热釜中再一次部分汽化，如果汽化器中温度控制得当，可以做到使其产生的气液相组成等于或接近 y_2 和 x_3。但该种方法虽然收率提高，但设备增多、能耗增大。

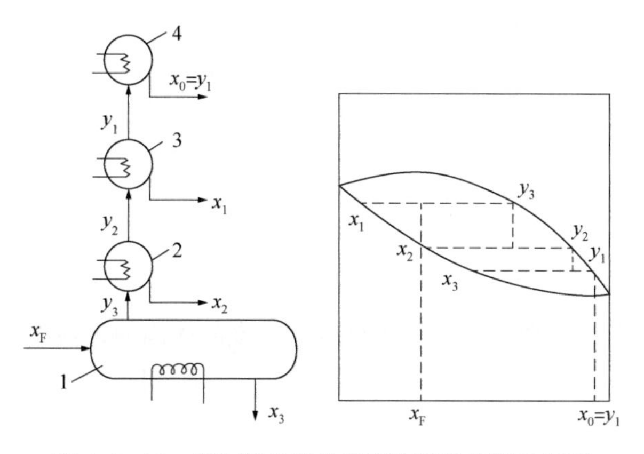

图 1-2-16　多次部分汽化和多次部分冷凝示意图

1—蒸馏釜；2，3—分凝器；4—全凝器

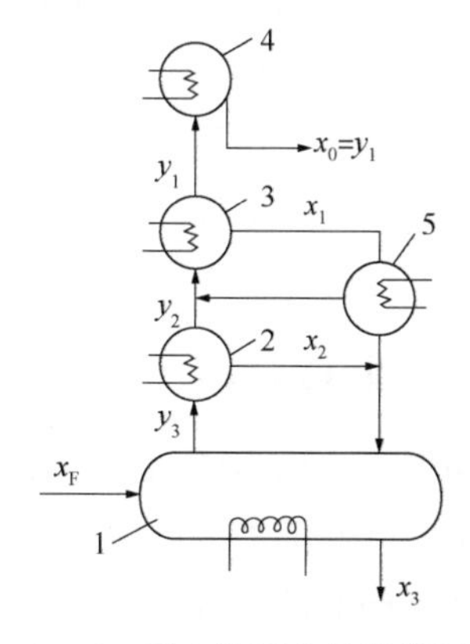

图 1-2-17　无中间馏分的操作示意图

1—蒸馏釜；2，3—分凝器；4—全凝器；5—汽化器

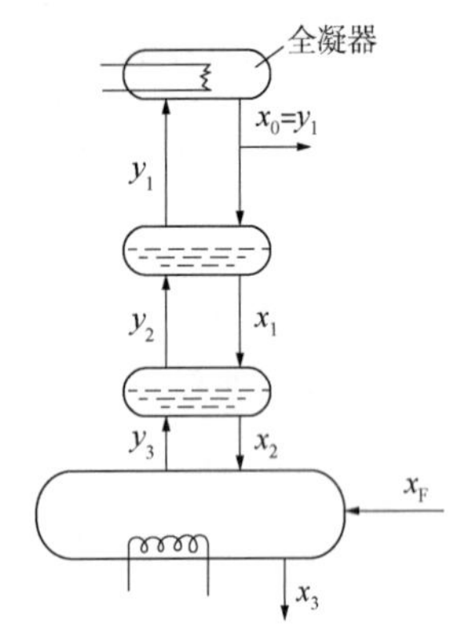

图 1-2-18　精馏操作模型

为了改善这种状况，可以把组成为 y_3 的蒸气与组成为 x_1 的液相直接混合(图 1-2-18)。气液相的组成比较接近，但由于液相泡点温度比气相露点温度低，高温的蒸汽将低温液体加热并部分汽化，而蒸汽又被液相部分冷凝，这样既节省了加热和冷凝设备，又使能量得到了充分利用。化工生产中，实际采用的精馏塔就是这一原理。

3. 精馏塔

1）精馏塔的分类

精馏塔是蒸馏过程中最重要的设备，它是造成气液相互作用以实现混合液分离的基本装置。精馏塔大致可以分为板式塔和填料塔两大类。

（1）板式塔。

沿着塔的整个高度内装有许多块塔板，相邻塔板有一定的距离，气液两相在塔板上相互接触进行传热和传质。

根据塔板上元件不同，板式塔可分为泡罩塔、筛板塔、浮阀塔、喷射塔等。近年来，又出现了斜孔筛板塔、导向筛板塔、导向浮阀塔等多种形式的板式塔。

（2）填料塔。

在塔内装有填料，气液两相在润湿的填料表面进行传热和传质。

填料塔又可分为散装填料塔和规整填料塔。散装填料有拉西环、鲍尔环、阶梯环、弧鞍、矩鞍等。规整填料也可分为板波纹填料、丝网波纹、孔板波纹填料等多种。

2）精馏塔的选择

为了完成某一分离任务，就要选择合适的精馏塔，一般选择精馏塔从以下几个方面进行考虑：

（1）效率高。无论是板式塔还是填料塔，都应满足高效率对原料进行分离，特别是针对难以分离的混合液。

（2）生产能力大。较小的塔径，完成较大的生产任务。

（3）操作弹性大。塔能在气液相负荷有较大变化时维持稳定生产，且保证产品合格。

（4）压降小。气流通过塔板或填料层的阻力小，因此气流通过装置前后的压降较小，此特性在减压蒸馏操作中尤为重要。

（5）结构简单。制造、维修方便。

四、吸收技术

使混合气体与适当的液体接触，气体中的一种或几种组分便溶解于该液体内而形成溶液，不能溶解的部分则保留在气相之中，于是混合气体的组分得以分离。这种利用各组分溶解度不同而分离气体混合物的操作称为吸收。

1. 吸收过程

混合气体中，能够溶解的组分称为吸收质或溶质，以 A 表示；不能被吸收的组分称为惰性组分或载体，以 B 表示；吸收操作所用的溶剂称为吸收剂，以 S 表示；吸收操作所得到的溶液称为吸收液，其成分为溶剂 S 和溶质 A；排出的气体称为吸收尾气，其主要成分应是惰性气体 B，还有残余的溶质 A。

吸收过程常在吸收塔中进行，图 1-2-19 为逆流操作的吸收塔示意图。

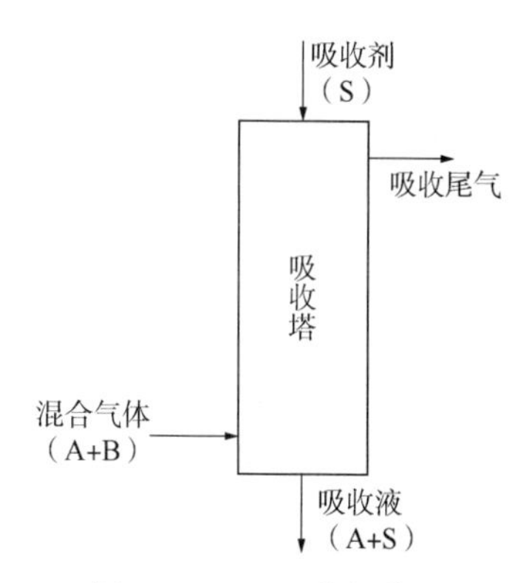

图 1-2-19　吸收操作的吸收塔示意图

2. 吸收操作的应用及分类

1）吸收操作的应用

气体的吸收是一种主要的分离操作，它在化工生产中主要用来达到以下目的：

(1) 分离混合气体以获得一定的组分，如用硫酸处理焦炉气以回收其中的氨；用洗油处理焦炉气以回收其中的芳烃等。

(2) 除去有害组分以净化气体，如用水或碱液脱除合成氨原料中的二氧化碳。

(3) 制备某种气体的溶液，如用水吸收氨气制备氨水。

2）吸收过程分类

吸收操作可以按不同的方法分类(表 1-2-6)。

表 1-2-6　吸收操作的分类

分类方法	分　类	特　点
按吸收过程有无化学反应分类	物理吸收	吸收过程溶剂和溶质之间不发生明显的化学反应
	化学吸收	吸收过程溶剂和溶质之间有明显的化学反应
按被吸收的组分数目分类	单组分吸收	混合气中只有一个组分进入液相，其他组分都不溶解于吸收剂
	多组分吸收	混合气体中有两个或多个组分进入液相
按吸收过程有无温度变化分类	等温吸收	吸收过程中热反应较小，或被吸收组分在气相中浓度很低，而吸收剂量相对较大，温度升高不显著
	非等温吸收	吸收过程中热效应较大，或有反应热产生，随着吸收过程的进行，溶液温度逐渐变化
按吸收过程操作压力分类	常压吸收	吸收操作在常压下进行
	加压吸收	吸收操作在一定压力下进行，以增大溶质在吸收剂中的溶解度

3. 吸收原理和吸收速率

1）吸收原理

(1) 亨利定律。

吸收是气液两相之间的传质过程，该过程进行的方向是趋于相平衡，过程的极限是气液两相达到平衡。

简单来讲，气液两相达到平衡就是指气相在液相中溶解达到饱和。将平衡时溶质在气液两相间的组成关系在图上用曲线表示出来，即为溶解度曲线，也称相平衡线。图 1-2-20 为不同温度下氨在水中的平衡溶解度曲线。图中每条线分别给出了在一定温度和压力下，氨的气液相组成的相平衡关系。

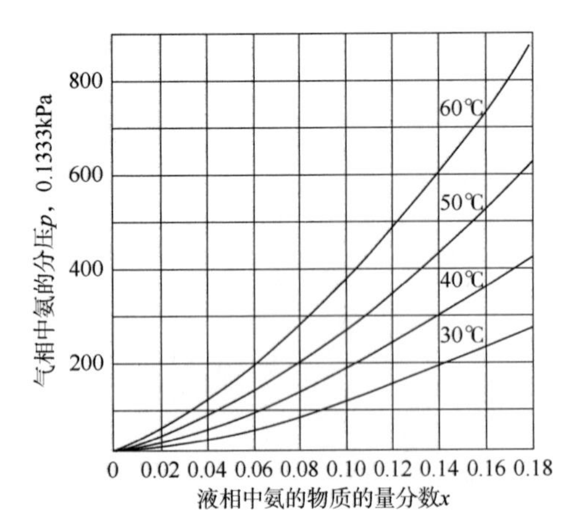

图 1-2-20　不同温度下氨在水中的平衡溶解度曲线

在一定条件下，当气液两相达到平衡时，其浓度对应关系可由亨利定律来描述。

在总压不高($p<0.5$MPa)、温度一定的条件下，气液两相达到平衡状态时，稀溶液上方溶质的平衡分压与溶解度之间成正比，即

$$p_A^* = Ex_A \tag{1-2-29}$$

式中　p_A^*——溶质在气相中的平衡分压，kPa；

E——比例常数，称为亨利系数；

x_A——溶质在液相中的物质的量分数。

亨利系数 E 值随物系而变化，当物系一定时，温度升高，E 值增大。亨利系数由实验测定，一般易溶气体的 E 值小，难溶气体的 E 值大。

由于气液相组成表示方法不同，亨利定律还可以表示为其他形式：

① 用物质的量分数表示相组成：

$$y_A^* = mx_A \tag{1-2-30}$$

$$m = \frac{E}{p} \tag{1-2-31}$$

式中　y_A^*——相平衡时，溶质在气相中的物质的量分数；

m——相平衡常数，由实验测得；

x_A——溶质在液相中的物质的量分数；

E——亨利常数；

p——总压。

② 用物质的量比表示相组成：

$$Y_A^* = mX_A \tag{1-2-32}$$

式中　Y_A^*——相平衡时气相中溶质的物质的量比；

X_A——溶液中溶质的物质的量比。

③ 液相用浓度表示组成：

$$p_A^* = \frac{c}{H} \tag{1-2-33}$$

$$H = \frac{\rho}{EM_s} \tag{1-2-34}$$

式中　c——溶质在液相中的浓度；

H——溶解度系数；

E——亨利常数；

ρ——溶质的密度；

M_s——溶剂的摩尔质量。

利用亨利定律的各种表达式，可以根据液相组成计算平衡的气相组成，同样也可以根据气相组成计算平衡的液相组成。

通过相平衡关系可以判别过程进行的方向和限度：当 $Y_A>Y_A^*$ 或 $X_A<X_A^*$、$p_A>p_A^*$ 时，为吸收过程；当 $Y_A=Y_A^*$ 或 $X_A=X_A^*$、$p_A=p_A^*$ 时，为平衡过程；当 $Y_A<Y_A^*$ 或 $X_A>X_A^*$、$p_A<p_A^*$ 时，为解吸过程。

气相或液相的实际组成与响应条件下的平衡组成的差值即为吸收过程的传质推动力。推动力可用气相推动力或液相推动力表示，即

$$\Delta Y=Y_A-Y_A^* \qquad (1-2-35)$$

$$\Delta X=X_A-X_A^* \qquad (1-2-36)$$

吸收过程推动力越大，吸收越容易，越有利于吸收。

（2）双膜理论。

吸收是气相中的吸收质经过吸收操作转入液相中的一个传质过程。这个过程可用双膜理论来解释。气体吸收双膜理论模型如图 1-2-21 所示。

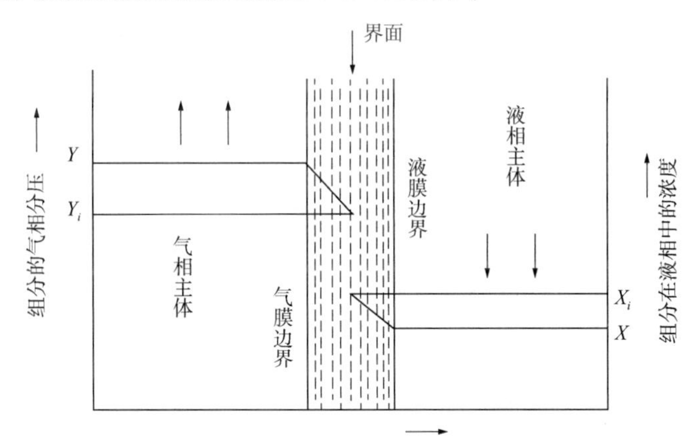

图 1-2-21 气体吸收双膜理论模型

双膜理论的基本要点如下：

① 直接接触的气液两相接触处，存在一个稳定的分界面，界面两侧分别存在两个很薄的流体膜——气膜和液膜。流体在膜内做层流流动，吸收质以分子扩散方式通过两层膜。

② 界面上吸收质从气相转入液相，不存在传质阻力，即在界面处气相浓度 Y 和液相浓度 X 互成平衡。

③ 在气液两相主体中，由于流体充分湍流混合，吸收质浓度均匀，没有浓度差，也没有传质阻力和扩散阻力，浓度差全部集中在两个膜层中，即阻力集中在两膜层中。

根据双膜理论，吸收过程简化成经过气液两膜的分子扩散过程，吸收过程的主要阻力集中于这两层膜中，膜层之外的阻力可忽略不计，吸收过程的推动力主要来源于气相的分压差和液相的浓度差。

2）吸收速率

单位时间内通过单位传质面积的吸收质的量称为吸收速率。吸收速率与传质推动力成正比，与传质阻力成反比。

对于易溶气体，阻力主要集中在气膜内，气膜阻力控制着整个过程的吸收速率，称为气膜控制。

对于难溶气体，阻力主要集中在液膜内，液膜阻力控制着整个过程的吸收速率，称为液膜控制。

要提高吸收速率，可以从以下几个方面进行考虑：

（1）减小双膜厚度：增大流体的速度，使流体强烈搅动，可以减小膜的厚度。对于气膜控制的吸收过程，要增大气速，增加气体总压；对于液膜控制的吸收过程，要增大液体的流速，使液体强烈搅动。

（2）增加吸收推动力：采用溶解度大的吸收剂，降低吸收温度，增大操作压力。

（3）增大气液相接触面积：增大气体和液体的分散度，并选用高效填料。

4. 吸收装置

化工生产中最常用的吸收设备是吸收塔，目前最常用的吸收塔是填料塔。填料塔是以塔内的填料作为气液两相间接触构件的传质设备(图 1-2-22)。

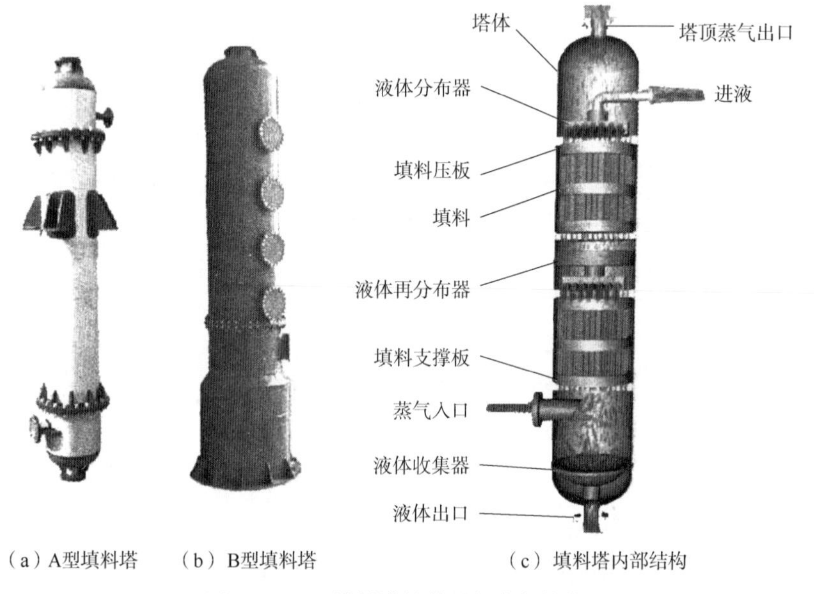

（a）A型填料塔　（b）B型填料塔　（c）填料塔内部结构

图 1-2-22　填料塔的外形与内部结构

填料塔的塔身是一直立式圆筒，底部装有填料支撑板，填料以乱堆或者整砌的方式放置在支撑板上。填料的上方安装填料压板，以防止被上升气流吹动。液体从塔顶经液体分布器喷淋到填料上，并沿填料表面流下。气体从塔底送入，经气体分布装置(小直径塔一般不设气体分布装置)分布，液体呈逆流方式连续通过填料层的空隙，在填料表面上，气液两相密切接触进行传质。

填料塔属于连续接触式气液传质设备，两相组成沿塔高连续变化，在正常操作状态下，气相为连续相，液相为分散相。

填料塔具有生产能力大、分离效率高、压降小、持液量小、操作弹性大等优点；缺点是气液两相间的吸收率低。

第二章

化工机械基础知识

在化工生产过程中经常需要对所处理的流动性物料进行输送，以及对各种生产单元进行操作，如搅拌、混合、粉碎、分离、加压等。这些过程都需要用到机械传动装置，或者设备本身就是运转机械。

第一节　机 械 传 动

一、机械传动概述

在化工生产中，为了达到物料的输送、分离、破碎或者增加物料的能量等目的，广泛采用各种机器设备，如带式传输机就是一种常见的物料输送机械，必须启动它的机械传动装置才能够实现物料输送。图 2-1-1 为带式输送机传动示意图。

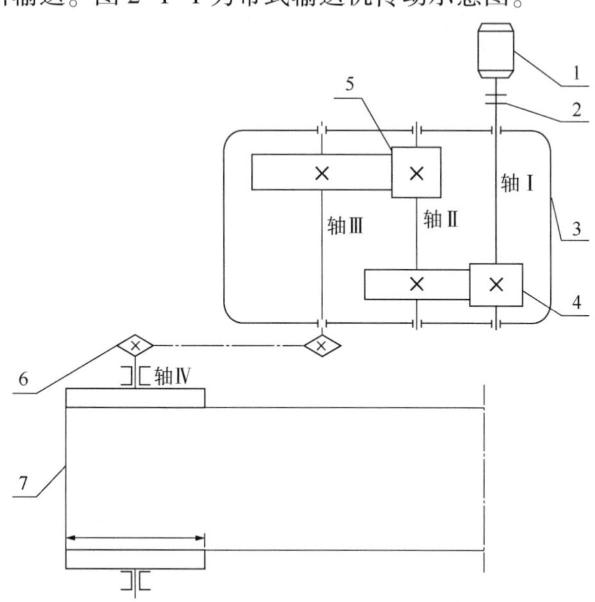

图 2-1-1　带式输送机传动示意图

1—电动机；2—联轴器；3—减速器；4—高速级齿轮传动装置；5—低速级齿轮传动装置；6—链传动；7—输送机滚筒

电动机通过联轴器驱动高速级齿轮传动装置，高速级齿轮传动装置通过传动轴驱动低速级齿轮传动装置，低速级齿轮传动装置通过传动轴驱动链轮，一组链轮间通过链条进行传动，链轮带动滚筒，传动带依靠与滚筒间的摩擦力驱动输送带运动，从而实现固体物料的移动。

在上述带式运输机中，电动机提供机械能，即提供机械动力的来源，电动机称为原动机；输送带直接运输物料完成预定的工作任务，是工作机；联轴器、齿轮、传动轴、链条等是把电动机输出的运动和动力传递给工作机的中间环节，称为机械传动系统。因此，可以说一台完整的机器，主要由原动机、工作机和传动系统组成。

1. 机械传动的作用

通俗地说，机械传动的作用主要有以下两个方面：

（1）改变原动机输出的转速和动力的大小以满足工作机的需求。

（2）把原动机输出的运动形式转变为工作机所需要的运动形式（如将旋转运动改变为直线运动或者反之，抑或其他）。

如果原动机的工作性能完全符合工作机的要求，传动系统可以省略，可将原动机和工作机直接连接，如电动机通过联轴器可直接驱动离心泵。

2. 机械传动的种类

常见的机械传动按照工作原理可以分为摩擦传动和啮合传动两大类。

（1）摩擦传动以带传动较为普遍，根据传动带的形式分为V带传动和平带传动。

（2）啮合传动是依靠主动件与从动件啮合或借助中间件啮合传递动力的一种机械传动，通常分为同步带传动、链传动、齿轮传动和蜗杆传动等。

3. 机械传动的功率、效率与传动比

机械传动的工作能力可以用传递的功率、效率和传动比来表示。

1）功率和效率

由于机械传动中会伴随着能量的损耗，因此工作机的工作效率 P_W 会比原动机的工作效率 P_0 小，即两者的比值 P_W/P_0 是小于1的（该比值越接近于1，说明传动的效率越高）。用 η 表示机械传动系统的总效率，则有

$$\eta=\frac{P_W}{P_0} \tag{2-1-1}$$

传动系统的总效率包括带传动的效率、齿轮传动的效率、轴承的传动效率和联轴器的效率等。总效率为系统中各传动效率的连乘，即

$$\eta=\eta_b\eta_g\eta_c\eta_r \tag{2-1-2}$$

在选择电动机时，应取电动机的额定功率 P_W 等于或略大于电动机的输出功率 P_0，以保障电动机不会发热。通常取 $P_W=(1\sim1.3)P_0$。

2）传动比

当机械传动传递转动时，主动件的转速 n_1（或 w_1）和从动件的转速 n_2（或 w_2）之比称为传动比，用 i 表示，即

$$i=\frac{n_1}{w_1}=\frac{n_2}{w_2} \qquad (2-1-3)$$

i 值大于 1 时为减速传动，i 值越大，则机械传动降低转速的能力越强；i 值小于 1 时为增速传动，i 值越小，则机械传动提高转速的能力越强。

4. 机械传动系统的一般组成

在机械传动中，往往会有若干轴类零件。图 2-1-1 所示机械传动系统有 4 根相互平行的轴(分别为轴Ⅰ、轴Ⅱ、轴Ⅲ和轴Ⅳ)，轴上及其周围连接着若干个零件，共同完成机械传动任务。图 2-1-2 显示了图 2-1-1 中安装在轴上传动零件和周围不转动的几个零件的装配关系。

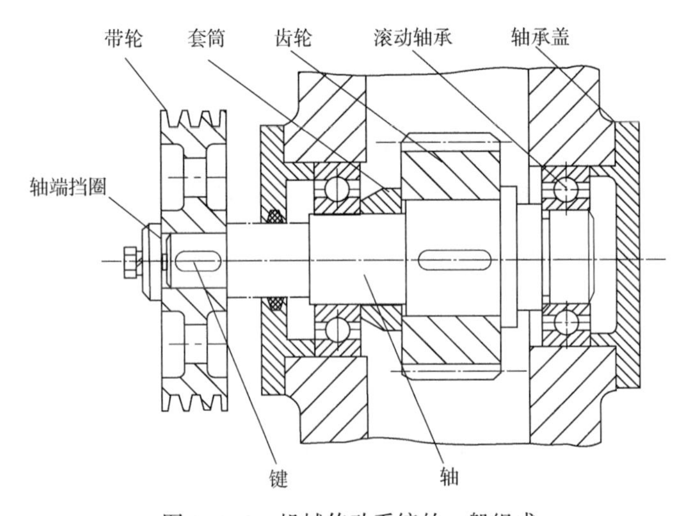

图 2-1-2　机械传动系统的一般组成

一般的机械传动系统由传动类零件、支撑类零件、连接类零件和箱体 4 大部分组成，传动类零件用于传递运动和动力，如齿轮、带及带轮等；支撑类零件用于支撑传动零件，如轴和轴承等；连接类零件用于将两个及两个以上零件连接成一个整体，如键、联轴器等；箱体用来支撑和固定传动零件，为传动零件提供密封的工作空间。

二、常见机械传动

1. 带传动

1) 带传动的工作原理

简单的带传动由小带轮、大带轮和紧套在带轮上的传动带所组成(图 2-1-3)。输入运动的小带轮称为主动轮，被驱动的大带轮称为从动轮。

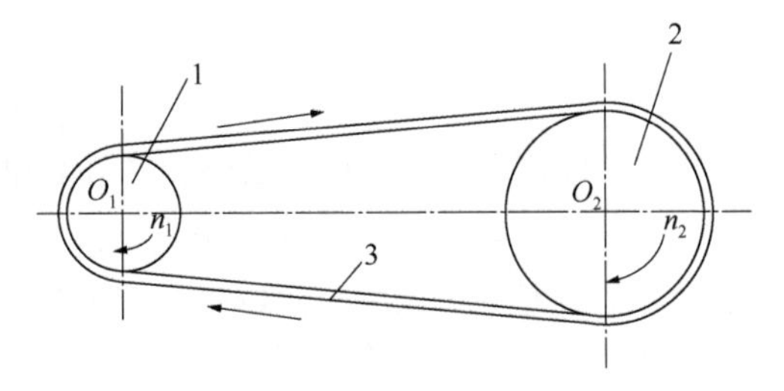

图 2-1-3　带传动示意图

1—小带轮；2—大带轮；3—传动带

传动带呈封闭的环形，以一定的张紧力紧套在两带轮上，使传动带与带轮的接触面之间产生正压力。主动轮转动时，依靠传动带与带轮之间的静摩擦力，使传动带随主动轮运动；

传动带又依靠与从动轮之间的静摩擦力，使从动轮转动，从而将主动轴上的运动和动力传递给从动轴，实现了带传动。

2）带传动的种类

常见的带传动如图 2-1-4 所示。以 V 带和平带使用最多，由于楔面摩擦产生的静摩擦力大于平面摩擦的摩擦力，因此 V 带的承载能力高于平带。由于同步齿形带和针孔带是啮合传动，因此具有较高的承载能力。

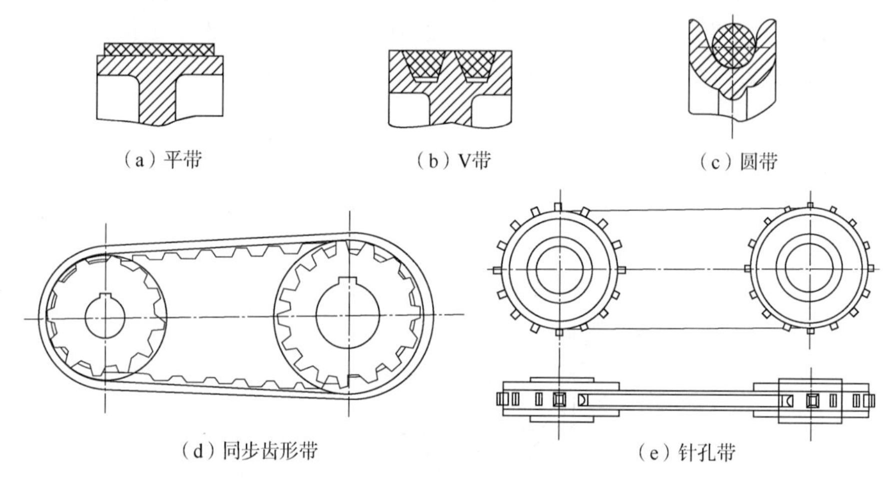

图 2-1-4　常见的带传动

3）带传动的传动比

带传动的传动比是指主动轮与从动轮转速之比，即

$$i=\frac{n_1}{n_2} \tag{2-1-4}$$

在啮合带传动中，两带轮的圆周速度 v_1 和 v_2 相等，即 $v_1=v_2$，而

$$v_1=\frac{\pi d_1 n_1}{60\times1000},\ v_2=\frac{\pi d_2 n_2}{60\times1000} \tag{2-1-5}$$

因此，传动比为

$$i=\frac{n_1}{n_2}=\frac{\dfrac{v_1\times60\times1000}{\pi d_1}}{\dfrac{v_2\times60\times1000}{\pi d_2}}=\frac{d_2}{d_1} \tag{2-1-6}$$

式中　n_1，n_2——分别为主动轮和从动轮的转速，r/min；

d_1，d_2——分别为主动轮和从动轮的计算直径，mm。

对于摩擦带传动，没有运转时，绕过带轮的皮带两端的拉力相同；运转时，皮带两端拉力一端增大一端减小，而皮带有弹性则会有弹性变形，因此绕过带轮的皮带会因为拉力大小变化而产生与带轮表面之间的相对滑动，这种少量的滑动称为弹性滑动。当不计弹性滑动时，传动比与啮合传动相同。当考虑皮带与带轮之间的弹性滑动时，则 v_1 不等于 v_2，传动比 i 略有增大，但难以确定，因此带传动的传动比不是恒定的。

4）带传动的特点

带传动的优点如下：

(1) 由于带有弹性，因此在传动中能缓和冲击，吸收振动，使带传动工作平稳，无噪声。

(2) 由于带传动依靠摩擦力传动，因此当传递的负荷过大(超载)时，带会在带轮上打滑，从而避免电动机被烧坏或者其他零件的损坏。这说明带传动具有“过载保护”的功能。

(3) 带传动可以用在两传动轴中心距较大的场合。

(4) 带传动结构简单，维护方便、容易制造，成本低廉。

带传动的缺点如下：

(1) 带传动不能保证固定的传动比。

(2) 带传动不适合用在高温、易燃、易爆的场合，这一点在化工生产中尤其要注意。

(3) 带传动外部尺寸较大。

(4) 带传动的使用寿命较短。

(5) 由于带与带轮存在弹性滑动，带传动的效率较低(0.90~0.94)。

由于带传动的效率和承载能力较低，因此不适合用于大功率传动，带传动的功率一般小于50kW(但也有应用到100kW的)，带的工作速度一般为5~25m/s。

2. 链传动

1）链传动的组成与特点

链传动由主动链轮、从动链轮和链条组成(图2-1-5)。依靠链轮与链条的啮合传递运动和动力。

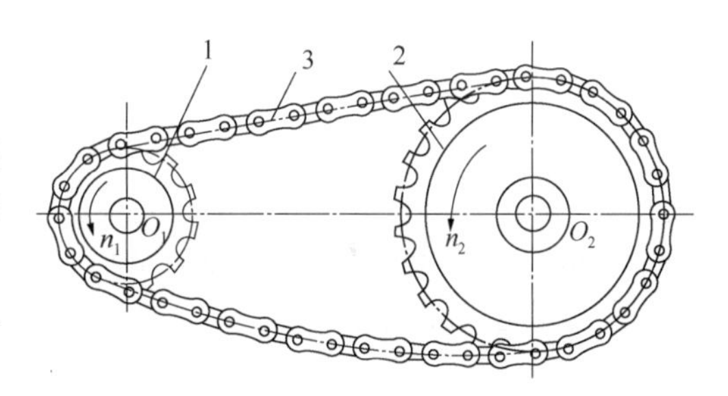

图2-1-5 常见的链传动示意图

1—主动链轮；2—从动链轮；3—链条

与带传动相比，链传动没有相对滑动，平均传动比较准确，传动效率高，承载能力大；在相同工作条件下，链传动较带传动尺寸小；能在高温和有灰尘、水或油等恶劣环境中工作。与齿轮传动相比，链传动从动链轮和链条的瞬间速度是变化的，传动平稳性差，高速时冲击和噪声较大；仅能用在两个平行轴之间的传动。

由于链传动能在恶劣条件下工作，其被广泛应用于冶金、轻工、化工、机床、农业、起重运输和各种车辆等的机械传动中。链传动主要用于只要求平均传动比准确且相距较远的平行轴之间的传动。一般其传递的功率小于100kW，传动比不大于6，链速小于15m/s，中心距不超过8m，传动效率为0.95~0.97。

2）链传动的种类和结构

链有多种类型，按用途可分为传动链、起重链和牵引链3种。起重链和牵引链用于起重机械和运输机械。在一般机械中，最常用的是传动链。传动链的主要类型有套筒滚子链和齿形链等，其中以滚子链应用最广。

套筒滚子链是标准件(图2-1-6)，其由外链板、滚子、销轴、套筒以及内链板组成。滚子链上相邻两棍子中心间的距离称为节距，用 P 标识，它是滚子链的主要参数。节距越大，链条零件尺寸越大，承载能力越大，但重量也增加，冲击和振动也随之加大。因此，当传递功率较大时，为减小链传动的外廓尺寸，减小冲击、振动，可采用小节距的多排链(图 2-1-7)。

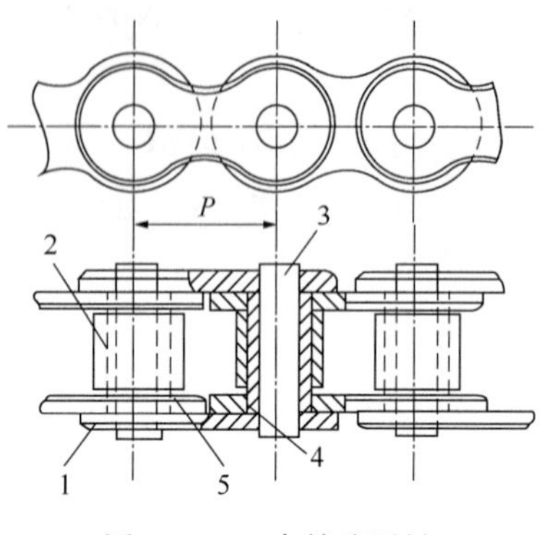

图 2-1-6　套筒滚子链

1—外链板；2—滚子；3—销轴；4—套筒；5—内链板

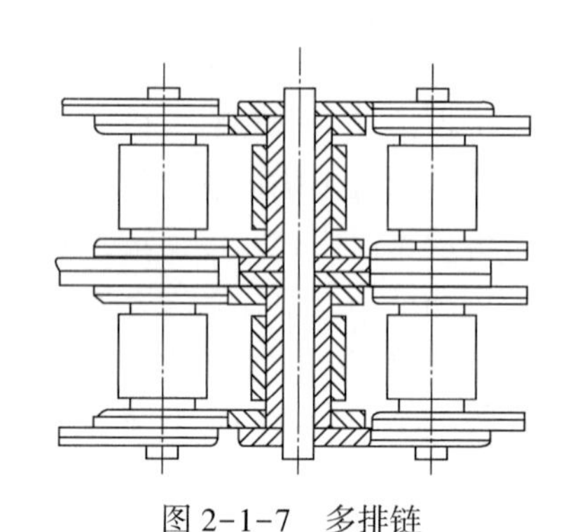

图 2-1-7　多排链

对于在重载、冲击、正反向转动等繁重条件下工作的链传动，为了减轻冲击和振动，全部采用由过渡链节组成的弯板滚子链。

传动用滚子链已标准化，分 A 和 B 两个系列，A 系列用于设计和出口，B 系列用于维修和出口。我国以 A 系列为主体。

齿形链由若干组齿形链板交错排列，用铰链相互连接而成。链板两侧工作面为直边，夹角为 60°，靠链板工作面和链轮轮齿的啮合来实现传动。齿形链的铰链可以是简单的圆柱销轴，也可以是其他形式。常见铰链形式主要有圆销式、轴瓦式和滚柱式 3 种(图 2-1-8)。

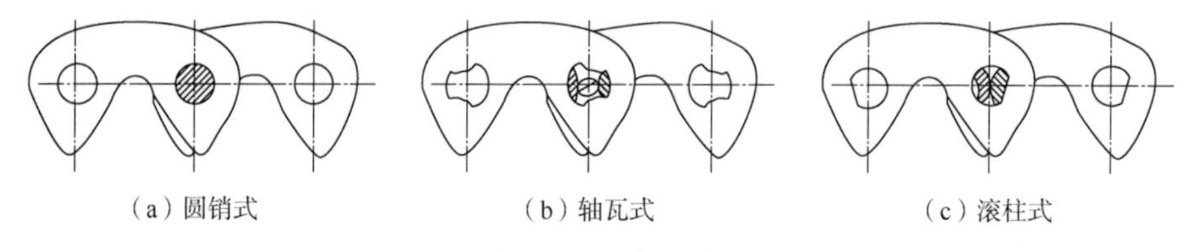

(a) 圆销式　　(b) 轴瓦式　　(c) 滚柱式

图 2-1-8　齿形链

由于齿形链的齿形及啮合特点，其传动较平衡，承受冲击性能好，轮齿受力均匀，噪声较小，因此又称无声链。齿形链允许较高的链速，特殊设计的齿形链传动最高链速可达 40m/s。目前，齿形链也已经标准化。

3. 齿轮传动

1) 齿轮传动的种类与特点

两个齿轮相互啮合，其中一个齿轮的齿用力拨动另一个齿轮的齿，从而使另一个齿轮随之转动，这种传动就称为齿轮传动(图 2-1-9)。齿轮传动用来传递两轴间的运动和动力，是现代机械中广泛应用的一种传动零件。

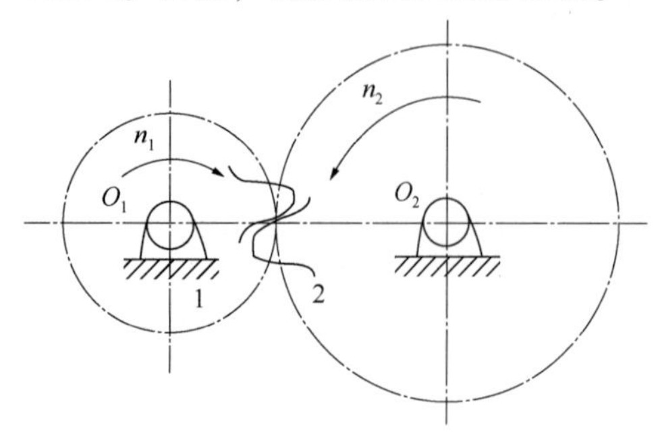

图 2-1-9　齿轮传动示意图

齿轮传动的种类很多，可以根据齿轮的形状

和工作条件进行分类。

根据齿轮的形状，齿轮传动可以分为以下几种：

(1) 圆柱齿轮传动。图 2-1-10(a)至图 2-1-10(d)所示 4 个齿轮用于两个平行轴间的传动；当需要将回转运动变为直线运动(或反之)时，可采用齿轮、齿条传动[图 2-1-10(e)]；对于两轴中心距离较小的情况，可采用内啮合传动[图 2-1-10(d)]；当要求传动平稳、承载能力较大时，可采用图 2-1-10(b)所示的斜齿圆柱齿轮和图 2-1-10(c)所示的人字齿圆柱齿轮。其中，最常用的是直齿圆柱齿轮[图 2-1-10(a)]。

(2) 圆锥齿轮传动。如图 2-1-10(f)所示，用于相交的两轴之间的传动。

(3) 螺旋齿轮传动。如图 2-1-10(g)所示，用于空间交叉的两轴之间的传动。

(a) 直齿圆柱齿轮

(b) 斜齿圆柱齿轮

(c) 人字齿圆柱齿轮

(d) 内啮合传动

(e) 齿轮、齿条传动

(f) 圆锥齿轮传动

(g) 螺旋齿轮传动

图 2-1-10　齿轮传动的主要类型

根据齿轮传动的工作条件，齿轮传动可以分为以下几种：

(1) 开式齿轮传动。齿轮暴露在箱体之外，不能保证良好的润滑。这种齿轮传动多用于低速或不太重要的场合。

(2) 闭式齿轮传动。齿轮轴和轴承都安装在封闭箱体内，润滑良好，安装精确。重要的齿轮传动都采用闭式齿轮传动。

2) 齿轮传动的特点及应用

与带传动、链传动相比，齿轮传动的优点如下：

(1) 能保证恒定的瞬时传动比，传动运动准确可靠。

(2) 传递的功率可以大到十几万千瓦，也可以很小；圆周速度最高可达 300m/s，也可以非常慢。

(3) 结构紧凑，体积小，使用寿命长。

(4) 传动效率比较高，一般圆柱齿轮的传动效率可达 0.98。

齿轮传动也有缺点，主要如下：

（1）当两传动轴之间的距离较大时，若采用齿轮传动，在结构上就不如带传动和链传动简单。

（2）遇到负载超过正常值时，不会像带传动那样自动打滑而保护机器免于损坏。

（3）齿轮制造成本较高，须用专用机床来加工。

为了保证齿轮传动的正常运转，齿轮传动应满足以下两个基本要求：

（1）传动平稳，即传动过程中的瞬时传动比恒定，尽量减少冲击、振动。

（2）承载能力高，即要求在尺寸小、质量轻的前提下，齿轮的强度高、耐磨性好，不能因出现断齿、磨损等而降低其使用寿命。

3）渐开线直齿圆柱齿轮各部分的名称和主要参数

齿轮轮齿的曲线形状有渐开线、圆弧、摆线等多种，目前应用最为广泛的是渐开线齿形的齿轮。渐开线的形成如图 2-1-11 所示，当直线 n—n 沿以 O 点为圆心的圆做纯滚动时，此直线上的一点 K 的轨迹 AK 就是该圆的渐开线。圆的大小决定了渐开线的形状，圆越大，则渐开线越平直；当圆半径趋于无穷大时，渐开线成为直线（即齿条轮毂）。

现仅以渐开线直齿圆柱齿轮为例，介绍齿轮的各部分名称和主要参数。

（1）圆的名称。在圆柱齿轮上，齿顶圆柱面与端面的交线称为齿顶圆，其直径用 d_a 表示，半径用 r_a 表示（图 2-1-12）；齿根圆柱面与端面的交线称为齿根圆，其直径用 d_f 表示，半径用 r_f 表示；人为地规定一个圆作为度量齿轮尺寸的基准圆，称为分度圆，其直径用 d 表示，半径用 r 表示。

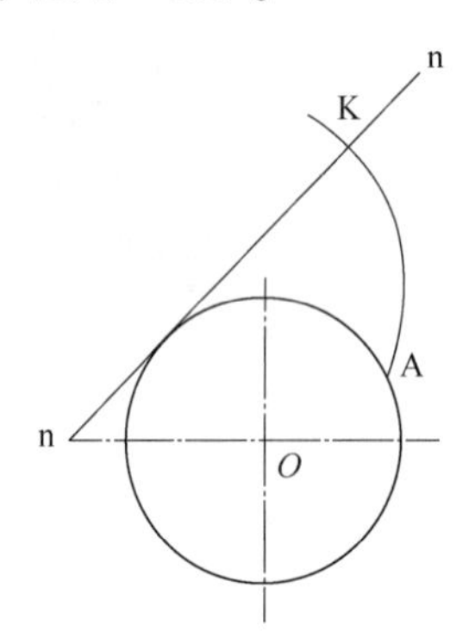

图 2-1-11　渐开线的形成

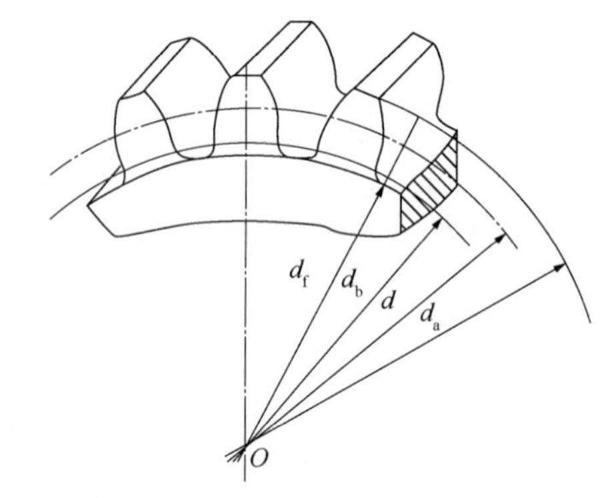

图 2-1-12　标准直齿圆柱齿轮各部分名称

（2）齿的名称。在圆柱齿轮的端面上，相邻两齿同侧齿廓之间在分度圆上的弧长称为分度齿轮距（简称齿距），用 p 表示。齿距又分为齿厚 s 及槽宽 e 两部分，即 $p=s+e$。齿轮的个数称为齿数，用 z 表示。齿顶圆与齿根圆之间的径向距离称为齿高，用 h 表示（其中齿顶圆与分度圆之间的径向距离称为齿顶高，用 h_a 表示；齿根圆与分度圆之间的距离称为齿根高，用 h_f 表示）。

（3）中心距。相啮合的平行齿轮轴的轴线之间的距离称为中心距，用 a 表示。

（4）模数。在分度圆上，分度圆周长为 πd，也可以表示为 pz，即 $\pi d=pz$，因此 $d=zp/\pi$，但式中包含无理数 π。为了不使 d 为无理数，以便于设计、制造和检修，人为地规定 p/π 的值为标准值（取有理数），称为模数，用 m 表示，模数的单位是 mm。渐开线圆柱齿轮模数系列可参考国家标准 GB/T 1357—2008。

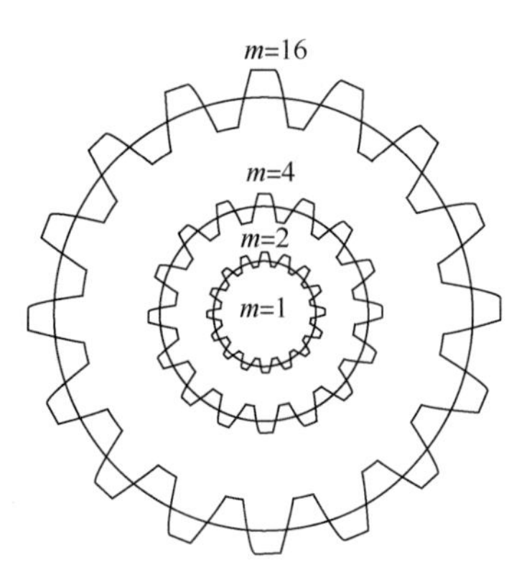

图 2-1-13　模数对齿轮尺寸的影响

如图 2-1-13 所示，齿数相同的齿轮，模数越大，齿轮尺寸越大，因而能够承受的载荷也越大。因此，模数的大小是齿形大小的标志，在同样材料和制造工艺下，模数的大小还是承载能力大小的标志。

由于模数相同时齿形大小相同，因此模数相同也是齿轮正确啮合的标志之一。模数是齿轮尺寸计算和反映齿轮性能的重要参数。

(5) 齿形角。渐开线齿轮啮合时，啮合点圆周运动的线速度方向为圆周切向，啮合点的受力方向(不计摩擦力时)是渐开线在啮合点的法线，这两个方向的夹角(锐角)称为齿形角 α。事实证明，由于渐开线的自身特点，使得渐开线齿轮从进入啮合到退出啮合，其齿形角均不变化。我国规定标准齿形角为 20°。

模数与其他几何尺寸的关系见表 2-1-1。

表 2-1-1　标准直齿圆柱齿轮的各部分尺寸计算公式

名　　称	代　　号	计算公式
分度圆直径	d	$d=mz$
齿距	p	$p=\pi m$
齿顶高	h_a	$h_a=h_a^* m=m$(正常齿 $h_a^*=1$)
齿根高	h_f	$h_f=(h_a^*+c^*)m=1.25m$(正常齿 $c^*=0.25$)
齿高	h	$h=h_a+h_f=2.25m$
齿顶圆直径	d_a	$d_a=m(z+2)$
齿根圆直径	d_f	$d_f=m(z-2.5)$
齿厚	s	$s=p/2=(\pi m)/2$
槽宽	e	$e=p/2=(\pi m)/2$
中心距	a	$a=m(z_1+z_2)/2$

4) 渐开线圆柱齿轮的正确啮合条件与传动比

(1) 正确啮合条件。

只有两个齿轮的模数相等且齿形角相同($m_1=m_2=m$，$\alpha_1=\alpha_2=\alpha$)时，才能正确啮合。

(2) 传动比。

设主动齿轮齿数为 z_1，转速为 n_1；从动齿轮齿数为 z_2，转速为 n_2(图 2-1-9)。主动齿轮每转过一个齿，从动齿轮相应被拨过一个齿。每分钟两齿轮转过相同的齿数。因此，$n_1z_1=n_2z_2$，则有 $n_1/n_2=z_2/z_1$，因此转动比：

$$i=\frac{n_1}{n_2}=\frac{z_2}{z_1} \tag{2-1-7}$$

也就是说，两个相互啮合的齿轮齿数确定后，齿轮传动的传动比就是定值。

5）齿轮的失效与维护

齿轮在啮合过程中，由于载荷等作用，可使齿轮发生齿轮折断、齿面损坏等现象，齿轮失去了正常工作的能力，称为失效。由于齿轮传动的工作条件和应用范围以及使用保养情况各不相同，齿轮可能发生多种不同形式的失效。

（1）齿面磨损。

在开式齿轮传动中，由于润滑不良和轮齿齿面落上灰尘会增加齿面的磨损，形成渐开线齿形被破坏，传动的平稳性和精度降低，且轮齿的整体强度下降，轮齿易折断。因此，使用开式齿轮传动，要做好润滑除尘工作。

（2）齿面点蚀。

在闭式齿轮传动过程中，当齿面较软、使用润滑油稀薄时，随着使用时间的增加，齿面上会产生细小的裂纹，齿啮合时润滑油挤入裂纹，使裂纹扩展，直至轮齿表面有小块材料剥落，形成小坑，这种现场称为点蚀[图2-1-14(a)]。

齿面发生点蚀，会造成传动不平稳和噪声增大。因此，齿面材料要有足够的硬度，并使用规定黏度的润滑油。

（3）齿面胶合。

当承受重载时，由于齿面之间相互摩擦发热，而使两齿面啮合时相互黏着。分开时，较软的齿面材料被撕下，齿面形成撕裂沟痕，这种现场称为齿面胶合[图2-1-14(b)]。因此，重载下使用的齿轮齿面要有足够的硬度，要选用有抗胶合添加剂的润滑油。

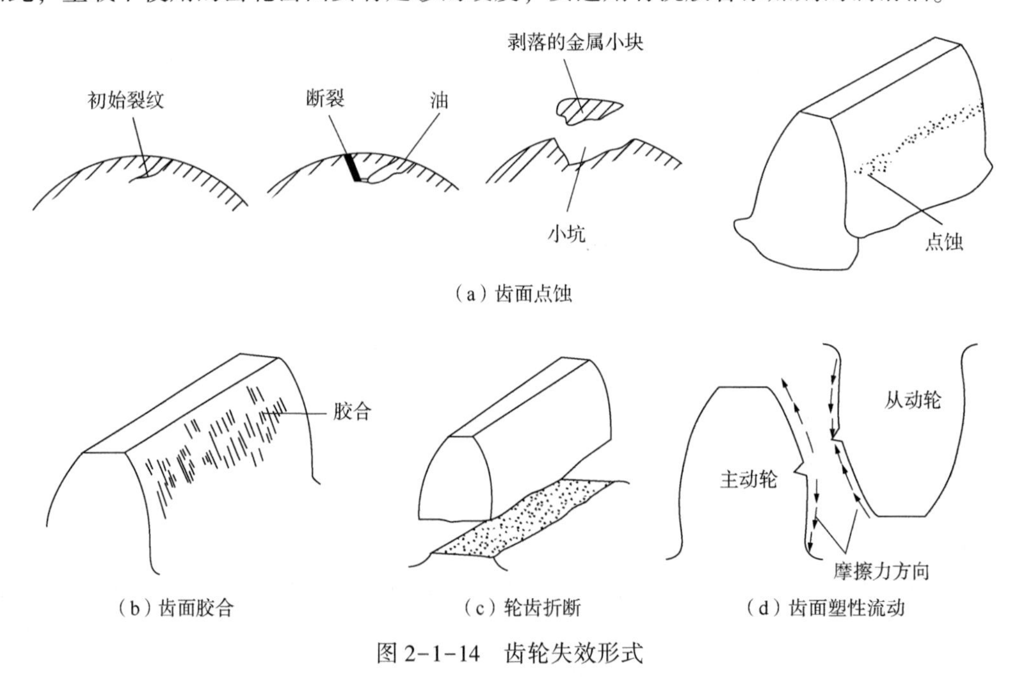

图2-1-14　齿轮失效形式

（4）轮齿折断。

无论是开式齿轮传动还是闭式齿轮传动，轮齿都有可能因为长期受载或短期过载以及不正常操作而发生折断[图2-1-14(c)]，突然的断齿有时会造成重大事故。因此，轮齿要有足够的强度，使用时要严格按照规程操作，采取过载保护装置等措施防止突然断齿。

（5）齿面塑性流动。

采用较软材料制造的齿轮，在重载下可能产生局部的金属流动现场，即齿面塑性流动［图 2-1-14(d)］。由于摩擦力的作用，齿面塑性变形将沿着摩擦力的方向发生，最后在主动轮的齿面节线附近形成凹沟，在从动轮的齿面节线附近产生凸起的棱脊，破坏正确的齿形。适当提高齿面硬度、采用黏度大的润滑油，可以减轻或防止齿面塑性流动。

4. 蜗杆传动

蜗杆传动是在空间交错的两轴间传递运动和动力的一种传动结构，两轴线交错的夹角可以为任意角，常用的是 90°。这种传动由于具有结构紧凑、传动比大、传动平稳以及在一定条件下具有可靠的自锁性等优点，应用广泛。蜗杆传动的不足之处是传动效率低、需用有色金属等。蜗杆传动常用于减速装置。

1）蜗杆传动的类型

根据蜗杆的形状不同，蜗杆传动可以分为圆柱蜗杆传动、环面蜗杆传动和锥蜗杆传动等(图 2-1-15)。

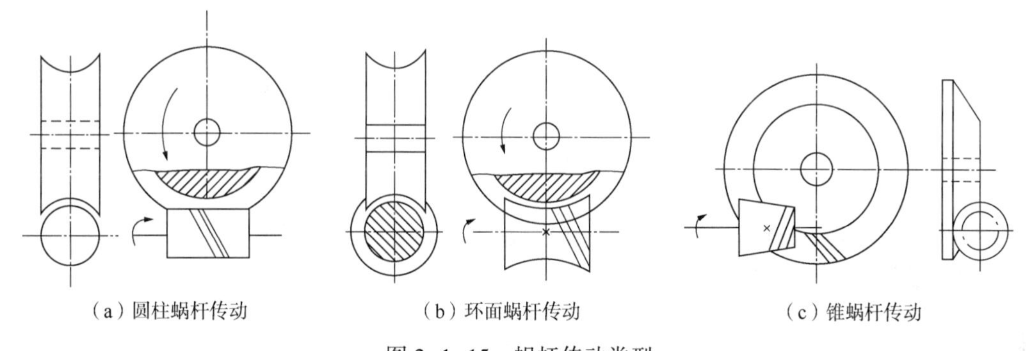
（a）圆柱蜗杆传动　（b）环面蜗杆传动　（c）锥蜗杆传动

图 2-1-15　蜗杆传动类型

圆柱蜗杆传动又有多种形式，按蜗杆的齿面形状分为阿基米德蜗杆和渐开线蜗杆等。阿基米德蜗杆在垂直于轴线的截面上的齿廓为阿基米德螺旋线(图 2-1-16)。这种螺杆制造容易，应用很广。

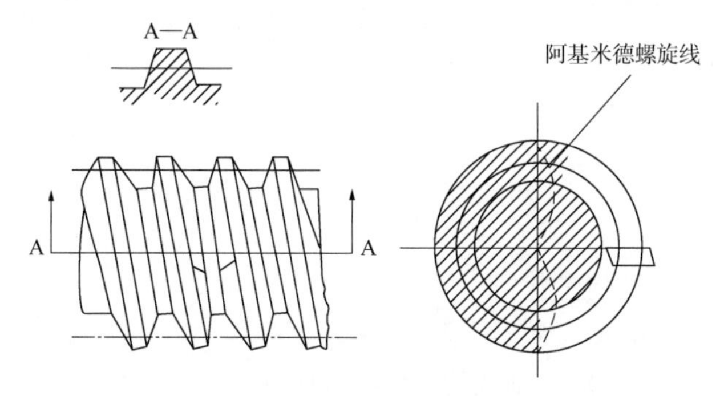

图 2-1-16　阿基米德蜗杆

2）蜗杆传动的失效形式

和齿轮传动一样，蜗杆传动的失效形式也有点蚀、齿根折断、齿面胶合、磨损等。由于材料和结构上的原因，蜗杆螺旋齿部分的强度总是高于蜗轮轮齿的强度，因此失效经常发生在蜗轮轮齿上。由于蜗杆与蜗轮齿面间有较大的相对滑动，从而增加了产生胶合和磨损失效的可能性。在开式传动中，多发生齿面磨损和轮齿折断；在闭式传动中，蜗杆多因齿面胶合或点蚀而失效。

3）蜗杆和蜗轮的结构

蜗杆通常与轴制成整体，很少制成装配式。常见的蜗杆结构如图 2-1-17 所示。图 2-1-17(a)所示结构既可以车制，也可以铣制；图 2-1-17(b)所示结构只能铣制。

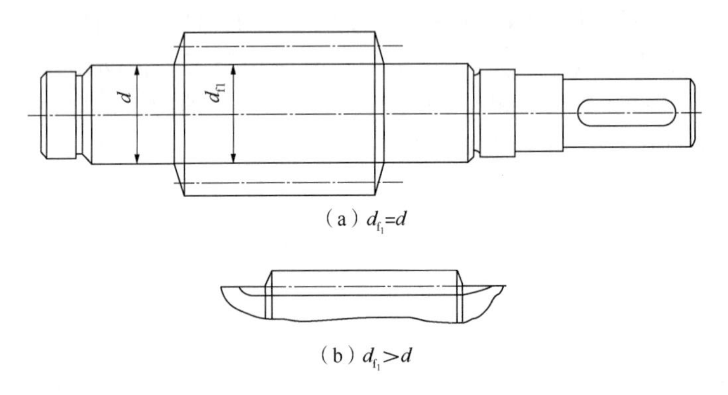

（a）$d_{f_1}=d$

（b）$d_{f_1}>d$

图 2-1-17　蜗杆传动类型

蜗轮可以制成整体的或组合的。组合涡轮的齿冠可以铸在或用过盈配合装在铸铁或铸钢的轮心上。为了增加过盈配合的可靠性，沿着接合缝还要拧上螺钉，螺钉孔中心线偏向轮毂一侧。当蜗轮直径较大时，可采用螺栓连接，最好采用受剪螺栓连接。图 2-1-18 显示了组合涡轮。

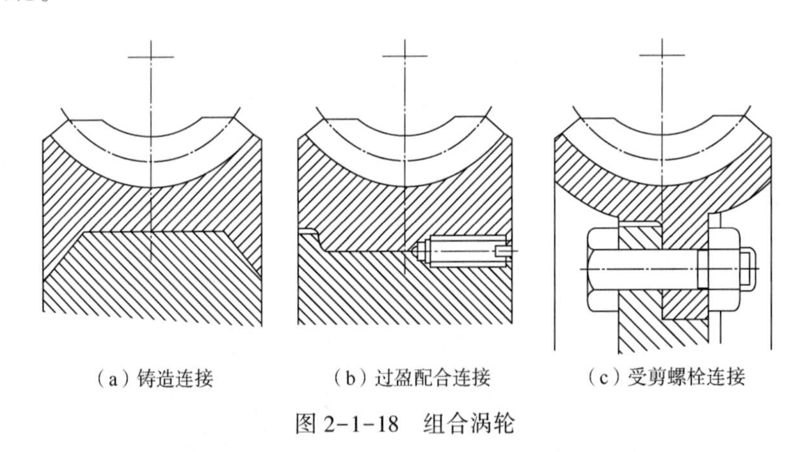

（a）铸造连接　（b）过盈配合连接　（c）受剪螺栓连接

图 2-1-18　组合涡轮

4）蜗杆传动的主要几何参数

（1）模数 m 和压力角 α。

通过螺杆轴线并垂直于蜗轮轴线的平面称为中间面(图 2-1-19)。

阿基米德蜗杆传动的正确啮合条件为蜗杆轴面模数 m_{a1} 和轴面压力角 α_{a1} 分别等于蜗轮端面模数 m_{t2} 和端面压力角 a_{t2}，且均为标准值，即

$$m_{a1}=m_{t2}=m,\ \alpha_{a1}=\alpha_{t2}=\alpha \tag{2-1-8}$$

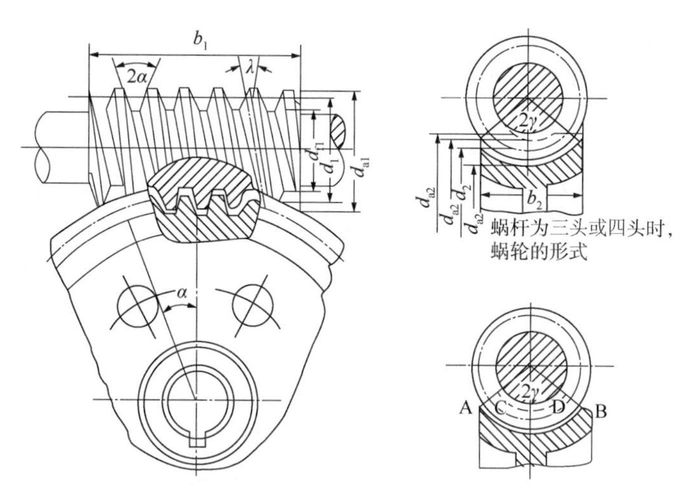

图 2-1-19　蜗杆传动中间面

(2) 螺杆分度圆直径 d_1和螺旋线升角 λ。

螺杆分度圆直径 d_1与蜗杆螺旋线头数 z_1、螺旋线升角 λ 和模数 m 有关。如果沿蜗杆分度圆直径 d_1将螺旋线展开(图 2-1-20)，得

$$\tan\lambda = \frac{z_1 p_{a1}}{\pi d_1} = \frac{z_1 m}{d_1} \tag{2-1-9}$$

$$d_1 = \frac{z_1 m}{\tan\lambda} \tag{2-1-10}$$

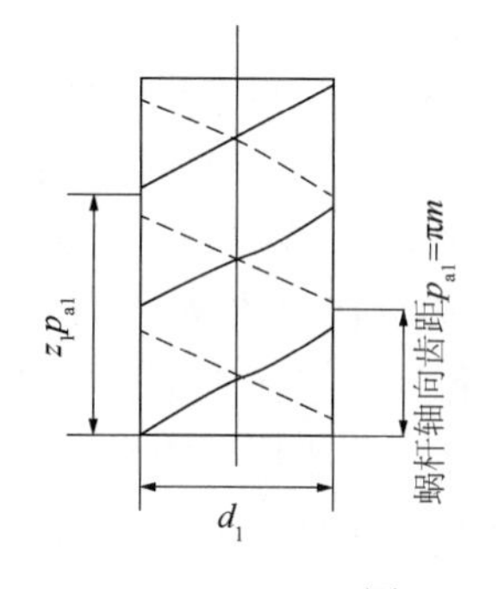

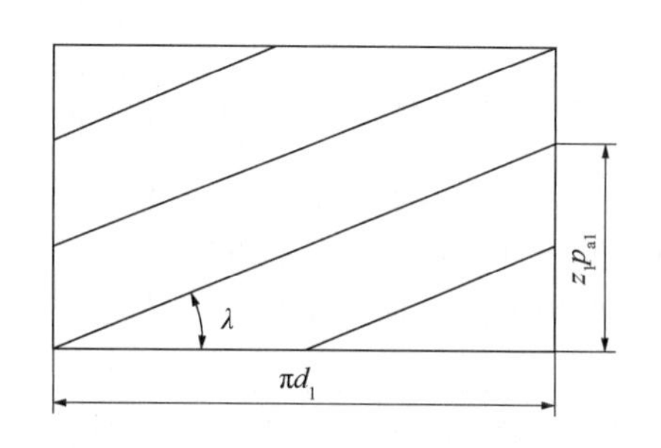

图 2-1-20　蜗杆分度圆展开图

由上式可以看出，在同一模数下，因为 λ 不同，会有很多直径的蜗杆，并且需要很多型号的蜗杆滚刀来切制相应的蜗轮，在制造中很不经济，为了减少刀具的型号和数目，蜗杆分度圆直径 d_1也标准化，并对每一个模数 m 规定了一定数量的 d_1。

蜗杆螺旋有右旋、左旋之分。蜗杆分度圆柱上的螺旋线升角 λ 为蜗杆端面与螺旋线切线的夹角，而蜗轮分度圆上的螺旋角 β 为蜗轮轴线与螺旋线的夹角。对于轴交角为 90°的蜗杆传动，为了保证传动的正确啮合，必须使蜗杆分度圆柱上的螺旋线升角 λ 等于蜗轮分度圆柱上的螺旋角 β，即 $\beta=\lambda$。

当螺杆分度圆直径 d_1与螺旋线头数 z_1选定后，蜗杆分度圆柱上的螺旋升角 λ 也就确定

了。为了提高传动效率，宜采取较大的螺旋线升角 λ。但 λ 过大时，蜗杆的加工难度较大，并且齿面间相对滑动速度增加。

(3) 齿数和传动比。

蜗杆齿数 z_1 即蜗杆螺旋线的头数，一般取 $z_1=1\sim4$，最大为6。当要求传动比大或者自锁时，可取 $z_1=1$，但传动效率低；当 z_1 增大时，可提高传动效率，但制造难度增加。

蜗杆传动的传动比等于蜗轮齿数 z_2 与蜗杆齿数 z_1 之比，即

$$i=\frac{n_1}{n_2}=\frac{z_2}{z_1} \tag{2-1-11}$$

蜗轮齿数 $z_2=iz_1$，一般取 $z_2=29\sim83$。

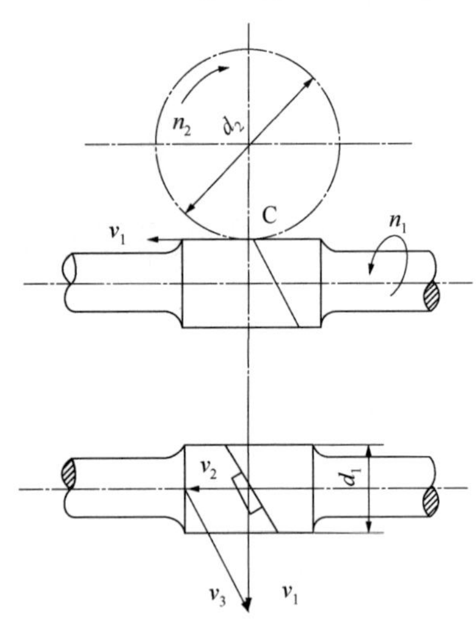

图 2-1-21　蜗杆传动的相对滑动速度

(4) 齿面间的相对滑动速度 v_s。

由图 2-1-21 可知，蜗杆的圆周速度 v_1 和蜗轮的圆周速度 v_2 的方向都是沿各自的分度圆切线，蜗杆传动即使在接点 C 处啮合，齿廓间也有较大的相对滑动，相对滑动速度 v_s 沿蜗杆螺旋线方向，为

$$v_s=\sqrt{v_1^2+v_2^2}=\frac{v_1}{\cos\lambda}=\frac{\pi d_1 n_1}{6000\cos\lambda} \tag{2-1-12}$$

相对滑动速度是蜗轮传动的一个重要参数，它对齿面的润滑情况、齿面失效形式及传递效率都有很大影响。

(5) 蜗杆传动的材料选择。

蜗杆传动的材料不仅要有足够的强度，而且要求材料具有良好的跑合性能、耐磨性能和抗胶合能力。

蜗杆一般采用碳钢或普通低合金钢，对于低速中载的一般蜗杆，可采用 45 钢经调质处理。对于重要的蜗杆，用渗碳钢(如 20Cr)，也可用表面或整体淬火钢(如 40Cr)。

蜗轮材料主要根据滑动速度来选择，常用蜗轮材料为铸造锡青铜、铸造铝铁青铜及灰铸铁等。锡青铜耐磨性好，抗胶合能力强，但价格较高，一般用于滑动速度较大的重要传动中；铝铁青铜有足够的强度，价格便宜，但耐磨性和抗胶合能力差，用于滑动速度较低的传动中；灰铸铁则用于滑动速度不大于 2m/s 的不重要传动。

5. *液压传动*

1) 液压传动的工作原理

液体传动是以油液作为工作介质，依靠密封容积的变化和油液内部的压力来传递运动。液压传动装置实质上是一种能量转换装置，它先将机械能转换为便于输送的液压能，然后再将液压能转换为机械能。

2) 液压传动系统的组成

液压传动系统由动力元件、执行元件、控制元件和辅助元件组成。

(1) 动力元件：液压泵，其作用是将电动机输出的机械能转换为液压能，推动整个系统工作。

（2）执行元件：液压缸、液压马达，其作用是将液压泵输出的液压能转换成工作部件运动的机械能，并分别输出直线运动或回转运动。

（3）控制元件：各种阀，其作用是调节和控制液体的压力、流量和流动方向。

（4）辅助元件：油箱、油管、压力表、过滤器等，其作用是创造必要条件，保证系统正常工作。

3）液压传动的优缺点

与机械传动相比，液压传动具有如下优点：

（1）能在较大范围内实现无级调速；

（2）运动比较平稳；

（3）换向时没有撞击和振动；

（4）能自动防止过载；

（5）操纵简单方便，比较容易实现自动化；

（6）机件在液压缸内工作，寿命较长。

液压传动也有不少缺点，具体如下：液压元件制造精度高，加工和安装比较困难；容易漏油，影响工作效率、工作质量和使用范围；油液受温度变化影响，还会直接影响传动机构的工作性能；维修保养、故障分析与排除都要求有较高的技术水平。

第二节　轴和轴承

一、轴

转动是一种常见的运动形式，各种传动零件如齿轮、带轮和链轮等的转动都是通过轴来实现的。因此，轴是机械设备的重要零件之一，主要用来传递旋转运动和动力。轴受力过大，将出现不应有的变形或者断裂。各种轴的受力情况是有区别的：汽车转向轴（图 2-2-1）只承受扭转作用；火车车厢的车轮轴（图 2-2-2）承受载荷后产生的弯曲变形；而一般机器中的轴多数不需要支撑旋转零件，只受到扭转作用的弯曲作用，如齿轮减速器中的轴。无论是哪一种轴，都要具有足够的强度和刚度，但又不能制作得过于笨重，因此需要选用合适的材料和采用合适的制造方法，保证轴既有足够的强度和刚度，又能很好地满足工作需要。

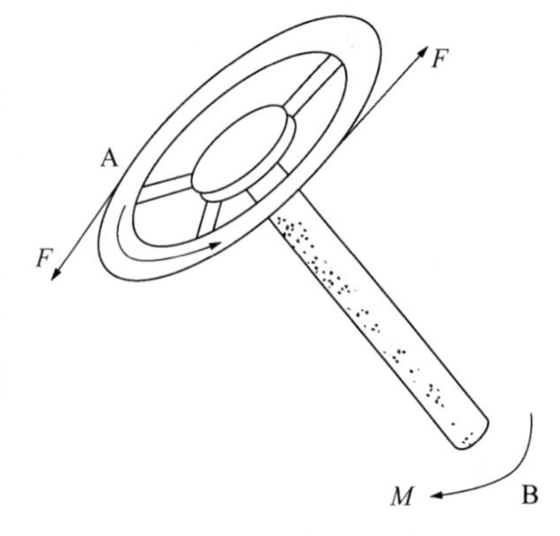

图 2-2-1　汽车转向轴

从连接结构上看，轴的作用是支撑和固定转动零件（如各种轮子），同时轴和传动零件一起转动。轴自身的支撑和定位则用安装在机架（或机座）上的轴承来完成。

轴的材料除了应具有足够的强度和刚度外，还应满足耐磨性、耐腐蚀性、可加工性等；此外，还要求对小裂纹或应力集中的敏感性低，同时还要考虑价格、供应等情况。轴的常用材料主要有碳钢和合金钢，其次是球墨铸铁。

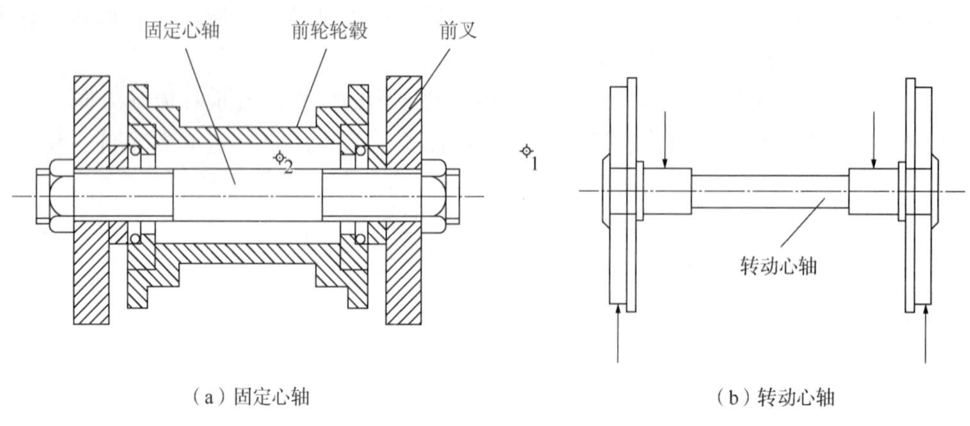

（a）固定心轴　　（b）转动心轴

图 2-2-2　固定心轴和转动心轴

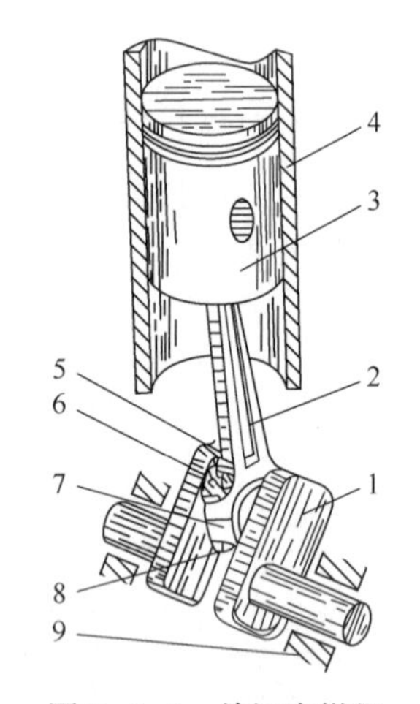

图 2-2-3　单缸内燃机

1—曲轴；2—连杆；3—活塞；4—汽缸体；5—连杆体；6—螺母；7—连杆盖；8—螺栓；9—轴承

通常轴的外形被制成圆柱形。轴的形状除以上所列举的直轴以外，还有一种曲轴，如图 2-2-3 所示。内燃机、压缩机就多采用曲轴。

在直轴中，从外形上看，又有光轴和阶梯轴两种。

轴一般都制成实心的，但有时因机器结构要求在轴中安装其他零件，如在轴孔中输送润滑油、冷却液，或者对减轻轴的重量有重大作用时，则将轴制成空心。由于轴中心部分材料在增加轴的刚度和强度方面作用很小，因此空心轴比实心轴在材料利用方面更合理，可节约材料，减轻重量。通常空心轴内径与外径的比值为 0.5~0.6。

阶梯轴各截面的直径不同，一般是两头细、中间粗，便于轴上零件的安装与定位，并使轴的承载能力比较合理，被广泛地应用于各种转动机构。阶梯轴的两相邻直径变化处称为轴肩。

一般情况下，轴上的零件都应有各自确定的相对位置，以保证零件的正常作用关系。例如，当要求零件与轴一起传动时，则该零件就必须牢靠地固定在轴上，固定的方式有周向固定和轴向固定。周向固定的方法可采用键连接、销连接、锥面一级紧配合等，其中键连接使用最多；零件在轴向位置的固定依靠轴肩、套筒、压紧螺母等。

二、轴承

轴承是机器中用来支撑轴的重要组成部分。它能使轴旋转时确保其几何轴线的空间位置，承受轴上的作用力，并把作用力传到机座上。

机器中所用的轴承，主要有滚动(摩擦)轴承和滑动(摩擦)轴承两大类。

1. *滑动轴承*

滑动轴承的特点是轴直接在固定不动的轴瓦上滑动。

1）整体式径向滑动轴承

该种轴承分为有轴套和无轴套两种。有轴套的如图2-2-4所示。轴套压装在轴承座中，并加止动螺钉以防止相对运动。轴承用螺栓固定在机架上。该种轴承结构简单、制造方便、成本低，但轴必须从轴承端部装入，装配不便，且轴承磨损后径向间隙不能调整，因此多用于低速、轻载及间歇工作的地方，如绞车、手摇起重机等。

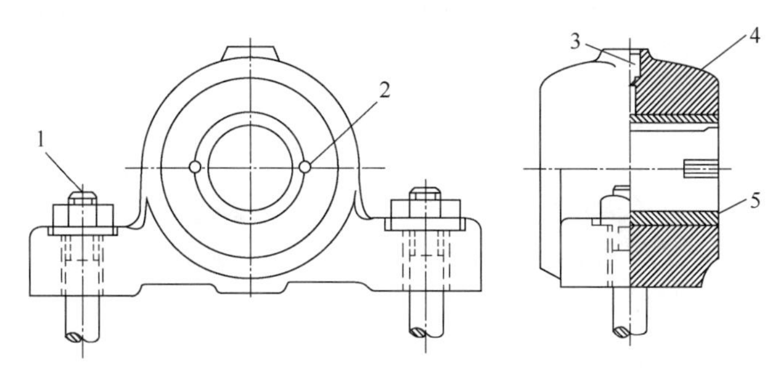

图2-2-4　整体式径向滑动轴承

1—固定螺栓；2—止动螺钉；3—装油杯的螺纹孔；5—轴套

2）剖分式滑动轴承

剖分式滑动轴承如图2-2-5所示，由轴承座、轴承盖、剖分式轴瓦、润滑装置和连接螺栓等组成。轴承座和轴承盖的剖分处有止口(台阶)，以便定位和防止移动；止口处上、下面有一定的间隙，当轴瓦磨损经修整后，可适当减少放在此间隙中的垫片来调整轴承盖的位置以夹紧轴瓦。装拆这种轴承时，轴不需要轴向移动，因此拆装方便，应用广泛。

当载荷方向有较大偏斜时，轴承的剖面采用偏斜结构。

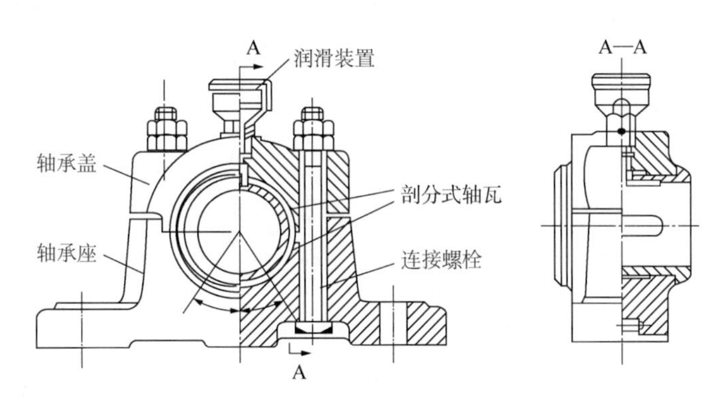

图2-2-5　剖分式滑动轴承

3）轴瓦和轴承衬

轴瓦是滑动轴承的主要组成部分，直接与轴接触，其性能对轴承的工作影响很大。为了节省贵重的合金材料或者由于结构上的需要，常在轴瓦的内表面上浇铸或者轧制一层轴承合金，这层轴承合金称为轴承衬。对于具有轴承衬的轴瓦，轴瓦只起到支撑作用(轴承衬直接与轴径接触)。

2. 滚动轴承

滚动轴承具有摩擦因数小、机械效率高、启动容易、内部间隙小、运动精度高、润滑油耗量小以及便于安装和维护的特点，因此在各种机械设备中获得了广泛的应用。

1）滚动轴承组成

一般地，滚动轴承由内圈、外圈、滚动体和保持架4个基本部分组成，其结构如图2-2-6所示。轴承外圈就是滚动轴承外面的大圈，与轴承座的内孔压紧在一起(紧配合)，一般不动。轴承内圈的孔和轴一起转动。外圈内面和内圈外面有凹槽滚道，滚动体放在内、外圈之间，并可沿凹槽滚动，滚动体的数量和大小随承载能力不同而不同。保持架把滚动体均匀地隔开。

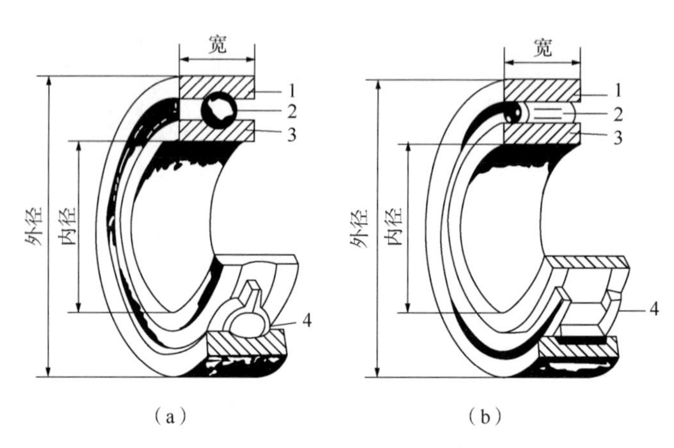

图2-2-6　滚动轴承的结构

1—外圈；2—滚动体；3—内圈；4—保持架

2）滚动轴承的主要类型

滚动轴承按照滚动体的形状可分为球轴承和滚子轴承。其中，滚子轴承又分为短圆柱滚子轴承、滚针轴承、圆锥滚子轴承、球面滚子轴承和螺旋滚子轴承等。常见的滚动体的形状如图2-2-7所示。

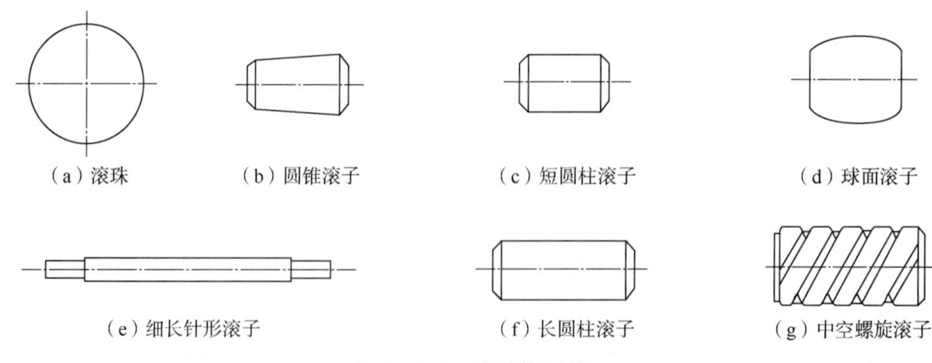

图2-2-7　滚动体形状

滚动轴承按轴承的承载情况分为向心轴承(主要承受径向载荷)、推力轴承(主要承受轴向载荷)和向心推力轴承(能承受轴向和径向联合载荷)。几种滚动轴承的外形如图2-2-8所示。各种不同的滚动体、不同的尺寸系列和结构形式适应各种不同的工作条件。常用滚动轴承的类型、主要性能、特点见表2-2-1。

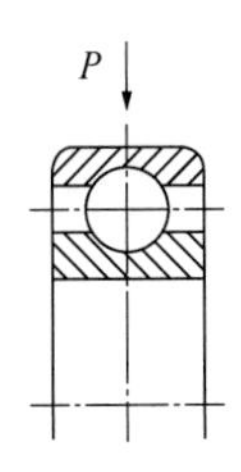

(a) 单列向心轴承

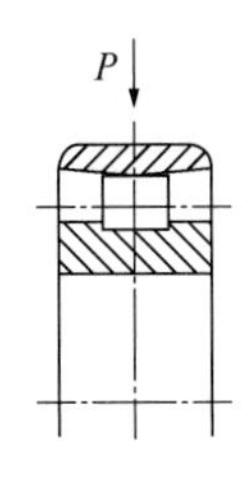

(b) 向心短圆柱滚子轴承

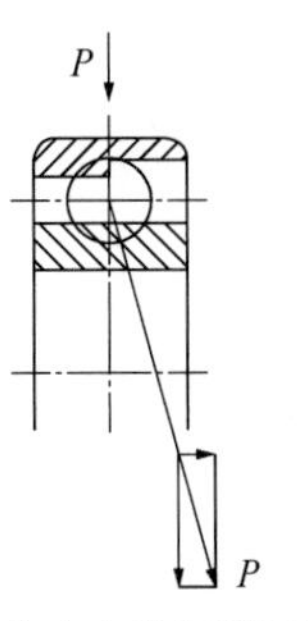

(c) 向心推力球轴承

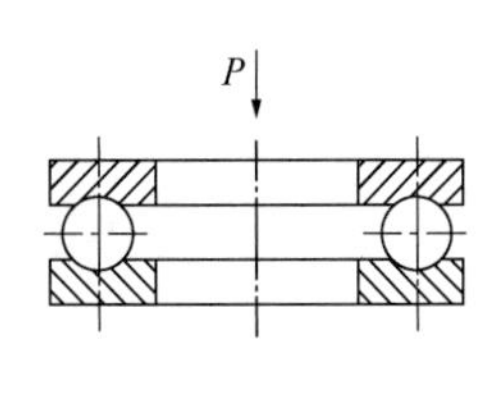

(d) 单向推力球轴承

图 2-2-8　几种常见滚动轴承

表 2-2-1　常用滚动轴承的类型、主要性能、特点

轴承类型	类别代号	主要性能及应用
双列角接触球轴承	0	具有相当于对角接触球轴承背靠背安装的特性
调心球轴承	1	主要承受径向载荷，也可以承受不大的轴向载荷；能自动调心，内、外圈相对斜度不小于2°为好，最大不得超过3°；适用于多支点传动轴、刚性较小的轴以及难以对中的轴
调心滚子轴承	2	与调心球轴承特性基本相同，内、外圈相对倾斜角随轴承尺寸系列不同而异，一般所允许的调心角度为1°~2.5°；承载能力比调心球轴承大；常用于其他种类轴承不能胜任的重载情况
滚锥子轴承	3	可同时承受径向载荷和单向轴向载荷，承载能力高；内、外圈可以分离，轴向和径向间隙容易调整；常用于斜齿轮轴、锥齿轮轴和蜗杆减速器轴以及机床主轴的支撑等；允许角偏差2°，一般成对使用
双列深沟球轴承	4	除了具有深沟球轴承的特性，还具有承受双向载荷更大、刚性更大的特性，可用于比深沟球轴承要求更高的场合
推力球轴承	5	只能承受轴向载荷，51000用于承受单向轴向载荷，52000用于承受双向轴向载荷；不宜用在高速下工作，常用于起重机吊钩、蜗杆轴和立式车床主轴的支撑等
双向推力球轴承		
深沟球轴承	6	主要承受径向载荷，也能承受一定的轴向载荷；高转速时可用来承受不大的纯轴向载荷；具有一定的调心能力，当相对于外壳孔倾斜2°~10°时仍能正常工作，但对轴承寿命有影响；承受冲击能力差；适用于刚性较大的轴，常用在机床齿轮箱、小功率电机等
角接触球轴承	7	可承受径向和单向轴向载荷；接触角越大，承受轴向载荷的能力越大，通常应成对使用；高速时用它代替推力球轴承较好；适用于刚性较大、跨距较小的轴，如斜齿轮减速器和蜗杆减速器中轴的支撑
推力圆柱滚子轴承	8	只能承受单向轴向载荷，承载能力比推力球轴承大得多，不允许有角偏差，常用在承受轴向载荷大而又不需要调心的场合
圆柱滚子轴承（外圈无挡边）	N	内、外圈可以分离，内、外圈允许少量轴向移动，允许内圈轴线与外圈轴线的角度误差很小，只有2°~4°；能承受较大的冲击载荷

第三节　常见机械连接

一、轴毂连接的种类与特点

带轮、齿轮等的传动零件的轮毂与轴必须在圆周方向固定，才能传递运动和动力。轴和轮毂之间的轴向固定称为轮毂连接。轮毂连接中以键连接较为常见。

键连接有国家标准，常用的类型有平键连接、半圆键连接和楔键连接 3 种。

1. 平键连接

图 2-3-1 显示了平键连接。从图中可以看出，在轴和传动零件的键槽中嵌入键，工作时靠键侧面的挤压传递转矩。平键连接加工容易、装拆方便、对中性良好，用于传递精度要求较高的场合。

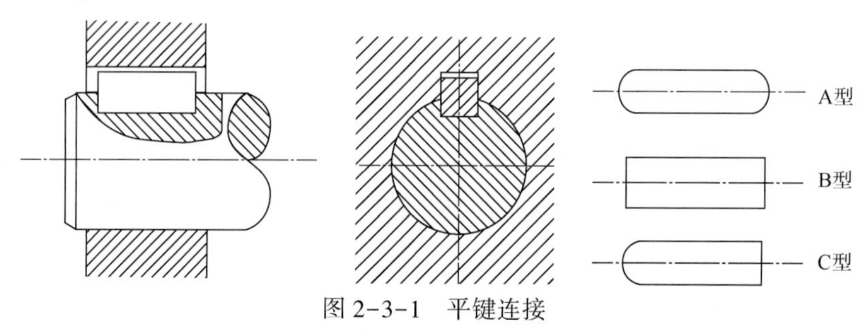

图 2-3-1　平键连接

平键连接按不同用途可分为普通平键连接、导向平键连接与滑键连接。

1）普通平键连接

普通平键连接的端部形状有圆头（A 型）、方头（B 型）和单圆头（C 型）三种，A 型和 B 型适用于轴的中部，C 型常用于轴端。普通平键用于轮毂与轴之间没有轴向移动的场合。

2）导向平键连接与滑键连接

当轮毂在轴上需要沿轴线移动时，可使用导向平键和滑键。导向平键固定在轴槽中（图 2-3-2），轮毂上键槽与键之间有小的间隙，当轮毂相对于轴轴向移动时，键起导向作用。导向平键是标准件。若轴上零件沿轴向移动距离较长时，可采用如图 2-3-3 所示的滑键连接。滑键未标准化。

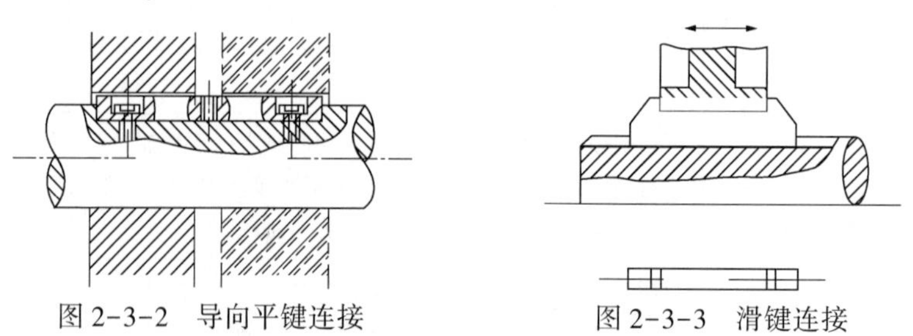
图 2-3-2　导向平键连接　　　图 2-3-3　滑键连接

2. 半圆键连接

半圆键连接如图 2-3-4 所示。半圆键在轴的键槽内摆动，以适应轮毂槽地面的斜度，装配方便，常用于圆锥形轴端部的轴毂连接。但由于轴上的键槽较深，对轴的强度削弱大，半圆键连接只适用承载小的场合。半圆键是标准件。

3. 楔键连接

楔键连接如图 2-3-5 所示。键的上表面和轮毂槽的底面各有 1∶100 的斜度，安装时需用力打入，靠键的上、下两面与键槽之间的静摩擦力工作。由于键楔紧后轮毂与轴产生相对偏心，因此楔键连接主要适用于要求不高、载荷平稳和转速较低的场合。

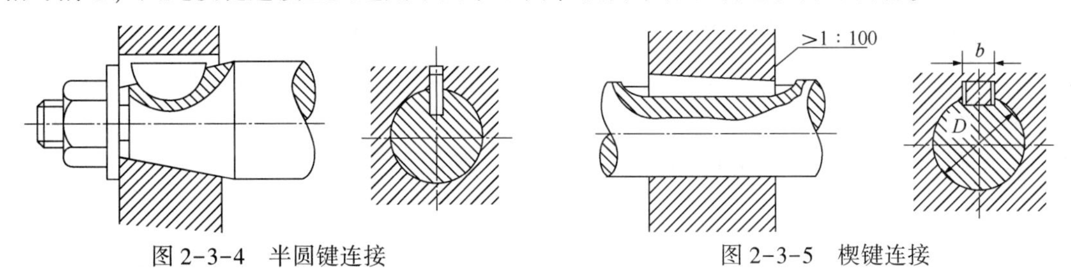

图 2-3-4　半圆键连接　　图 2-3-5　楔键连接

二、螺纹连接的种类与标准

螺纹连接是利用带螺纹的零件(也称螺纹紧固件)构成的可拆连接，它的主要作用是把若干零件固定在一起。

1. 螺纹的种类

连接用的螺纹有普通螺纹和管螺纹两种。

1）普通螺纹

图 2-3-6 显示了普通螺纹。螺纹牙形为正三角形，牙形角为 60°。同一公称尺寸的普通螺纹又分为粗牙螺纹[图 2-3-6(a)]和细牙螺纹[图 2-3-6(b)]两种。粗牙螺纹最为常用，细牙螺纹宜用于薄壁零件。

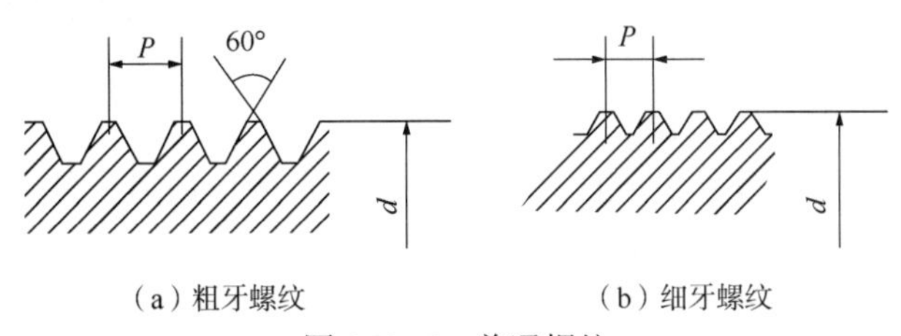

(a) 粗牙螺纹　　(b) 细牙螺纹

图 2-3-6　普通螺纹

2）管螺纹

管螺纹用于管道中管件之间的连接。图 2-3-7(a)显示了 55°圆柱管螺纹，牙顶和牙底有固定的圆角，内、外螺纹旋合后，可以保证牙间没有间隙，起密封作用。图 2-3-7(b)显示了 55°圆锥管螺纹，其密封性能比圆柱管螺纹好，并可迅速旋紧和旋松。

2. 螺纹连接的基本类型

1）螺栓连接

图 2-3-8(a)显示了普通螺栓连接，螺栓杆与孔之间有间隙，杆与孔的加工精度要求低，使用时需拧紧螺母，可以承担与螺杆轴线相同方向的载荷(称为轴向载荷)，也可以承担横向载荷。图 2-3-8(b)显示了铰制孔螺栓连接，螺栓杆与孔之间没有间隙，杆与孔的加工精度要求高，能承受横向载荷，并且能起到定位作用。

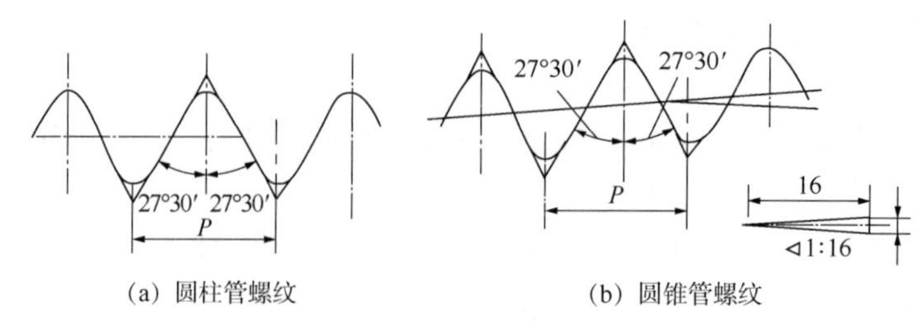

(a) 圆柱管螺纹　　(b) 圆锥管螺纹

图 2-3-7　管螺纹

2) 双头螺柱连接(图 2-3-9)

螺柱两端都有螺纹，一般情况下一端与螺母配合，一端与被连接件配合。

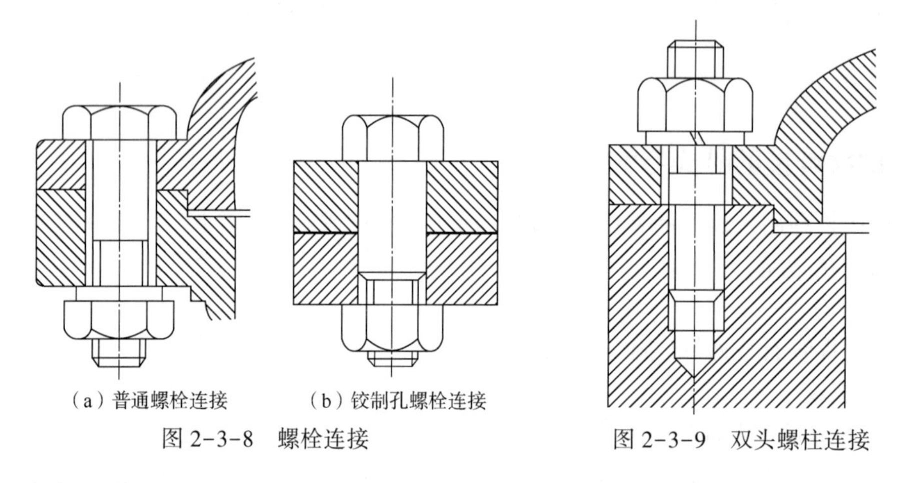
(a) 普通螺栓连接　　(b) 铰制孔螺栓连接

图 2-3-8　螺栓连接　　图 2-3-9　双头螺柱连接

3) 螺钉连接(图 2-3-10)

螺钉不配有螺母，直接拧入被连接件内的螺纹孔中，结构简单，但不宜经常拆卸，以免损坏孔内螺纹。

4) 紧定螺钉连接(图 2-3-11)

将紧定螺钉旋入一个被连接的螺纹孔中，并将其末端顶在另一被连接件的表面上或预先制成的凹坑中，将两零件相对固定。

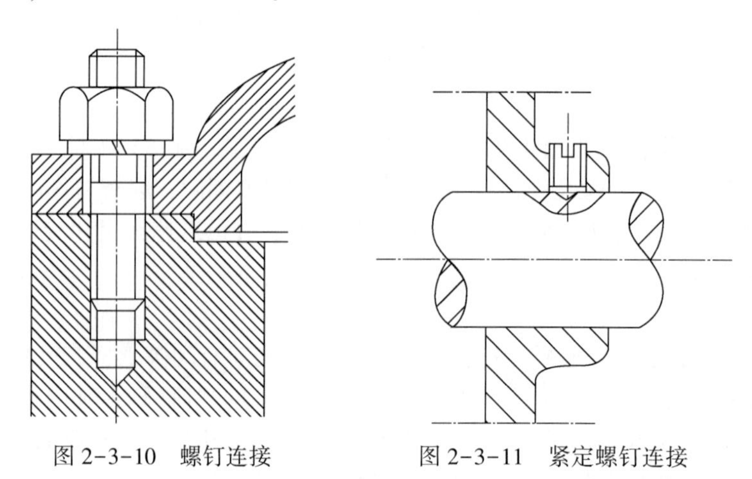

图 2-3-10　螺钉连接　　图 2-3-11　紧定螺钉连接

3. 常用螺纹连接件

常用螺纹连接件有螺栓、双头螺柱、螺钉、螺母、垫圈等。

根据国家标准规定，螺纹连接件分A、B、C共3个等级，A级精度最高，C级精度最低。一般螺纹连接多采用C级。

常用螺纹连接件的结构及材料见表2-3-1。

表2-3-1　常用螺纹连接件的结构及材料

名　　称	材　　料	应用场合
六角头螺栓	Q235、15、35、不锈钢等	化工机械中广泛应用
双头螺柱	Q235、35、不锈钢等	用于被连接件厚、不便用螺栓连接的场合
螺钉	Q235、35、45、不锈钢等	用于不经常拆卸、受力不大处
六角螺母	Q235、35、不锈钢等	化工机械中广泛应用
圆螺母	Q235、45	用于固定传动零件的轴向定位
垫圈	Q215、Q235	化工机械中广泛应用
地脚螺栓	Q235、35	用于机器、设备和地基的连接

三、联轴器

联轴器主要用于两根轴的连接，使两根轴共同旋转以传递运动和动力。联轴器种类很多，以下仅介绍化工机械常用的几种联轴器。

刚性联轴器用于两轴有严格的同轴度要求，以及工作时不发生相对移动的场合。刚性联轴器无弹性元件，不具备缓冲和减振作用，只适用于载荷平稳或基本无冲击的场合，要求安装时两轴有严格的“同轴度”，同时要求工作时两根轴不发生相对移动。凸缘联轴器是常用的刚性联轴器，它利用螺栓连接两个半联轴器的凸缘来实现网轴连接(图2-3-12)。

弹性套柱销联轴器结构简单、装拆方便、价格低廉，能缓和冲击、吸收振动并且允许被连接的两轴间有微小位移，但弹性套易损坏，因此寿命较短(图2-3-13)。它适用于载荷平稳、需正反转或启动频繁、传递较小转矩的场合。

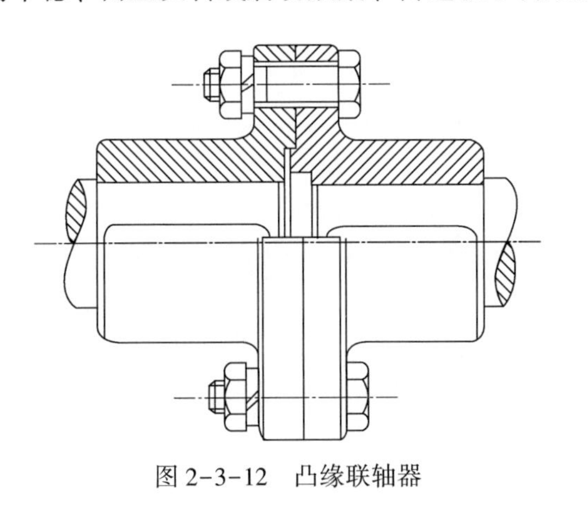

图2-3-12　凸缘联轴器

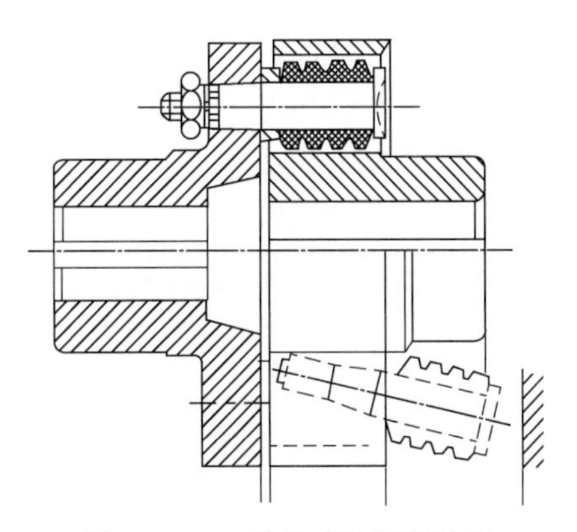

图2-3-13　弹性套柱销联轴器

链条联轴器是无弹性元件的弹性联轴器。它采用公用的链条，靠链条与链轮齿之间的啮合来实现两半联轴器的连接(图 2-3-14)。链条联轴器结构简单。

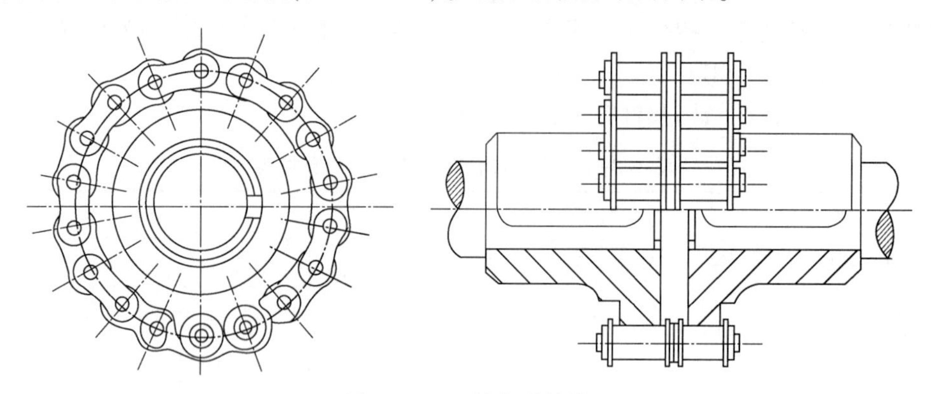

图 2-3-14　链条联轴器

第三章

化工设备基础知识

第一节 化工设备材料

化工生产过程的工艺条件十分复杂，压力从真空到高压甚至超高压；温度从深冷到高温；介质具有腐蚀性、易燃易爆、有毒甚至剧毒。为了保证化工设备的安全运行，化工设备的选择首要考虑的问题是使用的可靠性，不同的设备材料具有不同的特性，材料的选择与应用无疑是重要的一环。

一、金属材料及其性能

1. 金属材料的物理性能

金属材料的物理性能是指金属材料对各种物理现象所引起的反映，是金属材料固有的属性，主要包括密度、熔点、导电性、导热性、热膨胀性、耐磨性等。

1）密度

密度是指单位体积材料的质量。利用密度可以解决一系列实际问题，如计算材料的用量、区分轻金属、鉴别重金属等。

2）熔点

熔点是指材料由固态变为液态时的熔化温度。

3）导电性

导电性是指材料传导电流的能力，常用电导率来描述。电导率越大，材料的导电性越好。

4）导热性

导热性是指材料传导热量的性能，常用传热系数来描述。传热系数越大，材料的导热性越好。

5）热膨胀性

热膨胀性是指材料受热时体积发生胀大的能力，常用热膨胀系数来描述。热膨胀系数越大，材料的尺寸或体积随温度变化的程度就越大。

6）耐磨性

耐磨性是指材料抵抗磨损的性能，一般用磨损率来描述。磨损率是指单位时间内材料的磨损量。磨损率越小，材料的耐磨性越好。

2. 金属材料的化学性能

金属材料的化学性能是指金属材料抵抗化学介质作用的能力，包括抗氧化性、耐蚀性等。

1）抗氧化性

抗氧化性是指在高温下金属材料抵抗氧化作用的能力。

2）耐蚀性

耐蚀性是指金属材料抵抗周围介质(如大气、水、酸、碱、盐等)对其腐蚀的能力，常用腐蚀速率来描述。腐蚀速率越小，材料耐蚀性越好。

3. 金属材料的力学性能

任何机械零件在使用时都会承受外力(即载荷)作用。材料在外力作用下所表现出的特性称为力学性能，包括强度、塑性、硬度、冲击韧性等。

1）强度

强度是指材料在外力作用下抵抗塑性变形和断裂的能力。抵抗外力的能力越大，则强度越高。

2）塑性

塑性是指材料在外力作用下产生塑性变形的能力。常用塑性指标有伸长率(延伸率)δ和断面收缩率ψ。材料的δ值和ψ值越大，则材料的塑性越好，易变形。

3）硬度

硬度是指金属材料抵抗其他物体压入其表面的能力，反映金属材料的软硬程度，是表征金属材料性能的一个综合物理量。硬度值越高，材料越硬。常用的硬度指标有布氏硬度、洛氏硬度等。

4）冲击韧性

冲击韧性是指金属材料抵抗冲击载荷而不被破坏的能力，冲击韧性(即冲击韧度)使用a表示。a值越大，材料抗冲击能力越强。

4. 金属材料的工艺性能

金属材料需经过一系列加工以后，才能制成符合要求的机械零件或结构件。金属材料所具有的能够适应各种加工工艺要求的能力称为金属材料的工艺性能，包括铸造性、可锻性、焊接性、切削加工性等。

1）铸造性

金属材料能用铸造方法获得合格铸件的能力称为铸造性。铸造性能的优劣一般用液体的流动性、收缩性及偏析趋势来表示。流动性是指液态金属充满铸型的能力，流动性越好，越易铸造细薄精致的铸件；铸造收缩性是指金属在凝固时体积收缩的程度，收缩越小，铸件凝固时变形越小，不易产生缩孔、缩松及变形等缺陷；偏析是指铸件凝固后，其内部化学成分或金属组织的不均匀性。

2）可锻性

可锻性是指金属材料在锻造时能改变形状而不产生裂纹的性能。可锻性好，表明该金属易于锻造成形。如果金属材料的塑性越好，变形抗力越小，则可锻性越好；反之，可锻性越差。

3）焊接性

将两块分离的金属通过加热或加压促使原子之间互相扩散与结合，从而牢固地连接成一个整体的加工方法称为焊接。焊接性是指金属材料对焊接加工的适应性能，主要是指在一定的焊接工艺条件下，获得优质焊接接头的难易程度。

4）切削加工性

用切削刀具从毛坯上切除多余的部分，从而获得图样要求的形状、尺寸和表面粗糙度的零件的加工方法称为切削加工。切削加工性是指金属材料被切削加工的难易程度。切削加工性好的金属材料，加工时刀具不易磨损且表面的表面粗糙度值较小。

二、非金属材料及其主要性能

非金属材料是由非金属元素或化合物构成的材料。非金属材料因具有各种优异的性能，为天然的非金属材料和某些金属材料所不及，从而在近代工业中的用途不断扩大并迅速发展。本文仅介绍以下几种常见非金属材料。

1. 塑料

塑料是以天然或合成树脂为主要成分，在一定温度、压力条件下制成一定形状，并在常温下能保持其形状不变的材料。一般塑料密度小、电绝缘性好、耐蚀、耐磨，以及有较好的消声和吸振性能。但塑料不耐高温、热膨胀系数大、导热差、易变形和老化。塑料按其热性能可分为热固性塑料和热塑性塑料。

2. 橡胶

橡胶是以生胶为主要原料，加入骨架材料以及适量的配合剂而制成的一种有机高分子弹性化合物。在使用温度范围内处于高弹性状态，即在外力作用下能发生很大的变形，当外力除去又恢复到原来状态。橡胶具有较好的抗撕裂、耐疲劳特性，经多次拉伸、压缩、剪切和弯曲而不受损伤；也具有不渗水、不透气、耐酸碱和绝缘等特性。橡胶的主要缺点是易老化，即橡胶制品长期存放或使用时，逐渐被氧化而产生硬化和脆性，甚至龟裂。

3. 黏结剂

黏结剂又称黏合剂或胶黏剂，是一种通过黏附作用使同质或异质材料连接在一起，并在黏结面上有一定强度的物质。

黏结剂是以具有黏性或弹性的天然产物或高分子化合物(无机黏结剂除外)为基料，添加固化剂、填料、稀释剂、附加剂等各种材料组成的混合物。

4. 陶瓷

陶瓷是以天然的硅酸盐矿物(如黏土、长石、石英等)或人工合成的粉状化合物(如氧化物、氮化物、硅化物、硼化物、氟化物等)为原料，经成形和高温烧结制成的无机非金属元素多相固体材料。陶瓷耐高温，熔点高(大多在2000℃以上)；抗氧化性、耐蚀性以及高温强度好，抗蠕变能力强；热膨胀系数较低；结构稳定，不易氧化，能抵抗酸、碱、盐的腐蚀；电绝缘性好，少数陶瓷具有半导体性质，可用作电子元件；某些陶瓷具有特殊的光学性能，可用来制作激光器、光导纤维、光贮存材料；某些陶瓷在动物体内没有排异性，可用来制作人造器官，如人的牙齿、骨骼及关节等；但陶瓷的抗振能力差。

5. 石棉

石棉是一种可剥分为柔韧细长纤维的硅酸盐矿物的总称，也是天然纤维状矿物的集合体。石棉主要由二氧化硅、氧化镁、氧化铁、氧化钙和结晶水组成。按成分和内部结构，石棉通常分为蛇纹石石棉（又称温石棉）和角闪石石棉两大类。石棉纤维具有较强的抗拉强度，但是纤维扭折后其强度显著降低；具有一定的耐热性能，高温下不燃烧，熔点高（1500℃左右），通常是以失去结构水的温度作为石棉纤维的耐热度，石棉长时间耐热温度为 550℃，短时间耐热温度为 700℃。

6. *石墨*

石墨是外观深灰色鳞片状固体，是碳的结晶矿物之一，其晶体属六方晶系，具有典型层状结构。石墨的硬度较小，导电性、导热性良好，常温下石墨具有良好的化学稳定性，能耐酸、耐碱、耐有机溶剂的腐蚀，但高温时易氧化。

由于石墨晶体层与层间容易滑动，工业上可用石墨作为固体润滑剂，其润滑性能随鳞片大小而变化，鳞片越大，摩擦系数越小，润滑性能越好。在高速、高温、高压的条件下，往往不能使用润滑油，而石墨可以在高温、滑动速度很高的条件下使用。许多输送腐蚀介质的设备广泛采用石墨材料制成活塞环、密封圈和轴承，它们运转时不需加入润滑油。石墨乳也是许多金属加工（拔丝、拉管）时的良好润滑剂。

当温度升高时，石墨的抗拉强度将会增大，在 2500℃时石墨的抗拉强度比室温时提高一倍。石墨是目前已知的最耐高温的材料之一且具有良好的抗热振性能，即当温度突然变化时，热膨胀系数小，因此具有良好的热稳定性，在温度有急冷急热的变化时，不会产生裂纹。石墨具有良好的导热性，其导热性超过钢、铁、铝等金属材料，而且随温度的升高，导热系数降低，这和一般金属材料不同，一般金属的导热系数随着温度的升高而增大。在极高的温度下，石墨甚至趋于绝热状态，即具有隔热性。因此，石墨可用作耐火砖、连续铸造粉、铸模芯及铸模耐火材料。

石墨具有良好的导电性。虽然石墨的导电性不能与铜、铝等金属相匹敌，但与一般的材料相比，其导热、导电性是相当好的。在电气工业中被广泛用来制作电极、电刷、碳棒、碳管、水银整流器的正极、石墨垫圈、电话零件、电视机显像管的涂层等。

第二节　化工设备选型与检验

一、化工设备类型选择

化工设备广泛地应用于化工、食品、医药、石油及其他工业部门。虽然服务的对象、操作条件、内部结构不同，但它们都有一个外壳，这个外壳称为容器。若容器同时具备以下 3 个条件，则被称为压力容器。

（1）最高工作压力不小于 0.1MPa（不含液柱静压力）。

（2）内径（非圆形截面指断面最大尺寸）不小于 0.15m，且容积不小于 0.025m^3。

（3）介质为气体、液化气体或最高温度不小于标准沸点的液体。

压力容器的压力主要来源于压缩机、蒸汽锅炉、液化气体的蒸发压力及化学反应产生的压力等。

1. *压力容器的分类*

压力容器的种类很多，从使用、制造和监察的角度出发，有以下几种分类方法。

1）按承压性质分类

按承压性质，压力容器分为内压容器和外压容器。当容器内部压力大于外部压力时，称为内压容器，反之则为外压容器。若压力小于一个标准大气压，即为真空容器。如未特别说明，则容器所承受的压力均指表压。压力容器根据承受压力的大小可分为低压容器、中压容器、高压容器和超高压容器4个等级。

（1）低压容器（代号L）：$0.1\text{MPa} \leq p < 1.6\text{MPa}$。

（2）中压容器（代号M）：$1.6\text{MPa} \leq p < 10\text{MPa}$。

（3）高压容器（代号H）：$10\text{MPa} \leq p < 100\text{MPa}$。

（4）超高压容器（代号U）：$p \geq 100\text{MPa}$。

2）按工艺过程中的作用分类

（1）反应容器（代号R）：用于完成介质物理、化学反应的容器，如反应器、反应釜、合成塔、变换炉、分解塔等。

（2）换热容器（代号E）：用于完成介质热量交换的容器，如管壳式余热锅炉、热交换器、冷却器、冷凝器、加热器等。

（3）分离容器（代号S）：用于完成介质流体压力平衡缓冲，气体净化，固、液、气分离的容器，如分离器、过滤器、集油器、缓冲器、吸收塔、除氧器等。

3）按安全技术监察规程分类

（1）GB/T 150—2011《压力容器》规定有下列情况之一的为第三类压力容器：

① 高压容器。

② 中压容器（仅限毒性程度为极度和高度危害介质）。

③ 中压储存容器（仅限易燃或毒性程度为中危害介质，且pV乘积不小于$10\text{MPa} \cdot \text{m}^3$；易燃介质是指与空气混合的爆炸下限小于10%，或爆炸上限、下限之差不小于20%的气体，如丁二烯、丁烷、乙烯、丙烷等）。

④ 中压反应器（仅限易燃或毒性程度为中度危害介质，且pV乘积不小于$0.5\text{MPa} \cdot \text{m}^3$）。

⑤ 低压容器（仅限毒性程度为极度和高度危害介质，且pV乘积不小于$0.2\text{MPa} \cdot \text{m}^3$）。

⑥ 高压、中压管壳式余热锅炉。

⑦ 中压搪玻璃压力容器。

⑧ 使用强度级别较高（指相应标准中抗拉强度规定值下限不小于540MPa）的材料制造的压力容器。

⑨ 移动式压力容器，包括铁路罐车（介质为液化气体、低温液体）、罐式汽车[液化气体运输（半挂）车、低温液体运输（半挂）车、永久气体运输（半挂）车]和罐式集装箱（介质为液化气体、低温液体）等。

⑩ 球形储罐（容积不小于50m^3）。

⑪ 低温液体储存容器（容积大于5m^3）。

（2）有下列情况之一的为第二类压力容器：

① 中压容器。

② 低压容器（仅限毒性程度为极度和高度危害介质）。

③ 低压反应容器和低压储存容器（仅限易燃介质或毒性程度为中度危害介质）。

④ 低压管壳式余热锅炉。

⑤ 低压搪玻璃压力容器。

(3)第一类压力容器：

除已列入第二类或第三类的所有低压容器。

第三类压力容器要求最高，第二类次之。类别越高，设计、制造、检验、管理等方面的要求越严格。

4）按相对壁厚分类

根据器壁厚度的不同，压力容器分为薄壁容器和厚壁容器，两者是按外径 D_o 与内径 D_i 的比值大小来划分的，中低压容器一般为薄壁容器。

(1) 薄壁容器：直径之比 $K=D_o/D_i \leqslant 1.2$ 的容器。

(2) 厚壁容器：直径之比 $K=D_o/D_i > 1.2$ 的容器。

5）按容器壁温分类

(1) 低温容器：设计温度 $T \leqslant -20℃$。

(2) 常温容器：设计温度 $-20℃ < T \leqslant 20℃$。

(3) 中温容器：设计温度 $20℃ < T \leqslant 450℃$。

(4) 高温容器：设计温度 $T > 450℃$。

此外，压力容器按材料可分为金属容器、非金属容器和复合材料容器；按形状可分为圆筒形容器、球形容器和矩形容器等。

2. 化工设备的基本要求

化工设备首先应满足化工工艺要求。除此之外，还必须保证在使用年限内能安全运行，并且便于制造、安装、维修与操作，有较高的技术经济指标。

1）安全性要求

化工设备在使用年限内安全可靠是化工生产对化工设备最基本的要求。要达到这一目的，就必须对化工设备有以下几方面的要求：

(1) 强度。

强度是指容器抵抗外力破坏的能力。化工容器应具备足够的强度，若容器的强度不足，则会引起塑性变形、断裂甚至爆破，危害化工生产及人员的生命安全，后果极其严重。但是，盲目地提高强度则会使设备笨重，浪费材料，增加成本。

(2) 刚度。

刚度是指容器抵抗外力使其变形的能力。容器在工作时，强度虽满足要求，但在外载荷作用下发生较大变形，则也不能保证其正常运转。例如，常压容器根据强度计算，其壁厚数值很小，在制造、运输及现场安装过程中会发生较大变形，因此应根据其刚度要求来确定其壁厚。

(3) 稳定性。

稳定性是指容器或零部件在外力作用下维持原有形状的能力。长细杆在受压时可能发生弯曲的失稳问题，受外压的容器也可能出现突然压瘪的失稳问题，使得容器不能正常工作。

(4) 耐蚀性。

耐蚀性是指容器抗腐蚀的能力，它对保证化工设备安全运转十分重要。化工厂里的许多介质或多或少具有一定腐蚀性，它会使整个设备或某个局部区域减薄，致使设备的使用年限缩短。设备局部减薄还会引起突然的泄漏或爆破，危害更大。因此，选择合适的耐蚀材料或采用正确的防腐措施是提高设备耐蚀性的有效手段。

(5) 密封性。

化工设备必须具备良好的密封性。对于易燃易爆、有毒的介质，若密封性不好，则会引起污染、中毒甚至是燃烧或爆炸，造成极其严重的后果，因此必须引起足够的重视。

2) 合理性要求

化工设备设计是否合理，会影响到制造、安装、运输与维修成本，还会影响到设备是否能安全运行、操作是否方便、失误动作是否减少等。因此，设备在结构上应避免复杂的加工工序，减少加工量，尽量采用标准件；在设置平台、人孔、楼梯时，位置要合适，以便于操作和维修；对要长途运输的设备，还应考虑运输工具、吊装及沿途道路等一系列问题。

3) 经济性要求

只有低成本的产品在市场上才有竞争力。要想降低产品的总成本，设备的单位生产能力应越高越好，制造与管理费用应越低越好。有时先进设备虽然制造与管理费用高一点，但单位生产能力、能源材料消耗系数及保证产品质量上有突出优点，因此应优先采用先进设备。

二、化工设备零部件选用

从形状来看，压力容器主要有圆筒形、球形和矩形 3 种形式。其中，矩形容器由于承压能力差，多用作小型常压储槽；球形容器由于制造困难，通常用作有一定压力的大中型储罐；而对于圆筒形容器，由于制造容易、安装内件方便、承压能力较好，在工业中应用广泛。

压力容器的基本结构如图 3-2-1 所示，用单层钢板卷制而成，由筒体、封头、支座、接管法兰、人孔(手孔)、安全附件等零部件组成。

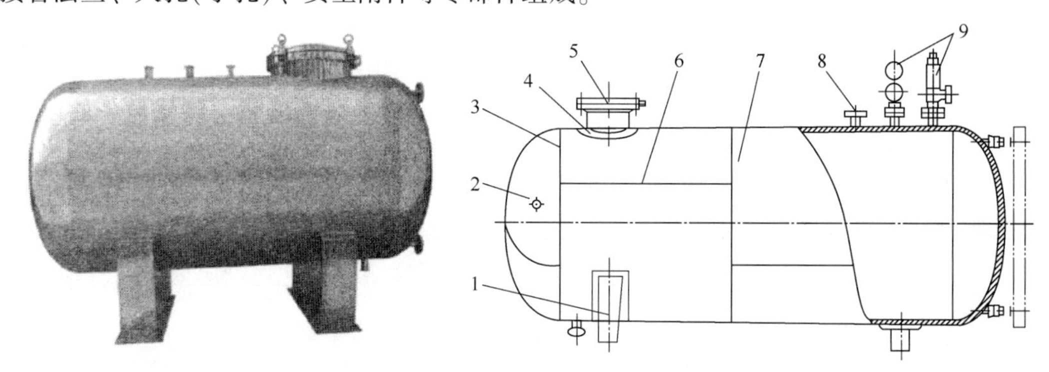

图 3-2-1 压力容器的基本结构

1—鞍式支座；2—封头；3—封头环向拼焊焊缝；4—补强圈；5—人孔；6—筒体纵向拼焊焊缝；7—筒体；8—管法兰；9—压力表与安全阀

筒体与封头是构成容器空间的主要受压元件。按形状不同，筒体分为圆筒壳体、圆锥壳体、球壳体、椭圆壳体和矩形壳体等；封头分为半球形、椭圆形、碟形、球冠形、锥形和平板形封头等。

人孔、手孔是为了满足工艺过程和检修的需要，便于制造、检验和维护管理而设置的部件，属于主要受压元件；而工艺接管是介质进出容器的通道。

密封装置的作用是避免介质发生泄漏以保证压力容器正常、安全、可靠地运行，连接处常采用法兰密封结构。法兰为主要受压元件，分为压力容器法兰和管法兰两种。

安全附件是为了使压力容器安全运行而安装在设备上的一种安全装置，包括安全阀、爆破片、压力表等。

1. 内压封头的选用

封头是压力容器的重要组成部分，根据工艺过程、承载能力、制造技术等方面的要求选用封头的结构形式。

封头按照形状不同，可分为凸形封头、锥形封头、平板形封头 3 种。其中，凸形封头包括半球形封头、椭圆形封头、碟形封头和球冠形封头；锥形封头根据是否带有折边，分为折边锥形封头和无折边锥形封头两种。

从承压能力来看，半球形、椭圆形封头最好，碟形、折边锥形封头次之，而球冠形、无带折边锥形和平板形封头较差。

平板形、球冠形、无折边锥形封头加工比较容易，但压力较高时，封头与筒体连接处会产生较大的边缘应力，因此这几种封头只能用于压力较低的场合。

2. 法兰的选用

石油化工生产中，为了安装和检修方便，在筒体与筒体、筒体与封头、管道与管道、管道与阀门之间常采用可拆卸的法兰连接。其中，与筒体或封头相连的为压力容器法兰，与管道或阀门相连的为管法兰。

法兰连接由一对法兰、垫片和若干螺栓、螺母组成。

法兰连接最主要的问题是确保连接处具有严密的密封性。它是依靠螺栓预紧力的作用，使得垫片发生变形，填满两法兰凹凸不平的密封表面，从而阻止流体泄漏。垫片应具有良好的弹性以适应化工生产中压力的波动。

1）法兰的结构类型及选用

法兰的外形有椭圆形、方形和圆形之分。其中，圆形法兰使用广泛，椭圆形法兰的翘曲变形法兰常用于阀门和小直径高压管道。

(1) 对焊法兰。

对焊法兰与设备或管道采用对接焊缝连接，它使得法兰与设备筒体(或接管)成为一个整体，同时带过渡的长颈有利于提高法兰的刚性，降低法兰的附加边缘应力，这种法兰适用于压力、温度较高或设备直径较大的场合。

(2) 平焊法兰。

平焊法兰与设备或管道采用平角焊缝连接，它也是整体法兰，但其受力较对焊法兰差。平焊法兰适合于温度、压力不高的场合。

（3）螺纹法兰。

螺纹法兰与管道采用螺纹连接。这种法兰受力后对管壁产生的附加应力小，通常用于小口径高压管道的连接。

（4）松式法兰。

松式法兰的法兰盘与设备筒体或管道间无连接焊缝，它松套在设备或管道的外面，整体受力较差，适用于压力较低的场合。

2）法兰的密封面形式及选用

压力容器法兰的密封面有平面型、凹凸型和榫槽型3种形式。

（1）平面型密封面。

平面型密封面的表面是一个光滑的平面，只能用于介质无毒、压力不高的场合，适应的范围是公称压力小于2.5MPa。

（2）凹凸型密封面。

凹凸型密封面是由一个凸面和一个凹面相配合组成的，在凹面上放置垫片。压紧时，由于凹面的外侧有挡台，垫片不会向外侧挤出来，同时也便于法兰对中。凹凸型密封面的密封性比平面型密封面好，因此可用于易燃、易爆、有毒介质及压力稍高的场合，适应的范围是公称直径大于800mm、公称压力不大于6.4MPa，随着直径增大，公称压力等级降低。

（3）榫槽型密封面。

榫槽型密封面是由一个榫和一个槽组成的，垫片置于槽中，不会被挤动，垫片可以较窄，四面压紧垫片所需的螺栓力也相应较小。榫槽型密封面适用于易燃、易爆、剧毒的介质以及压力较高的场合。

3）法兰的密封垫片及选用

垫片是构成密封的重要元件，垫片的作用是封住两法兰密封面之间的间隙，阻止流体泄漏。垫片的材质、形状和尺寸对法兰连接的密封性能有很大影响。对垫片材质的要求如下：具有良好的变形能力和回弹能力，以适应操作压力和温度的波动；耐介质的腐蚀，不易硬化或软化；有一定的机械强度和适应的柔软性，确保垫片经久耐用。

最常用的垫片按材料不同可以分为非金属垫片、金属垫片、金属与非金属组合垫片。非金属垫片的材料有橡胶石棉板、聚四氟乙烯和膨胀石墨等。金属与非金属组合垫片有金属包垫片及缠绕式垫片等。

3. 附件的选用

1）安全阀

安全阀是一种超压泄放装置，当容器在正常工作压力下运行时，它能保持严密不漏；当容器内压力超过规定值时，它能自动开启使容器内的介质部分或全部迅速排出，并能发出较大的气流响声而起到自动报警的作用。按照加载方式不同，安全阀有重锤式、杠杆式和弹簧式3种，其中以弹簧式安全阀最为常用。

2）爆破片装置

爆破片装置是由爆破片、夹持器及管法兰组成的。爆破片是由金属或非金属材料制成的薄片，是在标定爆破压力及温度下爆破泄压的元件；夹持器则是在容器的适当部位装接夹持爆破片的辅助元件。爆破片装置是一种断裂型的安全泄放装置，当容器内的压力达到爆破片的爆破压力时，爆破片破裂，容器内的介质迅速泄放，压力很快下降，从而使容器得到保护。

3）压力表

压力表是用来测量容器内部介质压力的仪表。压力表的类型很多，按其结构原理有液柱式、弹性元件式、活塞式和电量式 4 大类，其中使用最多的是弹性元件式压力表。

4）视镜

在设备筒体和封头上安装视镜，主要用来观察设备内部情况，也可用作物料液面指示镜。常用的有凸缘视镜和带颈视镜两种。

5）液面计

液面计是用来观察设备内部液位变化的构件。通过观测液位的高低，一方面可确定容器内物料的数量，以保证生产过程中各环节必须定量的物料；另一方面可反映连续生产过程是否正常，以便可靠地控制过程的进行。化工生产中常用的液面计按结构形式分为玻璃管液面计、玻璃板液面计、浮子液面计和浮标液面计，其中以玻璃管液面计和玻璃板液面计最为常用。

三、高压容器结构选用

高压操作可提高反应速率，改进热量回收，并能缩小设备体积等。随着化学工业的迅速发展，高压工艺获得了越来越广泛的应用。常见高压容器的结构有以下几种：

（1）单层圆筒结构，如整体锻造式、锻焊式、单层卷焊式、单层瓦片式等。

（2）多层圆筒结构，如多层包扎式、多层热套式、多层绕丝式、多层绕板式绕带式等。

1. 高压容器的总体结构和特点

高压容器和中低压容器一样，也是由筒体、筒体端部、平盖或封头、密封结构以及一些附件组成(图 3-2-2)。高压容器在结构方面有如下特点：

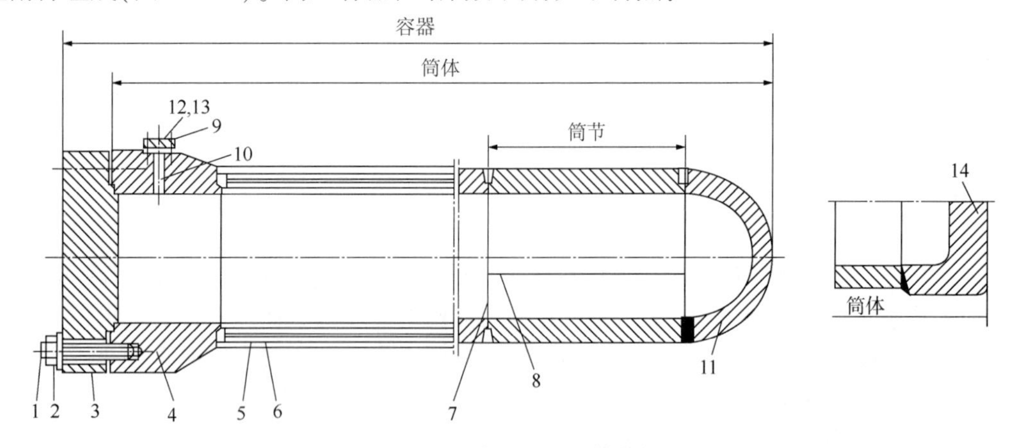

图 3-2-2　高压容器总体结构

1—主螺栓；2—主螺母；3—平盖；4—筒体端部；5—内筒；
6—板层(或扁平钢带层)；7—环焊接接头；8—纵焊接接头；9—管法兰；
10—孔口；11—球形封头；12—管道螺栓；13—管道螺母；14—平板封头

（1）高压容器多为轴对称结构。

高压容器由于承受高压作用，应力水平较高，考虑到轴对称受力情况较好，以及制造方便和操作时容易密封，一般都用圆筒形容器，且高压容器的直径不宜太大。

（2）高压容器筒体结构复杂。

由于受加工条件、钢板资源等限制，从改善受力状况、充分利用材料和避免深厚焊缝等方面考虑，大多采用较复杂的结构形式，如多层包扎式、多层热套式、绕板式、绕带式等。高压容器的端盖通常采用平端盖或半球形封头。

（3）高压容器开孔受限制。

厚壁容器由于筒壁的应力水平较高，如果在筒壁开孔，则开孔附近的应力必然很高，为了不削弱筒壁的强度，工艺接管或其他必要的开孔尽可能开在端盖上，一般不用法兰接管或突出接口，而是用平座或凹座钻孔，用螺栓密封并连接工艺接管，尽量减小孔径。

（4）高压容器密封结构特殊。

高压容器由于密封结构比较复杂，密封面加工的要求比较高。而且由于多一个密封面就会多一个泄漏的机会，因此，厚壁容器如没有必要两端开口的，一般设计成一端不可拆、另一端可拆。内件一般是组装件，称为芯子，安装检修时整体吊装入容器壳体内。

2. 高压容器的筒体结构

1）单层圆筒结构

（1）整体锻造式圆筒。

整体锻造式是厚壁容器中最早采用的一种结构。它是用大型钢锭经去除浇口、冒口等缺陷后，在钢锭中心穿孔，并加入心轴后经水压机多次锻造，然后进行内、外壁切削加工而成的圆筒体。

（2）锻焊式圆筒。

锻焊式圆筒是在整体锻造式圆筒基础上发展起来的。由于制造较大容量的厚壁容器会受到冶炼、锻造、热处理以及金属加工设备的限制，因此可以根据筒体设计长度，先锻造成若干个筒节，然后通过深环焊缝将各个筒节连接起来，最后进行焊后热处理消除热应力和改善焊缝区的金相组织。

由于这种结构造价很高，因此常用于制造一些有特殊要求和对安全性有较高要求的压力容器，如加氢反应器、煤液化反应器、核容器等。

（3）单层卷焊式圆筒。

这种结构与中、低压圆筒的制造方法类似，在常温或加热条件下，将检验合格的厚钢板在大型卷板机上卷成圆筒坯，然后焊接纵焊缝成为筒节，再焊接环焊缝将筒节连接成需要长度的圆筒体。

（4）单层瓦片式圆筒。

当没有大型卷板机而有大型水压机时，可以将厚钢板加热后在水压机上压制成瓦片形状的“瓦坯”，再用焊接纵焊缝的方法将“瓦坯”组对成圆筒节，然后按照需要的长度组焊成圆筒体。由于每一个筒节都有两条或两条以上的纵焊缝，而“瓦坯”组对时，需要一定数量的工夹具，因此，较费工时，且制造方法比单层卷焊式复杂，一般较少采用此种圆筒结构。

2）多层圆筒结构

（1）多层包扎式圆筒。

多层包扎式圆筒由内筒和外面包扎的多层层板两部分组成。首先用厚度为 4~34mm 的优质碳素钢板或厚度为 8~13mm 的不锈钢板卷焊成内筒筒节，然后将焊接后的纵焊缝磨平并进行无损检测和机械加工；再把厚度为 4~12mm 的薄钢板卷成半圆形瓦片，并作为层板包扎到内筒外面直至需要的厚度，以构成一个筒节，一个筒节的长度视所选择钢板的宽度而定，层数则随需要的厚度而定；最后，筒节两端再加工出环焊缝坡口，并通过深环焊缝焊接将筒节连成一个筒体。

（2）多层热套式圆筒。

热套式结构是将两个或多个圆筒套在一起组成厚壁圆筒。首先是把厚度为 25~80mm 的中厚钢板卷焊成几个直径不同但可以过盈配合的筒节，然后将外层筒节加热，套入内层筒节，当外筒冷却后产生收缩，紧紧地贴在内筒上，使内筒受到一定的压应力。最后，再将套好后的厚壁筒节通过深环焊缝组焊成一个筒体。

与多层包扎式圆筒相比，多层热套式圆筒不仅具有前者大多数的优点，而且还避免了工序多、生产周期长的缺点；热套式容器大多采用厚度为 25~80mm 的中厚钢板制作圆筒，其抗脆性较单层筒体好；各层圆筒贴合紧密，不存在间隙，除了可以改善筒体操作时的应力状态，对用筒壁进行传热的容器也十分有利。此外，热套式筒体的各层圆筒纵焊缝可以进行 100%探伤，因此，纵向焊缝质量易于保证。

多层热套式圆筒的常用范围如下：设计压力为 10~70MPa，设计温度为-45~538℃，内径为 600~4000mm，壁厚为 50~500mm，筒体长度为 2400~38000mm。

（3）多层绕板式圆筒。

这种结构是由内筒、绕板层、保护筒和楔形板组成。制造时把筒体分成多个筒节，其内筒厚度为 10~40mm，内筒的长度与所绕钢板的宽度相同。开绕时，由于绕板的厚度会在起始端出现一个台阶，因此在起绕处先点焊一个楔形板，并且一端磨尖，另一端与绕板厚度相同并与绕板连接。绕板时，首先将厚度为 3~5mm 的薄板端部与楔形板的厚端焊接，然后将薄板连续地缠绕在内筒上，直到达到筒体的设计厚度为止。最后，与起始处一样，焊接一块外楔形板，再包上厚度为 6~10mm 的钢板作为保护筒，即构成一个厚壁筒节。

与多层包扎式圆筒相比，多层绕板式圆筒具有纵向焊缝少、机械化程度高、绕制快、材料利用率高(达到 90%以上)、操作简便等优点。多层绕板式圆筒的应用范围如下：内径为 500~7000mm，单个筒节最大长度为 2200mm，制作容器最大质量为 1000t，最高设计压力为 147.2MPa，最高设计温度为 468℃。

（4）多层绕带式圆筒。

多层绕带式圆筒是中国首创的一种结构，它是在内筒外壁上以一定的预应力绕上数层钢带制造而成的。钢带有两种，即扁平钢带和型槽钢带。

该结构兼有绕带式和多层包扎式筒体的优点，可以用轧制容易的扁平钢带代替轧制困难的型槽钢带，钢带只需冷绕。与厚板卷焊圆筒相比，其能够提高工效一倍，降低焊接和热处理能耗 80%，减少钢材消耗 20%，降低制造成本 30%~50%。此外，筒体全长没有深的纵向和环向焊缝，制造方法易掌握，制造设备简单。但绕制倾角对带层及内筒承受轴向、环向应力的分配极为敏感。

这种结构主要适用于压力不小于1MPa、内径不小于300mm的内压容器。

(5) 绕丝式圆筒。

绕丝式圆筒主要由内筒、钢丝层和法兰组成。内筒一般为单层整锻式筒体。高强度钢丝以一定的预拉应力逐层沿环向缠绕在内筒上，直至所需的厚度。

绕丝式圆筒具有钢丝缠绕力易于控制、使用安全、选材容易等优点，在超高压场合获得应用，其内压可达1000MPa以上，直径可达2000mm。

四、化工设备检验

1. 检验的目的

容器有可能由于材质、钢板弯卷、焊接及安装等加工过程的不完善，导致在规定的工作压力下出现过大变形或焊缝有渗漏等现象。因此，新制造的容器或大检修后的容器在交付使用之后都必须进行耐压试验和泄漏试验，耐压试验的目的如下：

(1) 检验容器在超过工作压力条件下的宏观强度；

(2) 检验密封结构的可靠性及焊缝的致密性；

(3) 观测压力试验后受压元件的母材及焊接接头的残余变形量，及时发现材料和制造过程中存在的缺陷。

2. 耐压试验的对象

有下列情况之一的压力容器应当进行耐压试验：

(1) 根据工艺条件设计制造的新设备；

(2) 由于生产工艺条件的改变，导致设备在线使用时的工艺参数如工作温度、操作压力等发生了变化，且按新工艺条件经强度校核合格的设备；

(3) 按照设备管理要求进行检修的设备；

(4) 停用一段时间后重新启用的设备；

(5) 安装位置发生移动的设备；

(6) 需要更换衬里的设备；

(7) 其他有必要进行耐压试验以确保安全的设备。

3. 耐压试验

耐压试验分为液压试验、气压试验和气液组合试验。在相同压力和容积下，试验介质的压缩系数越大，容器储存的能量越大，越容易发生爆炸，因此应选用压缩系数小的流体作为介质。常温时，水的压缩系数比气体要小得多，且来源丰富，因而是常用的试验介质。只有因结构或设计等原因不能往容器内充灌水或其他液体，以及运转条件下不允许残留液体(如高塔液压试验时液体重力可能超过基础承受能力)时，才采用气压试验。考虑到支座承重，容器无法全部充装液体时，可采用气液组合试验。对需要进行焊后热处理的容器，应在全部焊接工作完成并经热处理之后，才能进行耐压试验；对于分段交货的压力容器，可分段热处理，在安装工地组装焊接，并对焊接的环焊缝进行局部热处理后，再进行耐压试验。

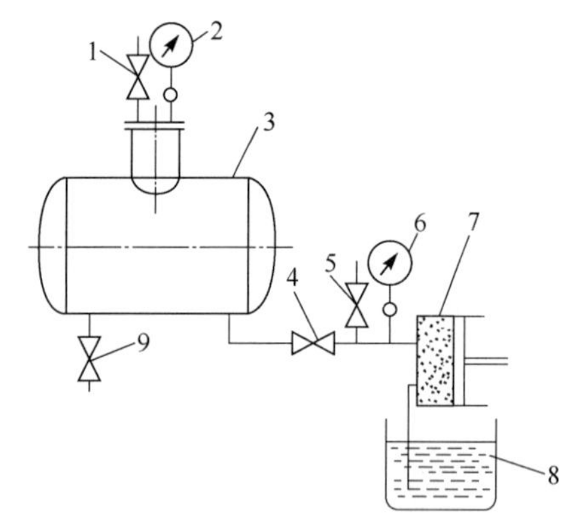

图 3-2-3　压力容器液压试验示意图

1—排气阀；2—压力表；3—容器；4—直通阀；5—安全阀；6—压力表；7—试压泵；8—水槽；9—排液阀

1）液压试验

液压试验是将容器注满液体后，再用泵逐步增压到试验压力，检验容器的强度和致密性。

供试验用的液体一般为洁净的水，需要时也可以采用不会导致发生危险的其他液体。图 3-2-3 为压力容器液压试验示意图。

2）气压试验和气液组合试验

气压试验和气液组合试验之前必须对容器主要焊缝进行 100% 的无损检测。试验所用的气体应为干燥洁净的空气、氮气或其他惰性气体，液体应与液压试验的规定相同。

气压试验合格的标准如下：容器无异常响声，经肥皂液或其他检漏液检查无漏气，无可见变形。

气液组合试验合格的标准如下：无液体泄漏，经肥皂液或其他检漏液检查无漏气，无异常响声，无可见变形。

4. 泄漏试验

泄漏试验的目的是检查容器可拆连接部位的密封性，包括气密性试验、卤素检漏试验和氨检漏试验。容器经耐压试验合格后方可进行泄漏试验。

介质为易燃或毒性程度为极度、高度危害或设计上不允许有微量泄漏(如真空度要求较高时)的压力容器，必须进行气密性试验(气压试验合格的容器不必再做气密性试验)。气密性试验的危险性大，应在液压试验合格后进行。在进行气密性试验前，应将容器上的安全附件装配齐全。

气密性试验所用气体同气压试验，其试验压力为设计压力。气密性试验的试验压力、试验介质和检验要求应在图样上注明。

进行气密性试验时，压力应缓慢上升，且达到规定试验压力后保压足够长时间，然后对所有焊接接头和连接部位进行泄漏检查。小型容器也可浸入水中检查。试验过程中，无泄漏即为合格；如有泄漏，则应在修补后重新进行试验。

第三节　化工腐蚀与防护

腐蚀是一种自然现象，且到处可见。例如，金属构件在大气中因腐蚀而生锈，埋入地下的金属管道因腐蚀发生穿孔，钢铁材料在高温下与空气中的氧作用产生大量的氧化皮等。在化肥、化工、炼油生产中，金属机械和设备与强腐蚀性介质(如酸碱、盐等)接触，尤其是在高温、高压和高流速的工艺条件下操作，腐蚀问题更显得突出和严重。在生产过程中，不仅要遭受腐蚀的直接损失，还常常引起环境和产品的污染，甚至造成停工减产和事故的发生，如年产 30×10^4t 合成氨大型化肥生产装置停产一天就要损失上千吨合成氨。化工生产设备中的许多修理项目是由腐蚀而引起的，如果采取合理的防腐措施，延长机器和设备的使用期，不仅减少了修理次数或修理内容，而且还可以节约材料、人力，提高生产效益。

一、腐蚀与防护的基础知识

1. 腐蚀的定义和分类

1）腐蚀的定义

腐蚀就是材料和其所处的环境发生反应而引起的破坏或变质。从这个定义可以看出，腐蚀不仅包括金属材料，还包括非金属材料。

金属材料在周围介质的化学或电化学作用下，所发生的缓慢的损坏过程称为金属的腐蚀，如钢铁生锈、铜生绿、铝出现白斑等。

非金属材料在化学介质或环境的共同作用下，由于渗透、溶解或变质所发生的缓慢损坏过程也称为腐蚀，如橡胶和涂料由于受阳光或化学物质的作用引起的变质等。

单纯机械作用引起的金属磨损和破坏不属于腐蚀范畴。

2）金属腐蚀的分类

金属腐蚀的分类方法很多，按腐蚀机理划分有化学腐蚀和电化学腐蚀两大类。

(1) 化学腐蚀。

化学腐蚀是金属表面与周围介质发生化学作用而引起的破坏，在腐蚀过程中没有电流产生。例如，铝在纯四氯化铁、三氯甲烷或乙醇中的腐蚀，镁和钛在纯甲醇中的腐蚀，金属在无水酒精和石油中的腐蚀等，都属于化学腐蚀。实际生活中单纯的化学腐蚀是少见的，因为腐蚀介质中往往含有少量的水分而使金属的化学腐蚀转变为电化学腐蚀。

(2) 电化学腐蚀。

电化学腐蚀是金属表面与周围介质发生电化学作用而产生的破坏，腐蚀过程中有电流产生。它的主要特点是在腐蚀介质中，有能够导电的电解质溶液存在。属于这类腐蚀的有金属在潮湿空气中的大气腐蚀，即暴露在大气中的机器、设备、电器等的腐蚀；土壤腐蚀，即埋在地下的金属设施的腐蚀，如地下水管、油管和电缆在土壤中的腐蚀；海水腐蚀，即舰船外壳的腐蚀、采油平台的腐蚀；电解质溶液的腐蚀，即金属在酸、碱、盐溶液中的腐蚀，是一种最普遍的腐蚀现象。化肥、化工、炼油生产中大部分腐蚀都属于这一类。由电化学腐蚀造成的破坏损失也是最严重的。

按腐蚀破坏的形式，电化学腐蚀可分为全面腐蚀(均匀腐蚀)和局部腐蚀两大类。

全面腐蚀的特征是腐蚀作用均匀地发生在整个金属表面上，它是危害性最小的一种腐蚀。

局部腐蚀的特征是腐蚀作用集中在金属表面的一定区域，而其他区域几乎不受腐蚀作用影响或很轻微。在金属腐蚀破坏的事例中，最常见且危险性较大的局部腐蚀破坏形式有以下几种：

① 点腐蚀。

点腐蚀也称小孔腐蚀。孔蚀是指金属表面局部的区域内出现向深处发展的小孔。孔蚀的特点是蚀孔的深度大于孔径，在金属表面呈分散或密集状态，它将会引起应力集中。孔蚀是破坏性和隐患最大的腐蚀形式之一，严重时可使设备穿孔破坏。不锈钢、铝及其合金和钛及其合金在含有氧离子的介质中常出现这种破坏形式。

② 应力腐蚀。

应力腐蚀是金属材料在拉伸应力和特定的腐蚀环境共同作用下，以裂纹形式发生的腐蚀破坏。

日本曾对17年内所发生的306起设备腐蚀破裂事故进行了统计，其中应力腐蚀破裂占42.2%，美国杜邦公司的调查也有类似的数据。在我国化肥、化工、炼油生产中，因疲劳断裂和应力腐蚀断裂引起的化工设备破坏事故的比例也很大。在腐蚀破坏事故中，应力腐蚀破坏是最危险也是较为常见的一种。

③ 晶间腐蚀。

这种腐蚀在金属晶粒边界上发生并沿着晶界向纵深发展。腐蚀结果使晶粒间结合力大大削弱，且金属表面看不出明显的变化，但强度已大为降低，敲击时无金属声响。图3-3-1显示了几种腐蚀破坏的形式。

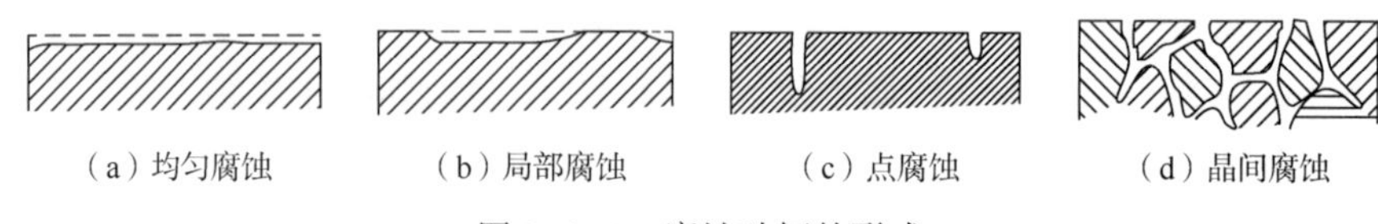

图3-3-1 腐蚀破坏的形式

不锈钢、镍基合金、铝合金、镁合金等都是晶间腐蚀敏感性较高的材料。

④ 电偶腐蚀。

电偶腐蚀也称接触腐蚀。凡具有不同电极电位的金属互相接触，并在同一介质中所发生的电化学腐蚀，即电偶腐性。电偶腐蚀也是常见的腐蚀现象，如碳钢与黄铜在海水中互相接触，由于它们在海水中的腐蚀电位不同，碳钢成为阳极而被腐蚀，黄铜成为阴极而不会腐蚀。

⑤ 缝隙腐蚀。

缝隙腐蚀是在金属与金属或金属与非金属之间特别小的缝隙内发生的金属腐蚀。这是一种很普遍的腐蚀现象，几乎所有的金属材料都会发生缝隙腐蚀。例如，法兰连接面、螺母紧压面、焊缝气孔等以及金属表面的砂泥、积垢等，都会形成缝隙而使金属腐蚀。

⑥ 磨损腐蚀。

由于介质运动速度很快，引起金属的加速破坏或腐蚀。腐蚀过程中伴随着冲刷和磨损，致使腐蚀速率比静态时大为增加。

⑦ 氢脆。

氢脆是指在高温高压下，氢气渗入到钢材内，与金属材料内的碳化物反应，生成甲烷逸出，而使钢材脱碳，以致造成材料的强度与塑性大幅度降低，使金属脆化，丧失强度而断裂。

2. 腐蚀的危害性和防腐工作的重要性

1) 腐蚀的危害性

(1)腐蚀与污染。

不同工作介质下的化工机器和设备种类繁多，诸多工作介质都是腐蚀性的。腐蚀不但对人有不同程度的化学灼伤作用，而且对金属设备也有较强的腐蚀性，同时还会使机器的性能急剧下降，使设备或零部件厚度减薄、变脆，造成机件损坏，甚至使设备承受不了原设计压力引起断裂、泄漏、着火、爆炸等事故。

对于输送腐蚀性气体的往复活塞式压缩机，因气流速度较低，应力也较低，而且润滑油在某种程度上起到一定的保护作用，因此防腐问题便得到解决。而对于高速旋转的离心式压缩机、分离机和耐酸泵等，在选择材料时要慎重(不能代用、误用材料)，在操作上要随时注意机器的工作状况。

被输送的气体往往含有固体粉尘，尤其是在不经洗涤和未除尘的条件下，粉尘含量较高，对活塞式压缩机将加剧磨损和易形成积炭；对输送烟气和煤粉的引风机与排粉风机来说，因烟气、煤粉中含有大量尘粒等杂质，工作条件恶劣，风机的壳体和叶轮极易磨损；对透平式压缩机来说，则会降低效率并产生振动。如果气体压缩机吸入口处的水蒸气达到饱和，则对气体压缩机的污染更为严重。潮湿的污染气体经干燥后将会产生大量的沉积物，阻塞叶片间的通道，致使气体通道的有效截面积减小，压缩机的效率将显著下降，最终导致工作轮、叶片磨损腐蚀破坏。

(2) 腐蚀造成金属材料的损失。

化工机器和设备在各种工作环境中都有可能发生腐蚀而引起破坏，使许多机器和设备过早损失报废。腐蚀给金属材料造成巨大的损失，有统计资料表明，全世界每年由于腐蚀而报废的钢铁达 1×10^8t 以上，约占全世界钢铁年产量的 1/3，其中又有 1/3 即超过 3000×10^4t 不能回收。我国每年也有 1000×10^4t 左右的钢铁设备因腐蚀而报废。

(3) 腐蚀造成巨大的经济损失。

腐蚀直接和间接造成了巨大的经济损失。据国外统计，英国、美国等国家每年由于腐蚀造成的经济损失占当年国民经济总产值的 4%左右，我国目前还没有完整的统计，如果按国外的最低估计(占国民生产总值的 1.25%)估算，则每年有 70 亿元人民币以上的损失。

(4) 腐蚀损害社会效益。

由于腐蚀引起的机器设备和厂房建筑的破坏，可能会酿成事故，甚至造成人员伤亡。特别是化肥、化工和炼油和在高温高压下进行生产的部门，腐蚀问题更为严重，经常会引起滴、漏、跑、冒和环境污染，甚至引起着火、爆炸，威胁人员的身体健康和生命安全。因此，腐蚀问题也是一个重大的不安全因素，它会给社会效益造成严重的损害。

2) 防腐工作的重要性

从上述腐蚀的危害性中不难看出，做好防腐工作非常重要，不仅可以节省大量的金属材料，避免巨大的经济损失，而且还可以防止许多恶性事故的发生，同时也保护了环境。只有通过了解和掌握腐蚀与防腐的基础知识，充分利用现有防腐技术，才能有效地做好防腐工作，确保化工设备与机器长期、连续、安全、稳定地运行，保障操作人员生命安全。

二、常用的化工防腐方法

为防止或减慢化工生产设备的腐蚀，针对化工生产过程中不同的腐蚀介质、操作温度、工作压力，正确地选用合适的耐腐蚀材料是十分重要的。通常还要考虑设备的类型与结构、产品的要求和耐腐蚀材料的价格与来源。

除选择合适的耐腐蚀材料以外，对应用最广泛的钢铁设备进行防腐蚀处理也是十分必要的。这不仅可以满足化工生产的要求，并且可以节省大量的贵重金属，降低设备成本。

金属设备的常用防腐方法有金属保护层、非金属保护层、电化学保护、腐蚀抑制剂等。由于腐蚀过程通常是在金属表面开始的，如果金属表面上有一层足够紧密的覆盖层保护，并且覆盖层能与主体金属结合牢固且在介质中是稳定的，那么介质对主体金属层的腐蚀就可以避免。保护层有金属保护层和非金属保护层，同时对金属保护前，还须对金属进行表面清理。

1. 表面清理

不论是金属的保护性覆盖层，还是非金属的保护性覆盖层，也不论被保护的表面是金属的还是非金属的，都必须进行表面清理以及有关防腐施工前的准备，以保证保护性覆盖层的质量和防腐效果。

1）金属表面除油

金属表面的油污通常有两类：一类是皂化类，如植物油和动物油；另一类是非皂化类，如机油、柴油、凡士林、石蜡和其他矿物油等。一般用溶解、皂化或乳化等方法除去。常用以下几种除油污方法：

（1）用有机溶剂清洗。

用有机溶剂清洗是一种最常用的除油方法。它是利用有机溶剂对油污的溶解作用来清除表面的油污。一般要求溶剂应具有较强的溶解能力，不易着火，毒性小，便于操作，挥发较慢，不易引起空气中的水分冷凝在工件表面，而且价格便宜，容易购买。常用的有机溶剂有汽油、松节油、丙酮、二甲苯、三氯乙烷、四氯化碳等。

（2）碱性化学除油。

碱性化学除油是利用碱溶液对油脂的皂化作用，以除去皂化性油污，同时利用表面活性剂的乳化作用去除非皂化性油污。一般要求碱性溶剂既具有较强的皂化能力和乳化能力，又具有不腐蚀基本金属的特点。常用的碱性溶液有氢氧化钠、碳酸钠、磷酸三钠、硅酸钠等。

（3）电化学除油。

这种方法一般都在电解槽内进行，将工件挂在碱性电解液的阴极或阳极上，通入电流，由于电极的极化作用，以清除金属表面的油污。这种方法不仅效率高，而且效果好，除油彻底。电化学除油多用于较小的工件在电镀前的表面处理。

（4）乳化除油。

乳化除油是把带油污的工件浸入清洗槽，工件表面的油污与分散在槽液中的乳化剂接触，进而向油污渗透，借助分子的热运动，致使油污脱离工件表面，从而达到除油的目的。

2）金属表面除锈

（1）人工除锈。

采用各种手工工具，如钢丝刷、铲、锤、砂纸等来清除金属表面铁锈。这种方法简便，不受环境条件的限制，但劳动强度大，效率低，而且质量也不好，一般只适用于防腐施工要求不高的地方，如设备、管道和金属构架外表面的涂料施工。

（2）喷砂除锈。

化工防腐施工中最常用的一种表面处理方法，与其他方法相比，它的效率高，质量也最好。喷砂除锈是用压力为 0.4~0.6MPa 的压缩空气为动力，通过喷砂嘴将磨料（石英砂或钢丸等)高速喷射到金属表面上，依靠磨料棱角的冲击和摩擦，将金属表面的氧化皮、锈迹及其他油污、杂物彻底清除。

(3) 化学除锈。

金属表面的锈层和氧化皮主要是金属的氧化物[如氧化亚铁(FeO，灰色)、三氧化二铁(Fe_2O_3，赤色)]等。化学除锈就是利用各种酸溶液与金属表面的氧化物发生反应，使其溶解在酸溶液中，从而达到除锈的目的。这种工艺过程通常称为酸洗。为了减缓酸溶液对基体金属的腐蚀和发生氢脆现象，常在酸洗溶液中加入某些酸洗缓蚀剂。同时要严格控制酸溶液浓度和酸洗温度。

对于高强度结构钢，应避免采用酸洗除锈，以防止氢脆破坏。

通常采用盐酸或硫酸作为酸洗液。常温下盐酸对氧化皮和铁锈的溶解速率较快，除锈效率较高。硫酸对氧化皮的溶解较困难，它主要是依靠渗入氧化皮下与金属发生化学反应，产生氢气泡而将氧化皮和铁锈剥落，除锈效果较低。提高温度可加速这一过程，从而提高除锈效率。值得指出的是，采用硫酸酸洗比盐酸酸洗更容易使基体金属产生氢脆。

酸洗后要用水冲洗，并在稀碱液内中和，再用热水冲洗和低压蒸汽吹干或迅速烘干。

3) 旧漆层的处理

在化肥、化工、炼油的防腐施工中，经常会遇到旧漆层的处理问题。

有些涂料本身的性能较好，施工质量也好，经过一个检修期的使用后，漆膜仍完好，还能起到防护作用。对这样的旧漆层，通常采用人工清理，将漆膜表面的污垢和局部损坏的地方清理干净，重新涂刷 2~4 层防腐漆，即可继续使用。但对于严重损坏、已失去防护作用的旧漆层，则需要彻底清理干净才能进行新的防腐施工。清理旧漆层的方法除采用人工方法、喷砂方法外，还可以采用火焰烤烧法、碱液脱漆法和有机溶剂脱漆法等。

4) 金属表面处理的等级标准

有关金属表面处理的质量要求见表 3-3-1。

表 3-3-1　金属表面处理的质量标准

序号	质量等级
1	喷射或抛射除锈质量等级应分为 Sa1、Sa2、Sa2½、Sa3 四级
2	手工或动力工具除锈质量等级应分为 St2、St3 两级
3	化学方式除锈质量等级应为 Pi 一级

2. 金属保护层

金属保护层是用耐腐蚀性能强的金属或合金覆盖于耐腐蚀性能较弱的合金或金属上。金属保护层除具有较好的耐腐蚀性能以外，主要能节约大量贵重金属和合金，而且不同的覆盖层具有不同的耐腐蚀性能，能够满足不同防腐要求，因而在石油、化工防腐工程中得到一定的应用。常见的金属保护层有电镀、化学镀镍、金属喷镀和金属衬里等。

1) 电镀

电镀是工业上普遍采用的一种防腐措施。电镀就是利用直流电的作用，从电解液中析出金属沉积在工件表面，从而使工件表面获得金属保护层。通过电镀工艺操作，可以控制必要的镀层厚度。电镀层很牢固，纯度很高，具有一定的耐腐蚀性和耐磨性，外观美观，可用于装饰。电镀一般有电镀锌、镉、铜、锡、镍、铬等多种。电镀层一般不容易做到完全无孔且镀层很薄，因此不能用于强腐蚀性介质，而大多用于防止大气、水和某些弱腐蚀性介质的防腐层，如细小、精密的仪表零件或产品要求干净的零件等。

2）化学镀镍

化学镀镍是采用镍盐、次磷酸钠及其他附加物的弱酸性溶液中的镍离子还原成金属镍，并沉积在金属表面上的一种方法。一般情况下，化学镀镍层较薄，如需较厚的镀层，可采用连续镀法。例如，镀镍后进行热处理，可提高镀层的结合力。

3）金属喷镀

金属喷镀是利用压缩空气将熔融状态的金属雾化成微粒，并喷射在预先准备好的工件表面上而形成金属保护层。金属喷镀最常用的方法是气喷镀和电喷镀两种。气喷镀是用氧—乙炔焰燃烧将金属熔化，再用压缩空气将熔融金属喷镀在工件表面上。金属喷镀的主要设备为气喷枪。电喷镀是利用直流电使两根金属丝间产生电弧将金属熔化，然后用压缩空气使之雾化并喷涂在工件上，其主要设备为电喷枪。

4）金属衬里

金属衬里就是把耐腐蚀的金属材料衬在其他金属底层上。常用的有铅衬里、不锈钢衬里、铝衬里及钛衬里等。

3. 腐蚀抑制剂

向腐蚀环境中加入某些可以降低环境对金属腐蚀作用的物质，这些物质称为腐蚀抑制剂，又称缓蚀剂。采用缓蚀剂防腐，使用方便，防腐效果显著，同时在整个系统中凡与介质接触的设备、机器、仪表等均可受到保护，这是其他任何防腐措施都不可比拟的，因此其在石油、化工、钢铁、机械、动力和运输等部门得到广泛的应用。

4. 电化学保护

金属的电化学保护可分为阴极保护和阳极保护两种。

1）阴极保护

将金属进行外加阴极极化以减小或防止金属腐蚀的方法称为阴极保护法。它可以通过两种方法来实现，即外加电流的阴极保护法和牺牲阳极的阴极保护法。

（1）外加电流的阴极保护法。

这种方法是将被保护的金属设备用导线与外加直流电源的负极连接，为了构成电流回路，在电解质溶液中放置一个辅助阳极，并与外加直流电源的正极连接。通电后，外加电流由辅助阳极经过电解质溶液流入被保护金属，使之发生阴极极化。电池和电解装置的极板上有电流作用，当有气体附着在金属表面使电流不能正常流通时，这种现象称为极化现象。这样，腐蚀电池的电位差就会减小，降低了腐蚀速率，从而使设备得到保护。

（2）牺牲阳极的阴极保护法。

这种方法又称护屏保护，它是将一块电位较低的金属作为阳极连接在被保护的金属上，与被保护金属在电解质溶液中构成一个大电池，被保护金属成为阴极。当电流由阳极经过电解质溶液流入金属设备时，金属设备发生阴极极化而得到保护。

2）阳极保护

阳极保护与外加电流阴极保护刚好相反，它是将被保护的金属设备与外加直流电源的正极连接，电源的负极与一个辅助阴极连接。在一定电解质溶液中，给金属设备通以阳极电流，使金属设备进行阳极极化至一定电位，在此电位下，金属设备能建立起钝化状态并维持钝化状态，使金属表面生成一层稳定的钝化膜，从而受到保护。

三、常用防腐涂料及其应用

1. 涂料及其防腐特点

涂料通常是一种胶体混合物的溶液。涂料涂敷在物体的表面干结后可形成膜，通常称为漆膜或涂层。它对物体起着防护、装饰和美化的作用，同时还可以用其作为隔热、防火、伪装、识别标志等特殊用途。

作为一种防腐蚀措施，采用涂料防腐具有以下特点：

（1）施工和维修方便，适应性强，大多可在现场施工，一般不受设备形状和大小的限制。

（2）涂料的品种多，选择的范围广。

（3）可与其他防腐蚀措施配套使用，互补长短。

（4）与其他防腐措施相比，施工费用和成本低。

（5）涂料大多是有机化合物，耐热性较差，使用温度一般只能在100℃以下。

（6）涂层较薄，具有一定的透气性，漆膜强度低，容易破坏。

（7）涂料层不能在高温和强腐蚀性介质中使用，也不能在外力作用的环境中使用。

（8）有机涂料使用的有机溶剂量多、毒性大、污染环境和容易着火。

2. 涂料的防腐作用

涂料的防腐作用主要表现在隔离作用、缓蚀作用和电化学保护作用3个方面。

1）隔离作用

当物体表面涂刷的涂料干结后，便形成一层连续的保护膜，将物体与腐蚀环境隔开，使腐蚀介质不能直接接触被涂物体，因而起到防腐蚀作用。

2）缓蚀作用

某些涂料的底层含有阻蚀性颜料，它们能与金属起反应，使金属表面钝化形成保护膜，可提高涂层的保护作用。此外，一些油料在金属皂的催干作用下生成的降解产物，也能起到有机缓蚀剂的作用。

3）电化学保护作用

当腐蚀介质透过涂层接触到基体金属表面时，就会发生膜下的电化学腐蚀。如果在涂料中加入比基体金属活性高的金属粉末作填料，就会起到牺牲阳极的保护作用。

3. 防腐涂料的选用原则

在化肥、化工和炼油生产中，由于介质的种类繁多，性质差异很大，工艺过程复杂，各种涂料的性能也不一样，因此选择防腐涂料时，应根据具体的使用条件来考虑，其中包括介质的腐蚀性、浓度、状态、温度、光照等。同时，还要考虑外力的作用，如摩擦、冲击等情况，合理选择其性能与使用条件相应的涂料品种。

不同设备（厂房建筑）对防腐涂料的选择见表3-3-2。

1）根据基体材料性质选用

基体材料的性质对涂层的结合强度有很大影响，有些基体材料还能与涂料发生不良的化学反应。选择涂料时，要考虑涂料对基体表面是否有足够的结合力、会不会发生不利于结合的化学反应。

表 3-3-2　不同设备(厂房建筑)对涂料的选择

设备名称	选用涂料
油罐内壁	环氧漆(或树脂)、聚氨酯、聚乙烯醇缩丁醛(耐油)、环氧丁腈橡胶等涂料
煤气柜内外壁	沥青、环氧沥青、环氧漆(或树脂)、过氯乙烯、氯磺化聚乙烯、氯化橡胶等涂料
氧气柜内外壁	过氟乙烯、氯磺化聚乙烯等涂料
氨气柜内外壁	环氧漆(或树脂)、氯碘化聚乙烯、过氧乙烯等涂料
氮气柜	打底漆用酚醛红丹、面漆用环氧沥青涂料
二氧化碳气柜	大漆、氯磺化聚乙烯、环氧漆(或树脂)、沥青等涂料
尿素造粒塔	聚乙烯、聚氨酯、环氧漆(或树脂)等涂料
氨水罐内外壁	大漆、环氧漆(或树脂)、过氯乙烯(耐氨)、氨磺化聚乙烯等徐料
煤气系统的设备、管道	大漆、环氧煤焦油(沥青)、环氧富锌漆等涂料
水冷却设备、水闸	沥青、环氧沥青(煤焦油)、聚氨酯、无机富锌沥青等涂料
高温设备外壁	400℃以下可用无机富锌和有机硅等涂料
厂房建筑	聚乙烯、过氯乙烯、聚苯乙烯等涂料

2）根据施工条件选用

因为涂料种类不同，所以施工方法不同，固化条件也不一样。

3）根据涂料的配套性能选用

为了充分发挥各种涂料的优点，往往需要将两种或两种以上的涂料配套使用，取长补短。如配套合理，可以得到性能良好、优于单一品种的混合涂料(或涂层)。

4. 常用防腐涂料及其应用

1）底涂料

底涂料俗称底漆，其主要作用是用来打底，以增强涂料层与工件表面的附着力，提高涂层的强度和防锈能力，是整个涂层的基础。底漆通常分为防锈底漆、带锈底漆、磷化底漆和其他配套底漆。

2）油性涂料

以植物油为主要成膜物质的涂料统称油性涂料，也称为油基涂料或油性漆。常用的品种有油性底漆、清油、调和漆等。

3）硝基纤维涂料

硝基纤维涂料简称硝基漆，俗称喷漆。它是以硝酸纤维脂(硝化棉)为主体，加入少量的其他树脂、增塑剂、溶剂和颜料等经搅拌和过滤而制成的一种挥发型涂料。如果涂料中不含任何颜料，即为硝基清漆。

4）醇酸树脂涂料

醇酸树脂涂料简称醇酸漆。它是以醇酸树脂为主要成膜物质的一类涂料。由于醇酸漆具有很多优异的性能，在各部门都得到广泛应用，品种也很多，当前产量最大的醇酸漆为合成树脂涂料。

第二篇
常见化工机械设备

第四章

流体类化工机械设备

流体类机械设备是指以流体为工质进行能量转换的机械设备，包括两大类：一类是将流体的能量转变为机械能并输出轴功率的，称为原动机，如水轮机和汽轮机等；另一类是将机械能转变为流体的能量，使流体增压并输送的，称为工作机，如泵和压缩机等。泵的工质为液体，压缩机的工质为气体。在化工和石油化工生产中，原料、半成品和成品往往是流体(液体和气体)，为了满足各种工艺要求和保证生产的连续性，需要对流体增压和输送。

第一节 常 见 泵

泵是一种输送液体的机器。泵以一定的方式将来自原动机的机械能传递给进入(吸入或灌入)泵内的被输送液体，使液体的能量(位能、压力能或动能)增大，依靠泵内被输送液体与液体接纳处(即输送液体的目的地)之间的能量差，将液体“押送”到液体接纳处，从而完成对液体的输送。

依据泵向被输送液体传递能量的方式，泵可分为速度式泵和容积式泵。速度式泵中，泵连续地将能量传递给被输送液体，使其速度(动能)和压力能(位能)均增大(主要是速度增大)，然后再将其速度降低，使大部分动能转换为压力能，液体以升高后的压力实现输送。常见的速度式泵有叶片泵和射流泵。其中，较常见的叶片泵有离心泵、混流泵、轴流泵、旋涡泵等。

容积式泵中，泵在周期性地改变泵腔容积的过程中，以作用和位移的周期性变化将能量传递给被输送液体，使其压力直接升高到所需的压力值后实现输送。常见的容积式泵有往复泵、转子泵和扬液器。其中，常见的往复泵有活塞泵、柱塞泵、隔膜(套)泵和挤压泵；常见的转子泵有齿轮泵、螺杆泵、罗茨泵、旋转活塞泵、滑片泵、曲杆泵(单螺杆泵)、挠性转子泵和蠕动泵。

依据泵的用途，泵可分为水泵和工业泵。输送的液体为水的泵称为水泵，如供水泵、排水泵、灌溉泵、消防泵和污水泵等。

输送各种工业生产所需的液体物料(也包括工艺用水)的泵称为工业泵，如化工用泵、石油工业用泵、热电站用泵、矿山用泵、建筑用泵、船舶用泵、食品业用泵和造纸工业用泵等。离心泵是较为常见的工业泵。化工用泵是用于化工生产中输送所需各种液体物料的泵，如进料泵、回流泵、循环泵、注入泵、冲洗泵、放料泵和产品输送泵等。

化工生产中的各种化工过程都是在一定的压力和温度下进行的，且参与化工过程的液体物料也是多种多样、性能各异的，如含有固体颗粒或悬浮物、具有腐蚀性、易燃易爆、高黏度等，因此化工用泵的品种和规格有很多。

随着化工装置规模的不断扩大和对安全要求的提高，对其使用的机械设备提出了更高的要求，在化工用泵中发展出了适合大型化工装置使用的化工流程泵。

本节主要介绍离心泵、真空泵、往复泵、齿轮泵和螺杆泵等。

一、离心泵

离心泵是指靠叶轮旋转时产生的离心力来输送液体的泵。

1. 离心泵的分类

工业生产中常见的离心泵有清水泵、油泵和耐腐蚀泵等。

2. 离心泵的构造和工作原理

离心泵的主要工作部件是叶轮，叶轮上有一定数目的叶片(一般为6~12片)，结构如图4-1-1所示。离心泵的叶片是弯曲后向式的，叶轮固定在主轴上，由主轴带动旋转，将机械能传递给水，水在叶轮中首先获得动能。叶轮外面是通常称为蜗壳的螺旋形压水室，蜗壳的作用是一方面收集从叶轮甩出的水，另一方面使部分动能转变为压能，而后导向出水管。叶轮是叶片泵的心脏部件，是泵最重要的工作元件。

离心泵工作时，除泵本身以外，还装有吸入管路、底阀和压水管等，整个装置如图4-1-2所示。离心泵在开泵启动之前，先由充水栓往泵壳中注水，将吸水管与泵壳中充满水，然后启动泵。此时动力机带动泵轴使叶轮旋转，充满叶片流道间的水在离心力作用下，从叶轮中心被甩向叶轮外缘，然后水以高速进入泵壳。水从叶轮流出时，获得了能量(动能与压能)。这些高能量的水经过泵壳导流(搜集被叶轮甩出的水)流向压水管。由于液体在叶轮旋转中产生离心力，就像转动雨伞雨滴被甩出去一样，因此称为离心泵。在水流向压水管的同时，叶轮的进口处产生真空，水池中的水在大气压作用下，通过吸水管被吸向水泵，进入叶轮。叶轮不断旋转，液体便源源不断地从水池经离心泵由低处送至高处。

二、真空泵

真空泵是从设备中抽出气体，使设备内部达到真空的机械。

1. 真空泵的分类

真空泵大致可分为往复式真空泵、水环式真空泵、旋片式真空泵等。

2. 真空泵的构造和工作原理

1）水环式真空泵

图4-1-3为水环式真空泵工作原理示意图。从图中可以看出，圆柱形泵缸2内注入一定量的水，星形叶轮1偏心地装在泵缸内，当叶轮旋转时，水受离心力作用被甩向四周而形成一个相对于叶轮为偏心的封闭水环。被抽吸的气体沿吸气管7及接头5由吸气孔3进

入水环与叶轮之间的空间，由于叶轮的旋转，右边月牙形部分容积逐渐增大，因此产生真空抽吸气体。随着叶轮的旋转，气体进入左边月牙形部分。因叶轮是偏心旋转的，此空间逐渐缩小，气体逐渐受到压缩升压，气与水便由排气孔 4 经接头 6 沿排气管 8 进入水箱 9 中，自动分离后再由放气管 12 放出。废弃的水和空气一起被排到水箱里。

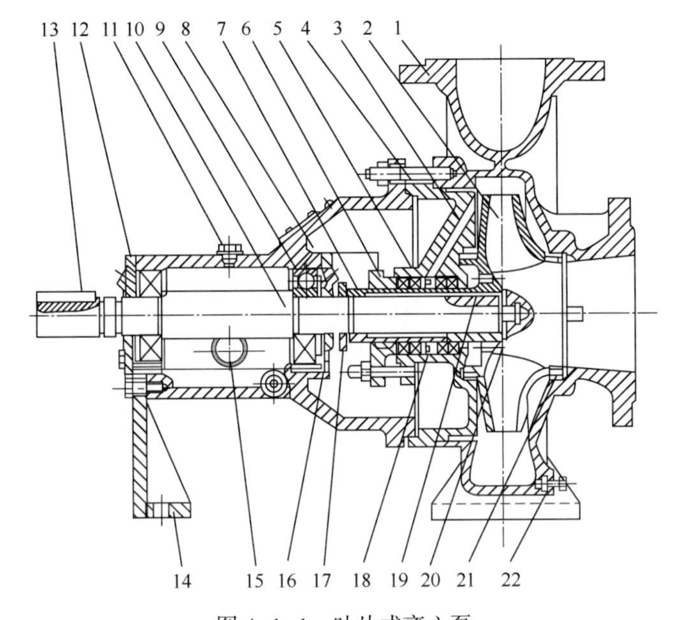

图 4-1-1　叶片式离心泵

1—泵体；2—叶轮；3—叶轮螺母；4—后盖；5—填料；6—填料压盖；7—轴套；8—轴承体；9—深沟球轴承；10—轴；11—油孔盖；12—轴承端盖；13—泵联轴器键；14—支架；15—油标；16—毡圈；17—挡水圈；18—水封环；19—叶轮键；20—防松垫片；21—密封环；22—四方螺塞

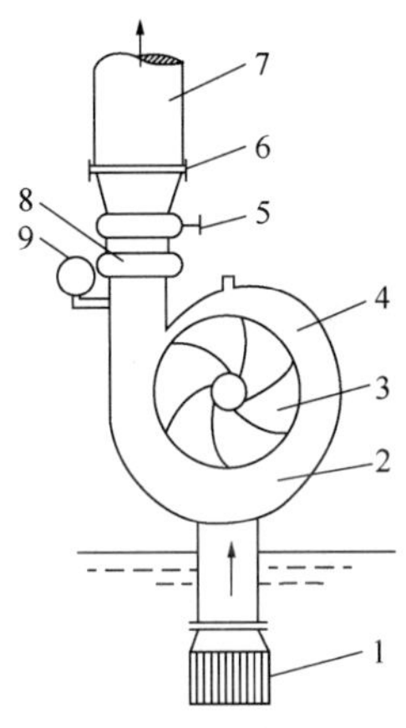

图 4-1-2　离心泵工作状态

1—底阀；2—压水室；3—叶轮；4—蜗壳；5—闸阀；6—接头；7—压水管；8—止回阀；9—压力表

水环式真空泵的特点是结构紧凑、工作平稳可靠和流量均匀，因此在化工生产中多被用来输送或抽吸易燃、易爆和有腐蚀性的气体。但是由于叶轮搅拌液体，损失能量较大，因此其效率很低。

2)旋片式真空泵

旋片式真空泵的结构如图 4-1-4 所示。当带有两个旋片 7 的偏心转子按箭头方向旋转时，旋片在弹簧 8 的压力及自身离心力的作用下，紧贴泵体 9 内壁滑动，吸气工作室不断扩大，被抽气体通过吸气口 3 经吸气管进入吸气工作室，当旋片转至垂直位置时，吸气完毕，此时吸入的气体被隔离。转子继续旋转，被隔离的气体逐渐被压缩，压强升高。当压强超过排气阀片 2 上的压强时，则气体经排气管 5 顶开阀片 2，通过油液从泵排气口 1 排出。泵在工作过程中，旋片始终将泵腔分成吸气、排气两个工作室，转子每旋转一周，有两次吸气、排气过程。

旋片式真空泵的主要部分浸没于真空油中，为的是密封各部件间隙，充填有害的余隙和得到润滑。旋片式真空泵属于干式真空泵。

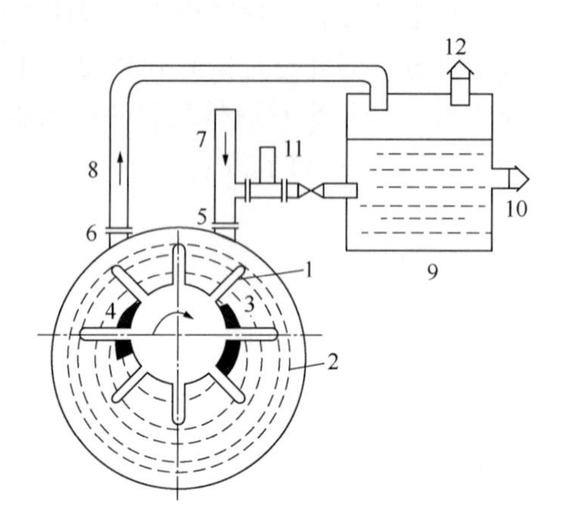

图 4-1-3　水环式真空泵工作原理示意图

1—星形叶轮；2—泵缸；3—吸气孔；4—排气孔；5，6—接头；7—吸气管；8—排气管；9—水箱；10—放水管；11—阀；12—放气管

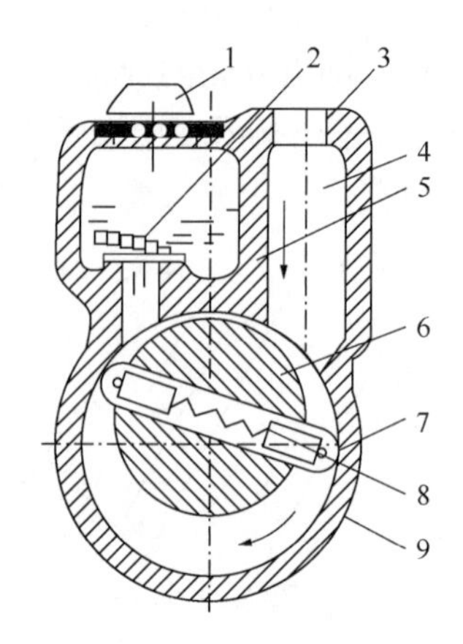

图 4-1-4　旋片式真空泵的结构

1—排气口；2—排气阀片；3—吸气口；4—吸气管；5—排气管；6—转子；7—旋片；8—弹簧；9—泵体

三、往复泵

往复泵是容积式泵的一种，它是依靠泵缸内的活塞做往复运动来改变工作容积，从而达到输送液体的目的。

1. 往复泵的分类

往复泵包括活塞泵、计量泵和隔膜泵等。

2. 往复泵的构造和工作原理

以活塞泵为例说明往复泵的工作原理(图 4-1-5)，活塞泵主要由活塞 1 在泵缸 2 内做往复运动来吸入和排除液体。当活塞 1 开始自极左端位置向右移动时，工作室 3 的容积逐渐扩大，室内压降低，流体顶开吸水阀 4，进入活塞 1 所让出的空间，直至活塞 1 移动到极右端为止，此过程为泵的吸水过程。当活塞 1 从右端开始向左端移动时，充满泵的流体受挤压，将吸水阀 4 关闭，并打开压水阀 5 而排出，此过程为泵的压水过程。活塞不断往复运动，泵的吸水与压水过程就连续不断地交替进行。往复泵的特点如下：压力可以无限高，流量与压力无关，具有自吸能力，流量不均匀。往复泵适用于小流量、高压力的输液系统。

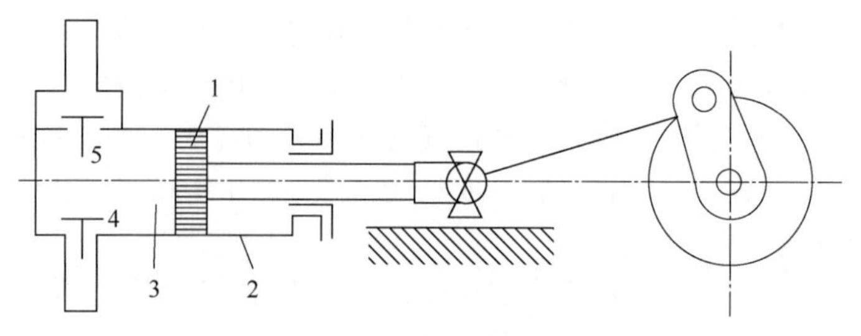

图 4-1-5　往复泵工作原理示意图

1—活塞；2—泵缸；3—工作室；4—吸水阀；5—压水阀

四、齿轮泵

齿轮泵是容积式回转泵的一种，由静止的泵壳和旋转的转子组成，具有一对互相啮合的齿轮。

1. 齿轮泵的分类

按照齿轮形式，齿轮泵分为正齿轮泵、人字齿轮泵和螺旋齿轮泵 3 种。

2. 齿轮泵的构造和工作原理

图 4-1-6 为齿轮泵工作原理示意图。从图中可以看出，齿轮 1(主动轮)固定在主动轴上，轴的一端伸出壳外由原动机驱动，另一个齿轮 2(从动轮)装在另一个轴上，齿轮旋转时，液体沿吸油管 3 进入吸入空间，沿上、下壳壁被两个齿轮分别挤压到排出空间汇合(齿与齿啮合前)，然后进入压油管 4 排出。齿轮泵的主要特点是结构紧凑、体积小、重量轻、造价低。但与其他类型泵比较，齿轮泵具有效率低、振动大、噪声大和易磨损的缺点。齿轮泵适合于输送黏稠液体。

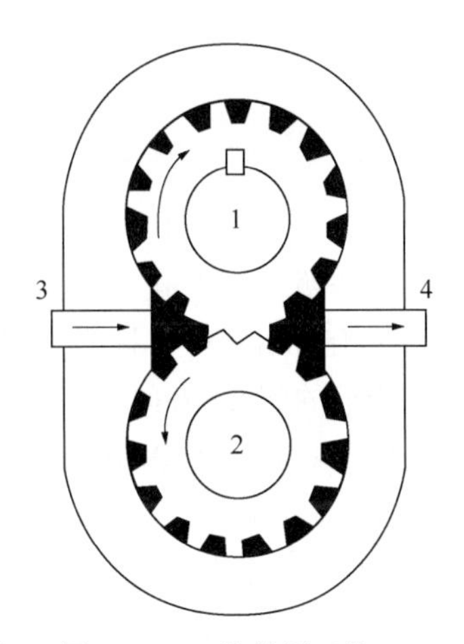

图 4-1-6　齿轮泵工作原理示意图

1—主动轮；2—从动轮；3—吸油管；4—压油管

五、螺杆泵

螺杆泵是利用螺旋叶片的旋转使水体沿轴向螺旋形上升的一种泵。

1. 螺杆泵的分类

螺杆泵分为单螺杆泵、双螺杆泵和三螺杆泵。

2. 螺杆泵的构造和工作原理

单螺杆泵(图 4-1-7)的工作原理如下：螺杆泵工作时，液体被吸入后就进入螺纹与泵壳所围的密封空间，当主动螺杆旋转时，螺杆泵密封容积在螺牙的挤压下提高螺杆泵压力，并沿轴向移动。由于螺杆是等速旋转，因此液体流出流量也是均匀的。

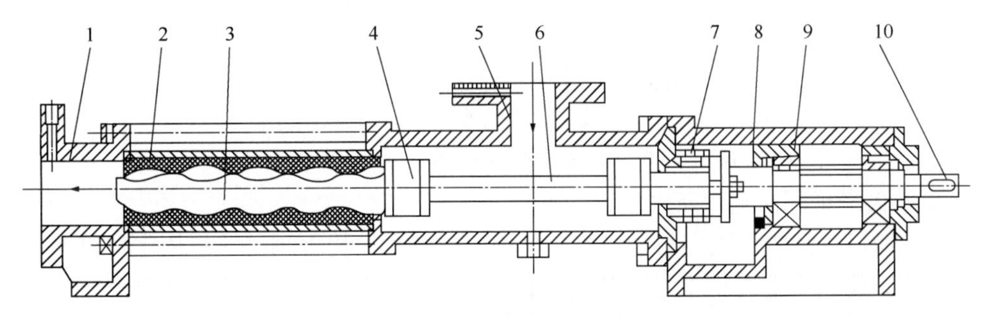

图 4-1-7　单螺杆泵的结构

1—压出管；2—衬套；3—螺杆；4—万向联轴器；5—吸入管；6—传动轴；7—轴封；8—托架；9—轴承；10—泵轴

螺杆泵的特点如下：损失小，经济性能好；压力高而均匀，流量均匀；转速高，能与原动机直连。螺杆泵可以输送润滑油、燃油等各种油类以及高分子聚合物，还可以输送黏稠液体。

第二节　常见风机

驱动空气或其他气体流动的机械统称风机。

按照风压不同，风机可分为通风机和鼓风机。当气体通过风机后排出气体的相对压力小于15000Pa时，称为通风机。通风机由于风压较低，一般认为气体通过它时输送的是不可压缩的流体，即将气体的密度视为常数。按照产生风压的大小，通风机又可分为低压通风机(风压小于1000Pa)、中压通风机(风压为1000~3000Pa)、高压通风机(风压为3000 ~ 15000Pa，主要有离心式通风机、混流式通风机和轴流式通风机)。鼓风机的出口风压可达0.3MPa，此时的压力变化较大，所以要考虑气体的压缩性。但温度变化不大，因此一般不安装冷却设备。

一、通风机

通风机分为离心式通风机和轴流式通风机。以下主要介绍离心式通风机。

1. 离心式通风机的构造

离心式通风机主要由叶轮、机壳、导流器、集流器、进气箱以及扩散器等组成(图4-2-1)。叶轮是通风机的主要工作零件，它的前后盘之间有许多较短叶片，叶片的形式有向前弯曲的、径向的和向后弯曲的3种。

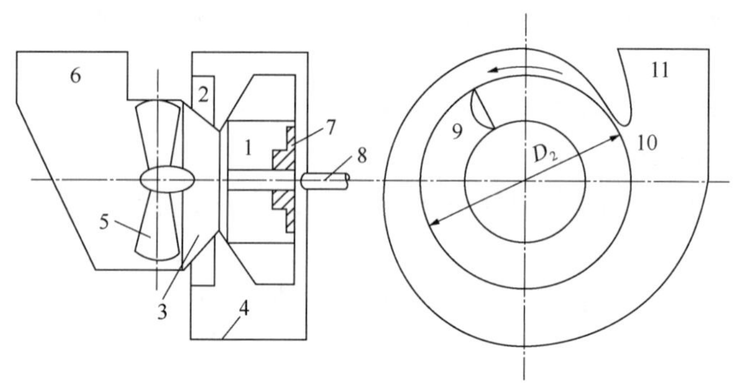

图4-2-1　离心式通风机结构示意图

1—叶轮；2—稳压器；3—集流器；4—机壳；5—导流器；
6—进气箱；7—轮毂；8—主轴；9—叶片；10—蜗舌；11—扩散器

2. 离心式通风机的工作原理

离心式通风机的工作原理与单级离心泵相似，基本结构也相同，是依靠在机壳内高速旋转的叶轮，使气体受到叶片的作用而产生离心力，从而增加气体的动能和压力。

3. 通风机主要性能参数

1）风量

风量Q是风机单位时间的出气量，单位为m^3/s或m^3/h。

2）风压

风压p是单位体积的气体通过风机后所获得的能量，单位为Pa。风压可分为全风压和静风压两种，如不特殊说明，通常所说风压是指全风压。

3）转速

风机的转速 n 是指叶轮（即机轴）每分钟的转数。

4）功率与效率

风机的功率可分为有效功率、轴功率和原动机功率。有效功率是指单位时间内通过风机的流体所获得的功率，用符号 P_e 表示，单位为 kW。轴功率即原动机传到风机轴上的功率，用符号 P 表示。效率为有效功率与轴功率之比，即

$$\eta=\frac{P_e}{P}\times100\% \tag{4-2-1}$$

4. 常用离心式通风机代号

常用离心式通风机的用途和代号见表 4-2-1。

表 4-2-1 常用离心式通风机的用途和代号

离心式通风机用途	代号	离心式通风机用途	代号
排送灰土	C	防腐蚀气体	F
输送煤粉	M	耐高温气体	W
工业炉用	L	防爆用	B
锅炉送风	G	锅炉引风	Y

二、鼓风机

鼓风机有离心式鼓风机（有单级叶轮或多级叶轮）、轴流式鼓风机和回转式鼓风机 3 种。回转式鼓风机主要有罗茨鼓风机、叶氏鼓风机和转动滑片鼓风机 3 种。根据风机的压力，可将鼓风机分为低压鼓风机（风机全压 $H\leqslant1000$Pa）、中压鼓风机（$1000\text{Pa}<H\leqslant3000$Pa）和高压鼓风机（$3000\text{Pa}<H\leqslant15000$Pa）。

以下主要介绍离心式鼓风机。

1. 离心式鼓风机的构造

离心式鼓风机主要由电动机、空气过滤器、鼓风机本体、空气室、底座（兼油箱）和滴油嘴 6 个部分组成。鼓风机依靠汽缸内偏置的转子偏心运转，并使转子槽中的叶片之间的容积发生变化，将空气吸入、压缩、吐出。在运转中利用鼓风机的压力差自动将润滑剂送到滴油嘴，滴入汽缸内以减少摩擦及噪声，同时可保持汽缸内气体不回流，该类鼓风机又称为滑片式鼓风机。

2. 离心式鼓风机的工作原理

离心式鼓风机的工作原理与离心式通风机相似，只是空气的压缩过程通常是经过几个（或称几级）工作叶轮在离心力的作用下进行的。离心式鼓风机有一个高速转动的转子，转子上的叶片带动空气高速运动，离心力使空气在渐开线形状的机壳内沿着渐开线流向鼓风机出口，高速的气流具有一定的风压，因此新空气由机壳的中心进入补充。

3. 离心式鼓风机的特点

离心式鼓风机的特点如下：

（1）离心式鼓风机叶轮在机体内运转无摩擦，不需要润滑，因此排出的气体不含油。

（2）离心式鼓风机属于容积运转式鼓风机，使用时随着压力的变化流量变动很小，但流量随着转速而变化。因此，压力的选择范围很宽，流量可通过选择转速而满足需要。

（3）离心式鼓风机的转速较高，转子与转子和转子与机体之间的间隙小，因此泄漏少，容积效率较高。

（4）离心式鼓风机的结构决定其机械摩擦损耗非常小。因为只有轴承和齿轮处有机械接触，在选材上，转子、机壳和齿轮圈有足够的机械强度。运行安全、使用寿命长是鼓风机产品的一大特色。

（5）离心式鼓风机的转子均经过静态、动态平衡校验。成品运转平稳、振动极小。

第三节　常见压缩机

压缩机是一种用来压缩气体以提高气体压力或输送气体的机械。随着生产技术的不断发展，压缩机的种类和结构形式也日益增多，目前不但被广泛应用于采矿业、冶金业、机械制造业、土木工程、石油化工、制冷与气体分离工程以及国防工业，而且医疗、纺织、食品、农业、交通等部门对压缩机的需要也在不断增加。

压缩机种类很多，分类方法各异，结构及工作特点各有不同。压缩机可分为容积式压缩机和速度式压缩机。容积式压缩机分为往复压缩机和回转压缩机。其中，常见的往复压缩机为自由活塞式压缩机；常见的回转压缩机为单轴压缩机和双轴压缩机。速度式压缩机分为轴流压缩机、离心压缩机及引射器压缩机等。

一、空压机

空压机即空气压缩机，常见的空压机有螺杆式空压机、离心式空压机和活塞式空压机。活塞式空压机易损件多，可靠性差，因此用可靠性高的螺杆式空压机取代活塞式空压机已经成为必然趋势。以下主要介绍螺杆式空压机和离心式空压机。

1. 螺杆式空压机

螺杆式空压机有双螺杆空压机和单螺杆空压机两种。双螺杆空压机克服了单螺杆空压机不平衡、轴承易损的缺点，具有寿命长、噪声低、更加节能等优点，其应用范围在日渐扩大。

螺杆式空压机是一种依靠工作容积做回转运动的容积式气体压缩机械。气体的压缩依靠容积的变化来实现，而容积的变化又是借助压缩机的一对转子在机壳内做回转运动来达到。

螺杆式空压机的基本构造如下：在压缩机的机体中，平行地配置着一对相互啮合的螺旋形转子，通常把节圆外具有凸齿的转子称为阳转子或阳螺杆，把节圆内具有凹齿的转子称为阴转子或阴螺杆，一般阳转子与原动机连接，由阳转子带动阴转子转动，转子上的最后一对轴承实现轴向定位，并承受压缩机中的轴向力。转子两端的圆柱滚子轴承使转子实现径向定位，并承受压缩机中的径向力。在压缩机机体的两端，分别开设一定形状和大小的孔口，一个供吸气用，称为进气口；另一个供排气用，称为排气口。

螺杆式空压机的进气过程：转子转动时，阴、阳转子的齿沟空间在转至进气端壁开口时，其空间最大，此时转子齿沟空间与进气口相通，因在排气时齿沟的气体被完全排出，排气完成时，齿沟处于真空状态，当转至进气口时，外界气体即被吸入，沿轴向进入阴、阳转子的齿沟内。当气体充满整个齿沟时，转子进气侧端面转离机壳进气口，在齿沟的气体即被封闭。

螺杆式空压机的压缩过程：阴、阳转子在吸气结束时，其阴、阳转子齿尖会与机壳封闭，此时气体在齿沟内不再外流。啮合面逐渐向排气端移动。啮合面与排气口之间的齿沟空间逐渐减小，齿沟内的气体被压缩，因此压力提高。

螺杆式空压机的排气过程：当转子的啮合端面转到与机壳排气口相通时，被压缩的气体开始排出，直至齿尖与齿沟的啮合面移至排气端面，此时阴、阳转子的啮合面与机壳排气口的齿沟空间为零，即完成排气过程，同时转子的啮合面与机壳进气口之间的齿沟长度又达到最长，进气过程又再进行。

2. 离心式空压机

离心式空压机由转子、定子和轴承 3 个主要部分组成。

转子包括主轴、叶轮、联轴器、止推盘，有时还有平衡盘和轴套。定子由机壳、隔板、级间密封和轴端密封、进气室和蜗壳等组成。隔板将机壳分成若干空间以容纳不同级的叶轮，并且还组成扩压器、弯道和回流器。有时，在叶轮进口前还设有导流器。轴承包括径向轴承和止推轴承。

离心式空压机工作时，其主轴带动叶轮旋转，空气自轴向进入，并以很高的速度被离心力甩出叶轮，进入流通面积逐渐扩大的扩压器中，使气体的速度降低而压力升高。接着又被下一级吸入，在下一级中重复此过程而进一步升压。依此类推，直至达到额定压力。

二、制冷机

制冷机的作用是从低于环境温度的物体中吸取热量，并将其转移给环境介质。和一般压缩机一样，制冷机有多种类型和形式。其中，最为常用的活塞式制冷机和离心式制冷机都是压缩式制冷机，它们被广泛应用于石油、化工、机械、电子、纺织工业及医药、食品等行业中，用于冷却、冷藏和空调设备等。目前，制冷剂的品种已达七八十种，但其中绝大部分用于化工低温和特殊场合。用于一般空调和冷藏制冷的只有 10 多种。在压缩式制冷机中，最广泛使用的制冷剂是氨、氟利昂-12 和氟利昂-22 等。

1. 制冷机分类

制冷机可分为压缩式制冷机、吸收式制冷机、蒸汽喷射式制冷机和半导体制冷机。其中，压缩式制冷机、吸收式制冷机和蒸汽喷射式制冷机应用较为广泛。目前，我国除少数大冷量和特殊用途的冷冻机以外，一般用途的活塞式、离心式、螺杆式、涡旋式、溴化锂吸收式、蒸汽喷射式制冷机，以及冷冻、冷藏、低温试验等设备均能自主制造。

2. 制冷机制冷原理

1）压缩式制冷机

依靠压缩机的作用提高制冷剂的压力以实现制冷循环，按制冷剂种类又可分为蒸气压缩式制冷机（以液压蒸发制冷为基础，制冷剂要发生周期性的气液相变）和气体压缩式制冷机(以高压气体膨胀制冷为基础，制冷剂始终处于气体状态)两种，现代制冷机以蒸气压缩式制冷机应用最广。

2）吸收式制冷机

依靠吸收器—发生器组(热化学压缩器)的作用完成制冷循环，又可分为氨水吸收式、溴化锂吸收式和吸收扩散式 3 种。

3）蒸汽喷射式制冷机

依靠蒸汽喷射器(喷射式压缩器)的作用完成制冷循环。

4）半导体制冷器

利用半导体的热电效应制取冷量。

3. 典型的制冷机——离心式制冷机

离心式制冷机具有制冷能力大、体积小、便于实现多级蒸发温度运行等优点，近年来在天然气液化装置、大型空调工程和石油化工等行业中得到了越来越广泛的推广和应用。离心式制冷机是采用离心式压缩机作为气体压缩设备的。其制冷原理与活塞式相同，也是由压缩、冷凝、节流和蒸发 4 个主要过程组成。离心式制冷机由离心式压缩机(包括增速机和原动机)、冷凝器、蒸发器、节流装置、润滑系统容量调节机构、自动安全保护装置、仪表及开关柜等组成。当蒸发压力低于大气压时，设有抽气回收装置；当蒸发压力高于大气压时，则采用抽灌设备。

离心式制冷机是一种透平机械，它通过高速旋转的叶轮把能量传递给连续流动的气体，使气体在离心力作用下而产生压力，同时获得速度，再在扩压过程中进一步把气体动能转变为压力，以达到气体压缩升压的目的。

离心式制冷机具有以下特点：(1）无油压缩，机械磨损小；(2）转速高，制冷量大；(3）运转率高，工作可靠，振动小并可实现全盘自动化；(4）结构紧凑，尺寸较小，易损件少，维护简单；(5）能量损失较大，效率较低。

第四节　常见分离机械

一、离心机

离心机是应用于化工生产过程中的分离机械，被广泛应用于化肥、制药、有机合成、塑料、染料等行业。离心机是借离心力场来实现分离过程的，用于分离悬浮液或乳浊液，将悬浮液中的固相和液相分离或将乳浊液中的轻、重相液体组分分离。为了加速液相和固相的分离过程，化工生产中也大量使用过滤离心机。过滤离心机是借重力场或压差来实现分离过程的，用于分离含有大量固相的悬浮液。在分离过程中，一般称未过滤的液液物料或液固物料为母液，被分离出来的固体物料为滤饼或滤渣，被分离出来的液体物料为滤液。按照分离的过程，通常将分离机械分为间歇式分离机械和连续式分离机械两大类。

1. 离心过程的分类

离心过程一般可分为离心过滤、离心沉降和离心分离 3 种。

1）离心过滤

离心过滤过程常用于分离含固体粒子较多而且粒子较大的悬浮液。如图 4-4-1(a)所示，在高速旋转的转鼓壁上开有许多小孔，鼓壁内衬金属丝编织网和滤布，悬浮液在转鼓内由于离心力的作用被甩到滤布上，其中固体颗粒被滤布截留形成滤渣层，液体(滤液)则穿过滤布孔隙和转鼓上的小孔被甩出。随着转鼓不停地转动，滤渣层在离心力作用下被逐步压紧，其孔隙中的液体则在离心力作用下被不断地甩出，最后得到较干燥的滤渣。

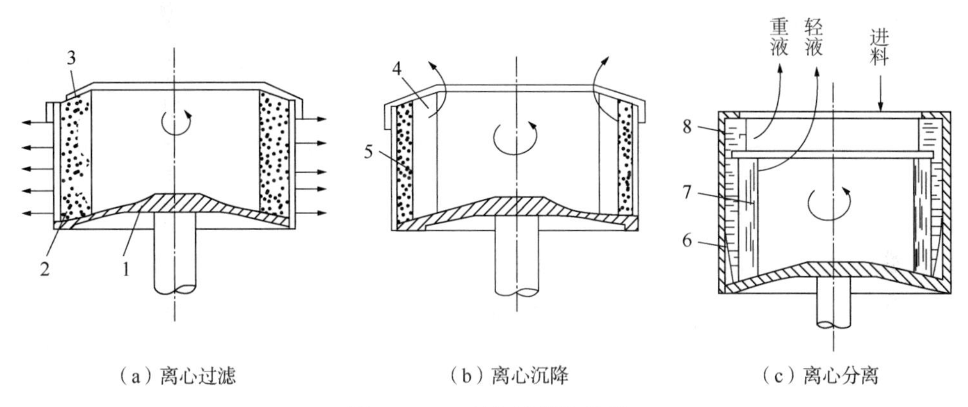

（a）离心过滤　（b）离心沉降　（c）离心分离

图 4-4-1　离心过程的种类

1—鼓底；2—鼓壁；3—顶盖；4—液体；5—固体；
6—固体颗粒沉淀；7—轻液；8—重液

2）离心沉降

离心沉降过程常用于分离含固体颗粒较少而且粒子较微细的悬浮液。如图 4-4-1(b)所示，转鼓壁上不开孔也不用滤布，当悬浮液随转鼓一同高速旋转时，其中固体粒子的质量较液体的大，其离心力也较液体大，因此粒度较大的粒子首先沉降在鼓壁上，粒度较小的粒子沉降在里层，澄清液则在最里层，用引流装置排出转鼓外，使悬浮液得到分离。

3）离心分离

离心分离过程实际上也是一种离心沉降过程，不过它是专指对两种密度不同的液体混合而成的乳浊液的分离，转鼓也不开孔。在离心力的作用下，乳浊液按密度不同分为两层，密度大的液体靠近鼓壁，密度小的液体在里层，也是通过引出装置分别引出，如图 4-4-1(c)所示。

2. 离心机的分类

离心机是一种高效率的分离设备，与其他分离设备比较，其具有生产能力大、附属设备少、结构紧凑、占地面积小、建筑费用低等优点。目前，离心机已成为工业上进行液相非均体系分离所广泛采用的通用机械。例如，化肥生产中硫酸铵或碳酸氢铵结晶和母液的分离；合成纤维、合成塑料、合成橡胶的制造；石油炼制中燃料油和润滑油的提纯；医药生产中各种抗生素、酵母、葡萄糖及其他药物结晶的分离等。

离心机可按其特点分类如下：

(1) 按转鼓转速分类。

常速离心机(一般转速为 6.6~20r/s)、高速离心机和超高速离心机(转速在 833r/s 以上)。

(2) 按分离过程分类。

过滤式离心机、沉降式离心机和离心分离机。

(3) 按运转方式分类。

① 间歇运转离心机。

该类离心机的加料、分离、洗涤、卸渣等操作过程均是间歇进行。

② 连续运转离心机。

该类离心机的特点是所有操作过程都在全速运转下连续或间歇自动进行。按照卸渣方式的不同，又可分为刮刀卸料离心机、活塞推料离心机、螺旋卸料离心机、振动卸料离心机、进动(颠动)卸料离心机。此外，按照转鼓轴线在空间的位置，连续运转离心机又可分为立式、卧式和倾斜式等。

3. 离心机的结构与原理

以卧式刮刀卸料离心机为例，介绍离心机的结构与原理。

卧式刮刀卸料离心机是一种连续运转、间歇操作并用刮刀卸除物料的过滤式离心机。这种离心机是在转鼓全速连续运转的情况下，依次自动进行进料、洗料、分离、卸料、洗网等各个操作工序，每个工序的持续时间可根据事先预定的要求由电气、液压系统进行自动控制。卧式刮刀卸料离心机的结构如图 4-4-2 所示。

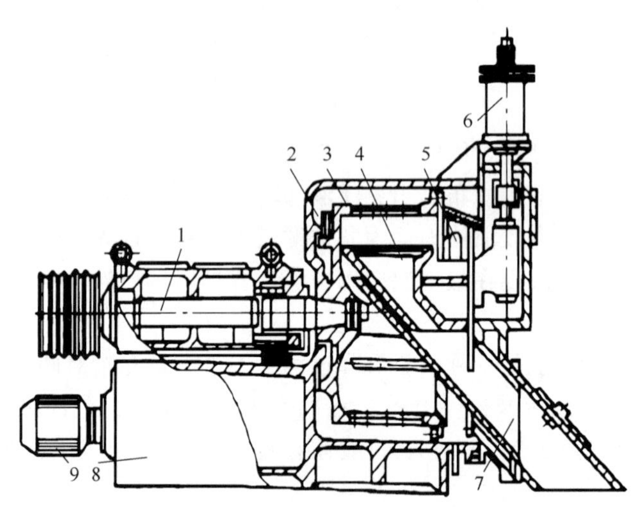

图 4-4-2　卧式刮刀卸料离心机

1—主轴；2—外壳；3—转鼓；4—刮刀机构；5—加料管；
6—提刀油缸；7—卸料斜槽；8—机座；9—油泵电动机

离心机的主轴水平地支承在一对滚动轴承上，转鼓装在主轴的外伸端，转鼓由过滤式鼓壁、鼓底和拦液板 3 部分组成，鼓壁内衬有底网和滤网，有的转鼓内装有耙齿，用于均布物料及控制料层厚度。主轴、轴承座及外壳固定在机座上，外壳前盖上装有刮刀机构、加料管、卸料斜槽和洗涤管等。主轴由三角皮带驱动。操作时，先空载启动转鼓达到工作转速，然后打开进料阀，悬浮液沿进料管进入转鼓，滤液则通过转鼓壁被甩出，并沿机壳内壁流入排液管，粒状物料被拦截在转鼓内形成滤渣层，达到一定厚度，即停止进料，进行洗涤和甩干等过程。达到工艺要求后，通过油缸活塞带动刮刀向上运动，刮下滤渣，滤渣沿卸槽卸出。每次加料前要用洗液清洗滤网上所残留的滤渣，恢复网孔。洗网结束随即进行第二个循环。

二、过滤机

过滤是以多孔介质来分离悬浮液的操作。在外力作用下，悬浮液中的液体通过介质的孔道，而固体颗粒被截留下来，从而实现液固分离。过滤操作所处理的悬浮液称为滤浆，多孔物质称为过滤介质，通过介质孔道的液体称为滤液，被截留的物质称为滤饼或滤渣。以下主要介绍板框压滤机。

板框压滤机是一种间歇性加压操作的过滤机械，适用于广泛的滤浆。被分离物料在压力作用下，以过滤方式通过滤布，滤液被排出机外，固体颗粒在滤布上形成滤渣层。板框压滤机结构简单、使用方便，被广泛应用于化工、石油、制药、染料、轻工、纺织、冶金、食品及环保等工业部门，用于各种悬浮液的固液两相分离。

板框压滤机主要由尾板、滤框、滤板、主梁、头板和压紧装置等组成，两根上梁把尾板和压紧装置连接在一起构成机架，在机架上靠近压紧装置的一端放置头板，在头板和尾板之间依次交替排列滤板和滤框，滤板和滤框之间夹着滤布。

板框压紧之后，滤框和前后滤板所形成的空间构成若干个过滤室，其作用是在过滤时积存滤渣。板框压紧可分为手动压紧、机械压紧和液压压紧 3 种方式。目前，已生产出全自动操作的板框压滤机。

板框压滤机滤液的排出方式在形式上可分为明流和暗流两种。明流板框压滤机的滤液由每块滤板通过滤液阀直接排出机外，其滤液是可见的，适用于滤液质量需要监督检查的过滤过程。暗流板框压滤机的滤液则是在机内汇集后再由总管排出机外，其滤液是不可见的，适用于滤液易挥发或其能产生有毒气体的过滤过程。

各种压紧方式和不同形式的板框压滤机都可分为滤渣可洗和不可洗两种。在对滤液有高收率要求或者对滤渣组分含量有工艺要求时，应采用滤渣可洗的板框压滤机。箱式压滤机是滤渣不可洗的过滤机械，但其操作压力高，适用于难过滤物料的过滤。

板框压滤机由许多块滤板和滤框交替排列而成，如图 4-4-3 所示。板和框都用支耳架在一对横梁上，可用压紧装置压紧或拉开。

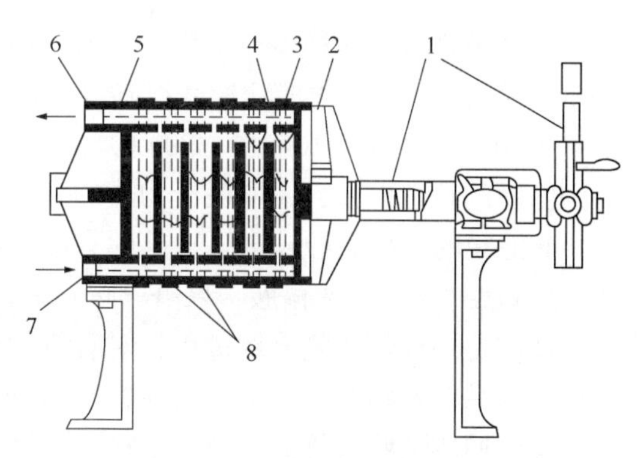

图 4-4-3　板框压滤机结构示意图

1—压紧装置；2—可动头；3—滤框；4—滤板；5—固定头；6—滤液出口；7—滤浆进口；8—滤布

板框的角端开有工艺用孔，板框合并压紧后即构成供滤浆或洗液流通的孔道。框的两侧覆以滤布，空框与滤布围成了容纳滤浆及滤饼的空间。滤板的作用有两个：一是支撑滤布；二是提供滤液通道。板面上制成各种凹凸纹路，凸者起支撑滤布作用，凹者形成滤液通道。滤板又分为洗涤板与非洗涤板两种，其结构和作用有所不同。

过滤时，悬浮液在一定的压力下经工艺

孔进入框内，滤液穿过两侧滤布沿邻板板面流至滤液出口排走，固体则被截留在框内，待滤饼充满全框后停止过滤。若滤饼需洗涤，则将洗液压入洗水通路，并由洗涤板角端的工艺孔进入板面与滤布之间。此时应关闭洗涤板下部的滤液出口，洗涤板便在压差推动下横穿整个板框厚度的滤饼和两侧的滤布，对滤饼进行洗涤，最后由非洗涤板下部的洗液出口排出。

板框压滤机的操作压力一般不超过 8MPa。滤板和滤框可用金属材料、塑料或木材制成，由滤浆性质及机械强度确定。

三、膜分离设备

膜分离设备就是利用膜在分离过程中的选择渗透作用，使混合物得到分离的装置。从当前的发展和市场前景来看，膜分离技术可分为 4 大类：(1)已工业化的过程，包括超滤、电渗析、反渗透等。(2)正在继续开发研究的过程，包括高分子膜的气体分离等。(3)具有工业化潜势的过程，包括渗透汽化、液膜分离中的促进传递和伴生传递等。(4)理论上推测研究的过程，包括压力制动渗透、逆电渗析和带压渗析等。

目前，膜分离技术主要应用于气体分离和液体分离两个领域。

(1) 气体分离。主要包括空气中氧气的浓缩，从原来的 21%浓缩至 40%左右；天然气的纯化，使酸性气体含量满足指标要求；从天然气中回收二氧化碳，可用来注入油田，以提高石油的收率；甲醇的纯化等。

(2) 液体分离。主要包括半导体工业用的高纯水制备；造纸工业和原子能工业等的废水处理；食品工业中的产品脱水和醇类脱水；从油中脱除溶剂；人类血清蛋白、赖氨酸、单细胞蛋白质等生化产品的回收；海水脱盐淡化等。

以下主要介绍超滤、渗析和渗透与反渗透。

1. 超滤

超滤是一个以压力差为推动力的液相膜分离过程。超滤一般用来分离分子量大于 500 的溶质，分离溶质的分子量上限大约为 50×10^4。这一范围内的物质主要是胶体大分子化合物和悬浮物。

超滤膜具有不对称多孔结构，一般应用的超过滤膜的孔径为 30~500Å，粗孔甚至可达 1μm。因此，超过滤膜的功能是以筛分机理为主。常用的超过滤膜商品品种分为能截留分子量 1×10^4、5×10^4、10×10^4、20×10^4、50×10^4 和 100×10^4 等多种规格。膜所排斥的物质范围除膜的特性以外，还取决于物质的分子形状、大小、柔度和操作条件等。

超滤膜的材料品种较多，常见的有醋酸纤维素、聚砜、聚丙烯腈、聚氯乙烯、聚乙烯醇、聚烯烃、聚酯、聚酰胺、聚酰亚胺、聚碳酸酯、聚甲基丙烯酸甲酯、改性聚苯醚等。

超滤是一种低压膜分离过程，对有机物和胶体物质有选择性分离作用，特别适用于热敏性的食品、药物及酶等生物活性物质的分离和浓缩；此外，还可用于各种工业废水的处理，从中回收某些有价值的组分；在纯水制备中，超滤常被用于终端处理。超滤系统装置流程有如下 3 种：

(1) 间歇操作。

常用于发酵等小规模间歇生产产品的处理。根据最大透过速率的情况，这种方法效率最高，特别是在低浓度时，可得到很高的膜透过速率。

(2) 连续操作。

常用于大规模生产产品的处理。由于需要分离物料的生产量常比控制浓差极化所需的最小流量还小，因此运行时采用部分循环方式，而且回路循环中循环量常比料液量大得多。闭式回路循环的单级连续过程效率较低，为此可将几级循环回路串联起来。一般三级串联的效率可达分批式操作的80%。

(3) 重过滤。

常用于小分子和大分子溶质的分离。间歇式超滤池溶液中含各种大小分子溶质的混合物，如果不断加入纯溶剂以补充滤出液的体积，低分子量组分就逐渐被清洗出去。

超滤器由各种超滤膜制成，常用的超滤器有如下形式：

(1) 平板式超滤器。

由若干块承压板组合而成。新型的平板式超滤器的板框较薄，每片超滤膜的间隔只有8mm。平板式超滤器具有装置牢靠、能承受高压的优点；缺点是液流状态差，易形成浓差极化。

(2) 管式超滤器。

管式超滤器的膜形是管状的，装衬在耐压微孔管套中。管式超滤器有内压式和外压式两种，通常采用的都是内压式装置。

内压管式超滤器具有液体流动状态好、易安装、易清洗、易拆换等优点；缺点是单位体积内的膜面积小，占地面积大。

(3) 卷式超滤器。

由两层超滤膜中间夹入一层导流网布，并用粘胶密封三面边缘，再在膜下面铺设一层隔网，然后沿着钻有孔眼的中心管卷绕而成。

卷式超滤器具有单位体积内的膜装载面积大、液体流动状态好、结构紧凑等优点；缺点是对料液要求较高，否则就容易堵塞。

(4) 中空纤维式超滤器。

中空纤维式超滤器由几十万根弯成U形的中空纤维膜组成。中空纤维膜装在耐压仪器中，纤维开口端用环氧树脂密封固定在圆板上。

中空纤维式超滤器具有单位体积内的膜装载面积很大、无须承压材料、结构紧凑等优点；缺点是容易堵塞，清洗困难。

在选用超滤器时，应根据膜的性质、超滤过程的工艺要求和操作条件等因素来确定适用的膜及超滤器形式。

2. 渗析

根据所用膜的不同，有两种类型的渗析：一种是中性膜渗析，即通常所说的渗析，膜上不带电荷，按溶质粒径进行选择，小分子能透过膜上微孔而得到分离，曾用于黏胶纤维工业回收碱液。由于过程渗透速度慢，选择性也不高，其原有的工业应用已被超滤所代替。现有渗析在工业上很少采用，主要用于人工肾。另一种是离子交换膜渗析，膜上带有电荷，按离子的电荷性进行选择。离子交换膜渗析应用于废酸回收、碱液精制等方面，属于电渗析。

电渗析是以电位差为推动力，利用离子交换膜的选择透过性，从溶液中脱除或富集电解质的膜分离过程。目前，电渗析已广泛应用于各个行业，其既可提供化工、医药、电子、轻工、食品和冶金等工业用水，又能用于苦咸水淡化制取生活饮用水，还可用于金属酸洗和电镀等过程的工业废水处理。

电渗析的选择性取决于离子交换膜。离子交换膜是电渗析器的主要部件，有电渗析器“心脏”之称。离子交换膜的种类繁多，按其选择透过性的不同，主要可分为阳膜和阴膜。阳膜膜体中含有带负电的酸性活性基团，因此它能选择性透过阳离子，而阴离子不能透过；阴膜膜体中含有带正电的碱性活性基团，因此它能选择性透过阴离子，而阳离子不能透过。按膜体结构，离子交换膜可分为异相膜、均相膜和半均相膜。异相膜制造容易，价格便宜，但选择透过性一般比较差；均相膜具有优良的电化学性质和物理性质，是近年来离子交换膜发展的主要方向；半均相膜的性能介于异相膜与均相膜之间。

电渗析器由膜堆、电极、锁紧装置等部分组成。对于不同的处理水量和水质，电渗析器的组装方式也不同，具体如下：

（1）一级一段组装方式。

这是电渗析器最基本的组装方式，其特点是产水量与膜对数成正比，脱盐率取决于一张隔板的流程长度。这种组装方式常用于直流型隔板组装的大、中产水量的电渗析器。

（2）二级一段组装方式。

一台电渗析器两对电极间膜堆水流方向一致的称为二级一段组装，它与一级一段不同之处是在膜堆中增设中间电极作供电极，可使电渗析器的操作电压成倍降低，减少整流器的转出电压。为了在低操作电压下产水量高，还可采用多级一段组装方式。

（3）一级二段或一级多段组装方式。

一台电渗析器一对电极间水流方向改变一次的称为一级二段，改变多次的称为一级多段，其串联段数受电渗析器承压能力的限制。这种组装形式用于产水量较少、单段脱盐又达不到要求的一次脱盐过程。

（4）二级二段或多级多段组装方式。

在一台具有两对或多对电极的电渗析器中，相邻两膜堆水流方向相反的组装方式称为二级二段或多级多段。这种组装方式脱盐率高，适用于单台电渗析器一次脱盐。

此外，还可采用并—串联组装方式，以发挥二者优点，同时满足产量和质量要求。

选用电渗析器时，应根据工艺要求及原料液的处理量，电解质和其他成分的组成、性质、溶液的 pH 值和温度等，比照有关产品样本中电渗析器的各项技术特性参数，确定合适规格的电渗析器及其组装方式等。主要考虑因素如下：

（1）流速。

每台电渗析器都有一定的额定流量范围。如果电渗析器进水压力过低、流量太小，就会造成电渗析器中流速过低。流速过低会使膜和水流界面处的滞流层变得过厚，不利于防止极化，还会在流水通道中产生死角，使各隔室的配水不均匀，引起局部极化，进水中的微量悬浮物也会因流速太慢而沉积在电渗析器中，造成阻力损失增大。进入电渗析器的流量和压力过大，则会使淡水在设备内的停留时间减少，出水质量下降，且易使电渗析器产生变形和漏水，还会增大动力电耗。

（2）电流。

合理选择电渗析器的工作电流密度，可防止产生极化引起的电流效率降低和造成结垢等问题。选择工作电流时应结合考虑原水的含盐量、离子的组分、流速和温度等因素。原则上，电渗析器的工作电流应低于其极限电流。一般来说，当含盐量高时，可选用较大的电流密度。

（3）浓水循环的浓缩倍率。

应用电渗析器淡化水，要排掉一部分浓水和极水。如果极水和浓水全部由原水供给，就会增加前处理设备的负担和水处理费用。一般采用减少浓水流量、浓水另作他用、从浓水中回收淡水和浓水循环等方法来提高原水的利用率。浓水循环有动力消耗小、耗电量减少等优点，但是设备增加，操作管理麻烦，尤其是随着浓缩程度的增高，带来了结垢增加、电流效率降低等问题。

3. *渗透与反渗透*

1）渗透

渗透技术主要应用于石油化工及合成氨尾气等工业气体中氢的回收、空气中氧气的富集和天然气中氦的提取及二氧化碳的分离等工业生产过程。

渗透设备有中空纤维膜分离器和平板膜制成的旋卷式分离器等。

（1）中空纤维膜分离器的构造基本上模仿热交换器，主要由外壳、中空纤维及管板等组成。工作时，原料气体进入外壳，易渗透组分经过纤维膜壁透入中心而流出，难渗透组分则从外壳中流出。中空纤维膜分离器的特点是单位体积内的膜装载面积很大，分离效果好，技术操作简单，维护容易。

（2）旋卷式分离器由平板膜和支撑物围绕中心的多孔渗透管旋卷而成。工作时，高压原料气体进入“高压道”，易渗透组分经膜渗透流经“渗透道”，从渗透管中心流出，剩余气体则从管外流道流出。旋卷式分离器的特点是结构简单，制造容易，易于商业化，操作清洗方便等。

在选用渗透设备时，应根据被处理原料气的特性及分离工艺的要求，比照有关产品样本，选择合适的膜材料及分离器形式。

2）反渗透

在膜分离的应用中，反渗透可以说是最广泛的，而且仍在不断地研究和发展。反渗透的应用在整个膜分离领域中约占一半，是近20年来膜技术的一个最大的突破。

反渗透过程是正常渗透过程的逆过程，即在足够的压力推动下，使溶剂从浓溶液中通过反渗透膜向稀溶液中流动。

反渗透的对象主要是分离溶液中的离子范围。由于反渗透分离过程不需加热，没有相的变化，因此具有耗能较少、设备体积小、操作简单、适应性强、应用范围广等优点；其缺点主要是设备费用高、膜清洗效果较差。反渗透在苦咸水和海水淡化、纯水生产、低分子量水溶性组分的浓缩回收等方面的应用范围日益扩大，并逐渐渗透到食品、医药、化工等部门的分离精制、浓缩等操作过程中。

目前，反渗透膜的材料主要有纤维素类膜和非纤维素类膜两大类。

（1）在纤维素类膜中最广泛使用的是醋酸纤维素膜，其特点为透水速度快、脱盐率高、价格便宜，但容易遭受微生物的侵袭，且在使用中不能倒置。当离子价越高或同价离子水合半径越大时，脱除效果越好，对离解性和分子量高于400的有机化合物脱除效果较好，对同一类有机化合物，分子量越大，脱除效果越好；对非离解性和分子量小的有机化合物脱除效果较差，对许多低分子量的非电解质(如氨、氯、二氧化碳、硫化氢等气体和弱酸如硼酸等)的脱除效果不好。

(2) 非纤维素类膜中以芳香族聚酰胺为主要品种，其特点为机械性能好、抗压密和抗污染性能较好，有良好的抗化学性能，pH值稳定范围大，对二价和一价离子的脱盐率均较高，还能脱除有机物和二氧化硅，耐热性能好，但价格较贵。

此外，近年来又发展起来一种复合膜，其组成有聚醚/酰胺、聚醚/脲等一些复合材料。这些复合膜的脱盐率可达99.5%以上，最适用于海水一级淡化制取饮用水，也适用于有机物的浓缩，但目前制膜成本较高。

反渗透装置有4种常用形式：板框式反渗透器、管式反渗透器、卷式反渗透器和中空纤维式反渗透器。它们的结构和特点都与相应形式的超滤器相似。

反渗透装置的应用情况与超滤器相似，在选用反渗透装置时，应根据被处理物料的性质和工艺要求及操作条件等，比照有关产品样本，选择合用的膜及反渗透器形式。

第五节　常见反应设备

反应器是化工生产中的关键设备。一般来说，在工业上有机化学反应不可能百分之百地完成，也不可能只生成一种产物。但是，人们可以通过各种手段加以适当控制，在尽可能抑制副反应的前提下，努力提高转化率，这一点在工业生产上是非常重要的。提高转化率、减少副反应不仅可以提高反应器的生产能力，降低反应过程能量消耗，而且可以充分而有效地利用原料，减轻分离装置负荷，节省分离所需能量。一个好的反应器应能保证实现这些要求，并能为操作控制提供方便。

化学反应通常要求适宜的反应条件，如温度、压力、反应物组成等，温度条件较为重要。温度过低，反应速率慢，工业生产上是不希望的；温度过高，会使反应失去控制，使副反应增多，收率下降。但维持最适宜的温度条件并不容易，因为化学反应一般均伴随热效应，必须采取有效的换热措施，及时移出或加入热量，才能维持既定的温度水平。因此，反应器内的过程不仅具有化学反应的特征，而且具有传递过程的特征。除了考虑遵循化学反应动力学，还必须考虑流体动力学、传热和传质以及这些宏观动力学因素对反应的影响。只有综合考虑反应器内流动、混合、传热、传质和反应诸因素，才能做到反应器的正确选型、合理设计、有效放大和最佳控制等。

一、化工反应器

化学工业中用来进行化学反应的设备称为反应设备(或称反应器)。

在反应器中，能实现物质的各种化学反应，使物质发生质的变化，生成新的物质，即所需要的中间产品或最终产品。反应器的种类很多，常用的反应器主要分为反应釜、固定床反应设备、沸腾床反应设备和一些其他反应器。设计、选用反应器时，必须考虑以下几点：

(1) 反应物料应充分混合和接触，并且考虑搅拌混合装置的配置；

(2) 放热反应或吸热反应应考虑冷却或加热装置；

(3) 温度、压力、浓度对反应方向和反应速率的影响；

(4) 有无催化剂参与化学反应过程；

(5) 按生产规模大小采用连续式或间歇式反应器；

(6) 根据反应介质的腐蚀性考虑正确选择材质。

反应器的设计和选用必须通过工艺设计确定对反应器的工艺要求，即反应器的容积、最大工作压力、工作温度、工作介质组成及性质、腐蚀情况、传热面积、搅拌形式、搅拌转速及功率、需要哪些接管口等，然后再进行反应器的机械设计和结构设计。非标反应器根据设计施工图，或能选到的套用图，按图加工。选用定型反应器，根据上述工艺要求和参数选用。

反应器的材质通常采用碳钢。为满足防腐蚀要求，应采用不锈钢、复合钢板、各种钢壳内衬(搪)反应器，如搪玻璃、衬玻璃钢塑料、橡胶、瓷板等的采用也很多。非金属材料(如陶瓷、塑料、玻璃钢、石墨等)制作的反应器也采用不少。

反应器可在常压、正压、负压状况下操作。在不同的状态下，必须配以合适的输送装置使物料进出反应器，如真空系统、泵、压缩机等。进入反应器的物料必须计量，因此反应器的各种接管口处应有相应的计量槽、贮槽或与计量器等相连。上述内容在具体的工艺设计中与设计选用反应器时应同时考虑。

以下分别介绍几种常用的反应器。

1. 反应釜(反应器)

在釜体(也称罐体)内进行化学反应的设备称为反应釜。反应釜主要是供液体—液体、液体—气体、液体—固体原料之间进行各种化学反应，如硝化、磺化、氧化、氯化、缩合、聚合等反应，在医药、农药、染料、油漆、基本有机合成及三大合成材料(合成橡胶、合成塑料、合成纤维)工业中得到广泛应用。反应釜分不带搅拌的反应釜和带搅拌的反应釜，其中带搅拌的反应釜使用更为广泛。

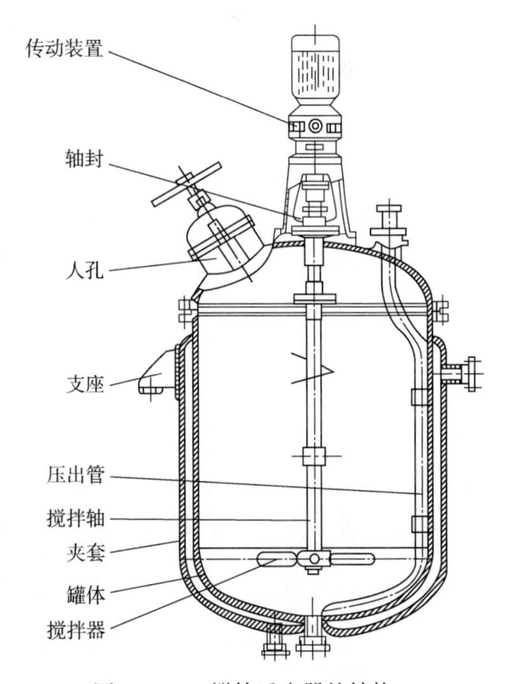

图 4-5-1　搅拌反应器的结构

典型的搅拌反应器如图 4-5-1 所示，其主要由搅拌罐、搅拌装置和轴封 3 大部分组成。搅拌罐包括罐体、加热装置及附件。罐体是一个提供化学反应空间的容器。由于化学反应一般都要吸收或放出热量，因此在容器的内部或外部设置加热或冷却装置。例如，在容器外部设置夹套或在容器内部设置蛇管等。此外，在罐体上还需设置工艺接管等附件。搅拌装置包括传动装置、搅拌轴和搅拌器。搅拌过程通常由电动机经减速器减速后，再由联轴器连接搅拌轴来带动固定在轴上的搅拌器转动。轴封为搅拌罐和搅拌轴之间的动密封，其作用是保护罐内介质不泄漏。搅拌反应器的机械设计包括对搅拌罐、搅拌装置和轴封装置进行合理的选型、结构设计及强度(刚度)计算。

1）反应釜的传热构件

(1) 夹套。

夹套是在罐体外面套上一个直径稍大的容器。它与罐体外壁形成密闭空间，在此空间内通入载热或载冷流体，以加热或冷却物料。常用的整体式夹套结构如图 4-5-2 所示。图 4-5-2(a)仅圆筒部分有夹套，用在传热面积不大的场合；图 4-5-2(b)为部分圆筒与下封头有夹套，这是一种常用的典型结构；图 4-5-2(c)为分段式夹套，各段之间设置加强圈或采用能起加强作用的夹套封口结构，此结构适用于罐体细长的情况；图 4-5-2(d)为全包式夹套，这种结构具有最大的传热面积。

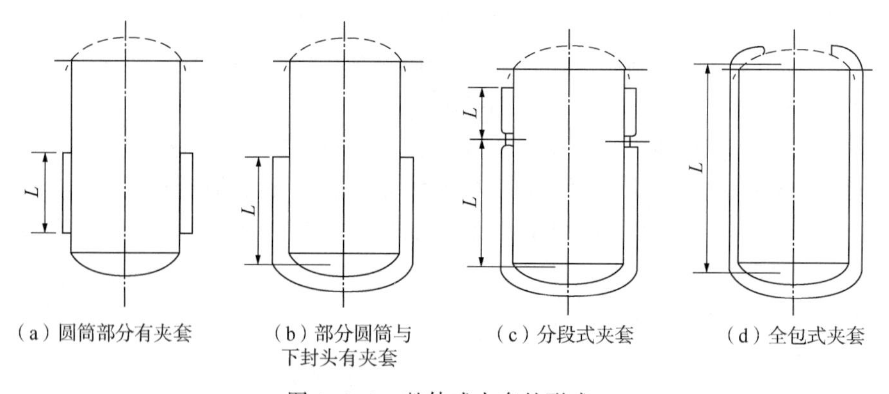

图 4-5-2　整体式夹套的形式

夹套与罐体的连接方式有不可拆式和可拆式。不可拆式夹套如图 4-5-3 所示，采用夹套与罐体焊接连接，其结构简单、密封可靠；可拆式夹套如图 4-5-4 所示，这种结构适用于操作条件差、需要定期检查罐体外表面或者要求定期对夹套进行清洗的场合。此外，当夹套与罐体材料不能用焊接连接时，也只能采用可拆式结构。

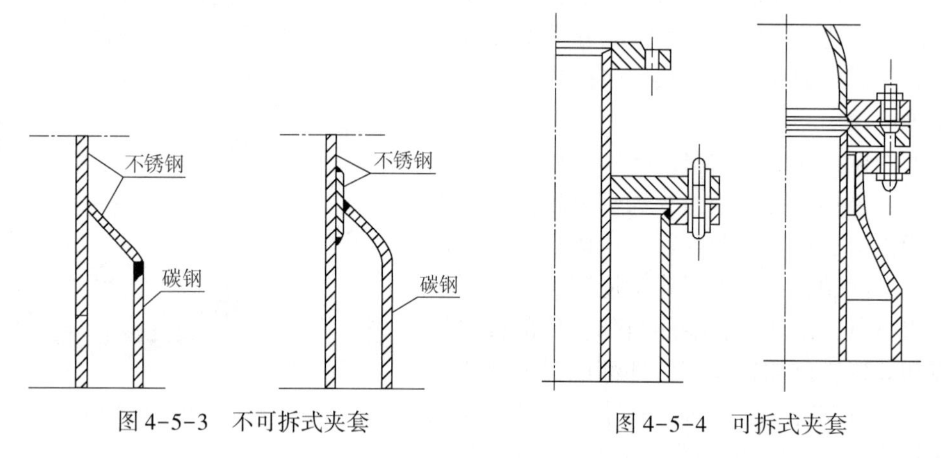

图 4-5-3　不可拆式夹套　　图 4-5-4　可拆式夹套

（2）蛇管。

在搅拌反应器中，如果采用夹套传热不能满足工艺要求或罐体结构不能采用夹套，可采用蛇管传热，单排蛇管结构如图 4-5-5 所示。由于蛇管沉浸在物料中，热量损失小，传热效果好，还能起到提高搅拌效率的作用。蛇管的长度不宜过大，否则会因凝液积聚而降低传热效果，而且从很长的蛇管中排出蒸气所夹带的惰性气体也困难。此外，蛇管过长，管内流体流动阻力也增大，管径过大又使制造加工困难。

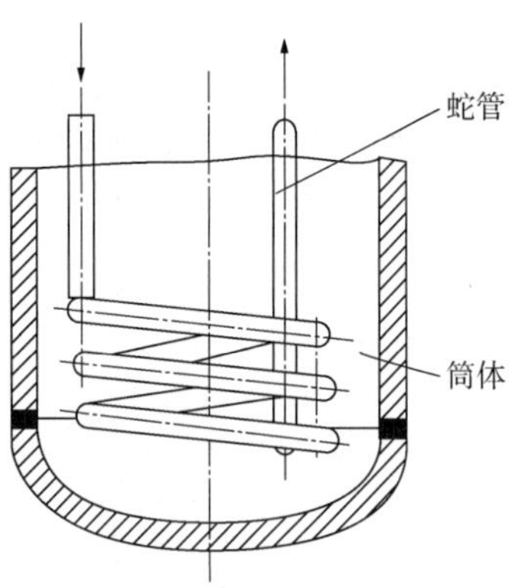

蛇管

筒体

图 4-5-5　单排蛇管

2）反应釜搅拌器

搅拌器是使搅拌介质形成适宜的流动状态而向其输入机械能的装置。不同介质通过搅拌彼此间互相分散，以达到均匀混合，提高化学反应、传质和传热速率的目的。

搅拌器的类型很多。常用的搅拌器有桨式、涡轮式、推进式、锚式、框式、螺杆式和螺带式等。搅拌器的主要部件是桨叶，桨叶形状按搅拌器的运动方向与桨叶表面的角度可分为平直叶、折叶和螺旋面叶 3 类。桨式、涡轮式、锚式和框式搅拌器的桨叶都是平直叶或折叶，而推进式、螺杆式搅拌器等的桨叶为螺旋面叶。

3）反应釜的传动装置

搅拌反应器的传动装置通常采用立式布置在罐体的顶部（图 4-5-6），其包括电动机、减速装置、联轴器及机座等。

（1）电动机。

电动机应按功率、转速、安装方式及防爆等要求选用。电动机的功率 N_e 主要取决于搅拌功率及传动装置的机械效率，即

$$N_e = \frac{N+N_m}{\eta} \tag{4-5-1}$$

式中　N_e——电动机的功率，kW；

N——搅拌功率，kW；

N_m——轴封的摩擦损失功率，kW；

η—传动装置的机械效率。

（2）减速装置。

常用的减速装置有摆线针齿行星减速机、两级齿轮减速机、三角皮带减速机和谐波减速机 4 种。

（3）搅拌轴。

搅拌轴将电动机的动力传递给搅拌器。它承受的是以扭转为主的扭—弯联合作用。

（4）搅拌反应器的轴封。

设置轴封的目的是保证设备内处于一定正压或真空条件操作，并防止物料的逸出或杂质的渗入。轴封的主要形式有填料密封和机械密封两种。

① 填料密封。

a. 填料密封的结构及工作原理。

填料密封的结构如图4-5-7所示，其由填料箱体、填料、压盖及压紧螺栓等组成。箱体放在反应器的顶盖上，装在箱体与轴间环隙中的填料通过上紧螺栓后由压盖压紧。填料对搅拌轴产生径向压紧力，并由填料中的润滑剂在轴表面形成一层极薄的液膜，使轴得到润滑且起到密封作用。

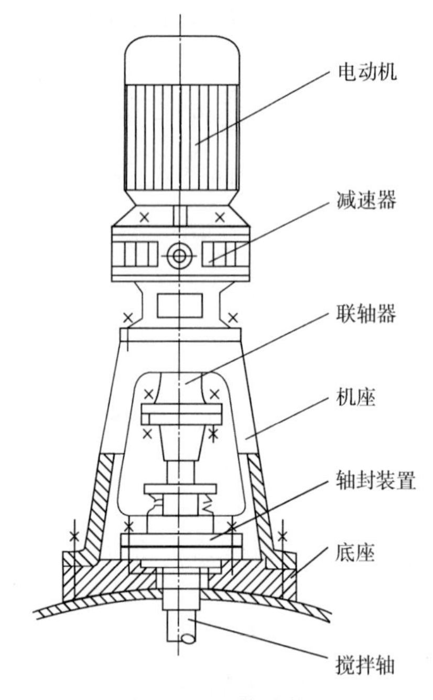

图4-5-6　传动装置

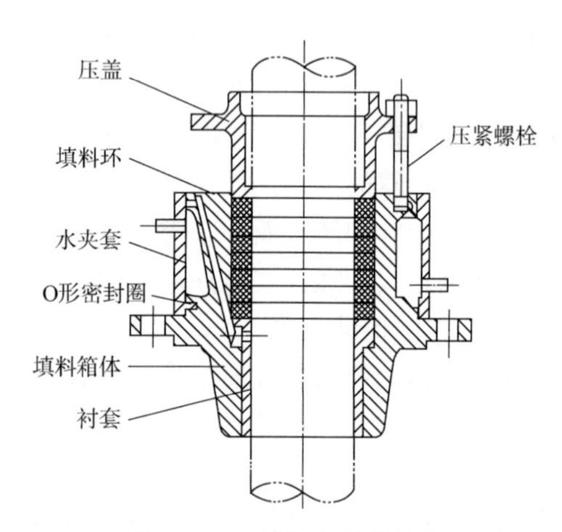

图4-5-7　填料密封的结构

当设备内温度高于100℃或轴转动的线速度大于1m/s时，填料密封需设置冷却装置。

b. 填料。

填料又称盘根，是保持密封的主要元件。为了有良好的密封效果，要求填料富有弹性、耐磨性、减摩性及良好的导热性等。

② 机械密封。

机械密封由于具有密封性能好、使用寿命长、泄漏量低、摩擦功耗小以及不需要经常维护等特点，已经逐渐替代填料密封，被广泛应用于搅拌器和反应釜。

a. 机械密封的结构及工作原理。

机械密封的结构如图4-5-8所示，其由动环、静环、弹簧加荷装置和辅助密封圈等组成。机械密封是利用垂直于转轴的两个密封元件的平面贴合和相对转动而实现密封。当轴旋转时，与设备连接的静环不动，安装在轴上的动环与轴一起转动，并通过弹簧力使动环与静环紧密接触，以阻止介质的泄漏而形成密封。显然，机械密封是将易泄漏的轴向圆柱面的密封改变为不易泄漏的端面密封。由于机械密封的功耗小、泄漏量低、密封性可靠，因此被广泛用于搅拌反应器、泵等的轴封。机械密封共有4个密封点。除C点的动环与静环之间的密封为动密封以外，其余3点为静密封。A点是静环座与设备间的密封，利用一般O形密封圈或者垫片作为密封元件；B点为静环与静环座之间的密封，一般采用具有弹性的辅助密封元件；D点为动环与轴之间的密封，常用的密封元件为O形密封圈。

b. 机械密封的分类。

根据摩擦副的对数，可将机械密封分为单端面密封和双端面密封。仅有一对摩擦副的为单端面密封，单端面密封的结构简单，制造、安装容易，适用于操作压力较低和密封要求一般的场合。有两对摩擦副的为双端面密封(图4-5-9)，双端面密封结构比较复杂，但由于在两摩擦副间的空腔内注有带压的中性液体，使其起到堵封、润滑、冷却作用，因此密封效果好，适应范围很广。此外，根据介质压力对接触面负荷平衡情况，机械密封分为平衡型和非平衡型；根据弹簧元件置于介质内外情况，机械密封分为内装式和外装式等。

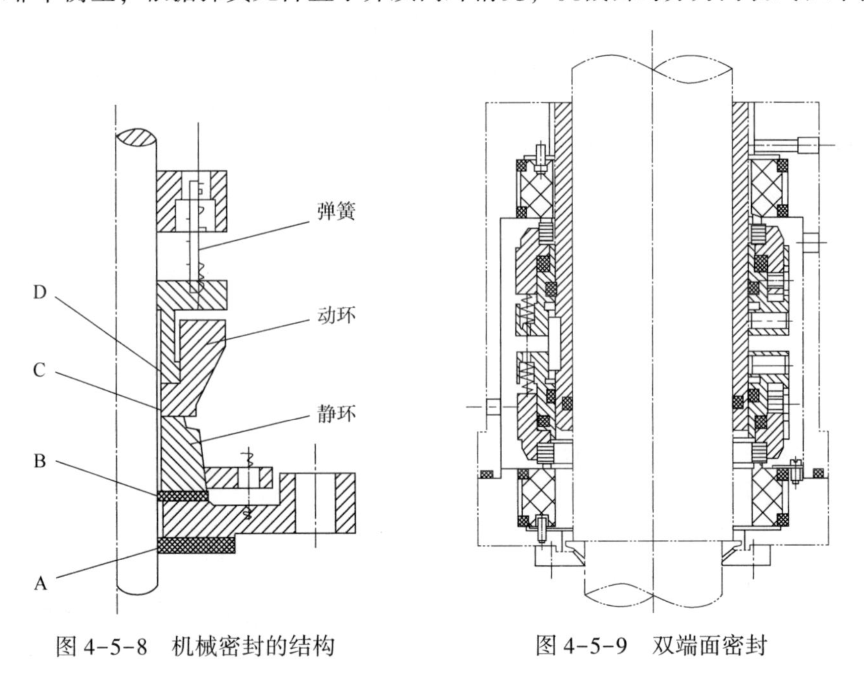

图4-5-8 机械密封的结构　　图4-5-9 双端面密封

2. 流化床反应器

不同的反应过程采用的流化床反应器结构各有差异。图4-5-10为典型流化床反应器示意图。原料混合气以一定速度通过底部气流分布板而急剧上升时，将反应器床层上堆积的固体催化剂细粒强烈搅动，上下浮沉。流化床的下部为浓相段，化学反应主要在此段进行。在浓相段中装有冷却水管和导向挡板，冷却水管是为了控制反应温度，回收反应热；导向挡板是为了改善气固接触条件。

流化床反应器一般适用于以下过程：

(1) 热效应伴随很大的放热或吸收过程；

(2) 要求有均一的催化剂温度和需要精确控制温度的反应；

(3) 催化剂寿命比较短，操作较短时间就需要更换(或活化)的反应；

(4) 有爆炸危险的反应和某些能够比较安全地在高浓度下操作的氧化反应。

流化床反应器一般不适用于如下情况：

(1) 要求高转化率的反应；

(2) 要求催化剂层有温度分布的反应。

3. 管式裂解炉

烃类进行裂解反应的设备称为裂解炉。由于管式裂解炉(以下简称管式炉)设备比较简单，具有可连续操作、动力消耗小、裂解气质量好以及便于大型化等优点，因此已被广泛应用于烯烃(乙烯和丙烯)生产。管式炉是国内外烯烃工业生产装置中最成熟、最实用和操作较稳定的装置。

管式炉的炉型种类很多，分类的方法也很多。按炉型分类，有方箱式炉、立式炉、梯台炉、门式炉等；按炉管布置方式分类，有水平管式和垂直管式(或称横管式和竖管式)；按燃烧方式分类，有直焰式和无焰辐射式等。以下选择方箱式炉(图 4-5-11)进行分析，管式炉由辐射室和对流室两部分组成，燃料燃烧所在区域称为辐射室。辐射室和对流室均装有炉管，炉管材质按温度进行选择。在该炉型中，裂解原料和水蒸气进入对流室炉管。在对流室内预热到 773~873K，然后进入辐射室炉管进行裂解反应。出口温度由所用原料决定，一般为 1023~1123K。裂解产物自炉顶引出到冷却系统。

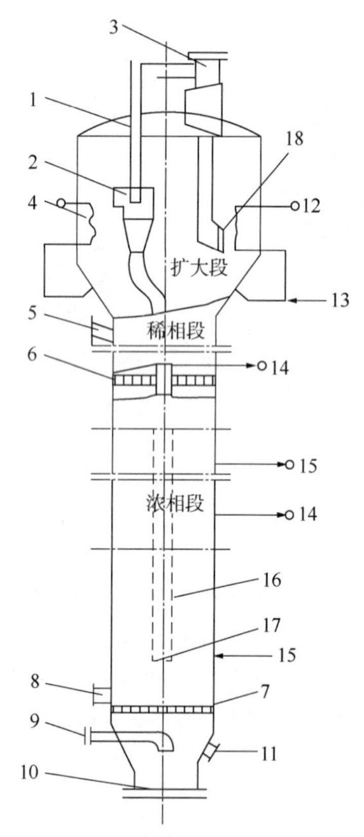

图 4-5-10　典型流化床反应器示意图

1—壳体；2—内旋风器；3—外旋风器；4—冷却水管；5—催化剂入口；6—导向挡板；7—气体分布器；8—催化剂出口；9—原料混合器进口；10—放空口；11—防爆口；12—稀相段蒸汽出口；13—稀相段冷却水出口；14—浓相段蒸汽出口；15—浓相段冷却水出口；16—料腿；17—堵头；18—翼阀

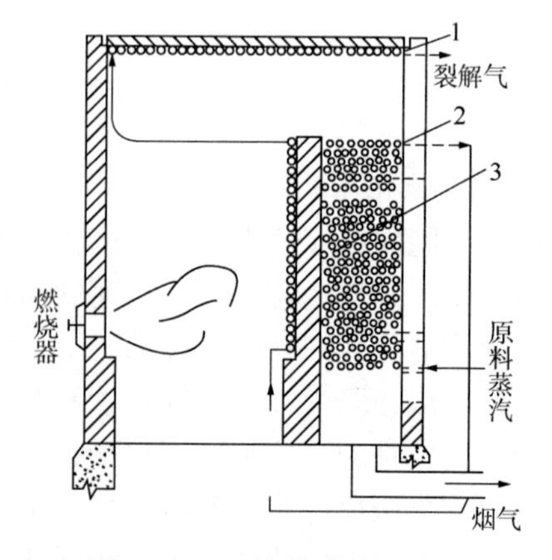

图 4-5-11　方箱式炉示意图

1—辐射管；2—对流管；3—挡墙

燃料(液体或气体)和空气在烧嘴中混合后喷入炉膛燃烧。烧嘴在炉膛(即辐射室)中均匀分布。面对火焰的挡墙，上部的温度(即燃烧后产生的烟气由辐射室进入对流室的温度)代表辐射室的温度(1123~1223K)，不代表火焰本身的最高温度。烟气进入对流室后将显热传给对流管中的原料和蒸汽，对流室的烟道气温度为573~673K，最后由烟囱排入大气。为了充分利用这部分废热，有的炉子在烟道中设有空气预热器，预热后的空气引进烧嘴可以改进燃烧性能和提高火焰最高温度。裂解炉炉管的出口压力一般为0.15MPa(绝)左右。裂解反应时间是在辐射室炉管内的停留时间，为0.8~0.9s。

二、塔设备

1. 填料塔

填料塔是石油化工生产中广泛应用的一种传质设备。它是在圆筒形塔体内设置填料，使气液两相通过填料层时达到充分接触，完成气液两相的传质过程。填料塔具有结构简单、填料可用耐腐蚀材料制造和适用中小型塔需要等特点，同时它的压力降也比板式塔小。

1）填料塔的结构

填料塔的结构较板式塔简单，由塔体、喷淋装置、填料、再分布器、栅板等组成。如图4-5-12表示，气体由塔底进入塔内经填料上升，液体则由喷淋装置喷出后沿填料表面下流，气液两相便得到充分接触，从而达到传质的目的。

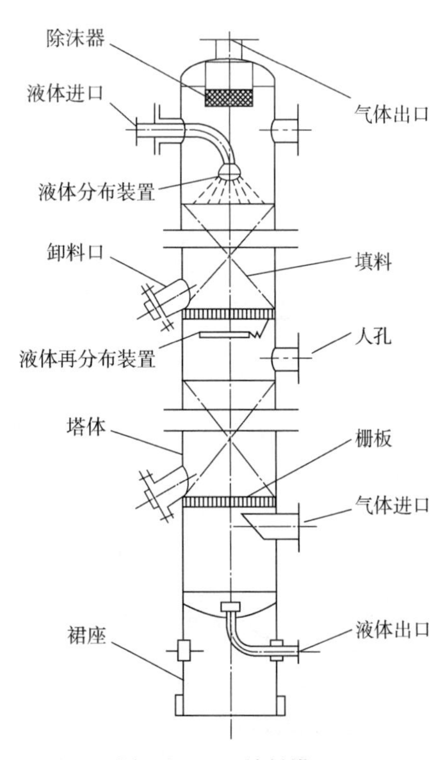

图4-5-12 填料塔

2）填料的特性及种类

填料的特性常用以下参数说明：

(1) 填料的尺寸常以填料的外径、高度和厚度数值的乘式来表示，如 ϕ10mm×10mm×1.5mm 的拉西环，表示拉西环外径为10mm，高度为10mm，厚度为1.5mm。

(2) 单位体积中填料的个数即 $1m^3$ 体积内装多少填料，一般用 n 表示，单位为个/m^3。填料整砌时的 n 值比乱堆时的 n 值大。

(3) 单位体积填料所具有的表面积称为比表面积，一般用 a 表示，单位为 m^2/m^3。

(4) 空隙率(也称自由体积)即塔内 $1m^3$ 干填料净空间(空隙体积)所占的百分数，一般以 ε 表示，单位为 m^3/m^3，填料上喷洒液体后，由于填料表面挂液，则空隙率减小。

(5) 堆积密度即单位体积内填料的重量，常以 ρ 表示，单位为 kg/m^3。

使用上述参数就能表示某种填料所具有的特性，从而可选择所需要的填料。

填料塔所采用的填料大致可分为实体填料和网体填料两大类。实体填料包括拉西环及其衍生型、鲍尔环、鞍形填料、波纹填料等；网体填料则包括由丝网体制成的各种填料，如鞍形网、θ 形网环填料等。

3）喷淋装置

为了能均匀地分布液体，在塔的顶部安装喷淋装置，使液体的原始分布情况尽可能良好。喷淋装置的好坏对填料的效率有很大的影响。设计喷淋装置的原则是能均匀分散液体，通道不易被堵塞，尽可能不要很大的压头，结构简单、制造和检修方便等。喷淋装置的类型很多，常用的有喷洒型(又分为管式和莲蓬头式)、溢流型(又分为盘式和槽式)、冲击型(又分为反射板式和宝塔式)等。

4）液体的再分布装置

当液体流经填料层时，液体有流向器壁造成“壁流”的倾向，使液体分布不均，降低了填料塔的效率，严重时可使塔中心的填料不能被湿润而成“干锥”。因此，在结构上宜采取措施，使液体流经一段距离后再分布，以便在整个高度内的填料都得到均匀喷淋。

常用的再分布装置有分配锥和带通气孔的分配锥(图 4-5-13)，该种结构适用于小直径的塔。对于大直径的塔，可采用槽形再分配器，其结构如图 4-5-14 所示。

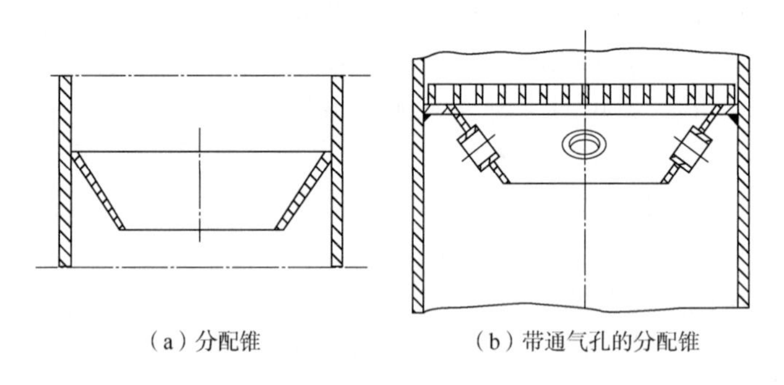

（a）分配锥　（b）带通气孔的分配锥

图 4-5-13　再分布装置

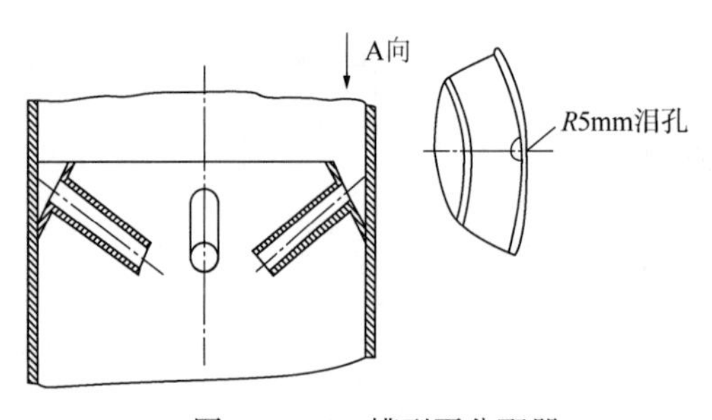

图 4-5-14　槽型再分配器

5）填料塔的支撑结构

填料的支撑结构不但要有足够的强度和刚度，而且须有足够的自由截面，使在支撑处不致首先发生液泛。在工业填料塔中，最常用的填料支撑是栅板(图 4-5-15)。采用栅板结构，除了计算其强度，还要考虑介质的腐蚀情况，以确定使用哪种耐腐蚀材料。栅板的间距是填料外径的 60%～80%才能保证填料堆放。如自由横截面积太小需要增大栅板间距时，则底层必须放置外径大的填料。对于孔隙率比较大的填料，相应地必须增大栅板的自由横截面积，可采用开孔波形板支撑结构(图 4-5-16)。因为波形板的波纹侧面和底面均开孔，自由截面积较栅板支撑大，所以有利于气体通过。

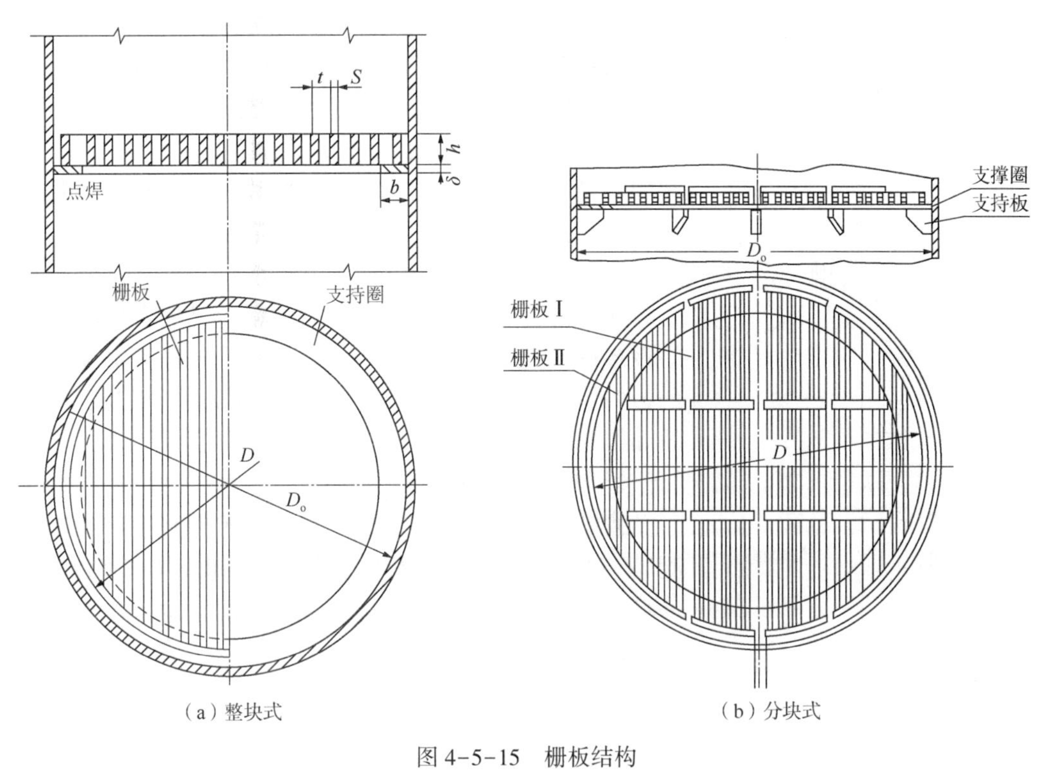

（a）整块式　　（b）分块式

图 4-5-15　栅板结构

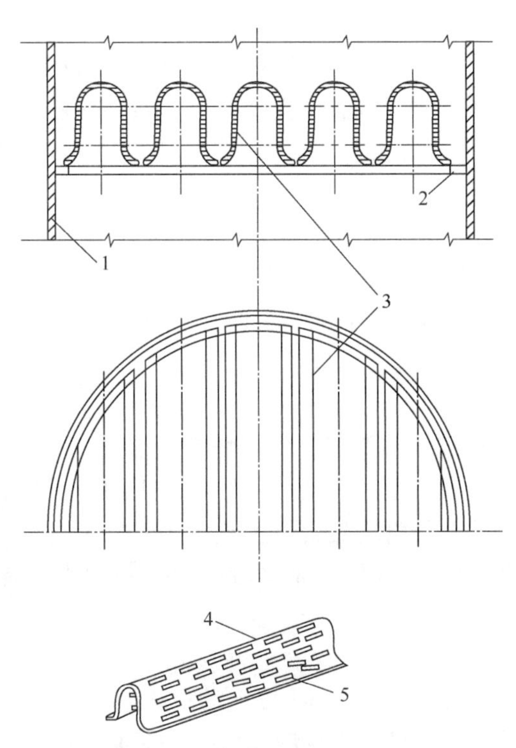

图 4-5-16　开孔波形板支撑结构

1—塔体；2—支撑圈；3，4—波形支撑件；5—长圆形孔

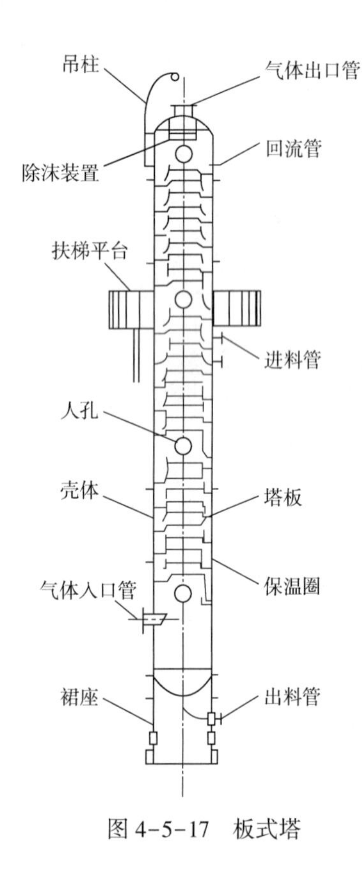

图 4-5-17　板式塔

2. 板式塔

板式塔由塔体、支座及内件等组成，其结构如图 4-5-17 所示。塔体上设有物料进出管及各种仪表接管。为了安装、检修及操作的方便，在塔体上还设有人孔、手孔、吊柱、扶梯平台等。塔体的支承常用裙式座。板式塔的内件有塔板、除沫器等。

1）板式塔的工作原理

在塔设备内装置一层一层的不同形式的塔板(盘)，该塔设备称为板式塔。在板式塔内，传质过程是分阶段进行的，气体以鼓泡或喷射的方式穿过塔板上的液层，进行传质和传热过程。

2）板式塔的分类

按塔板结构不同，板式塔主要有泡罩塔、筛板塔、浮阀塔、舌形塔以及一些新的复合型塔(如浮阀—筛板塔、浮动喷射塔、穿流板塔等)。

3）板式塔的应用

在板式塔内，如精(蒸)馏、吸收、萃取等几乎所有的传质过程都可以进行，但主要应用于精(蒸)馏过程，把液体混合物分离或提纯。例如，从石油中分离汽油、轻油、重油等，以及甲醇、乙醇、苯酚等基本有机产品的提纯。筛板塔在萃取、除尘过程有较多应用，如在医药工业中分离抗毒素、激素、维生素等，在基本有机合成工业中用于提纯己内酰胺，精制聚乙烯、聚丙烯用的溶剂等。

4）板式塔结构组成

(1) 塔盘结构。

塔盘通常由气液接触元件、塔板、降液管、受液盘、溢流堰等组成。塔盘按结构特点可分为整块式和分块式两类。当塔径小于 800mm 时，采用整块式塔盘；塔径不小于 800mm 时，采用分块式塔盘。

① 整块式塔盘。

整块式塔盘的塔体由若干塔节组成，每个塔节安装若干层塔板，塔节之间用法兰连接。整块式塔盘分为定距管式和重叠式两种。最常采用的定距管式塔盘结构如图 4-5-18 所示。这种结构用定距管和拉杆将塔盘紧固在塔节内的支座上，定距管支撑塔盘和保持塔板间距。塔盘与塔壁的间隙以软质填料密封，并用压圈压紧，常用的密封结构如图 4-5-19所示。

② 分块式塔盘。

分块式塔盘应用于塔径在 800~900mm 以上的板式塔，考虑到塔盘的刚度及制造、安装等要求，多采用分块式塔盘，即将塔盘做成数块，并通过人孔送入塔内，装到焊于塔体内壁的固定件上。塔体为焊制圆筒，不分塔节。分块式塔盘分单溢流塔盘和双溢流塔盘。

塔径为 800~2400mm 时，用单溢流塔盘[图 4-5-20(a)]；塔径大于 2400mm 时，采用双溢流塔盘[图 4-5-20(b)]。

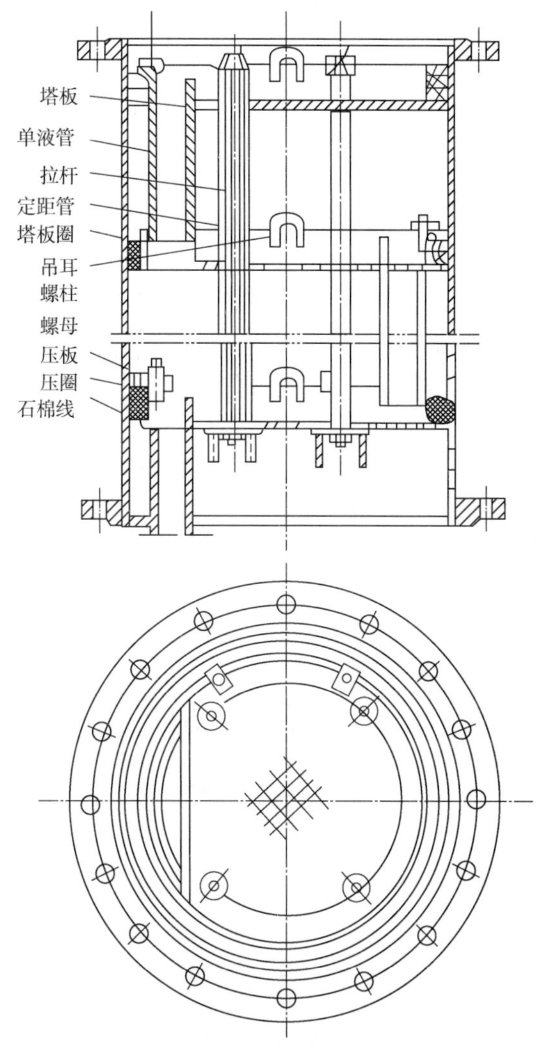

图 4-5-18　定距管式塔盘结构

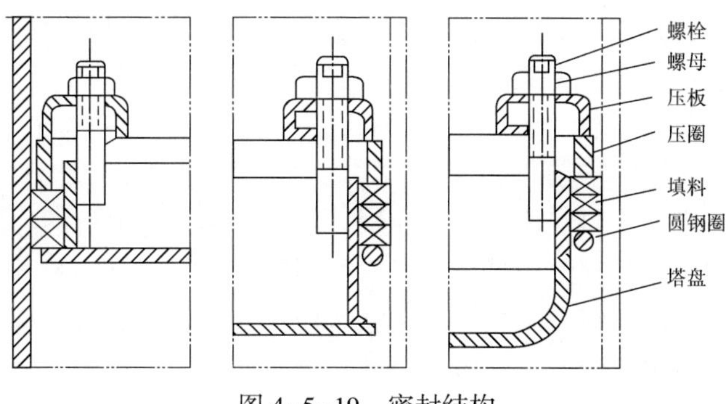

图 4-5-19　密封结构

分块式塔盘的塔板有自身梁式和槽式两种结构(图 4-5-21)，它们的特点是结构简单，制造方便，具有足够的刚度。为了进行塔内安装和检修，使人能进入各层塔盘，在塔盘上还设有一块矩形或弧形平板的内部通道板。分块式塔盘间的连接分为上可拆连接(图 4-5-22)和上、下均可拆连接(图 4-5-23)两种。常用的紧固件为螺栓和椭圆形垫板。

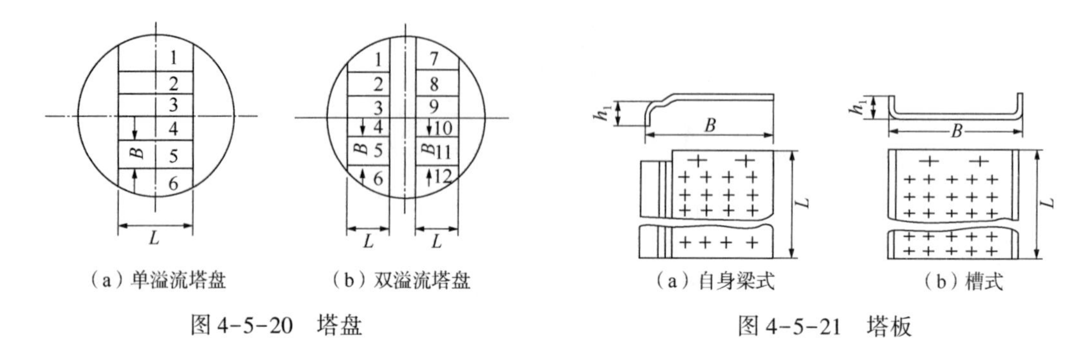

（a）单溢流塔盘　（b）双溢流塔盘

图 4-5-20　塔盘

（a）自身梁式　（b）槽式

图 4-5-21　塔板

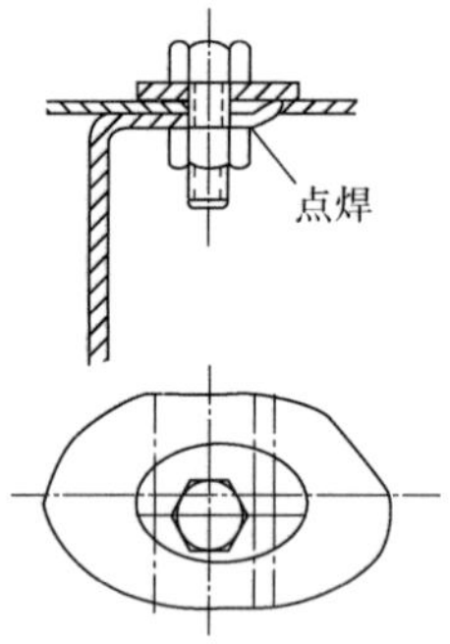

点焊

图 4-5-22　上可拆连接结构

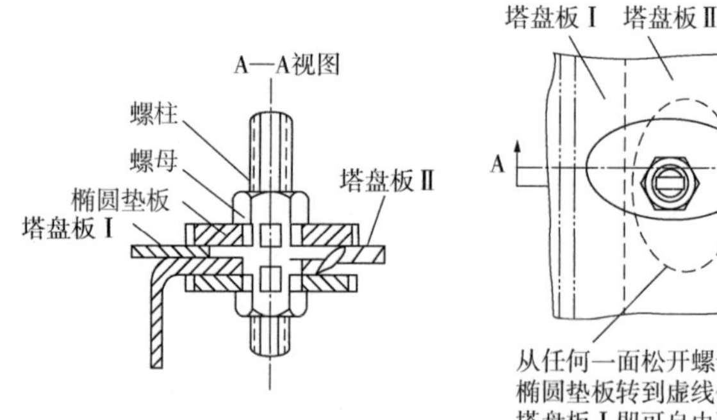

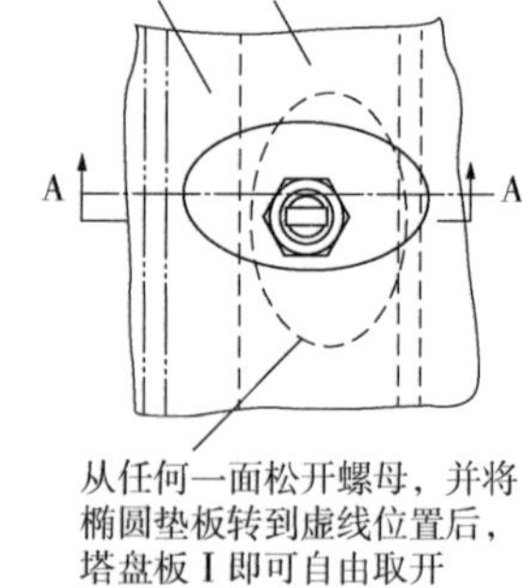

图 4-5-23　上、下均可拆连接结构

(2) 裙座及除沫器。

① 裙座。

塔体常用裙座支承。裙座由座体、基础环、螺栓座及地脚螺栓等组成(图 4-5-24)。

裙座体有圆筒形和圆锥形两种。圆筒形由于具有制造方便等优点而应用广泛，但对于直径小而高度大的塔，为了增加设备的稳定性和降低某些构件的应力，可采用圆锥形裙座。为了安装、检修等需要，座体上开有引出管道孔、手孔、人孔及排气孔等。

② 除沫器。

除沫器用于分离塔顶出口气体夹带的液滴。图 4-5-25 所示丝网除沫器是化工设备中广泛使用的一种除沫装置。其结构是将数层丝网用栅条夹持，并由螺栓紧固在塔壁的支持圈上，丝网则由圆丝或扁丝编织而成。丝网除沫器具有比表面积大、除沫效率高、空隙率大、压降小等特点，适用于清洁的气体，否则易堵塞网孔。

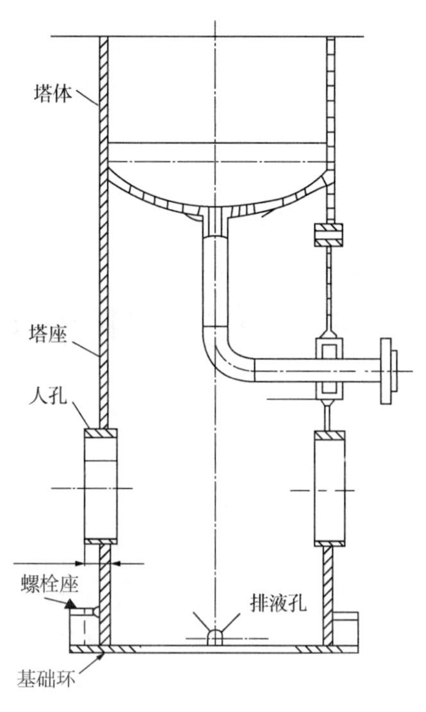

图 4-5-24 裙座

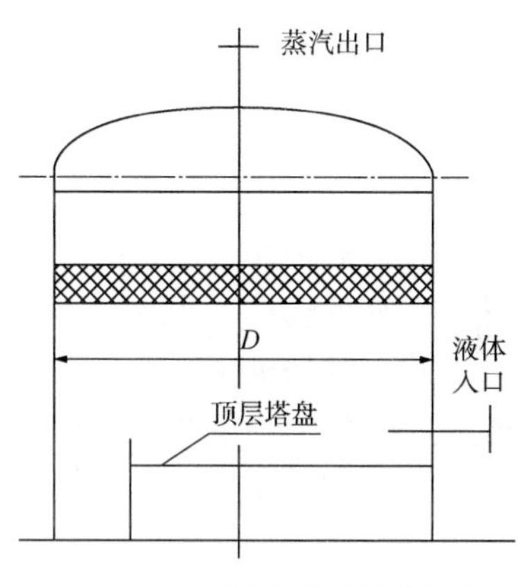

图 4-5-25 装在塔顶的除沫器

第五章

固体类化工机械设备

固体物料的形态多样，包括粉末状、颗粒状、大粒状、块状等。对于不同形态的固体物料，应采用不同的输送方式及设备。常见的固体物料化工机械有输送机械、粉碎机械和筛分机械。其中，输送机械以带式输送机的应用比较广泛。应用粉碎机械可以减小物料的粒度至一定大小，增加物料的表面积，以提高其物理作用的效果或化学反应速率，使物料中的不同组分在粉碎后单体分离，以便进一步将其彼此分开等。筛分机械是利用具有一定大小孔径的筛面把固体物料按尺寸大小分为若干级别的操作，从而达到筛分的目的。

第一节　常见输送机械

固体物料输送机械分为连续式和间断式。连续式输送机械有带式输送机、螺旋输送机、埋刮板输送机和斗式提升机等；间断式输送机械有有轨行车(包括悬挂输送机)、无轨行车、专用输送机等。

一、带式输送机

带式输送机的应用比较广泛，可输送粉粒料与块料及成包的物料。带式输送机不仅可进行水平方向的输送，也可按一定倾斜角度向上输送。输送粉粒料时，其倾斜角度不宜超过物料运动时自然休止角的2/3，一般不超过17°~18°。带式输送机输送能力大，最高可达每小时数百吨甚至数千吨，运输距离长，操作方便，看管工作量少，噪声小，在整个输送机的任何位置都可装料或卸料。

1. 带式输送机的结构

图5-1-1显示了带式输送机。带条由主动轮1带动，另一端由张紧轮6借重力张紧(或借螺旋张紧)带动，带的承载段由支承装置的上托辊4支承，空载段由下托辊8支承，物料由加料斗5加在带上，到末端卸落。若中途卸料，则右承载段上设置卸料装置。

1) 输送带

输送带有普通型橡胶带和塑料带两种。塑料带不仅具有耐磨、耐酸碱、耐油、耐腐蚀等性能，而且原料立足于国内，特别适用于温度变化不大的地方。目前，国内橡胶输送带的品种及生产宽度见表5-1-1。

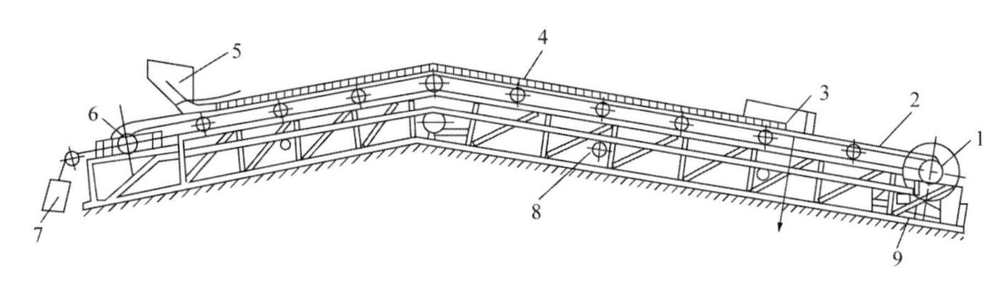

图 5-1-1　带式输送机

1—主动轮；2—带条；3—卸料装置；4—上托辊；5—加料斗；6—张紧轮；
7—重锤；8—下托辊；9—清扫器

表 5-1-1　国内输送带的品种及生产宽度

项目	生产宽度 B，mm								
普通型	300	400	500	650	800	1000	1200	1400	1600
耐热型	—	400	500	650	800	1000	1200	1400	1600

塑料输送带有多层芯和整芯两种。多层芯塑料带和普通型橡胶带相似，整芯塑料带工艺简单、生产率高、成本低、质量好。目前，整芯塑料带的厚度有 4mm 和 5mm 两种。塑料带接头方式有机械及塑化两种。

2）驱动装置

驱动装置由电动机、减速器、柱销联轴器和十字滑块联轴器组成。

3）传动滚筒

传动滚筒是把电动机、减速器装入滚筒内的传动装置。传动滚筒结构紧凑、外形尺寸小，易于安装布置，可以代替一般的电动机、减速器驱动的驱动装置。

4）改向滚筒

改向滚筒用于改变输送带的运行方向，或增加输送带与传动滚筒的包角。

5）托辊

托辊用于支承输送带和带上物料，使其稳定运行。槽型托辊用于散状物料；平型托辊一般用于输送成件物料；调心托辊用于调整输送带，使其保持正常运行不致跑偏；缓冲托辊装于输送机受料处，以保护输送带。上托辊分槽型和平型两种；下托辊均为平型托辊。

6）拉紧装置

拉紧装置的作用是使输送带有足够的张力，保证输送带和辊筒间不打滑，限制输送带在各支承间的垂度，使输送机正常运转。

7）清扫装置

清扫装置的作用是清扫黏附在输送带上的物料。

8）卸料装置

卸料装置用于输送机中间卸料。

9）制动装置

输送机的极限倾角大于 4°时，为了防止满载停车时发生事故，应设制动装置。制动装置有滚柱逆止器、带式逆止器和液压电磁闸瓦制动器 3 种。

2. 带式输送机的形式

1）TD75 型带式输送机

TD75 型带式输送机为一般用途的带式输送机，输送各种块状、粒状、粉状物料，也可输送成件物品。带宽有 500mm、650mm、800mm、1000mm、1200mm、1400mm 六种，输送带有普通橡胶带和塑料带两种。当物料温度不超过 70℃时，输送酸性、碱性、油类物质需采用耐酸、耐碱、耐油的橡胶带或塑料带。

2）DX 型钢绳芯胶带输送机

DX 型钢绳芯胶带输送机所用的输送带抗张强度高，输送距离长；并且寿命长，比普通输送带寿命长 2~3 倍，一般可用 6~10 年；输送带伸长率小，仅为普通带的 1/5；输送带抗冲击力强，弯曲次数可超过 10^7；输送带可用于高速输送；输送带成槽性好，不仅适用于深槽输送机，而且由于输送带与托辊贴合紧密，与普通输送带比较，相同带宽输送能力大。

3）QD80 型固定式胶带输送机

该输送机为化工、轻工、食品、粮食、邮电等部门设计的通用固定式连续输送机，可输送各种散状物料和成件物品。带宽有 300mm、400mm、500mm、650mm、800mm、1000mm 和 1200mm 七种，输送速度有 0.25m/s、0.5m/s、0.8m/s、1.0m/s、1.25m/s、1.6m/s、2.0m/s 和 2.5m/s 八种，能满足一般运输作业线的工艺要求，也可满足耐酸、耐碱、耐油、耐热、无毒和防污染等特殊要求。工作环境温度为-15~40℃。水平式输送机带面距地面的标准高度有 500mm 和 800mm 两种。对于倾斜式输送机，带面距地面高度可在 800~2000mm 范围内任意选择，超过 2000mm 时，选用单位需自行设计头架和中间支架，供图制作或与制造厂面洽。

4）特轻型带式输送机

特轻型带式输送机具有负荷轻、线速度低的特点，主要用于橡胶工厂连续运送胶条或返回胶边，也可用于其他行业较轻载荷成件物品的连续输送。

二、旋转输送机

旋转输送机即螺旋输送机。螺旋输送机在化工厂中用途较广，主要用于输送粉状、颗粒状和小块状物料，如煤粉、纯碱、再生胶粉、氧化锌、碳酸钙及小块煤等，不适宜输送易变质、黏性大和易结块的物料。

1. 螺旋输送机的结构

螺旋输送机的结构如图 5-1-2 所示。旋转的螺旋叶片将物料推移而进行输送，使物料不与螺旋叶片一起旋转的力是物料自身重量和机壳对物料的摩擦阻力。旋转轴上焊有螺旋叶片，叶片的面型根据输送物料的不同有实体面型、带式面型、叶片面型等形式。螺旋轴在物料运动方向的终端有止推轴承以承受物料给螺旋的轴向反力，在机身较长时，应加中间吊挂轴承。

2. 螺旋输送机的特点及分类

螺旋输送机的特点是结构简单、横截面尺寸小、密封性能好、可以中间多点装料和卸料、操作安全方便以及制造成本低等；但是机件磨损较严重，输送量较低，消耗功率大，物料在运输过程中易破碎。使用的环境温度为-20~50℃；物料温度小于 200℃；输送机的

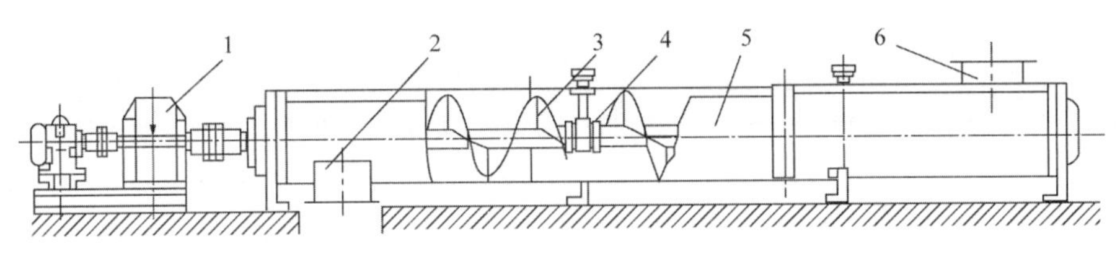

图 5-1-2　螺旋输送机

1—驱动装置；2—出料口；3—旋转螺旋轴；4—中间吊挂轴承；5—壳体；6—进料口

倾角不大于 20°；输送长度一般小于 40m，最长不超过 70m。螺旋输送机有水平固定式、垂直式及弹簧式 3 种类型。水平固定式螺旋输送机最为常用，其输送倾角小于 20°，输送长度一般在 40m 以下。垂直式螺旋输送机用于短距离提升物料，输送高度一般不大于 6m，螺旋叶片为实体面型，它必须有水平螺旋喂料，以保证必要的进料压力。

三、埋刮板输送机

埋刮板输送机是输送粉尘状、小颗粒及小块状等散料的连续输送设备，可以水平、倾斜和垂直输送。输送物料时，刮板链条全埋在物料之中，因此称为埋刮板输送机。埋刮板输送机的分类见表 5-1-2。

表 5-1-2　埋刮板输送机类型

型号及名称	结构型号	代号举例	型号及名称	结构型号	代号举例
水平型埋刮板输送机（倾角 $0° \leq \alpha \leq 15°$）	S	MS	给料型埋刮板输送机	G	MG
垂直型埋刮板输送机（倾角 $60° \leq \alpha \leq 90°$）	C	MC	燃料型埋刮板输送机	—	MSR MR
Z 型埋刮板输送机	Z	MZ	气密型埋刮板输送机	—	MQ
扣环型埋刮板输送机（水平—垂直布置）	K	MK	防腐型埋刮板输送机	—	MF
水平环型埋刮板输送机	P	MP	食品用型埋刮板输送机	—	MY
垂直环型埋刮板输送机	L	ML	耐磨损型埋刮板输送机	—	MN

1. 埋刮板输送机的结构

埋刮板输送机主要由封闭的壳体（机槽）、刮板链条、驱动装置及张紧装置等部件组成，其输送方案如图 5-1-3 所示。

埋刮板输送机水平输送时，物料受到刮板链条在运动方向的推力。当料层间的内摩擦力大于物料与槽壁间的外摩擦力时，物料就随着刮板链条向前运动。在料层高度与机槽宽度的比值满足一定的条件时，料流是稳定的。

埋刮板输送机垂直输送时，主要依赖物料所具有的起拱特性。封闭于机槽内的物料受到刮板链条在运动方向的推力，且受到下部不断给料而阻止上部物料下滑的阻力时，产生横向侧压力，从而增加物料的内摩擦力，当物料之间的内摩擦力大于物料和槽壁间的外摩擦

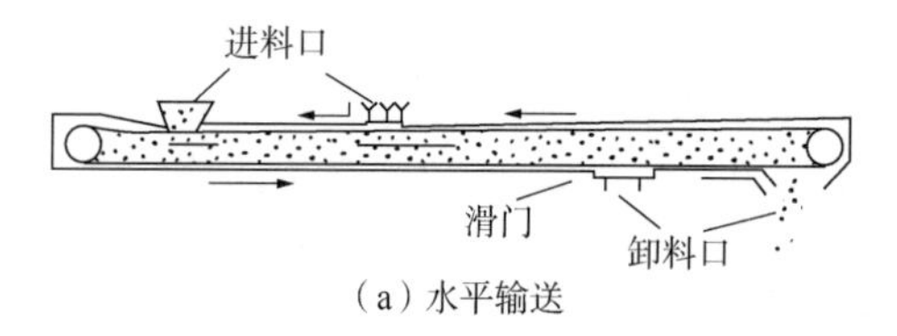

（a）水平输送

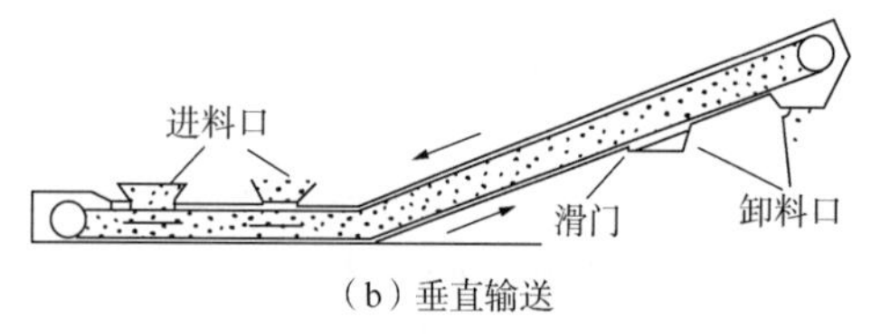

（b）垂直输送

图 5-1-3　埋刮板输送机输送方案

擦力及物料自重时，物料就随刮板链条向上输送，形成连续料流。由于刮板链条在运动中有振动，有些物料的料拱会时而被破坏，时而又形成，因此使物料在输送过程中对于链条产生一种滞后现象，影响输送能力。

2. 埋刮板输送机的特点

埋刮板输送机的特点如下：设备结构简单，重量轻，体积小，密封性能好，安装维修比较方便；能多点加料、多点卸料，工艺选型及布置较为灵活；在输送飞扬性、有毒、高温、易燃易爆的物料时，可改善工作条件，减少环境污染。一般机型适用于物料温度小于 100℃；耐高温型埋刮板输送机输送物料温度可达 650～800℃。具有下述性能的物料，一般不宜采用埋刮板输送机：悬浮性大的物料；块度过大的物料；磨损性很大的物料；压缩性过大的物料；黏性大的物料；流动性特强的物料；易碎而又不希望在输送过程中被破碎的物料；特别坚硬的物料；腐蚀性大的物料，如不采用防腐型埋刮板输送机，也不宜输送。

四、斗式提升机

斗式提升机是在链条或皮带等挠性牵引构件上，每隔一定间距安装一钢质斗，物料放在斗中提升运送，其运送方向可以垂直，也可以倾斜。

1. 斗式提升机的输送原理及结构

斗式提升机的输送原理如下：料斗把物料从下面的贮槽中舀起，随着输送带或链提升到顶部，绕过顶轮后向下翻转，将物料倾入接受槽。斗式提升机的结构如图 5-1-4 所示。带传动的斗式提升机的传动带一般采用橡胶带，装在下(或上)面的传动滚筒和上(或下)面的改向滚筒上。链传动的斗式提升机一般装有两条平行的传动链，上(或下)面有一对传动链轮，下(或上)面是一对改向链轮。斗式提升机一般都装有机壳，以防止粉尘飞扬。

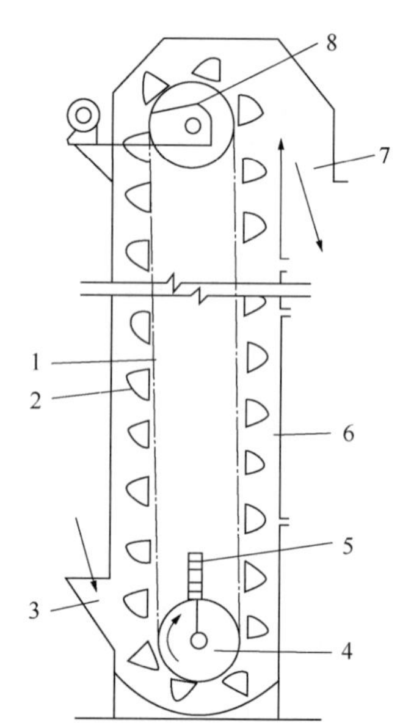

图 5-1-4　斗式提升机

1—链条；2—斗；3—进料斗；4，8—链轮；5—张紧装置；6—机壳；7—卸料口

2. 斗式提升机的装载和卸载

1）装载

（1）掏取式装载。

如图 5-1-5(a)所示，料斗在尾部掏取物料而实现装载。它主要用于输送粉状、粒状物料，掏取时阻力不大，料斗运动速度为 0. 8～2m/s。

（2）流入式装载。

如图 5-1-5(b)所示，物料直接流入料斗而实现装载。流入式用于运输大块或摩擦性大的物料。流入式料斗应密切相连布置，以防物料在料斗之间散落。料斗运动速度小于1m/s。

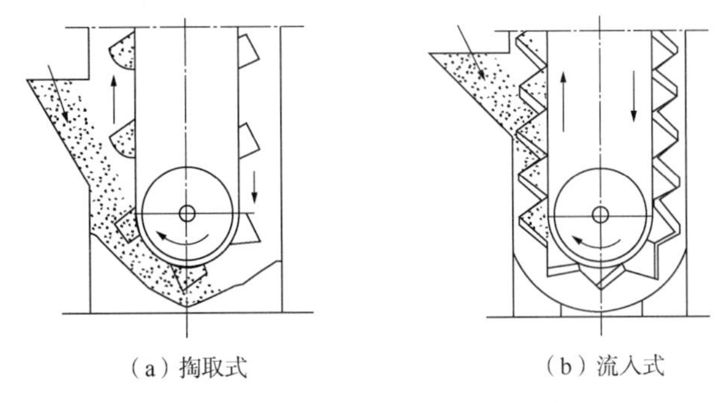

图 5-1-5　斗式提升机装料方式

2）卸载

斗式提升机卸载有离心式、离心—重力式和重力式 3 种形式。

3. 斗式提升机的特点和分类

斗式提升机适用于垂直或倾斜地提升散状物料，其结构紧凑、提升高度大、密封性好；对超载较敏感，料斗和链条易损坏。

斗式提升机的提升高度可达 30m，一般为 10～20m。输送能力在 30t/h 以下时，通常使用垂直式斗式提升机。斗式提升机分类如下：

（1）按安装方式，可分为垂直式和倾斜式；

（2）按卸载方式，可分为离心式、离心重力式、重力式；

（3）按装载方式，可分为掏取式和流入式；

（4）按牵引构件，可分为带式和链式。

第二节　常见粉碎机械

固体物料在外力作用下，由大块碎裂成小块或细粉的操作称为粉碎。通常，大块物料破裂成小块，称为破碎；小块物料碎裂成细粉，称为粉磨。完成破碎和粉磨操作的机械分别称为破碎机械和粉磨机械，它们又统称粉碎机械。物料粉碎前后尺寸大小之比称为粉碎比。粉碎比说明物料的粉碎程度，是确定粉碎工艺及机械设备选型的重要依据。粉碎比计算如下：

$$i=\frac{D}{d} \tag{5-2-1}$$

式中　i——粉碎比；

D——物料粉碎前的粒径尺寸；

d——物料粉碎后的粒径尺寸。

粉碎机械设备按工艺要求分类见表 5-2-1。

表 5-2-1　粉碎机械设备按工艺要求分类

粉碎机械分类	粉碎作业分类	出料尺寸范围，mm	粉碎比 i	主要粉碎方法	常用机械举例
破碎机械	粗碎作业	≥100	<6	压碎	颚式破碎机
	中碎作业	20~100	3~20	压碎或击碎	颚式破碎机、锤式破碎机、反击式破碎机、辊式破碎机
	细碎作业	3~20	6~30	压碎或击碎	
粉磨机械	粗磨作业	0.1~2	>600	击碎	轮碾机、悬辊磨机、球磨机
	细磨作业	0.04~0.1	>800	击碎	
	超细磨作业	<0.01	>1000	高频率击碎	振动磨机、气流粉碎机

一、球磨机

球磨机可供各种物料细磨和混合。

1. 球磨机的结构及工作原理

球磨机由筒体、主轴承、轴承座、机架、电动机和传动减速器组成的动力传动装置以及进出料附属装置等组成。按传动方式分类，球磨机有周边传动式、中心传动式、托轮传动式等多种形式。球磨操作多数都采用间歇式干法或湿法作业。

图 5-2-1 为湿式格子型球磨机结构示意图。由筒体 3 及带有中空轴颈的端盖 2 和 6 构成回转部分，该回转部分被支承在主轴承 7 上。筒体内装有不同直径的研磨介质(钢球、钢棒、钢段、砾石)。筒体由电动机、减速器、周边传动齿轮 5 等拖动旋转。被粉碎的物料由给料器 1 经中空轴送入球磨机。

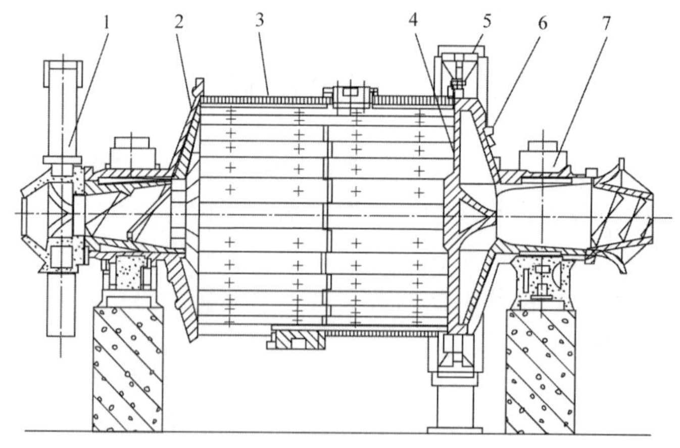

图 5-2-1　湿式格子型球磨机结构示意图

1—给料器；2，6—进出料端盖；3—筒体；4—格板；5—周边传动齿轮；7—轴承

当筒体旋转时，装在筒体内的研磨介质在摩擦力和离心力作用下，随着筒体回转而被提升到一定高度，然后按一定的线速度而抛落，于是对筒内物料产生冲击、磨削和挤压，

使物料粉碎。工业上连续工作的球磨机，被磨物料从磨机一端连续给入，磨细的产品借助连续给入物料的推力、水力(湿法生产)或风力(干法生产)，以及格子板的提取作用，从另一端排出机外。

2. 球磨机的特点

操作维修方便，适于大规模工业生产；粉碎比大，粒度均匀，物料混合作用好；采用石质、瓷质或橡胶材料作内衬，可避免物料被铁质污染；筒体有效容积利用率低，单位产量功耗大，直至目前，能量利用率也只有5%~7%；噪声大并伴有振动；操作条件差。

二、轮碾机

轮碾机用于中等硬度物料的细碎或粗磨以及多种物料的揉拌混合。

1. 轮碾机的结构及工作原理

轮碾机主要由动力装置、机架、碾轮、碾盘、刮板等组成。按实现碾轮和碾盘相对运动的方法，可分为盘动式、轮动式两种基本形式。图5-2-2显示了一种盘动式轮碾机。盘动式轮碾机的碾盘由动力传动装置驱动旋转，碾轮则由和碾盘接触产生的摩擦力作用而绕水平轴(横轴)自转，刮板固定不动。物料在碾盘中经碾轮与碾盘的挤压、研磨而被粉碎。被粉碎的物料由刮板刮至筛板上，由筛孔漏下，未能通过筛孔的物料则仍被刮回碾轮继续进行粉碎。轮转式轮碾机碾盘固定不动，碾轮和刮板则绕主轴旋转，同时碾轮也绕水平轴自转。通过碾轮转动产生挤压、揉研使物料粉碎。

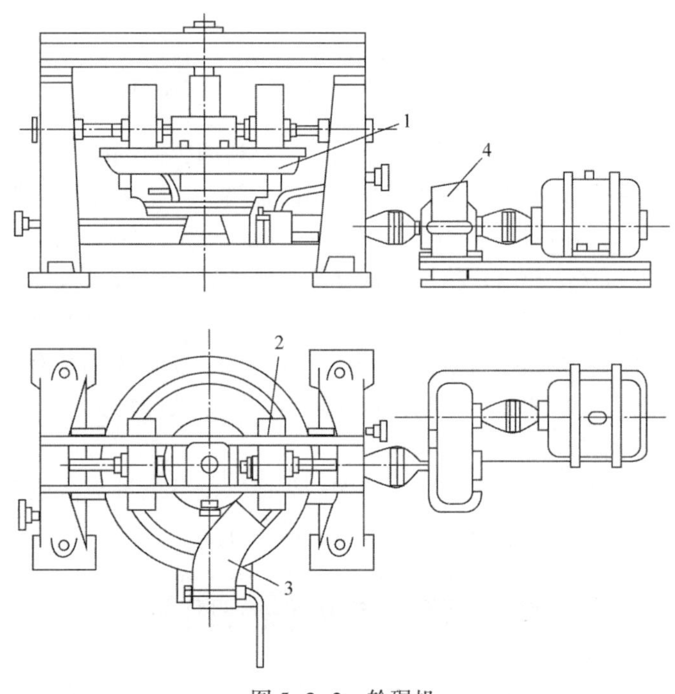

图5-2-2 轮碾机

1—碾盘；2—碾轮；3—卸料口；4—传动器

2. 轮碾机的特点

粉碎过程中伴有碾揉混合作用，对改善和提高物料的工艺性能有明显的作用；便于控制产品的粒度，易于实现连续化；碾轮用石质材料制成，可避免粉碎时铁质混入；生产效率低，单位功耗大；因粉尘污染严重，不宜干法作业；采用湿法作业可避免污染，提高产量，降低功耗。

三、辊式破碎机

辊式破碎机适用于软质物料、低硬度脆性物料的粗碎或中碎作业，带黏性或塑性物料的细碎作业。

1. 辊式破碎机的结构及工作原理

辊式破碎机主要有双辊式和单辊式两种类型。图 5-2-3 显示了双辊式破碎机。

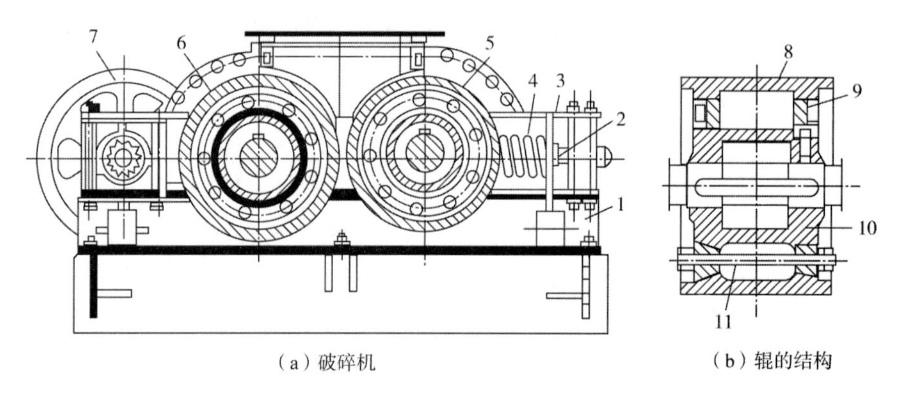

（a）破碎机　　（b）辊的结构

图 5-2-3　双辊式破碎机

1—框架；2—支撑螺钉；3—护板；4—承压弹簧；5—活动辊；6—不动辊；
7—三角皮带轮；8—轮箍；9—锥形环；10—锥形板；11—螺钉

双辊式破碎机工作时，辊筒相对回转，加入的物料因辊筒的摩擦作用而被带入两辊筒的间隙中，物料受到挤压而破碎。两个平行安装的辊筒，一个固定在机架上，另一个则由强力弹簧压紧，可沿机架滑动，以调节两辊筒的间隙。当不能破碎的坚硬物料进入机内时，弹簧被压缩，辊筒移位卸出硬物后即恢复原来的位置，以保护机件不致损坏。为了使另一个辊筒离开时仍能保证转动，两辊筒采用长齿齿轮传动。辊筒表面有光面和槽形齿面两种。单辊式破碎机（又称颚辊式破碎机）只有一个辊筒，辊筒表面装有带齿形的护套，它与弧形的颚板构成上大下小的破碎空腔，依靠辊筒的回转破碎物料。

2. 辊式破碎机的特点

宜于破碎黏性或潮湿的块状物料；生产能力较低，设备重量与占地面积大；辊筒磨损不均匀，需经常更换护套；操作时粉尘较大，劳动条件差。

第三节　常见筛分机械

把固体物料按尺寸大小分为若干级别的操作称为分级。利用具有一定大小孔径的筛面进行分级的过程称为筛分。用于筛分的机械设备按筛面的运动特点可分为振动筛、摇动筛、回转筛等。

一、振动筛

振动筛是依靠筛面振动及一定的倾角来满足筛分操作的机械。

由于振动筛筛面进行高频率振动，颗粒更易于接近筛孔，并增加了物料与筛面的接触和相对运动，有效地防止了筛孔的堵塞，因此筛分效率较高。振动筛结构简单紧凑、轻便、体积小，是应用较广的一种筛分机械。各种振动筛都是筛箱用弹性支承，依靠振动发生器使筛面产生振动进行工作。振动筛有惯性振动筛、偏心振动筛、自定中心振动筛和电磁振动筛等类型。振动筛按振动器的形式可分为单轴振动筛(图 5-3-1)和双轴振动筛(图 5-3-2)。单轴振动筛是利用单不平衡重激振使筛箱振动和倾斜，筛箱的运动轨迹一般为圆形或椭圆形；双轴振动筛是利用同步异向回转的双不平衡重激振，筛面水平或缓倾斜，筛箱的运动轨迹为直线。

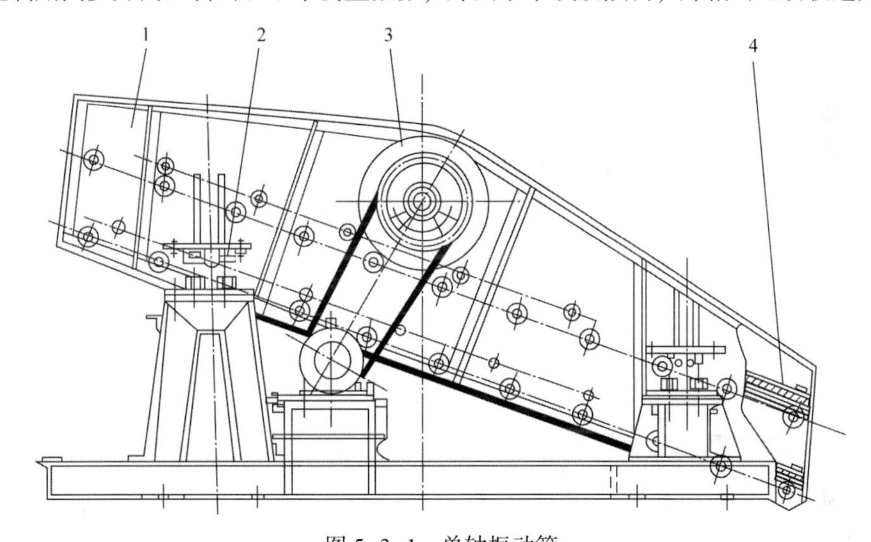

图 5-3-1　单轴振动筛

1—筛箱；2—支承弹簧；3—振动器；4—筛面

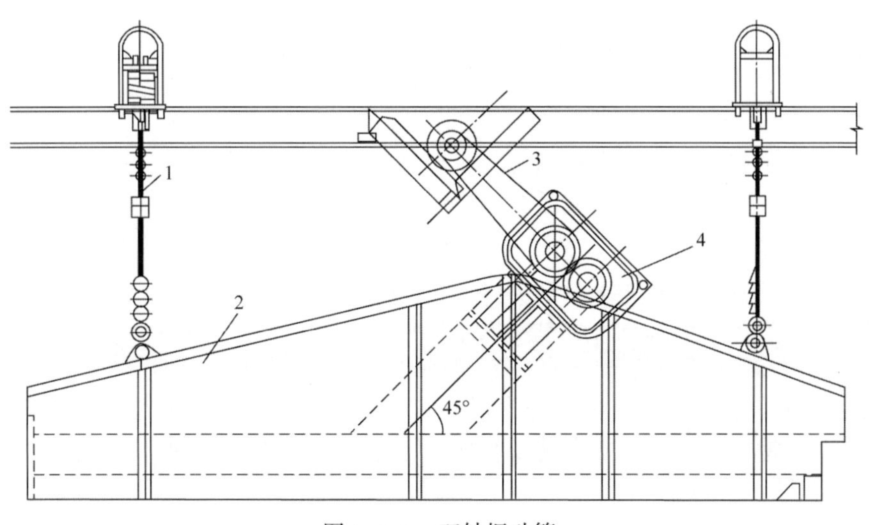

图 5-3-2　双轴振动筛

1—吊挂装置；2—筛箱；3—传动装置；4—振动器

振动筛一般由振动器、筛箱、支承或悬挂装置、传动装置等部分组成。

1. 振动器

单轴振动筛和双轴振动筛的振动器，按偏心配重方式区分一般有两种形式。偏心配重方式以块偏心型较好。图5-3-3显示了单轴振动筛常用的一种皮带轮偏心式自定中心振动器的结构。这种振动器的主轴中心与轴承中心在同一直线上，而皮带轮与圆盘的轴孔中心相对于它们的外缘有与机体振幅相等的偏心距。这样就使皮带轮边缘不产生振动，从而消除了三角皮带的反复伸缩。这种结构与轴承偏心式自定中心振动器(皮带轮无偏心并与传动轴同心，但两者中心与轴承中心偏离一定距离，偏心距等于振幅)相比，其优点是使机器结构简化，容易制造。

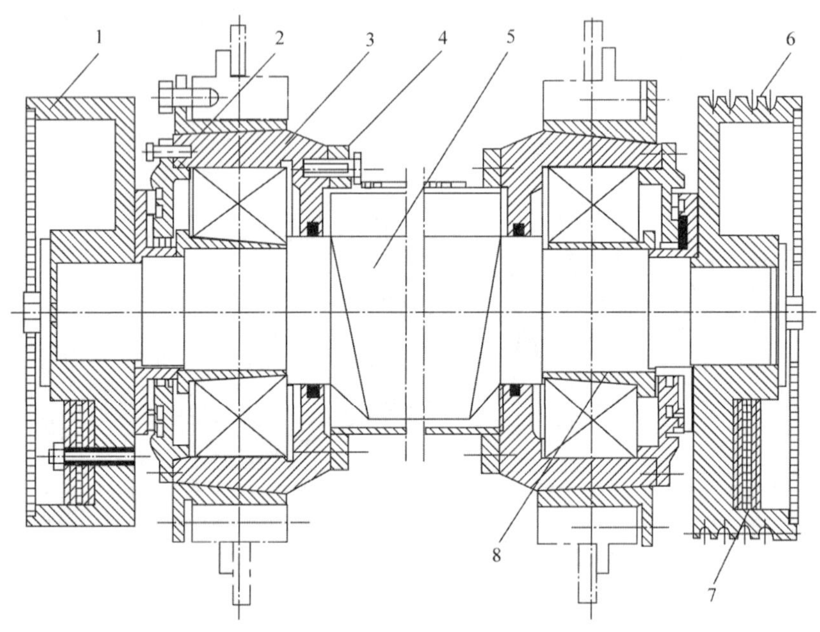

图5-3-3　自定中心振动器

1—偏心配重圆盘；2—锥套；3—轴承座；4—套管；5—偏心轴；6—皮带轮；7—配重块；8—锥套

双轴振动筛的振动器有块偏心的箱式振动器和轴偏心的筒式振动器两种。由于块偏心的箱式振动器具有很多优点，因此已获得广泛应用。

2. 筛箱

筛箱由筛框、筛面及其压紧装置组成。筛框由侧板和横梁构成，并且筛框必须要有足够的刚性。筛框各部件的连接方式有铆接、焊接和高强度螺栓连接3种。铆接结构的制造工艺复杂，但对振动负荷有较好的适应能力；焊接结构施工方便，但焊缝内应力较大容易断裂，为了消除焊接结构的内应力，可采用回火处理，焊接结构适用于中小型振动筛；高强度螺栓连接可靠，可以使筛框在现场装配，特别适用于大型振动筛。

3. 支承装置

振动筛的支承装置有吊式和座式两种。座式安装较为简单，且安装高度低，一般应优先选用。振动筛的支承装置主要由弹性元件组成，常用的有螺旋弹簧、板弹簧和橡胶弹簧。

4. 传动装置

振动筛通常采用三角皮带传动装置，它的结构简单，可以任意选择振动器的转数，但运转时皮带容易打滑，可能导致筛孔堵塞。近年来，振动筛也有采用联轴器直接驱动的。联轴器可以保持振动器的稳定转数，而且使用寿命很长，但振动器的转数调整困难。

二、回转筛

回转筛也称旋转筛。回转筛的筛面一般为圆锥形、圆筒形、六角形等几何形状，由主轴带动进行等速回转运动，依靠筛面的转动使物料在筛面上相对滑动达到筛分目的。由于六角形筛面较其他形状筛面筛分效率高，因此应用较广泛。六角形回转筛有单级和多级之分，其特点如下：运转平稳，没有冲击力和振动，可安装在建筑物上层；转速较低，不易损坏；筛面利用率低，一般只占其总面积的 12%～17%；筛分效率较低，体积庞大，动力消耗和材料消耗较多。

第六章

其他化工机械设备

在实际的工业生产中，除了常见的流体类、固体类化工机械设备，还有普遍使用的其他化工机械设备，如混合搅拌机、干燥设备、换热设备等。

第一节　常见混合搅拌机

以液体为主体与其他液体、固体或气体物料的混合操作称为搅拌。搅拌设备普遍应用于石油化工、橡胶、农药、染料、医药等工业，用来完成磺化、硝化、氢化、烃化、聚合、缩合等工艺过程，以及有机染料和中间体的许多其他工艺过程。由于工艺条件、介质不同，反应釜的材料选择及结构也不一样，但基本组成是相同的，包括传动装置(电动机、减速器)、釜体(上盖、筒体、釜底)、工艺接管等。

搅拌的作用如下：使溶液混合均匀，制备均匀混合液、乳化液，使传质过程强化；使气体在液体中充分分散，强化传质或化学反应，制备均匀悬浮液，促使固体加速溶解、浸渍或液固化学反应；强化传热，防止局部过热或过冷。

一、流体介质混合搅拌机

流体介质混合搅拌机都是以机械运动元件来进行工作的。在回转的中心轴上安装不同形状、不同数量的搅拌器，以达到不同介质的混合搅拌目的。轴的回转通过传动装置(如齿轮传动、蜗轮传动、摆线针轮行星传动、皮带传动等减速装置)来带动。

液体介质混合搅拌机按使用场所不同又分为釜用搅拌器、管道搅拌器、定型搅拌机。

1. 釜用搅拌器

在工业生产中采用最广泛，化工生产中带搅拌器的反应器约占反应设备的90%。由于在化学反应中搅拌伴随着化学反应而进行，反应釜与搅拌器大多合二为一。

2. 管道搅拌器

在管道中放入搅拌器的装置称为管道搅拌器。在石油、化工、食品、化纤工业和水处理中，管道搅拌器被广泛用于液液混合、固液溶解、浓度调整、油脂乳化、液液萃取反应等场合。

管道搅拌器具有连续化、自动化、搅拌力均匀、功率消耗少等特点，适用于对成本有严格要求的、小形状、高性能的工况。

按混合壳体形状不同，管道搅拌器大体分为直管型、交错型、角型、偏心角型等，最简单常用的为直管型。

3. 定型搅拌机

有的搅拌器不仅与釜体配套使用，而且单独作为机器使用，以适应生产发展的各种情况，特别是小试、中试的需要，这种搅拌器称为定型搅拌机。

定型搅拌机的主体结构相同，即由传动装置、搅拌装置、升降调节装置 3 部分组成。定型搅拌机具有结构紧凑、工作平稳、操作方便的特点，可按需要升、降、平移、倾斜，可随时从设备中取出、变速等。

二、固体介质混合搅拌机

1. 滚筒式混合器

滚筒式混合器也称混合器。该设备是通过筒体自身旋转而达到混合的目的，主要用于干料粉末的混合。滚筒式混合器的主要结构如下：水平圆筒体在托轮（也称支撑轮）上旋转，筒体的内壁上附有螺旋形桨叶及斜切隔板（不伸至筒体中心），并配有螺旋输送机来进出料。当筒体转动时，物料被混合，混合达到要求后，筒体的转动方向改为反转，就可以用同一螺旋输送机出料。滚筒式混合器具有处理能力大、操作简单的优点，但也存在混合速度慢、混合精度差、能耗大的弊端。

2. 回转式混合机

回转式混合机是筒体沿回转中心轴回转，且搅拌装置也在运转的机器。它被广泛应用于化工、医药、饲料、陶瓷等行业的粉料或颗粒物料的混合、干燥。

回转式混合机主要由筒体、机架（对筒体和使筒体回转部件起支撑、固定作用）、电动机、搅拌器组成。筒体形状较多采用双锥形、V 形等。回转式混合机结构紧凑，运转平稳，可减轻劳动强度，完成多种化工单元操作，如干燥或冷却、混合等。

较为常用的回转式混合机形式为双锥形干燥混合机。双锥形干燥混合机筒体为双锥形，除适用于粉状及颗粒物料的干燥混合外，特别适用于热敏性物料。其特点如下：能将多种工艺（干燥或冷却、混合，以及在真空状态下操作）安排在一台机器中完成，因而生产效率高、节约能源、干燥速度快、产品质量好、设备密封好、外形清洁。

第二节　常见干燥设备

一、回转圆筒干燥器

回转圆筒干燥器是一种用于大量物料干燥的干燥器。由于它能使物料在圆筒内翻动、抛撒、与热空气或烟道气充分接触，因此干燥速度快、运转可靠、操作弹性大、适应性强、处理能力大，被广泛应用于冶金、建材、轻工等部门。在化工行业中，硫酸铵、硫化碱、安福粉、硝酸铵、尿素、草酸、重铬酸钾、聚氯乙烯、二氧化锰、碳酸钙、磷酸铵、硝酸磷肥、钙镁磷肥、磷矿等的干燥，大多使用回转圆筒干燥器。

1. 回转圆筒干燥器的工作原理

回转圆筒干燥器由转筒、滚圈、齿圈、托轮、挡轮、传动装置、密封装置等组成。根据物料的性质，可采用热空气或烟道气作为干燥介质，干燥介质和物料在筒内的运动方向有逆流的，也有并流的。

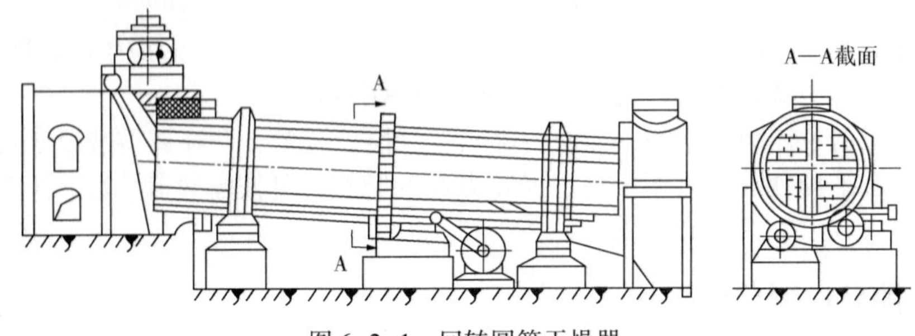

图 6-2-1 回转圆筒干燥器

转筒外壳上装有两个滚圈(轮箍)，整个转筒的重量通过滚圈传递到支承托轮上，托轮随着转筒滚动。变速器输出轴端装有小齿轮，用来带动圆筒上的齿圈滚动，转筒的转速一般为 1~8r/min。物料的停留时间与转筒的倾斜度和长度有关：倾斜度越小(一般为 0.5°~6°)，转筒越长，物料的停留时间越长。为了防止因转筒倾斜而产生轴向窜动，在滚圈的两旁装有挡轮。在转筒内装有分散物料的装置称为抄板。抄板的形式很多(图 6-2-2)，其作用是当转筒转动时，可使物料均匀地分布在转筒截面的各部分而与干燥介质充分接触，并能使物料翻动和抛撒，增大了被干燥物料与介质的接触面积。对于大块和易黏结的物料，可采用升举式抄板[图 6-2-2(a)]；对于相对密度大而不脆的物料，可用四格式抄板[图 6-2-2(b)]；对于较脆的小块物料，可用十字形或架形抄板[图 6-2-2(c)和图 6-2-2(d)]；对于颗粒很细或粉末状的物料，可采用分隔式抄板。

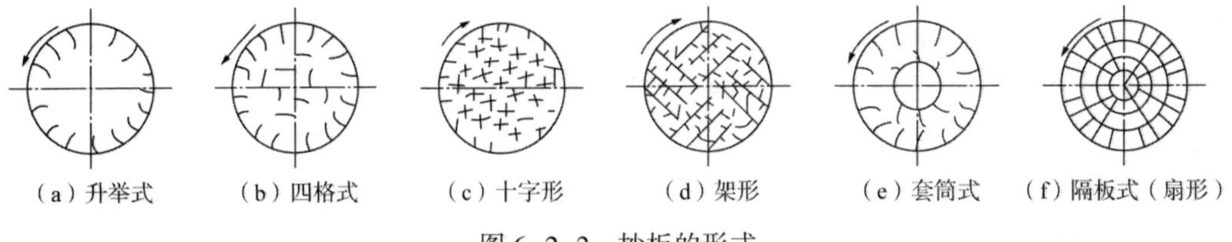

图 6-2-2 抄板的形式

抄板可分布在整个转筒内，也可在转筒进口端的 1~1.5m 处，装上螺旋扇形板，使加入的湿物料能更均匀地分布；在转筒出口端 1~2m 处则不装任何抄板，以免干燥介质离开干燥器时带走微细的物料颗粒。对于相对密度小而微细的物料，干燥介质从干燥器排出后应通过一个旋风分离器。这样不仅能回收物料的微粒，而且可以减少粉尘对环境的污染。

转筒内能够容纳被干燥物料的体积是较小的，实际可以容纳物料的体积与转筒容积之比称为充填系数。充填系数一般不大于 0.25，即所容纳物料的体积仅为转筒容积的 1/4。充填系数与被干燥物料的性质和抄板的形式有关，如采用升举式抄板时，充填系数不大于 0.1~0.2；而利用架形或十字形抄板时，充填系数可提到 0.15~0.25。为了防止粉尘飞扬，转筒内的气速不宜太高，对于粒径在 1mm 左右的物料，气速应控制在 0.3~1m/s 的范围内；对于粒径在 5mm 左右的物料，气速则应控制在 3m/s 以下。目前国内通用的回转圆筒干燥器的直径为 0.6~2.5m、长度为 2~27m，所处理物料的最初含水量范围为 3%~50%，最终含水量可达0.5%，甚至可降到0.1%，物料在干燥器内的停留时间为5min至2h。

对于要求清洁而不耐高温的物料，如糖、味精、塑料等，采用热空气作为干燥介质；对于不怕污染、耐高温的物料，可采用烟道气作为干燥介质。回转圆筒干燥器的优点是生产能力大，气体阻力小，操作弹性大和操作方便；缺点是耗钢材多，结构复杂，基建费用高，占地面积大。目前，在硫酸铵、尿素、粮食、磷铁矿及碳酸盐等干燥过程中多采用回转圆筒干燥器。

2. 回转圆筒干燥器的主要部件

1）筒体

筒体是回转圆筒干燥器的基体。筒体内既进行热和质的传递，又输送物料，筒体的大小标志着干燥器的规格和生产能力。筒体应具有足够的刚度和强度。筒体的刚度主要是筒体截面在巨大的横向切力作用下抵抗径向变形的能力。筒体的强度问题表现为筒体在载荷作用下产生裂纹，尤其是滚圈附近筒体。筒体材料一般选用普通低合金钢、锅炉钢，其中以16Mn用得最多。要求耐腐蚀时，可用不锈钢，也可衬铅或衬其他耐腐蚀材料。

目前，筒体是用钢板卷焊而成，焊接采用对接焊，筒体厚度在20mm以下的采用双面焊接。筒体内的抄板可根据其结构形式用钢板冲压成型或用型钢制造组焊在筒体内壁上。

2）滚圈与齿圈

筒体是借滚圈支承在托轮上的，滚圈随筒体滚动，它是用锻钢或铸钢制成的。滚圈的断面有实心矩形、正方形、空心箱形数种。小型回转圆筒也有用钢轨或型钢弯接而成的。

（1）矩形滚圈。

矩形滚圈的截面为实心矩形，形状简单。由于截面是整体的，铸造缺陷相对来说不显得突出，裂缝少。矩形滚圈可以铸造，也可以锻造，即采用大型水压机锻制滚圈。由于铸造质量的原因，大型回转干燥器中矩形滚圈使用较多。

（2）箱形滚圈。

箱形滚圈刚性大，有利于增强筒体刚度，与矩形滚圈相比可节省材料。但由于其截面形状复杂，在铸造冷缩过程中易产生裂纹等缺陷，这些缺陷有时导致横截面断裂。由于箱形滚圈内圆中部有一段不加工，因此可设计成带键滚圈。

（3）剖分式滚圈。

剖分式滚圈是将滚圈分成若干块，用螺栓连接成整体。但由于滚圈剖分后使机械加工工作量增加较多，刚性比整体滚圈差，对筒体的加固作用也大大削弱，运转时对托轮磨损较快，因此实际使用较少。

3. 支撑装置

回转圆筒干燥器的支撑装置为挡轮、托轮系统。原化工部已制定了托轮、挡轮标准可供选用。如果标准仍不能满足要求，可自行设计。

二、沸腾床干燥器

在一个干燥设备中，将颗粒物料堆放在分布板上，当气体由设备下部通入床层时，随着气流速度加大到某种程度，固体颗粒在床层内就会产生沸腾状态，这种床层称为沸腾床（流化床）。采用这种方法进行物料干燥的过程称为沸腾床（流化床）干燥。

沸腾干燥是流化技术在干燥方面的应用。图 6-2-3(a)显示了单层沸腾床干燥器。颗粒状物料由床侧加料器加入，热空气由底部进入，通过多孔分布板与物料接触，当气流速度达到一定值时，就会将物料颗粒吹起，并且使颗粒在气流中进行不规则跳动，互相混合和碰撞。此时的气流速度称为临界速度。如果气流速度再大，物料颗粒就会被气流带走，此时的速度称为带走速度。反之，若气流速度减小，物料颗粒就会下落。因此，沸腾床干燥器的气流速度应控制在临界速度范围内。

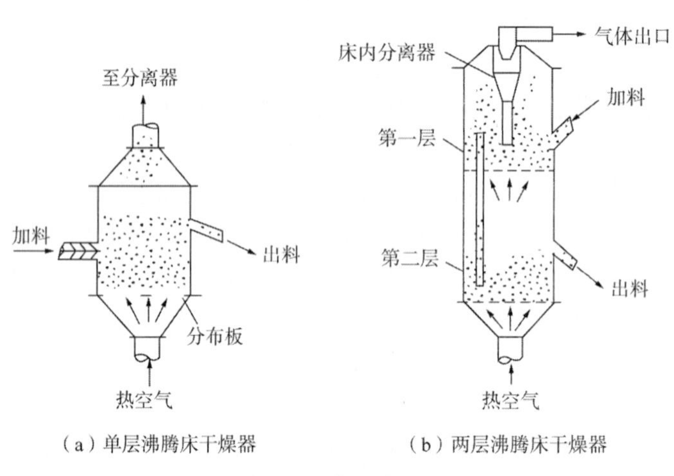

图 6-2-3　沸腾床干燥器

在沸腾床干燥过程中，气体激烈地冲动着固体颗粒，这种冲动速度具有脉冲性质，其结果就大大强化了传热和传质的过程。在沸腾床内，传热和传质是同时发生的。图 6-2-3(b)显示了两层沸腾床干燥器。湿物料由第一层上方加入，热空气由筒底送入，与物料颗粒逆向接触。物料颗粒在第一层被干燥后经溢流管降入第二层，干、湿物料颗粒在每一层内部都相互混合，但层与层则不相混合。由于第二层上的干物料是与温度较高、湿度较小的入口热空气接触，物料颗粒的最终含水量比单层沸腾床干燥器大为降低。热空气通过第二层干物料层后，进入第一层与含水量较高的进口湿物料接触，因此它在排出时的温度比单层的低，湿度比单层的高。这样便增大了热的利用率，节省了能源。目前，国内对涤纶干燥采用了五层沸腾床干燥器，但这样的干燥器因气流通过的床层多而导致压降大。

三、喷雾干燥器

喷雾干燥器在工业上应用已有很久的历史。最初这一工艺过程的热效率低，只用于价格较高的产品(如奶粉)或必须用这种干燥方法的产品(如热敏性生物化学制品)。近 20 多年来，由于喷雾干燥技术的逐渐完善，喷雾干燥器的应用范围越来越广泛，它不仅用于化学工业，也用于食品、医药、陶瓷、水泥等工业生产。

1. 喷雾干燥的工作原理

将溶液、乳浊液、悬浮液或浆料在热风中喷雾成细小的液滴，在其下落过程中，水分被蒸发而成为粉末状或颗粒状的产品，该过程称为喷雾干燥。喷雾干燥的原理如图 6-2-4 所示，在干燥塔顶部导入热风，同时将料液泵送至塔顶，经过雾化器喷成雾状的液滴，这些液滴群的表面积很大，与高温热风接触后水分迅速蒸发，在极短的时间内便成为干燥产品，从干燥塔底部排出。热风与液滴接触后温度显著降低，湿度增大，它作为废气由排风机抽出。废气中夹带的微粉用分离装置回收。

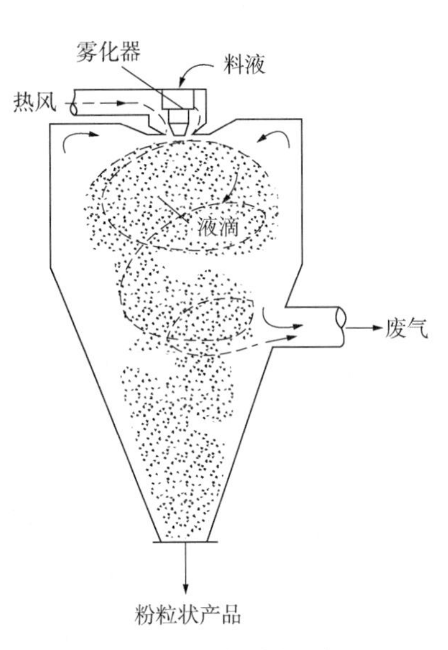

图 6-2-4　喷雾干燥示意图

物料干燥分为等速阶段和减速阶段两部分。等速阶段中，水分蒸发在液滴表面发生，蒸发速度由蒸汽通过周围气膜的扩散速度所控制；主要的推动力是周围热风和液滴的温度差，温度差越大，蒸发速度越快，水分通过颗粒的扩散速度大于蒸发速度。

2. 喷雾干燥器的主要部件

喷雾干燥器的主要部件为干燥室和雾化器。喷雾干燥器的附属设备较多，包括换热器、泵或压缩机、旋风分离器等。

1）干燥室

根据采用的喷雾干燥方式不同和处理量大小的差异，干燥室的种类也不一样。一般处理量比较小、采用并流干燥的干燥室的高度都不大，多数采用金属板材制造。对于大型喷雾干燥，采用逆流干燥方式，干燥室比较高大，多采用钢筋混凝土结构，因此也称为干燥塔或造粒塔，如化肥厂的硝酸铵造粒塔高达 60m，塔径为 16m，日产量可达 1000t。

2）雾化器

雾化器是喷雾干燥装置中的关键部件，它决定了产品质量的优劣。雾化器种类很多，各具不同特点。

（1）气流式雾化器。

气流式雾化器是我国应用最广的一种雾化器，也称为气流式喷嘴。气流式雾化器有二流式、三流式和四流式等几种类型。图 6-2-5 显示了二流式和三流式喷嘴。

以二流式喷嘴为例，中心管（即液体喷嘴）中走料液，压缩空气走环隙。当气液从出口端喷出时，由于气体从环隙喷出的流速很高（一般可达 200～300m/s，甚至达到超声速），而液体流速并不大（一般不超过 2m/s），因此气液之间存在着很大的相对运动速度，从而产生极大的摩擦力，把料液击碎雾化。喷嘴所用压缩空气的压力一般为 0.3～0.7MPa。三流式喷嘴具有一个液体通道和两个气体通道。液体夹在两股气流之间，被两股气流冲击雾化，因此雾化效果比二流式更好。

此外，还有四流式、旋转—气流杯型雾化器等。气流式雾化器的结构简单，喷嘴磨损小，对不同黏度的液体均可雾化；适用范围很广，操作弹性较大（即处理量有一定伸缩性），而且通过调节气液比可控制雾滴大小，从而控制成品粒度。

（2）压力式雾化器。

压力式雾化器也称压力式喷嘴或机械式喷嘴，其结构原理如图 6-2-6 所示，由液体切向入口、液体旋转室、喷嘴孔等组成。利用高压泵将液体压力提高到 1.96～19.6MPa。高压液体沿切向入口进入旋转室，液体在旋转室内做旋转运动。

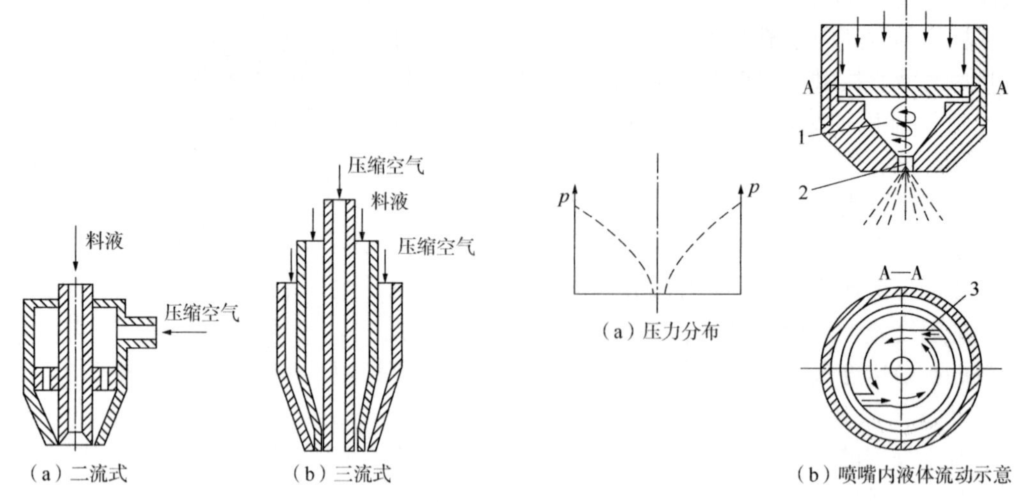

（a）二流式　（b）三流式

图 6-2-5　二流式和三流式喷嘴

（a）压力分布　（b）喷嘴内液体流动示意

图 6-2-6　压力式喷嘴操作示意图

1—旋转室；2—喷嘴孔；3—切线入口

旋转半径与旋转速度成反比，越靠近轴心，旋转速度越快，其静压则越小，结果在喷嘴轴心形成一个低压旋流，使喷出液体成为一个绕轴线旋转的环形液膜，液膜向前运动时，逐渐伸长变薄，最后分裂成小雾滴，这样形成的液雾为空心圆锥形，又称空心锥喷雾。

压力式喷嘴的结构比较简单，制造成本低，操作和检修都比较方便，适用于低黏度液体的雾化。雾化造粒粒度比气流式喷嘴大，因此适用于粒状产品，如速溶奶粉、洗衣粉、粒状染料等。因为压力式喷嘴不需要压缩空气，所以动力消耗较气流喷嘴小；但其需要高压泵，同时液体要经过严格过滤，以防喷嘴堵塞。压力式喷嘴的另一缺点是磨损大，需采用耐磨材料(如人造宝石等)制造。同时，压力式喷嘴不易使高黏度物料雾化，生产能力不易调节，其使用范围因而受到限制。

(3) 旋转式雾化器。

常见的旋转式雾化器为圆盘型，其结构如图 6-2-7(a)所示。当料液被送到高速旋转圆盘上时，受到离心力的作用。料液在旋转面上向四周迅速伸展为薄膜，并不断地加速向圆盘边缘运动，离开圆盘边缘时，料液膜被雾化成雾滴，雾滴的大小与圆盘旋转速度和加料量有关，通常旋转圆盘边缘线速度达 60m/s 以上。加料要均匀，不能忽多忽少。

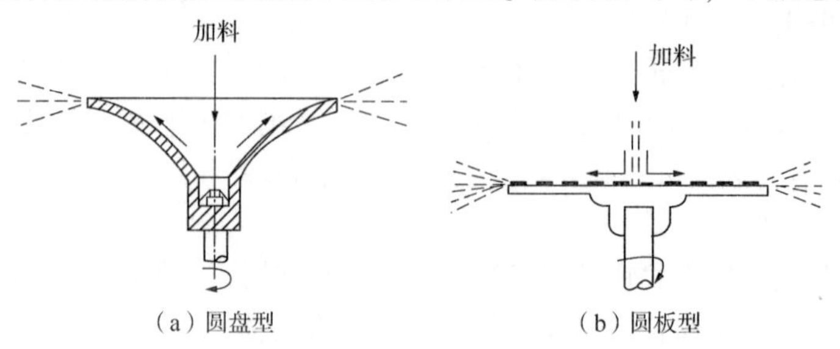

（a）圆盘型　（b）圆板型

图 6-2-7　旋转式雾化器

旋转雾化器的类型很多，除圆盘型外，还有圆板型、碗型、杯型、矩形通道型、环形通道型等。这些类型的雾化器在国外干燥设备中应用较多。旋转雾化器的主要优点是操作简便，适用范围广；料液通道面积大，不易堵塞；动力消耗较大，特别适用于大型喷雾干燥装置，如大型化肥厂的造粒塔就是采用旋转雾化器进行造粒。它的主要缺点是雾化器中旋转机构的传动装置复杂，加工制造要求精度高，因此成本较高；旋转离心甩出的雾粒辐射面积大，需要较大直径的干燥室。

3. 喷雾干燥器的维修

几种喷雾干燥器的常见故障及处理方法见表6-2-1。除前面所述的几种典型干燥器以外，利用气流进行干燥的设备还有气流干燥器、隧道干燥器、带式干燥器等，利用热传导进行干燥的设备有冷冻干燥器、滚筒干燥器等，采用微波或辐射干燥的设备有微波干燥器、红外线干燥器和远红外线干燥器等。

表6-2-1　喷雾干燥器常见故障及处理方法

种类	故障现象	故障原因	处理方法
气流式	1. 严重粘壁； 2. 颗粒粒度大； 3. 物料湿	1. 风压过低； 2. 风压低、喷嘴不同心或严重磨损； 3. 干燥空气温度低，风量不足	1. 调整风压； 2. 调整风压，更换雾化器； 3. 检修加热系统或通风机
压力式	1. 颗粒粒度大； 2. 物料湿	1. 液压压力不够或喷嘴磨损； 2. 干燥空气温度低，风量不足	1. 调整泵的压力或修理更换喷嘴； 2. 检修加热系统或送通风机
旋转式	1. 喷洒盘振动； 2. 轴承温度高	1. 盘上结垢或轴弯曲、轴承磨损； 2. 润滑油供应不足、油质不好导致油路不通、冷却水管堵塞	1. 清洗喷洒盘，校直或更换轴、轴承； 2. 检查供油系统，换油，检查水路，疏通管路

随着科学技术的发展，新的干燥方法和相应的干燥设备将不断出现，以适应工业生产的需要。

第三节　常见换热设备

换热器是化学工业部门广泛应用的一种设备，通过这种设备进行热量的传递，以满足化工工艺的需要。根据生产工艺的要求，用于不同生产过程的换热器名称又各不相同，如用于加热或冷却过程的换热器称为加热器或冷却器，用于蒸发或冷凝过程的换热器则称为蒸发器或冷凝器等。据统计，换热器在化工厂建设中约占总投资的1/5；如按重量计算，约占化工装置工艺设备的40%；在装置检修中，换热设备的检修工作量可达总装置检修工作量的60%以上。

根据换热方式不同，可将换热器分为间壁式换热器、直接接触式(混合式)换热器和蓄热式换热器3种类型。

一、间壁式换热器

间壁式换热器中，冷热两种流体被固体壁隔开，不能直接接触，热流体的热量通过固体壁传递给冷流体。这种换热器在石油、化工生产中应用最广泛，如列管式换热器、板式换热器等。

1. 列管式换热器

1）列管式换热器的类型

列管式换热器是目前石油、化工生产中应用最多的一种间壁式换热器，根据有无热补偿装置，可分为固定管板式换热器、浮头式换热器、U 形管式换热器等(图 6-3-1)。

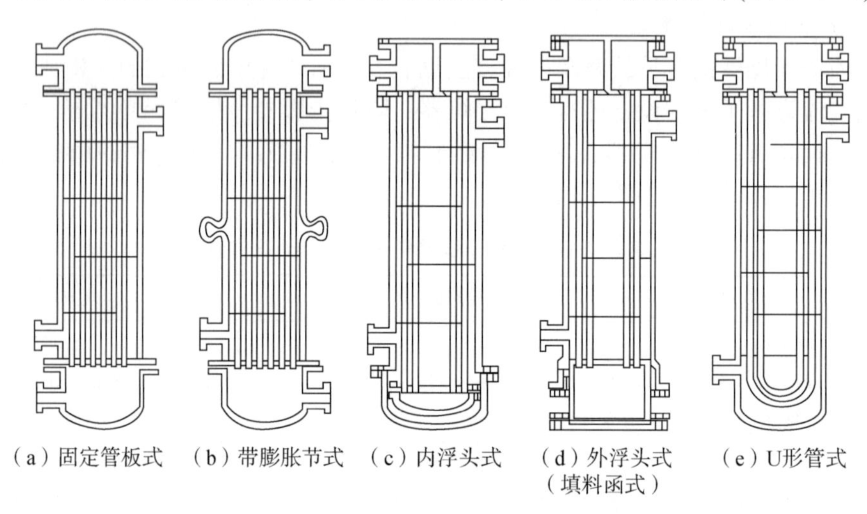

图 6-3-1　列管式换热器典型结构

（1）固定管板式换热器。

固定管板式换热器主要由外壳、管板、管束、顶盖（又称封头）等部件构成[图 6-3-1(a)]。管外(管间)走一种流体，管内走另一种流体，通过管壁进行传热。这种换热器的管子、管板、壳体是刚性地连在一起的，因此称为固定管板式。优点为换热器结构简单、紧凑、造价低；缺点为壳程清洗困难，有温差应力存在。当冷热两种流体的平均温差较大，或壳体和传热管材料热膨胀系数相差较大，热应力超过材料的许用应力时，壳体上需设膨胀节[图 6-3-1(b)]。由于膨胀节强度的限制，壳程压力不能太高。

（2）浮头式换热器。

浮头式换热器的一端管板固定在壳体与管箱之间，另一端管板可以在壳体内自由移动[图 6-3-1(c)和图 6-3-1(d)]。这种换热器壳体和管束的热膨胀是自由的。管束可以抽出，便于清洗管间和管内。浮头式换热器的缺点是结构复杂，造价高(比固定管板式高20%)，在运行中浮头处发生泄漏，不易检查处理。填料函式换热器除了具有内浮头式换热器的特点，因浮在壳体外，泄漏容易发现。但由于填料函式密封不容易做到很好，因此这种换热器不适用于壳程流体压力很大的情况，也不适用于易燃、易挥发、有毒及贵重流体介质。

（3）U 形管式换热器。

U 形管式换热器如图 6-3-1(e)所示。它的管束弯曲成 U 形，两管口一端固定在管板上，U 形管一端不固定可以自由伸缩，因此没有温差力；并且结构简单，只有一个管板，节省材料。但这种换热器管内流体为双程，管束中心有一部分空隙；壳程流体容易走短路；管子不易更换，损坏的管子就只能堵塞不用。U 形管式换热器适用于管内走高温、高压、腐蚀性较大但不易结垢的流体，以及管外可以走易结垢的流体。

2）列管式换热器的主要部件

列管式换热器由管子、管板、折流板、壳体、端盖(管箱)等组成，其设计制造质量的好坏直接影响换热器的使用期限和生产的连续性。列管式换热器最容易出现的故障就是管子和管板连接部分泄漏，因此必须注意它们的连接方法和质量。

(1) 壳体。

壳体与压力容器一样，根据管间压力、直径大小和温差力决定其壁厚，由介质的腐蚀情况决定其材质。直径较小的换热器可采用无缝钢管制成，直径较大时用钢板卷焊而成。

(2) 管板。

管板是用来固定管束连接壳体和端盖的一个圆形厚板，它的受力关系比较复杂。厚度计算应根据我国 YB 9073—2014《钢制压力容器设计技术规定》进行。管板上开有管孔，管孔的排列方式有同心圆形、正方形和三角形(图 6-3-2)。三角形可排列较多的管子，传热效果较好，因此常被采用。管子中心距一般为管子外径的 1.25 倍。

(3) 管束。

管束的多少和长短由传热面积的大小和换热器结构来决定，它的材质选择主要考虑传热效果、耐腐蚀性能、可焊性等。常用管径和壁厚有 ϕ19mm×2mm、ϕ25mm×2.5mm、ϕ32mm×3mm、ϕ38mm×3mm 等；管长有 3000mm 和 6000mm；材料有普碳钢或不锈钢等。

(4) 管箱。

管箱即换热器的端盖，也称分配室，用以分配流体和起封头的作用。压力较低时可采用平盖，压力较高时则采用凸形盖，用法兰与管板连接。检修时可拆下管箱对管子进行清洗或更换。管箱的结构如图 6-3-3 所示。

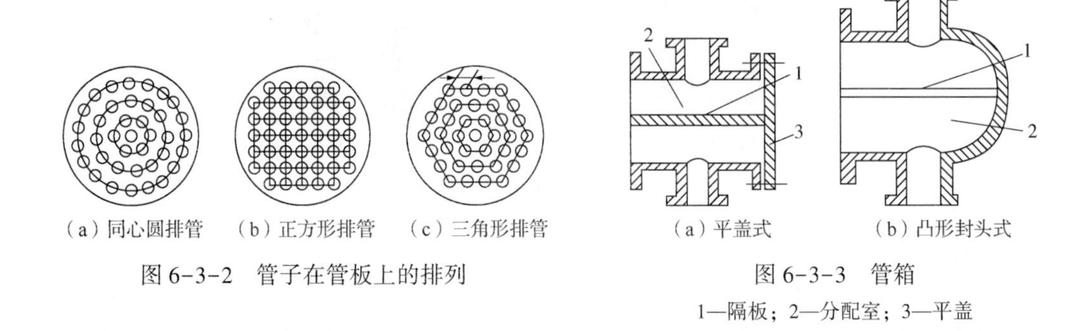

(a) 同心圆排管　(b) 正方形排管　(c) 三角形排管

图 6-3-2　管子在管板上的排列

(a) 平盖式　(b) 凸形封头式

图 6-3-3　管箱

1—隔板；2—分配室；3—平盖

(5) 折流板。

折流板的作用是增强流体在管间流动的湍流程度；增大传热系数，提高传热效率；起支撑管束的作用。冷凝器不设折流板，因为蒸汽的冷凝与流动状态无关。折流板可分为横向折流板和纵向折流板两种。前者使流体垂直流过管束；后者则使流体平行管束流动，一般很少采用。横向折流板又可分为弓形(圆缺形)、圆盘—圆环形和扇形切口 3 种类型(图 6-3-4)。

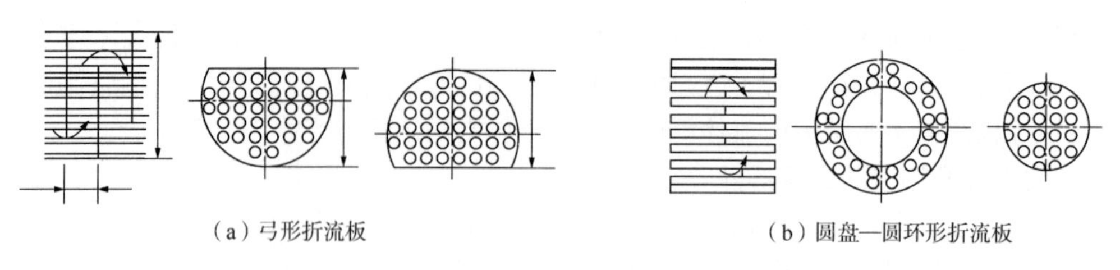

（a）弓形折流板　　（b）圆盘—圆环形折流板

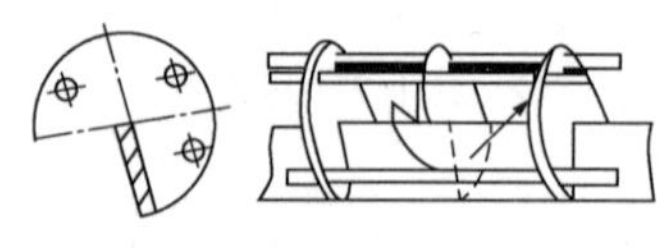

（c）扇形切口折流板

图 6-3-4　横向折流板

除上述部件以外，列管式换热器根据尺寸大小和用途不同还有其他部件，如大型换热器设有拉杆、旁路挡板，冷凝器设有拦液板等。

3）列管式换热器管子在管板上的固定方法

（1）胀管。

将管子的一端退火后，用砂纸去掉表面污物和锈皮，装入管板孔内，把另一端固定，用胀管器用力滚压装入管板孔的一端。在胀管器滚子的压力作用下，管径增大，因为这一端已被退火，产生塑性变形。同时管板孔的直径也增大，也为塑性变形。

当胀管器取出后，管板孔因弹性变形企图收缩回到原来直径，但管端已塑性变形不能再恢复到原来直径，从而使管端外表面与管板孔内表面紧密地挤压在一起，达到了紧固和密封的目的(图 6-3-5)。

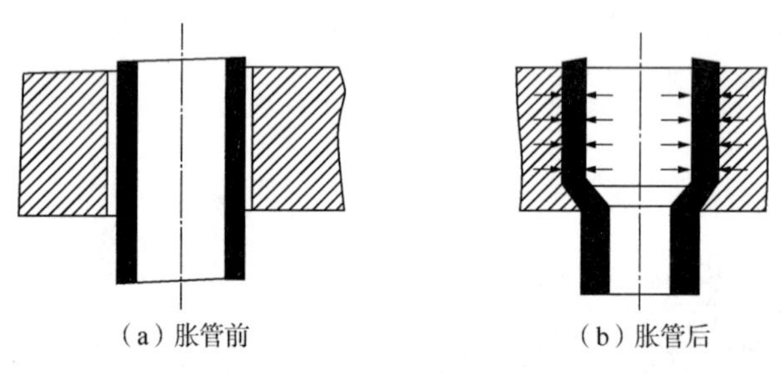

（a）胀管前　　（b）胀管后

图 6-3-5　胀管示意图

（2）焊接。

管子端部与管板用手工电弧焊焊接，这是一种不可拆的连接方法，适用于高温、高压和不易胀接的场合。这种方法简单，不易泄漏。但管端与管板孔之间有间隙，易腐蚀，同时管子损坏不易更换。

（3）胀接和焊接。

这种方法实际上是先胀接后焊接，因胀接时管子已经与管孔贴合很紧，没有间隙，焊接后就更增加了牢固性，克服了因只焊接不胀接而留有间隙容易腐蚀的缺点，适用于压力和温度高的换热器。

2. 板面式换热器

1）螺旋板式换热器

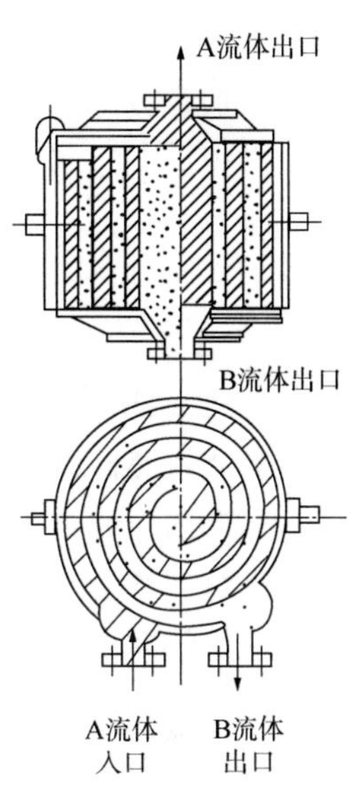

图 6-3-6　螺旋板式换热器

螺旋板式换热器由两块金属薄板按照一定间距卷焊而成，中心有一块分隔挡板，在两金属板中间形成两条螺旋通道，上、下两端用端盖密封，其结构如图 6-3-6 所示。冷热两种流体分别各走一条螺旋通道，通过螺旋板进行热交换。

螺旋板式换热器的主要优点是结构紧凑，单位体积提供的传热面积很大，如直径 ϕ1500mm、高 1200mm 的螺旋板式换热器的传热面积可达 130m^2。流体在螺旋板内允许流速较高，并且流体沿螺旋方向流动，滞流层薄，因此传热系数大，传热效率高。此外，流速高使脏物不易滞留。

螺旋板式换热器的缺点是要求焊接质量高，检修比较困难，重量大，刚性差，运输和安装时应特别注意。

2）平行板式换热器

平行板式换热器是一种新型高效换热器，由许多薄金属板片平行排列而成(图 6-3-7)。每块金属板都冲压成凸凹不平的规则波纹[图 6-3-7(b)]，板的组合如图 6-3-7(a)所示。相邻两块板之间的周边装有垫片，组合时板的周边与垫片被压紧贴在一起，密封了板间隙。采用不同厚度的垫片可以调节两板面间的距离，改变通道横截面积大小。每块板的四角上各开一孔道，其中两个孔道用垫片与板面流道隔开，另外两个孔道与板面流道相通，两种流体通过的孔道在相邻的两板上是错开的，冷热流体分别在同一板片的两侧流过，除两端的板以外，每一块板的板面都是传热面。

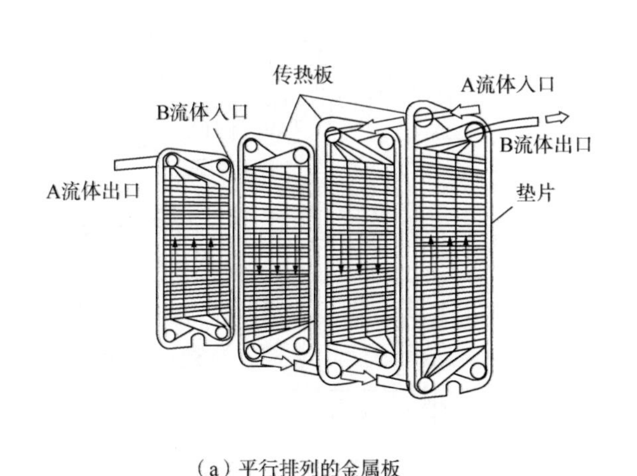

（a）平行排列的金属板

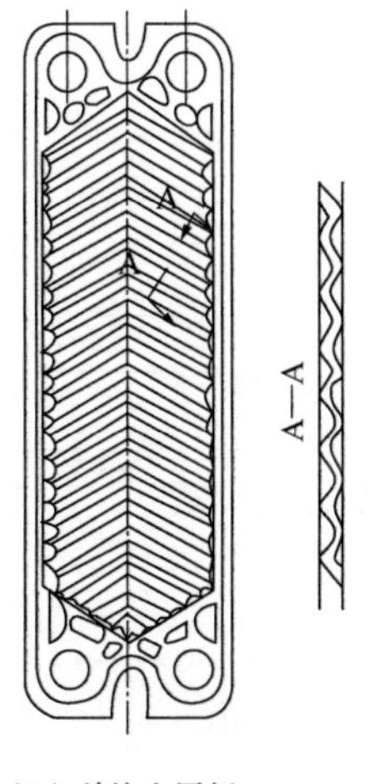

（b）单块金属板

图 6-3-7　板式换热器

波纹板可用低碳钢、铜、铝、铝合金等材质的薄板制成。板上的波纹可冲压成人字形、平直形、波浪形等多种形式，其目的是增大流体的湍流程度和传热面积，提高传热效率。平行板式换热器的主要优点是结构紧凑，占地面积小，传热面积大，节省材料，传热效率高，加热或冷却迅速，可拆开清洗，适用于热敏性物料。因此，在食品、医药和石油化工生产中被广泛采用。平行板式换热器的主要缺点是密封面多，密封周边长，容易泄漏；同时，受垫片材料耐热性能的限制，使用温度不能过高；又因两板之间间距太小，流体阻力大，容易堵塞。

3. 其他类型换热器

1）夹套式换热器

夹套式换热器，它主要应用于反应器中，装在反应器外部形成一个封闭的夹层，使流体进入夹层内，通过器壁与反应器内物料进行热交换。它的结构比较简单，能在物料反应的同时进行换热，省去了另设换热设备的麻烦，结构如图6-3-8所示。其缺点是由于夹套下入口的传热面不大，夹套间隙比较狭窄，流体流动速度不大，传热系数不高。主要应用于用蒸汽加热或用冷水冷却控制反应器内反应温度和压力的场合。因夹套内无法清洗，故不适于容易生垢和带有污物的介质。

应该注意带夹套换热的反应器，它的外筒受夹套内介质压力的作用，属于内压容器，而内筒则属于外压容器。所以在生产过程中一定要控制夹套内介质的压力，如超过允许压力值，很可能使反应器内筒失稳而被压瘪，造成设备损坏。

2）蛇管式换热器

蛇管式换热器是把管子煨弯成螺旋弹簧状或平面螺旋状(图6-3-9)。主要应用于反应器内中液体进行热交换，蛇管也可用于室外喷淋式换热器。因为这种换热器结构简单，易于制造。对需要换热面不大的场合比较适用，同时因管子能承受高压而不易泄漏，常被高压流体的加热或冷却所采用。

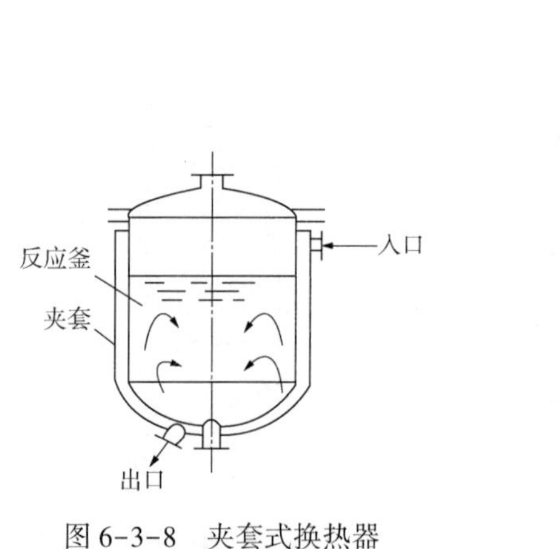

图6-3-8　夹套式换热器

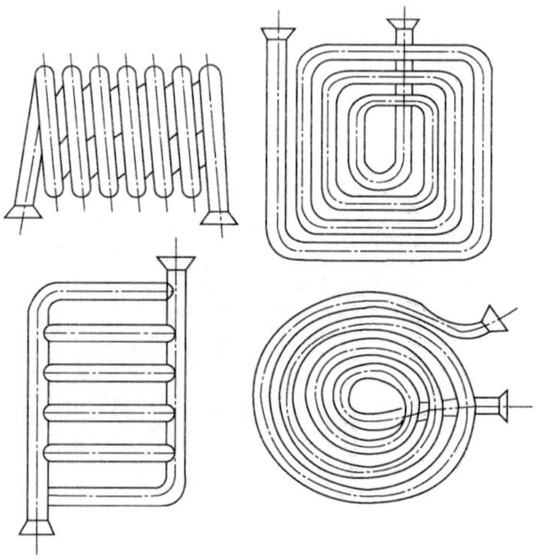

图6-3-9　蛇管式换热器

二、混合式换热器

混合式换热器是冷热两种流体直接接触进行热交换的换热器，最常见的有凉水塔、气液混合式冷凝器等。在凉水塔中，热水和空气直接进行热交换，水把热量传递给空气而降温；在气液混合式冷凝器中，蒸汽和水直接接触，蒸汽被水冷凝成液体。混合式换热器主要应用于低压蒸汽的冷凝和气体的洗涤与净化。

1. 气体洗涤器

石油化工生产过程中常遇到含尘气体，采用旋风分离器只能除掉粒子较大的粉尘。在这种情况下，可采用湿法除尘的办法来除净气相中的微小粒子，就是把含尘气体通入洗涤器[图6-3-10(a)和图6-3-10(b)]，使气体与水滴充分接触后，固体粒子被水黏附，一同由底部流出，气体从而得到净化。图6-3-10(a)为充填式冷凝器的结构，蒸汽从侧管进入后与上面喷下的冷水相接触，冷凝器里面装满了瓷环填料，填料被水淋湿后，增大了冷水与蒸汽的接触面积，蒸汽冷凝成水后沿下部管路流出，不凝气体由上部管路被真空泵抽出，以保证冷凝器内一定的真空度。图6-3-10(b)采用淋水板或筛板结构，目的是增大冷水与蒸汽的接触面积。

采用这种方法虽然除尘效率较高，但耗水量大、气体湿度增大、温度降低、污水的处理量大，因此只有在水源充足、污水处理方便的条件下才能采用这种方法。

2. 蒸汽冷凝器

这种冷凝常应用于多效蒸发器末效二次蒸汽的冷凝，保证末效蒸发器的真空度。图6-3-10(c)为喷淋式冷凝器结构，冷水从上部喷嘴喷入，蒸汽从侧面入口进入，蒸汽与冷水充分接触后被冷凝为水，同时沿管下流，部分不凝气体也可能被带出。

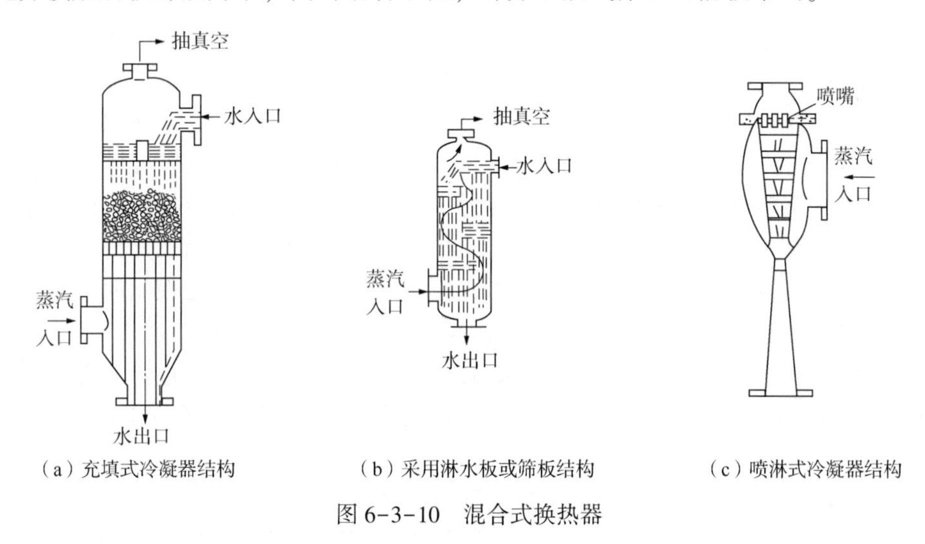

(a) 充填式冷凝器结构　(b) 采用淋水板或筛板结构　(c) 喷淋式冷凝器结构

图6-3-10　混合式换热器

三、蓄热式换热器

蓄热式换热器内设有蓄热体(一般为耐火砖)，让冷热两种流体交替通过，当热流体通过蓄热体时，蓄热体吸收了热流体的热量而升温，热流体放出热量而降温；当冷流体通过蓄热体时，蓄热体放出热量而降温，冷流体被加热而升温。实现这一交替过程是用切换阀门实现的。在炼钢、炼焦和熔炼玻璃的炉窑中，使用蓄热式换热器来预热助燃空气。

四、换热器的选用与操作

1. 换热器的选择

1）符合工艺条件的要求

从压力、温度、物理化学性质、腐蚀性等工艺条件综合考虑来确定换热器的材质和结构类型。

2）传热效率要高

为了提高传热效率，必须提高流体的给热系数，减小热阻。在确定换热器的结构类型时，要充分考虑这个问题。若换热的两流体给热系数相差不多，温差不大，可以选择列管式换热器；若温差较大，则应选择带膨胀节的列管式换热器；若温差很大，就应选择浮头式换热器；若两流体给热系数相差很大，其中一种流体为气体，则应选择带翅片管式换热器；若两种流体都是气体，给热系数都很小，则应选择板翅式换热器。

3）流体阻力损失要小

流体阻力损失的大小直接关系到动力消耗的多少，增大流速虽然可以提高传热系数，但输送流体的泵或风机的动力消耗太大，经济上也是不合算的，因此流体的流速应适当，可参考有关设计手册确定合理的流体流速。

2. 换热器的操作

开始运行时，发现换热器冷热不均，则应检查是否空气没有放净、换热板片是否加错、通道是否堵塞等，并采取相应的有效措施。发现有两种介质相串通的现象时，尤其是易燃、易爆介质，应立即停车，查出并更换其穿孔或裂纹的板片。严格控制温度与压力不超过允许值，否则会加速密封垫片老化。运行中因设备充满介质，在有压力的情况下，不允许紧固夹紧螺栓。紧固换热板片的夹紧螺栓及螺母时，应严格控制两封头间的板束距离，否则易损坏换热板片或密封垫片。活动封头上的滑动滚轮，应定期加油防止生锈，以保证拆卸灵活好用。正常情况下，换热器是不必停车的，当阻力降超过允许值，反冲洗又无明显效果，生产能力突然下降，介质互串或介质大量外漏而又无法控制时，才停车查找原因，清理或更换已损坏的零部件。停车时的注意事项有以下几点：

(1) 缓慢关闭低温介质入口阀门，此时必须注意低压侧压力不能过低，随即缓慢关闭高温介质入口阀门，缩小压差。在关闭低温介质出口阀门后，再行关闭高温介质出口阀门。

(2) 冬季停车应放净设备的全部介质，防止冻坏设备。

(3) 设备温度降至室温后，方可拆卸夹紧螺栓，否则密封垫片容易松动。拆卸螺栓时也要对称、交叉进行，然后拆下连接短管，移开活动封头。

(4) 如果板式换热器停用时间较长，尤其是采暖供热系统的板式换热器，过了取暖期后，需停用几个月时间，这时为防止密封垫片永久压缩变形，可将夹紧螺栓稍稍松开，至密封垫片不能自动滑出为止。

3. 换热器的维修

换热器经过一定的生产周期使用后，必须进行检查和维修，才能保证换热器有较高的传热效率，维持正常生产。换热器停车以后，放净流体，拆开端盖(管箱)，若是浮头换热器或U形管式换热器，则应抽出管束。首先应进行清扫，常用风扫(压缩空气)、水扫或汽扫。清扫干净后，如发现加热管结垢，需装上端盖进行酸洗。酸液的浓度一般配制成6%~8%，酸洗过程中酸液浓度会逐渐下降，要及时补进浓酸以保持上述浓度，当浓度不再下降时，说明已经洗净垢层。然后，用水洗净酸液，直到排出的水呈中性为止。

酸洗后打开端盖进行检查，检查胀管端是否有松动、焊缝是否有腐蚀等。酸洗时一定要注意做好防护措施(如穿戴防酸工作服、防酸手套、眼镜等)，要注意安全，防止事故发生。如果有些污垢不能清洗干净，也可采用机械清扫工具(如钢刷、土钻等)进行清扫或采用加有石英砂的高压水进行喷刷。清洗干净后，要进行水压试验，试验时如发现加热管泄漏，则要更换。首先拆下旧管，洗净管板孔，换入新管后重新胀牢，对更换有困难的加热管也可采用堵塞不用的办法，即用铁塞将两端管口塞住(铁塞的锥度为3°~5°)，但堵管量不能太多，一般不得超过总管数的10%。否则减少传热面积太多，满足不了生产需要。如果仅是胀管端泄漏，则可采用空心铁塞，即在铁塞中心钻孔。这样虽然减少了加热管的横截面积，但并不减少传热面积。检修后应进行水压试验，试验压力应按设计图纸上技术要求的规定进行，试压时要缓慢升压并注意观察是否破裂和渗漏；试压后有无残余变形，确认合格方可验收，再投入生产。

第三篇

典型行业化工机械设备应用

第七章

石油化工机械设备

第一节　原油精馏塔

在炼油过程中，用以实现蒸馏的气液传质设备是原油精馏塔。它的基本功能是提供气液两相以充分的接触机会，使物质和热量的传递能够有效地进行，在接触之后还应使气液两相能及时分开，尽量减少相互夹带。

根据塔内气液接触部件的结构形式不同，原油精馏塔分为板式塔和填料塔。板式塔内装有若干层塔板，液体靠重力作用由顶部逐板流向塔底，并在各块板面上形成流动的液层；气体则依靠压力差推动，由塔底向上依次穿过各塔板上的液层而流向塔顶。气液两相在塔内进行逐级接触。填料塔内装有各种形式的固体填充物，此填充物称为填料。液相由塔顶及塔中的喷淋装置均匀分布于填料层上，靠重力作用沿填料表面流下；气相则在压力差推动下穿过填料层的空隙，由塔的一端流向另一端。气液两相在填料的润湿表面上进行接触，其组成沿塔高连续变化。

一、原油精馏塔的结构

1. 塔的结构

原油精馏塔是由塔体、头盖、塔底支座以及进出口、人孔、塔内部的塔板和附件所构成的。塔的主体是由钢板卷制而成的圆筒体。头盖由钢板压制，一般是碟形或半球形，与塔体相焊接。塔底支座是支承塔体并与基础相连接的部分，常用裙座支承，有圆筒形和圆锥形两种(图 7-1-1 和图 7-1-2)。当塔径大于 1m 且塔高与塔径之比大于 30 时，以采用圆锥形裙座为宜。

人孔是供安装和检修时进出塔体之用，一般为直径为 450~500mm 的圆形孔，分布在塔的顶部、中部和底部。当所处理的物料比较干净、无须经常清扫时，可每隔 6~8 层塔板设一个人孔；若物料比较脏、需经常清扫时，则每隔 3~4 层塔板设一个人孔。凡有人孔处，塔板间距应不小于 600mm，人孔中心高度比操作平台高 800~1200mm。

为防止塔内热量散失，塔体外部均有保温层。

塔顶空间是指塔顶第一层塔板到塔顶切线的距离，其高度通常为 1.2~1.5m，为气流所携带的液滴提供一定的自由沉降空间。

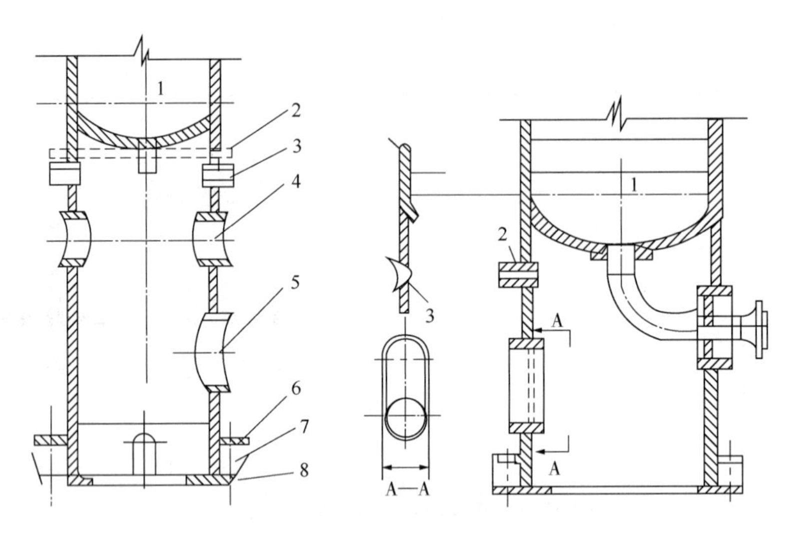

图 7-1-1　圆筒形裙座

1—切线；2—保温支撑圈或保温透气孔；3—放气孔；4—引出管孔；
5—人孔；6—压紧环；7—筋板；8—基础环

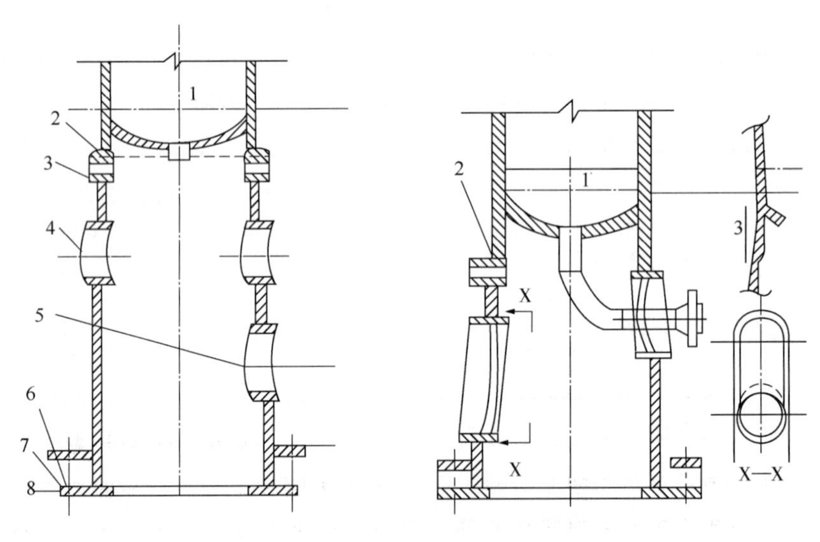

图 7-1-2　圆锥形裙座

1—切线；2—保温支撑圈或保温透气孔；3—放气孔；
4—引出管孔；5—人孔；6—压紧环；7—筋板；8—基础环

为减少气流所夹带的液沫，在塔顶和进料段上方常设置破沫网，通常由不锈钢丝编织而成。带有微细液沫的气流穿网而过时，液沫与金属丝相撞击而滞留于网上，积聚至一定大小的液滴后，即向下滴落。金属丝网的厚度通常为 100～150mm，其压力降一般小于 0.25kPa。用于塔顶的破沫网与下方塔板距离一般不小于板间距，而破沫网与塔顶切线间距离可较小。图 7-1-3 为塔顶与塔板间破沫网示意图。

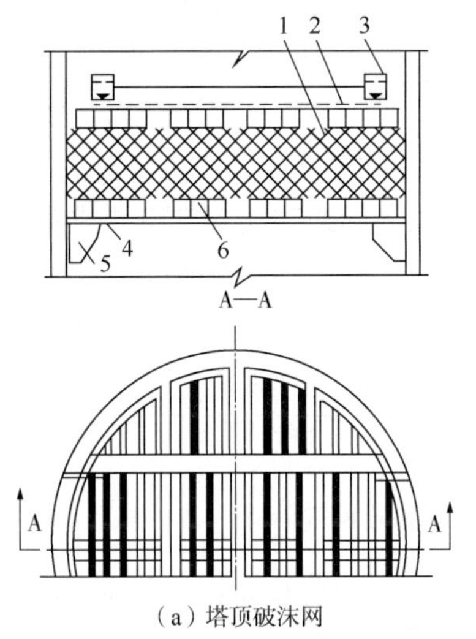

（a）塔顶破沫网

1—破沫网；2—压条；3—固定板；
4—支持圈；5—筋板；6—箅子

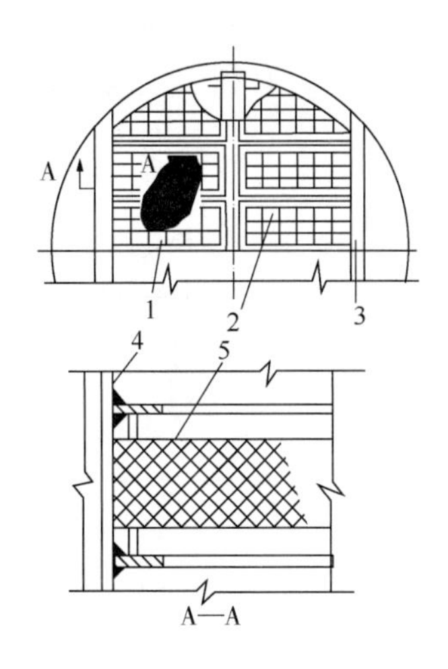

（b）塔板间破沫网

1—钢丝网；2—框架；3—固定用扁钢；
4—降液板；5—40~100目标准不锈钢丝网

图 7-1-3　破沫网示意图

塔的液相进口包括塔顶回流和中段循环回流进口。为保证塔板操作稳定，防止回流液入塔时直接冲击塔板产生液峰或飞溅，塔顶回流进口处应有适当设施(图 7-1-4)。对于不易起泡沫的循环回流，其进口管可直接插入降液管，但对易起泡沫的回流液，这样做可能会引起液泛。通常可采用图 7-1-5(a)的形式，即回流进口管在降液管外侧插入塔内，尽可能靠近上层塔板。管上开有一二排与降液板成 45°的小孔，回流自孔中喷出沿降液板流至塔板上。双层塔板上中段回流由两根分配管导向两降液板流向下方塔板[图 7-1-5(b)]。

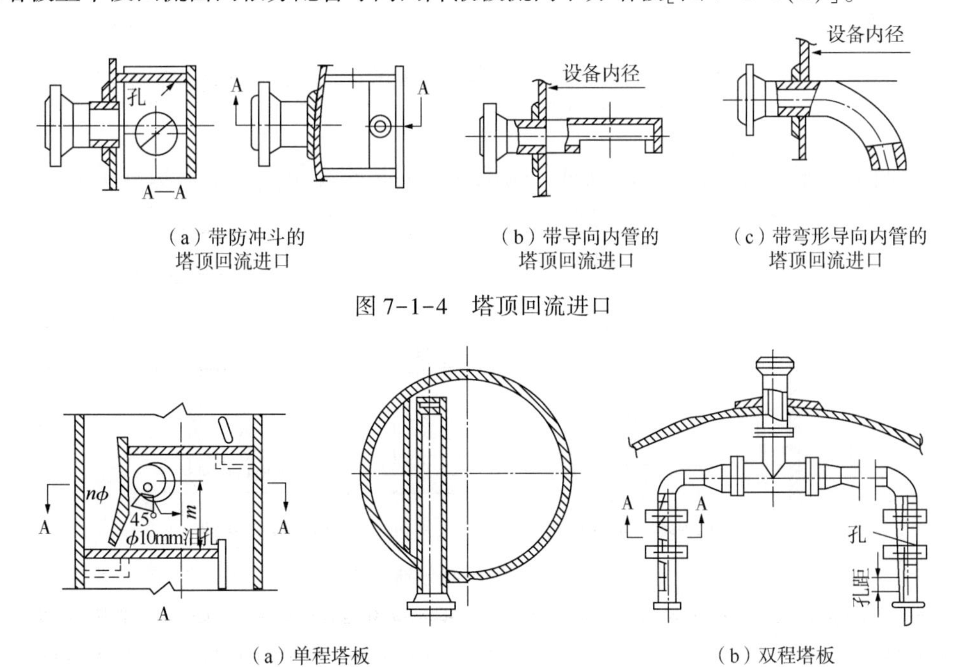

（a）带防冲斗的塔顶回流进口　（b）带导向内管的塔顶回流进口　（c）带弯形导向内管的塔顶回流进口

图 7-1-4　塔顶回流进口

（a）单程塔板　（b）双程塔板

图 7-1-5　中段回流入口

原油精馏塔采用螺旋形导向板的切线进料口，其特点是进口压力降小，可以减轻塔的振动及对塔壁的冲击，有利于气液分离(图 7-1-6)。

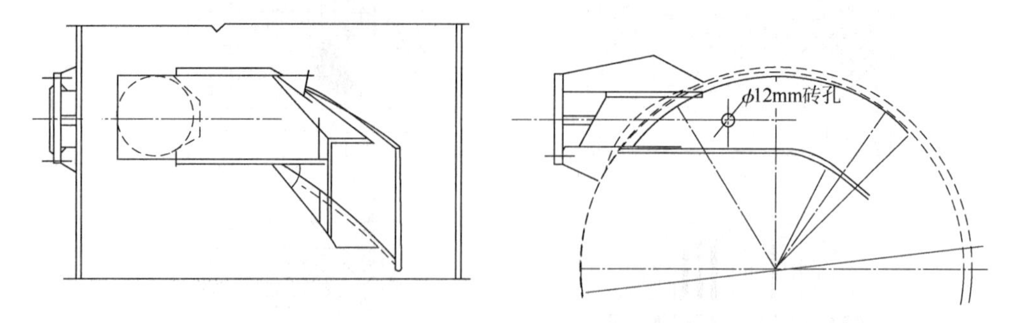

图 7-1-6　气液混相的切线进料口

汽提蒸汽分配管如图 7-1-7 所示，在液面上方设置蒸汽分配管，能使汽提蒸汽在整个塔截面上均匀分布。分配管上开孔方向应与塔壁成 45°或垂直向上，开孔面积至少应为进口管截面积的 1.3~1.5 倍。

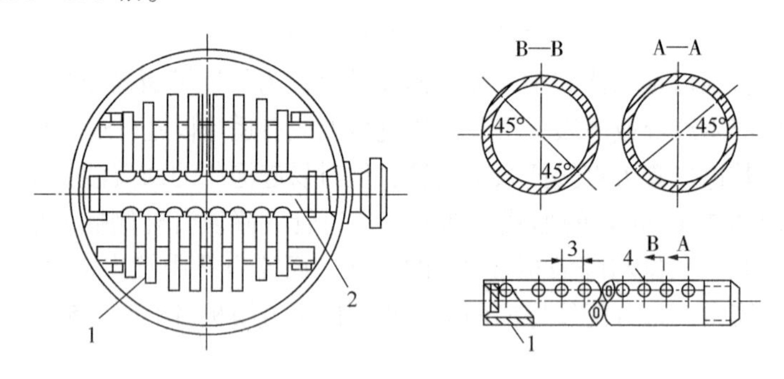

图 7-1-7　汽提蒸汽分配管

1—支管；2—主管；3—孔心距；4—蒸汽分布孔

在需要抽出侧线产品和循环回流时，应该在塔的某些部位设置抽出板和抽出口，从而能够部分或全部抽出该层塔板上的液体。图 7-1-8(a)显示了单程塔板部分抽出斗，图 7-1-8(b)显示了双程塔板部分抽出斗。

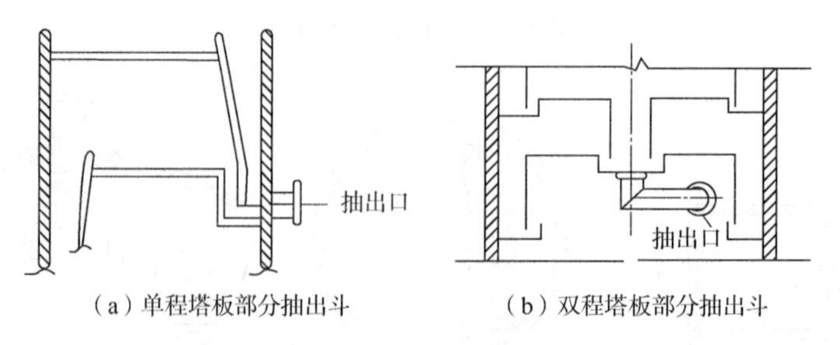

(a)单程塔板部分抽出斗　　(b)双程塔板部分抽出斗

图 7-1-8　侧线部分抽出斗

在降液管下面加一凹槽作为抽出斗，抽出口可安装在斗底或斗侧。降液管延伸至抽出斗内，以保证降液管的液封。部分抽出斗的水平截面应保证净液体流速不大于 0.06m/s，凹下的深度至少应为抽出嘴直径的 1.5 倍。抽出斗不得妨碍下层塔板的降液管入口，否则应加大塔板间距。

当需要全部抽出某层塔板的液体时，采用全抽出斗(图 7-1-9)。

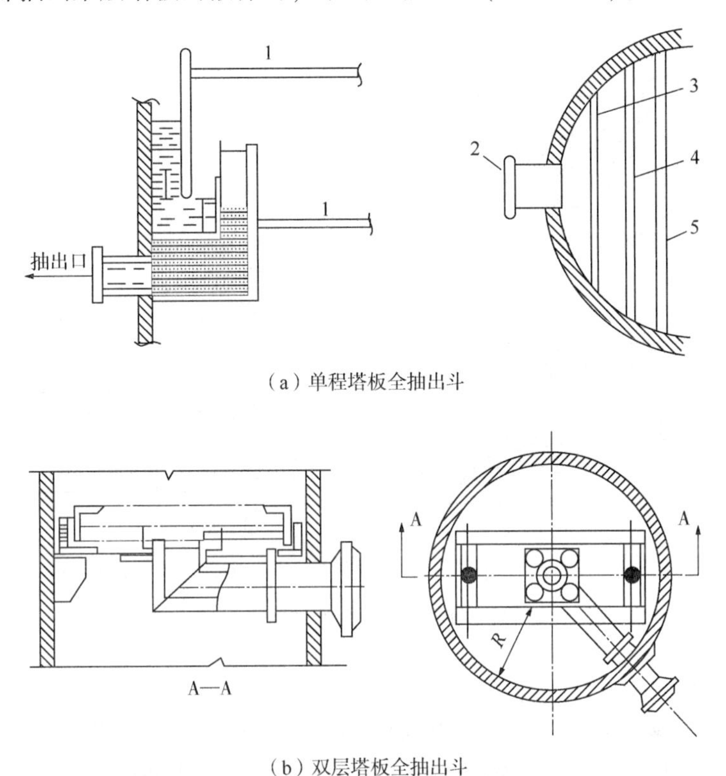

(a) 单程塔板全抽出斗

(b) 双层塔板全抽出斗

图 7-1-9 抽出斗

1—塔板；2—抽出口；3—降液管；4—液封板；5—溢流堰

在单程塔板降液管与全抽出斗之间增设液封板，保持降液管液封高度不低于 25mm。同时还应设置较高的溢流堰，以防止液体流到下层塔板上。塔板间距应选择适当，即使在最大塔板压降情况下，仍能使液体通过溢流堰而不致全部充满降液管造成液泛。

升汽管型抽出板如图 7-1-10 所示，只允许蒸汽通过升气管而不让液体下流，板上设有气液接触设施，没有精馏作用。按照结构特点，升汽管型抽出板又称为烟囱型抽出板或盲塔板。需要将塔板上液体全部抽出时，除用上述全抽出斗以外，也可采用升汽管型抽出板。升汽管截面积约占抽出板截面积的 15%，油气通过升汽管的速度最大不超过 9m/s，升汽管高度应高出抽出板上最高液面 150~250mm。为使油气分布均匀，升汽管顶、底部可安装水平折流板。

塔底空间是指塔底最末一层塔板到塔底切线之间的空间。当进料设有 15min 缓冲时间的容量时，塔底产品停留时间可取 3~5min，否则需要 10~15min。但当塔底产品流量很大时，也可以取 3~5min 的停留时间；对于易结焦的物料，应缩短在塔底的停留时间至 1~1.5min。

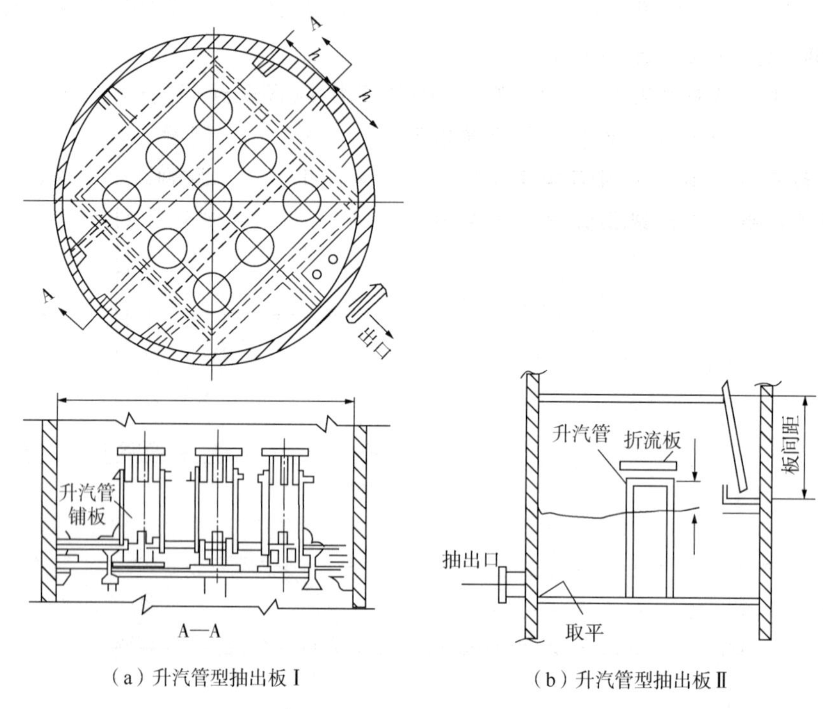

（a）升汽管型抽出板Ⅰ　（b）升汽管型抽出板Ⅱ

图 7-1-10　升汽管型抽出板

2. 塔板的结构

塔板是塔的主要构件，对蒸馏效果和塔的操作影响很大。塔板由气体通道(鼓泡构件)、出口(溢流)堰、入口堰、降液管等部分组成。各种形式的塔板的主要区别就在于气体通道的形式不同。在原油蒸馏中，应用较多的塔板有浮阀塔板、圆形泡帽塔板、伞形泡帽塔板、网孔塔板、浮动舌形塔板等。

1) 浮阀塔板

浮阀塔板是在塔板上开许多圆孔(标准孔径为 39mm)，每一个孔上装有可以上下浮动的阀片。阀片有三条“腿”，插入阀孔后将各腿底脚板转 90°用以限制操作时阀片在板上升起的最大高度(8. 5mm)。阀片周边冲出 3 块略向下弯的定距片。当气速低时，靠这 3 块定距片使阀片与塔板呈点接触而坐落在阀孔上，阀片与塔板始终保持 2. 5mm 的开度以便使气体均匀流过，避免阀片启闭不均地脉动。

进行蒸馏时，液体从上一层塔板的降液管流下，流经塔板上面，再从此块塔板的降液管流到下层塔板去。气体通过阀孔将阀片向上顶起，沿水平方向喷出通过液层，气液两相形成泡沫状态进行传质。由于阀片开度可随气量(或气速)变化，当气量少时，阀片在重力作用下下降或关闭，减少了泄漏，因此它具有效率高、操作弹性大的优点。

浮阀的结构如图 7-1-11 所示。浮阀的类型有多种，目前国内最常用的浮阀形式有 F1 型和 V4 型(图 7-1-12)。

F1 型浮阀(国外称为 V1 型浮阀)的结构如图 7-1-13 所示。F1 型浮阀结构简单，制造方便，节省材料，性能良好，被广泛应用于化工及炼油生产。F1 型浮阀又分为重阀和轻阀两种。重阀采用厚度为 2mm 的薄钢板冲制，每个阀约重 33g；轻阀采用厚度为 1.5mm 的薄钢板冲制，每个阀约重 25g。轻阀惯性小，易振动，关阀时有滞后，但压降小，常用于减压蒸馏。一般情况下都采用重阀。

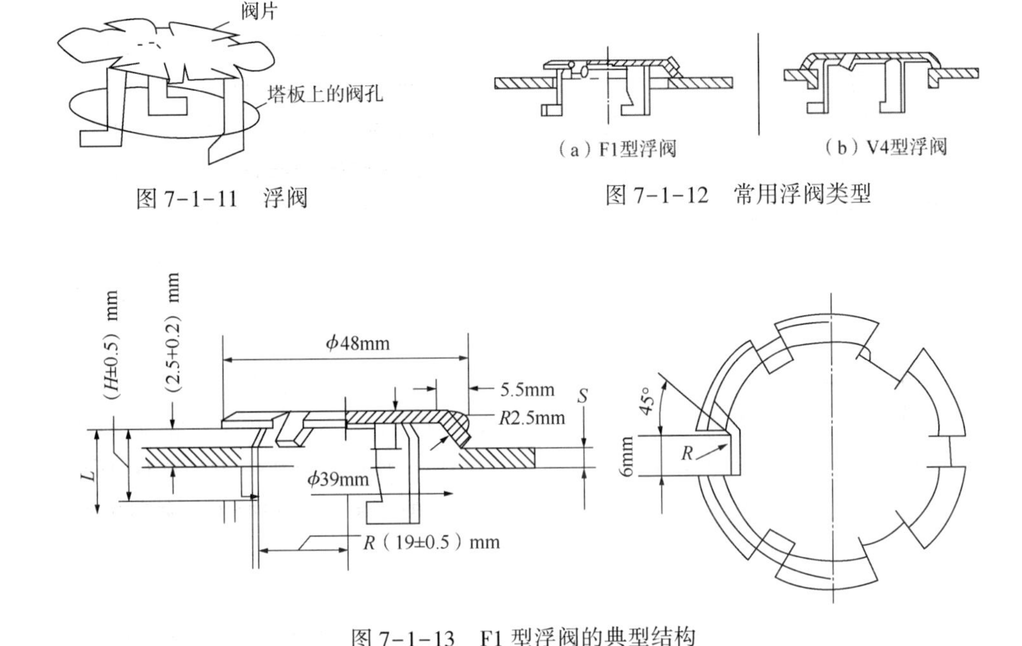

图 7-1-11　浮阀

图 7-1-12　常用浮阀类型

图 7-1-13　F1 型浮阀的典型结构

文丘里型浮阀又称 V4 型浮阀，阀孔被冲成向下弯曲的文丘里型，浮阀是轻型的。阀片除腿部相应增长外，其余结构尺寸与 F1 型轻阀相同。V4 型浮阀压降较小，因此常用于要求塔板压降较小的蒸馏塔中，如原油减压蒸馏塔。

条形浮阀和船形浮阀塔板均为浮阀塔板的改进型。如图 7-1-14 所示，国内已工业化的条形浮阀有 T 形排列和顺流排列两种。对于 T 形排列的条形浮阀，气体和液体在塔板上流动方向不断发生变化，增加了气液接触的机会，有利于传质。此外，相邻浮阀出来的气体不直接碰撞，减少了雾沫夹带。顺流排列条形浮阀的液体流动方向不受扰动，减少了塔板上的液相返混，提高了板效率。

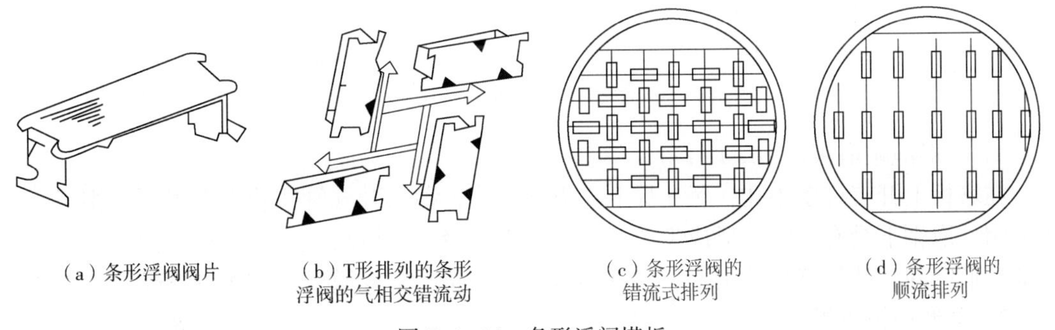

图 7-1-14　条形浮阀塔板

船形浮阀塔板的阀体似船形，两端有腿，卡在塔板下矩形孔中(图 7-1-15)。阀体的排列采用阀的长轴与液流方向平行的方式，可使气液两相增加接触，减少液体的逆向返混，提高了传质效率和分馏精确度。

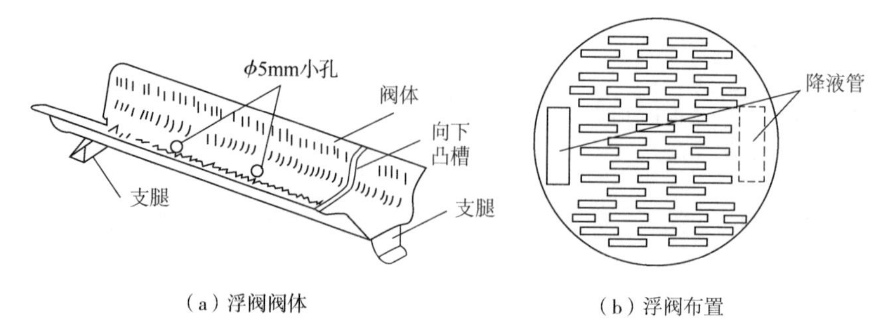

图 7-1-15　船形浮阀塔板

导向浮阀是条形浮阀的一种改进形式，与条形浮阀的区别是在条形浮阀上增开一个或两个与塔板上液流方向一致的导向孔(图 7-1-16)。导向浮阀在塔板上一般为错排，但在液体滞流区的部分，导向浮阀部分为斜向排列；操作中借助导向孔流出的气体动能，推动塔板上的液体流动，从而消除或减少塔板上的液面梯度。导向浮阀非常适宜用于塔径较大的塔。

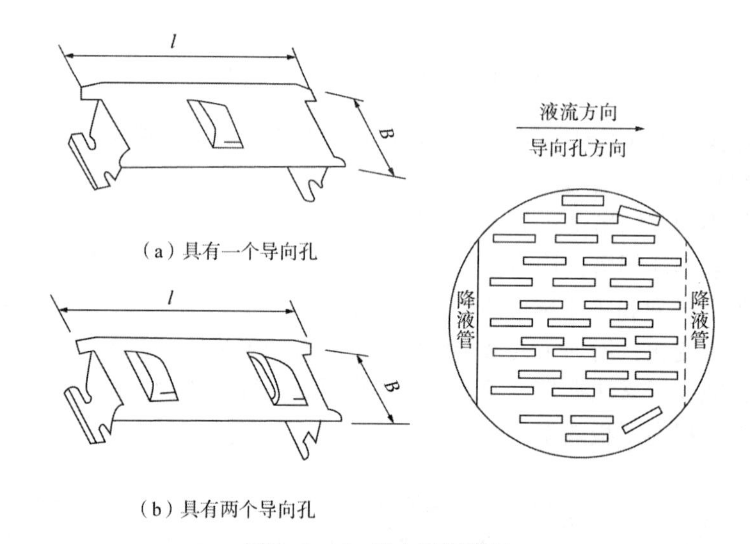

图 7-1-16　导向浮阀塔板

2）圆形泡帽塔板(图 7-1-17)

在塔板上开有许多小孔，每孔焊上一根圆短管，称为升气管；管上再罩一个帽子，称为泡帽。泡帽下沿有一圈矩形成齿形开口，称为气缝。气体从升气管上升，拐弯通过管与帽的环形空间，从气缝喷散出去。气体鼓泡通过液层，形成激烈的搅拌，进行传质传热。

3）伞形泡帽塔板

伞形泡帽塔板是圆泡帽塔板的改进类型，它的泡帽成伞形(图 7-1-18)。气体通过升气管和泡帽之间的空间大，路程短，升气孔是文丘里型，塔板压降较圆泡帽塔板小。此外，相邻泡帽之间气体相撞的现象也大大减少。伞形泡帽塔板的操作弹性大，不易泄漏，分馏效率高，但压降仍较大，只适用于低负荷操作。

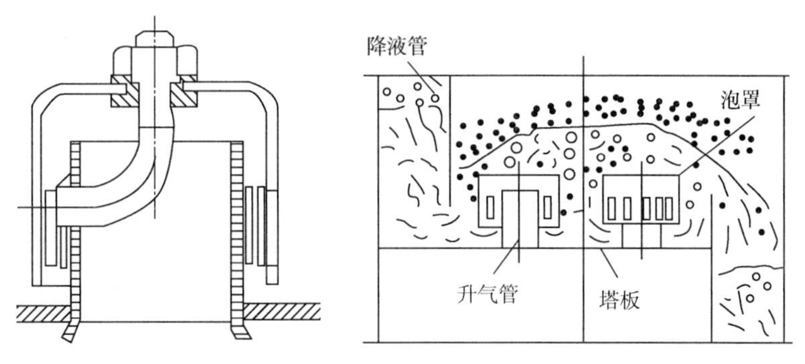

图 7-1-17　圆形泡帽塔板

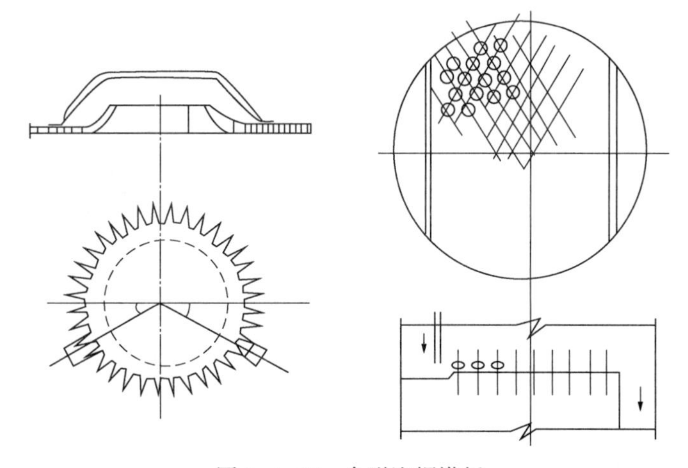

图 7-1-18　伞形泡帽塔板

4）网孔塔板

网孔塔板是一种喷射型塔板，板上有定向斜孔，上方装有挡沫板(图 7-1-19)。塔板分成若干区段，每一区段内相邻两排孔成 90°排列，气体通过网孔与液体进行喷射混合，同时又有方向变化，强化了气液接触。气相负荷增加，压降增加很小，是网孔塔板的一个主要特点。网孔塔板适用于气量大、液体负荷小的场合。

5）浮动舌形塔板(图 7-1-20)

浮动舌形塔板也是一种喷射型塔板。浮动舌形塔板与网孔塔板近似，但压降大于网孔塔板，气相负荷增加时，压降增加较多。

上述这些塔板各有其优缺点，它们的比较见表 7-1-1。圆形泡帽塔板是气液传质设备应用最早的塔板形式之一，塔板效率较高，操作弹性大，操作稳定；但由于其具有结构比较复杂、造价高、塔板压降大等缺点，已逐渐被其他形式的塔板所取代。浮阀塔板是目前在原油常压蒸馏塔中使用较多的一种塔板；而条形浮阀塔板和船形浮阀塔板是近年来用在常压蒸馏塔的新型改进塔板。文丘里型浮阀塔板、网孔塔板、浮动舌形塔板、伞形泡帽塔板等是应用于减压蒸馏塔的塔板。

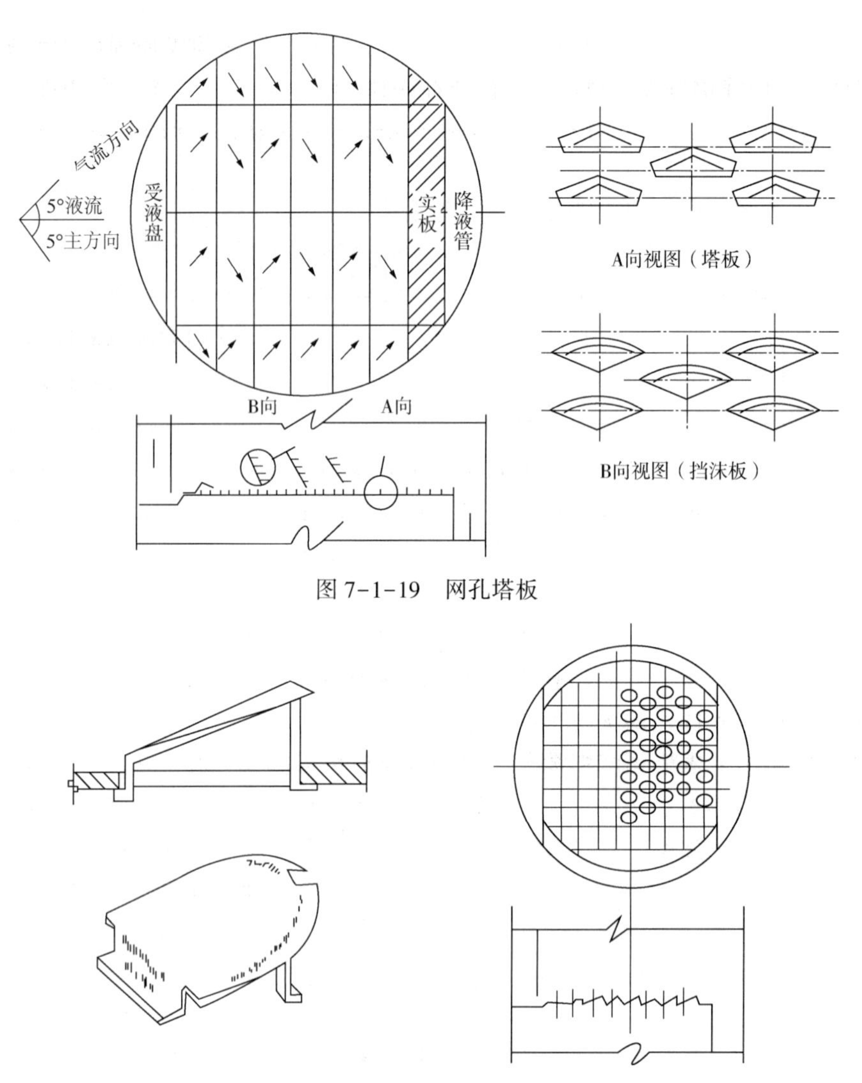

图 7-1-19　网孔塔板

图 7-1-20　浮动舌形塔板

表 7-1-1　塔板的性能比较

项目	圆形泡帽塔板	伞形泡帽塔板	F1 型浮阀塔板	V4 型浮阀塔板	条形浮阀塔板	船形浮阀塔板	网孔塔板	浮动舌形塔板
分离效率①	良好	良好	良好	良好	良好	良好	较好	尚可
操作弹性	良好	良好	良好	良好	良好	良好	尚可	较好
低气相负荷	良好	良好	良好	良好	良好	良好	尚可	较好
低液相负荷	良好	较好	良好	良好	良好	良好	尚可	尚可
塔板压降	大	较大	较大	较小	较大	较大	小	较小
设备结构	复杂	较复杂	简单	较简单	简单	简单	较简单	较简单
制造费用	大	较大	较小	较小	较小	小	较小	较小
安装维修	复杂	较复杂	尚可	尚可	较简单	较简单	简单	较简单

①在泛点 80%附近操作时。

6）填料

填料作为原油减压蒸馏塔内件，表现出良好的传质和传热性能。与板式塔相比，填料的突出优点是压降小，操作弹性接近浮阀塔板。这些优点特别适宜于减压蒸馏塔。

我国原油减压蒸馏塔应用的填料分为乱堆填料和规整填料。常用的乱堆填料有环矩鞍型、阶梯环型填料。常用的规整填料有格栅型和板波纹型等。它们的结构分别如图 7-1-21 至图 7-1-23 所示。几种金属填料的性能对比情况见表 7-1-2。

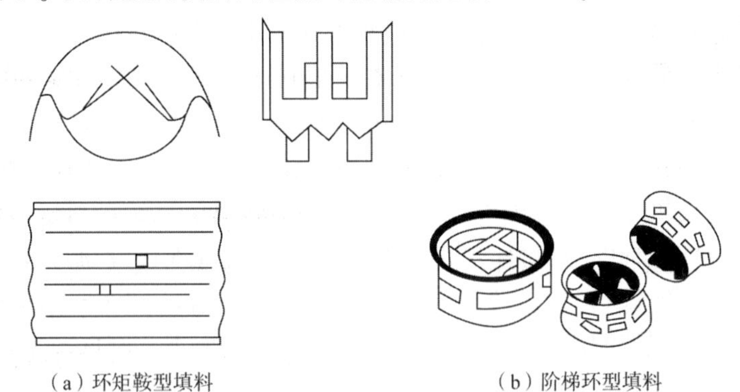

（a）环矩鞍型填料　　（b）阶梯环型填料

图 7-1-21　环矩鞍型填料和阶梯环型填料

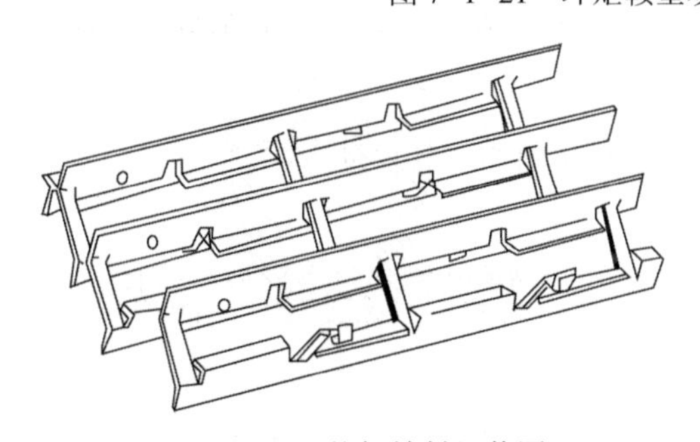

图 7-1-22　格栅填料组装图

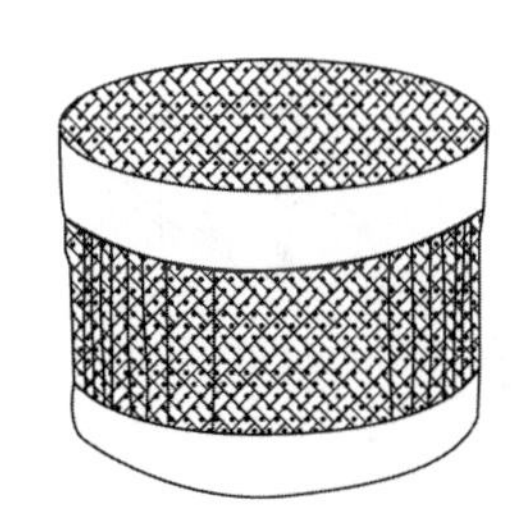

图 7-1-23　金属孔板波纹填料

表 7-1-2　金属填料性能

项目	环矩鞍型填料	阶梯环型填料	250Y 型板波纹填料
规格，mm×mm×mm	50×40×1（腰径×高×壁厚）	50×25×1（外径×高×壁厚）	—
比表面积，m^2/m^3	74.9	109.2	250
空隙率，m^3/m^3	0.96	0.95	0.97
堆积密度，kg/m^3	291	400	200
干填料因子/m	84.7	127.4	—
等板高度，mm	560~740	550~800	300~400
最小喷淋密度，$m^3/(m^2 \cdot h)$	1.2	1.2	0.2
相对压降，Pa	130	210	—

环矩鞍型填料兼有环型填料和鞍型填料的优点，接触面积大，气液分布好，可采用较小的液体喷淋密度，性能优于阶梯环型填料。格栅填料是高空隙率填料，特别适宜于大负荷、

小压降、介质较重、有固体颗粒的场合。板波纹规整填料与乱堆填料相比，具有低压降、大通量、高效率的优点，其综合性能良好，适用于分馏精确度要求高的减压蒸馏场合。

由于填料的良好性能，在燃料型减压蒸馏塔中已得到了广泛的应用，在润滑油型减压蒸馏塔中可与塔板同时使用。

用好填料塔的关键，一是要保证在填料上有必要的液体喷淋密度；二是要保证液体在填料中分配均匀。因此，每一段填料床层的液体分配器是十分重要的部件。对于乱堆填料，一般采用旋芯式液体分配器和筛孔盘式液体分配器(图 7-1-24 和图 7-1-25)。前者液体通过喷嘴均匀喷洒在填料床层上，分配器与填料床层之间要有一定的间距(900mm 以上)，这种喷嘴易堵塞，要在合适的场合使用。而对于筛孔盘式液体分配器，液体是靠位差通过分配器上的筛孔自流分布的，这种分配器将筛孔适当放大，可用于洗涤段。分配器与填料床顶面的距离可缩小，最小可达到 150~200mm。对于规整填料，特别是当用于精馏段时，液体分布均匀程度对填料的性能影响很大。为保证液体分布均匀，此时一般采用多级槽式分布器(图 7-1-26)。液体通过进料管流入主槽，再由主槽按比例分配到各分槽，依次类推，最下面分槽中的液体最后均匀地分布到填料表面上。除此之外，填料塔内还有填料压板、填料支承板等部件。

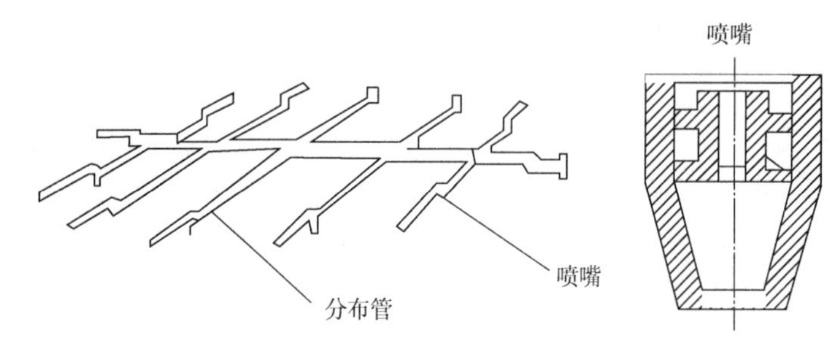

图 7-1-24　旋芯式液体分配器

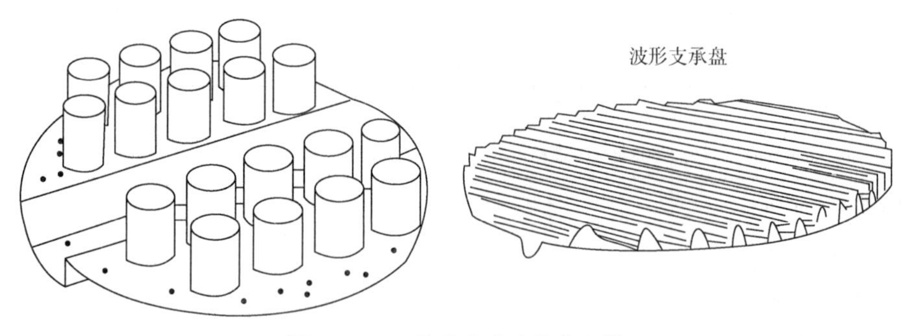

图 7-1-25　筛孔盘式液体分配器

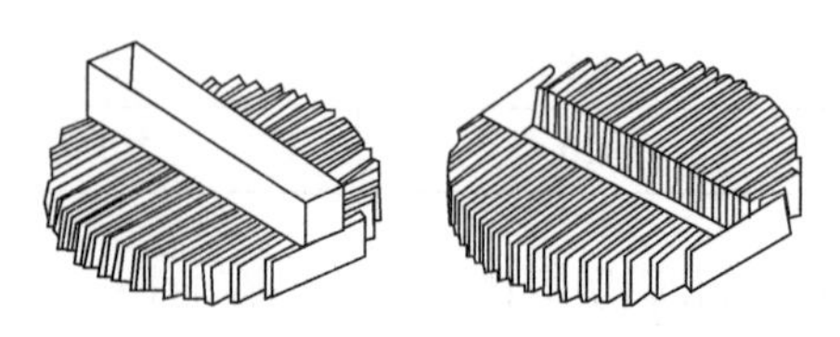

图 7-1-26　槽式液体分配器

二、原油精馏塔操作条件的确定

确定精馏塔的主要操作条件，要充分利用已知的原油的性质数据，借助经验图表与公式，通过物料平衡和热平衡进行计算。还要着重考虑如何使塔内气液相负荷分布均匀和达到较好的分馏效率，在保证产品质量和收率的前提下，尽可能节约投资、降低能耗、减少环境污染。

1. 基础数据及设计计算步骤

1）基础数据

（1）原料油的性质，主要包括密度、特性因数、分子量、含水量、黏度、实沸点蒸馏数据和平衡汽化数据等。

（2）原料油的处理量及年开工时间。

（3）产品方案及产品的质量要求。

（4）汽提蒸汽的温度及压力。

2）设计计算步骤

（1）根据原料油实沸点蒸馏数据绘出曲线，再按产品方案确定产品收率，做出物料平衡。

（2）根据产品切割方案，利用实沸点蒸馏曲线，计算各馏分的基础数据（恩氏蒸馏和平衡汽化数据、平均沸点、特性因数、黏度、分子量、临界温度及压力、焦点温度及压力等）。这些数据也可以由实验提供。

（3）选定各段塔板数、塔板形式，确定塔板压降。根据选定或给出的塔顶压力，确定汽化段压力。

（4）根据推荐的经验值确定过汽化率及塔底汽提蒸汽量，计算汽化段温度。

（5）根据经验值，假设塔底、侧线温度，进行全塔热平衡计算，估算回流取热量。

（6）确定回流形式、中段回流数目、位置及回流热分配比例。

（7）自下而上进行各段热平衡计算，用猜算法计算侧线及塔顶温度，如与上述假设值不符，则需重算。

（8）核算产品的分馏精确度，不合要求时则重新调整回流比或塔板数。

（9）根据最大气液相负荷计算塔径，并绘制全塔气液相负荷分布图。

2. 塔板数

由于原油是复杂的混合物，因此目前原油精馏塔的塔板数主要靠经验选用。表 7-1-3 中列出了国外文献推荐的常压塔塔板数，表 7-1-4 和表 7-1-5 中分别列出了国内炼厂常压塔和润滑油型减压塔选用的塔板数。

表 7-1-3　国外文献推荐的常压塔塔板数

被分离的馏分	推荐塔板数	被分离的馏分	推荐塔板数
轻汽油—重汽油	6~8	轻柴油—重柴油	4~6
汽油—煤油	6~8	进料—最低侧线	3~6
煤油—柴油	4~6	汽提段或侧线汽提	4

表 7-1-4 国内炼厂常压塔塔板数

被分离的馏分	装置Ⅰ	装置Ⅱ	装置Ⅲ
汽油—煤油	8	10	9
煤油—轻柴油	9	9	6
轻柴油—重柴油	7	4	6
重柴油—裂化原料	8	4	6
最低侧线—进料	4	4	3
进料—塔底	4	6	4

注：表中塔板数均未包括中段循环回流换热板数。

表 7-1-5 国内炼厂润滑油型减压塔塔板数

被分离的馏分	装置Ⅰ	装置Ⅱ	装置Ⅲ
塔顶—减一线	3	4	4
减一中	3	2	2
减一中—减二线	3	4	4
减二线—减三线	3	4	5
减二中	3	2	2
减二中—减四线	6	4	6
减四线—减五线	4	—	—
减五线—进料	2	3	3
塔底汽提	4	4	4
塔板总数	31	27	30

3. 汽提方式及水蒸气用量

汽提方式有两种：一种是采用重沸器汽提，也称为间接汽提；另一种是采用水蒸气汽提，也称为直接汽提。直接汽提操作简便，但增加了塔内蒸汽负荷，加大了所需的塔径，增加了塔顶冷凝器的冷却负荷，增加了锅炉水处理和污水处理的规模，此外有些产品是不允许有水存在的，因此在热源经济可靠的条件下，尽量使用重沸器来汽提侧线产品。

采用直接汽提时，通常用压力为 0.3MPa、温度为 400～450℃的过热水蒸气，以防止出现凝结水造成突沸。汽提蒸汽用量见表 7-1-6。油品从主塔抽出层到汽提塔出口的温降为 8～10℃，气体离开汽提塔的温度较进入的油温低 3～8℃。用重沸器汽提时，油品从抽出层到汽提塔出口温升为 17℃，气体离开汽提塔温度较进入的油温高 5.5℃。

表 7-1-6　汽提蒸汽用量表

精馏塔名称	油品名称	蒸汽用量(对产品),%(质量分数)
初馏塔	塔底油	1.2~1.5
常压塔	溶剂油	1.5~2
	煤油	2~3.2
	轻柴油	2~3
	重柴油	2~4
	轻润滑油	2~4
	塔底重油	2~4
减压塔	中、重润滑油	2~4
	残渣燃料油	2~4
	残渣汽缸油	2~5

由于原料性质不同，操作也有所差异，适宜的汽提蒸汽用量还应通过实际生产情况来调整。近年来，由于对节能问题的重视，在可能的条件下，倾向于减少汽提蒸汽的用量。

4. 过汽化量

原料油是以部分汽化状态进入精馏塔的，当气体部分的量仅等于塔顶及各侧线产品量之和时，最低侧线到汽化段之间的塔板将产生“干板”现象(即塔板上无液相回流)。因此，要求进料的汽化量除了包括塔顶和各侧线的产品，还应有一部分额外的汽化量，这就是过汽化量。过汽化量应适当，过大将增加加热炉的负荷，提高汽化段温度，同时也增加了外回流量。表 7-1-7 中列出了国内炼厂的原油精馏塔过汽化量数据。

表 7-1-7　国内炼厂的原油精馏塔过汽化量(占进料的质量分数)　　单位:%

塔名称	1	2	3	4	推荐值
初馏塔	5.3	5	—	—	2~5
常压塔	2.5	2	2	2.85	2~4
减压塔	1.2	—	2	—	3~6

5. 精馏塔操作压力

原油常压塔通常在稍高于大气压力下操作，其最低操作压力最终是受制于塔顶产品接受罐的温度下的塔顶产品的泡点压力。常压塔顶产品通常是汽油馏分或重整原料，当用水作为冷却介质时，塔顶产品冷却至 40℃左右，产品接受罐(在不使用二级冷凝冷却流程时也就是回流罐)在 0.1~0.25MPa 的压力下操作时，塔顶产品能基本上全部冷凝，不凝气很少。为了克服塔顶馏出物流经管线和冷换设备的流动阻力，常压塔顶的压力应稍高于产品接受罐的压力，或者说稍高于常压。

在确定塔顶产品接受罐或回流罐的操作压力后，加上塔顶馏出物流经管线、管件和冷凝冷却设备的压降，即可计算得到塔顶的操作压力。根据经验，通过冷凝器或换热器壳程(包括连接管线在内)的压降一般约为 0.02MPa，使用空冷器时的压降可能稍低一些。国内多数常压塔的塔顶操作压力在 0.13~0.16MPa 之间。

塔顶操作压力确定后，塔各部位的操作压力也随之可以计算得到。塔各部位的操作压力与油气流经塔板时所造成的压降有关。油气由下而上流动，因此塔内压力由下而上逐渐降低。常压塔采用的各种塔板的压降见表7-1-8。

表7-1-8　各种塔板的压降

塔板类型	压降，kPa	塔板类型	压降，kPa
泡罩	0.5~0.8	舌形	0.25~0.4
浮阀	0.4~0.65	金属破沫网	0.1~0.25
筛板	0.25~0.5		

由加热炉出口经转油线到精馏塔汽化段的压降通常为0.034MPa，因此由汽化段压力即可推算出加热炉出口压力。

6. 精馏塔操作温度

确定精馏塔各部位的操作压力后，就可以求各定点的操作温度。

从理论上说，在稳定操作的情况下，可以将精馏塔内离开任一块塔板或汽化段的气液两相都看成处于相平衡状态。因此，气相温度是该处油气分压下的露点温度，而液相温度则是其泡点温度。虽然在实际上由于塔板上的气液两相常常未能完全达到相平衡状态而使实际的气相温度稍偏高或液相温度稍偏低，但是在设计计算中都是按上述的理论假设来计算各点的温度。

上述的计算方法中要计算油气分压时，必须知道该处的回流量。因此，在求各定点的温度时，需要综合运用热平衡和相平衡两个工具，用试差法计算。计算时，先假设某处温度为T，进行热平衡计算以求得该处的回流量和油气分压，再利用相平衡关系—平衡汽化曲线，求得相应的温度T'。T'与T的误差应小于1%，否则须另设温度T，重新计算直至达到要求的精度为止。

为了减小试差的工作量，应尽可能地参照炼厂同类设备的操作数据来假设各点的温度值。如果缺乏可靠的经验数据，或者作为方案比较而只需进行粗略的热平衡时，可以根据以下经验来假设温度的初值：(1)在塔内有水蒸气存在的情况下，常压塔顶汽油蒸气的温度可以大致定为该油品的恩氏蒸馏60%馏出温度。(2)当全塔汽提水蒸气用量不超过进料量的12%时，侧线抽出板温度大致相当于该油品的恩氏蒸馏5%馏出温度。

1) 汽化段(进料)温度

汽化段温度就是进料的绝热闪蒸温度。该温度取决于原料油的性质、产品收率、过汽化率以及汽化段压力和水蒸气用量等因素。精馏塔汽化段的温度应该是在汽化段的油气分压下，进塔油料(原油或初馏塔底油)达到指定汽化率e_F(塔顶和侧线全部产品收率加上过汽化率)的平衡汽化温度。汽化段油气分压按下式计算：

$$p_{油}=p\times\frac{n_{油}}{n_{油}+n_{水蒸气}} \tag{7-1-1}$$

式中　p——汽化段压力；

$n_{油}$——油气物质的量流率；

$n_{水蒸气}$——水蒸气物质的量流率。

与油气分压相对应的平衡汽化温度值可用图表换算的方法求得，也可以用图7-1-27

所示的简化方法求得。

（1）画出油料实沸点蒸馏曲线 1 和常压平衡汽化曲线 2，过其交点作垂线 A。

（2）将上述交点温度换算为汽化段油气分压下的温度并标于垂线 A 上。过该点作线 2 的平行线 3，相当于汽化段油气分压下油料的平衡汽化曲线。

（3）同理，考虑转油线压力降可绘制加热炉出口处压力下油料平衡汽化曲线 4。

（4）在线 3 上找到相当于指定汽化率（如 30.5%）的温度（对应 353℃）即为精馏塔汽化段温度 T_F。

（5）校核加热炉出口温度 T_0。

如图 7-1-28 所示，从加热炉出口到汽化段汽化是一个绝热闪蒸过程。由于汽化所需热量由进塔油料的显热供给，加上转油线热损失，因此炉出口温度 T_0 大于 T_F（一般高 10~20℃）。必须进行转油线入、出口处热平衡计算，校核 T_0 是否超过最高允许值。如果由求得的 T_F 和 e_F 推算出的 T_0 超出允许的最高加热温度，则应对所规定的操作条件进行适当的调整。

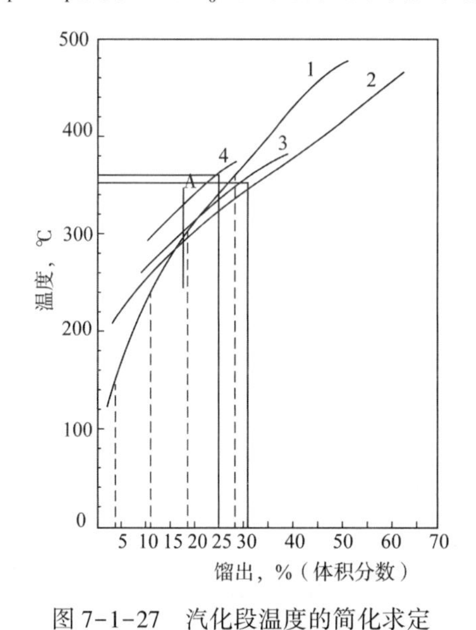

图 7-1-27　汽化段温度的简化求定

1—油料实沸点蒸馏曲线；
2—油料常压平衡汽化曲线；
3—汽化段油气分压下油料平衡汽化曲线；
4—炉出口压力下油料平衡汽化曲线

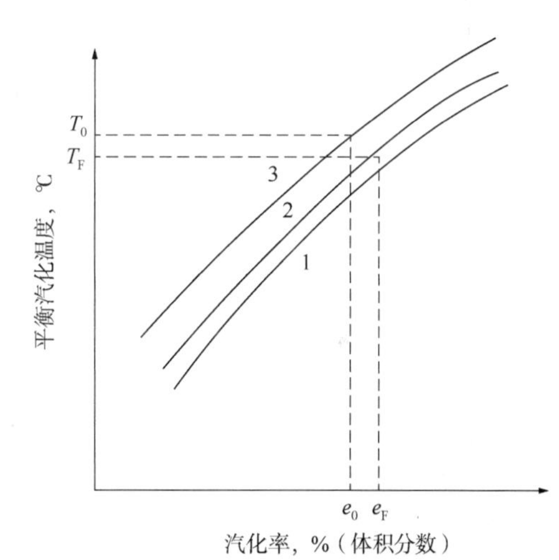

图 7-1-28　进料的平衡汽化曲线

1—常压下平衡汽化曲线；
2—汽化段油气分压下平衡汽化曲线；
3—炉出口压力下平衡汽化曲线

校核可以在合理的加热炉出口温度范围内选定 T_0 值，然后按下式校核（未考虑散热损失）：

$$h_0 = \sum G_i h_i^{T_0} \geqslant h_F = \sum G'_i h_i^{T_F} \tag{7-1-2}$$

式中　G_i，G'_i——分别为闪蒸前后油料中各组分质量流率；

h_0，h_F——分别为 T_0、T_F 温度下油料的焓；

$h_i^{T_0}$，$h_i^{T_F}$——分别为 T_0、T_F 温度下各组分的焓。

生产航空煤油时，原油的最高加热温度一般为 360~365℃；而在生产一般石油产品时，原油的最高加热温度则可放宽至 370℃。

2）塔底温度

进料油中未汽化的重质油与精馏段流下的回流液在汽提段中被水蒸气汽提，当其中轻组分汽化时，油料温度降低，因此塔底温度比汽化段温度低。原油精馏塔的塔底温度一般比汽化段温度低 5~10℃。

3）侧线抽出温度

严格地说，侧线抽出温度应该是未经汽提的侧线产品在该处油气分压下平衡汽化的泡点温度，它比汽提后的侧线产品在同样条件下平衡汽化泡点温度略低一点。但为了简化，可按汽提后产品计算。

计算侧线温度时，最好从最低的侧线开始，这样计算比较方便。因为进料段和塔底温度可以先行确定，则自下而上做隔离体系和热平衡时，每次只有一个侧线温度是未知数。为了计算油气分压，需要分析侧线抽出板上的气相组成。该气相由通过该层塔板上升的塔顶产品和侧线上方所有侧线产品的蒸气、在该层抽出板上汽化的内回流蒸气以及汽提水蒸气构成。内回流组成可认为与该层塔板抽出的侧线产品组成相同。因此，侧线产品的油气分压是指该处的内回流蒸气分压。

以煤油侧线为例，其油气分压用下式计算：

$$p_{煤油}=p\times\frac{n_{内}}{n_{水蒸气}+n_{汽油}+n_{内}} \tag{7-1-3}$$

式中 $n_{内}$，$n_{水蒸气}$，$n_{汽油}$——分别为该抽出板处内回流、水蒸气和汽油蒸气的物质的量流率；

p——煤油抽出板处压力；

$p_{煤油}$——煤油油气分压。

侧线抽出温度通常用试差法计算，即先假定侧线温度，进行侧线以下塔段热平衡求得内回流量，然后按蒸馏曲线换算法求出在该抽出板处油气分压下平衡汽化泡点温度。若计算值与上面假定值相差在±5℃之内，则认为假设温度正确，否则重新设值计算。

作为近似估计，在有水蒸气汽提时，侧线温度假设值可按该侧线产品恩氏蒸馏 5%馏出温度设定；在无水蒸气汽提时，煤、柴油可取恩氏蒸馏 10%馏出温度，润滑油馏分取恩氏蒸馏 5%馏出温度。

4）中段回流抽出温度

中段回流油品的性质介于两侧线之间，其出口温度、分子量、密度等均可近似地采用内插法求得。

5）塔顶温度

塔顶温度可认为是塔顶产品在该处油气分压下平衡汽化的露点温度。塔顶馏出物包括塔顶产品、塔顶回流（其组成与塔顶产品相同）蒸气、不凝气（气体烃）和水蒸气。塔顶油气分压按下式计算：

$$p_{汽油}=p\times\frac{n_{汽油}+n_{回流}}{n_{水蒸气}+n_{汽油}+n_{回流}} \tag{7-1-4}$$

式中 p——塔顶压力；

$p_{汽油}$——塔顶汽油分压；

$n_{汽油}$，$n_{回流}$，$n_{水蒸气}$——分别为塔顶汽油、回流、水蒸气的物质的量流率。

精馏塔的塔顶温度也采用试差法计算，即先假设一个塔顶温度，进行全塔热平衡计算，求出塔顶回流量。然后计算在塔顶油气分压下，塔顶产品平衡汽化100%时的温度，此值若与设定值相近似，可认为假设值正确，否则重新猜算。近似估计时，可先假定塔顶温度为塔顶汽油恩氏蒸馏60%馏出温度。

在确定塔顶温度时，要校核水蒸气在塔顶是否会冷凝。核算塔顶水蒸气分压，若其数值高于塔顶温度下的饱和水蒸气压力，水蒸气将会在塔顶冷凝，这是不允许的。此时，应考虑减少进塔水蒸气量或降低塔顶压力重新计算。

6）侧线汽提塔底温度

当用水蒸气汽提时，汽提塔底温度比侧线抽出温度低8~10℃，有时也可能低得更多。当需要严格计算时，可以根据汽提出的轻组分的量通过热平衡计算求取。当用重沸器汽提时，其温度为该处压力下侧线产品的泡点温度，此温度有时可超出该侧线抽出板温度10℃。

7. 塔径与塔高

1）塔径

精馏塔的塔径大小主要取决于塔内蒸汽负荷。在不发生过多的雾沫夹带或出现液泛的条件下，确定其最大允许空塔线速度。根据蒸汽负荷和允许空塔线速度，即可求得所需的塔径。采用不同类型的塔板，有不同的计算方法，现以浮阀塔为例进行简要介绍。

（1）选定塔板间距。

塔板间距大小取决于雾沫夹带、物料的起泡性、塔的操作弹性及安装、检修要求等因素，可参考表7-1-9选定塔板间距。

表7-1-9　浮阀塔板间距与塔径的关系

塔板直径，mm	塔板间距，mm				
600~700	300	350	450	—	—
800~1000	—	350①	450	500	600
1200~1400	350①	450	500	600	800①
1600~3000	—	450①	500	600	800
3200~4200	—	—	—	600	800

① 不推荐采用。

（2）计算最大允许气体速度 W_{max}。

$$W_{max}=\frac{0.055\sqrt{gH_t}}{1+2\dfrac{V_L}{V_V}\sqrt{\dfrac{\rho_L}{\rho_V}}}\sqrt{\frac{\rho_L-\rho_V}{\rho_V}} \quad (7-1-5)$$

式中　W_{max}——塔板气相空间截面积上最大允许气体速度，m/s；

g——重力加速度，9.81m/s^2；

ρ_V——气相密度，kg/m^3；

ρ_L——液相密度，kg/m³；

H_t——塔板间距，m；

V_V——气体体积流率，m³/s；

V_L——液体体积流率，m³/s。

（3）计算适宜的气体操作速度 W_a。

$$W_a = K K_s W_{max} \tag{7-1-6}$$

式中 W_a——塔板气相空间截面上的适宜气体速度，m/s；

K——安全系数，对于直径大于0.9m、塔板间距大于0.5m的常压或加压操作的塔，$K=0.82$；对于直径小于0.9m或塔板间距不大于0.5m，以及真空操作的塔，$K=0.55\sim0.65$（塔板间距大时，K 取大值）；

K_s——系统因数，按表7-1-10选取。

表7-1-10 系统因数 K_s

系统名称	系统因数 K_s	
	用于式(7-1-6)	用于式(7-1-8)、式(7-1-9)和式(7-1-10)
炼油装置较轻组分的分馏系统，如原油常压塔、气体分馏塔等	0.95~1.0	0.95~1.0
炼油装置重黏油品分馏系统，如原油减压塔等	0.85~0.9	0.85~0.9
无泡沫的正常系统	1	1
氟化物系统，如 BF_3、氟利昂	0.9	0.9
中等起泡系统，如油吸收塔、胺及乙二醇再生塔	0.85	0.85
重度起泡系统，如胺及乙二醇吸收塔	0.73	0.73
严重起泡系统，如甲乙基酮、一乙醇胺装置	0.6	0.6
泡沫稳定系统，如碱再生塔	0.15	0.3

（4）计算气相空间截面积 F_a。

$$F_a = \frac{V_V}{W_a} \tag{7-1-7}$$

（5）计算降液管内液体流速 V_d。

液体在降液管内的流速可按式(7-1-8)、式(7-1-9)和式(7-1-10)计算，选计算结果中的较小值。

$$V_d = 0.17KK_s \tag{7-1-8}$$

当塔板间距不大于0.75m时，采用下式：

$$V_d = 7.98\times10^{-3} K K_s \sqrt{H_t(\rho_L-\rho_V)} \tag{7-1-9}$$

当塔板间距大于0.75m时，采用下式：

$$V_d = 6.97\times10^{-3} K K_s \sqrt{\rho_L-\rho_V} \tag{7-1-10}$$

(6) 计算降液管面积 F_d'。

降液管面积可按式(7-1-11)和式(7-1-12)计算，取结果较大值。

$$F_d' = \frac{V_L}{V_d} \tag{7-1-11}$$

$$F_d' = 0.11\ F_a \tag{7-1-12}$$

(7) 计算塔横截面积 F_t。

按式(7-1-13)进行计算：

$$F_t = F_a + F_d' \tag{7-1-13}$$

(8) 计算塔径 D_c。

按式(7-1-14)进行计算：

$$D_c = \sqrt{\frac{F_t}{0.785}} \tag{7-1-14}$$

最后计算所得塔径 D_c 再按国内标准浮阀塔系列进行调整，确定采用的塔径尺寸。然后再校核空塔线速度是否适宜，并按式(7-1-11)和式(7-1-12)复算降液管面积 F_d'，再根据标准参考复算的 F_d 选用合适的降液管面积。

$$F_d = \left(\frac{F}{F_t}\right) \times F_d' \tag{7-1-15}$$

式中　F_t，F——分别为计算的和圆整后的塔截面积，m^2；

F_d'，F_d——分别为计算的和圆整后的降液管面积，m^2。

2) 塔高 H(不包括裙座)

塔高(不包括裙座)计算如下：

$$H = H_d + (n-2)\,H_t + H_b + H_f \tag{7-1-16}$$

式中　H——塔高(切线到切线)，m；

H_d——塔顶部空间高度，m；

H_b——塔底部空间高度，m；

H_t——塔板间距，m；

H_f——进料段高度，m；

n——实际塔板数，当在塔底进料时应为$(n-1)$。

第二节　催化加氢典型设备

一、加氢反应器的类型和结构

加氢反应器是加氢装置的主要设备。加氢反应器在高温、高压及有腐蚀介质(H_2、

H_2S)的条件下操作，除了在材质上要注意防止氢腐蚀及其他介质的腐蚀，加氢反应器在工艺结构上还应满足以下要求：

（1）反应物(油气和氢)在反应器中分布均匀，保证反应物与催化剂有良好的接触。

（2）及时排除反应热，避免反应温度过高和催化剂过热，以保证最佳反应条件和延长催化剂寿命。

（3）在反应物均匀分布前提下，必须考虑反应器有合理的压降。为此，除了正确选择反应器的高径比，还应注意防止催化剂粉碎。

加氢反应器一般按照催化剂与反应介质的接触方式进行分类，可分为固定床反应器、沸腾床反应器和移动床反应器。

1. 固定床反应器

固定床反应器是指在反应过程中气体和液体反应物流经反应器中的催化剂床层时，催化剂床层保持静止不动的反应器。它的最大优点是催化剂不易磨损，而且在催化剂不失去活性的情况下，可长周期使用。固定床反应器一般主要用于加工固体杂质、油溶性金属有机化合物含量较少的馏分油。固定床反应器按照反应物料流动状态的不同又分为鼓泡式反应器、滴流式反应器和径向式反应器，相应地分别称为鼓泡床反应器、滴流床反应器和径向床反应器。

加氢过程的固定床反应器一般采用滴流床形式。在石油加工领域，滴流床反应器大量应用于馏分油、石蜡、润滑油的加氢精制，蜡油加氢裂化和大部分的渣油加氢处理。在滴流床反应器中，气体和液体反应物通过分配器向处于下部的静止固体催化剂均匀喷洒，并在流经催化剂的过程中发生化学反应，生成所需要的产品。滴流床反应器结构简单，造价低。滴流床反应一般被看作绝热、活塞流反应过程，转化率随床层下移而增加，其温度也逐渐升高(放热反应)或下降(吸热反应)。

1）固定床加氢反应器主体

对于加氢精制等反应热较小的反应器，反应过程不必注入冷却介质，催化剂也不需要分层置放。这种反应器的内部结构比较简单(图 7-2-1)。

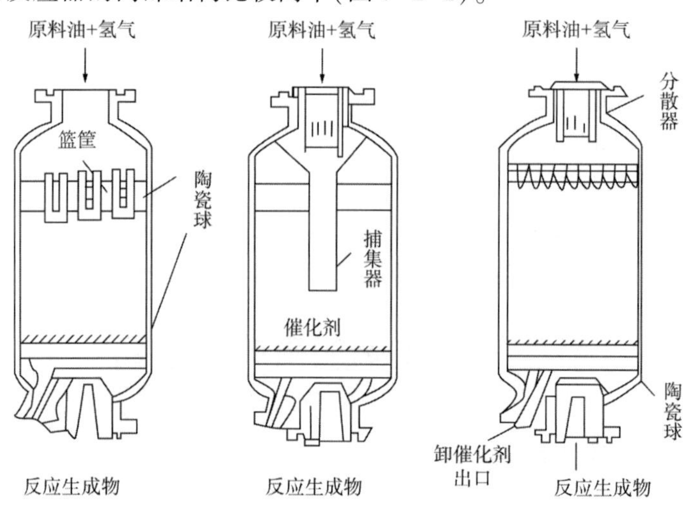

图 7-2-1　固定床加氢反应器结构示意图

原料油和氢气的混合物经反应器入口分配器后，自上而下并流通过催化剂床层。随着操作时间的延长，催化剂层上部逐渐被设备和管线的腐蚀产物(如硫化铁、固体杂质等)所堵塞，造成床层压降上升，以致装置被迫停工。为解决此矛盾，一些反应器中采用设置篮筐(过滤筐)或固体捕集器等办法，反应器的上部流体入口处设置多个篮筐，用不锈钢制成，使用时一半埋在催化剂里，可以起到增大通过床层面积的作用。

为了防止生产过程中高温流体对催化剂的冲击作用及防止催化剂粉末堵塞，在催化剂床层上部和下部装填陶瓷球。

目前，一些处理重整原料和汽油的加氢装置采取了径向加氢反应器。在这种反应器中，油气混合物以气相进入反应器后，被均匀分配到反应器壁及多孔衬筒之间的环形空间，然后经过小孔径向通过催化剂床层(图 7-2-2)。反应生成物最后经中心管自反应器顶部(或底部)导出。这种反应器的中心管可从反应器中抽出，以便检修。由于物流在反应器中流动的路程较短，仅等于反应器的半径，因此径向反应器的优点是可以降低床层压降，从而允许采用颗粒小、活性高的催化剂，有利于提高装置的处理能力，减少基建费用和操作费用。目前，径向反应器已大量应用到催化重整、异构化等石油化工领域。

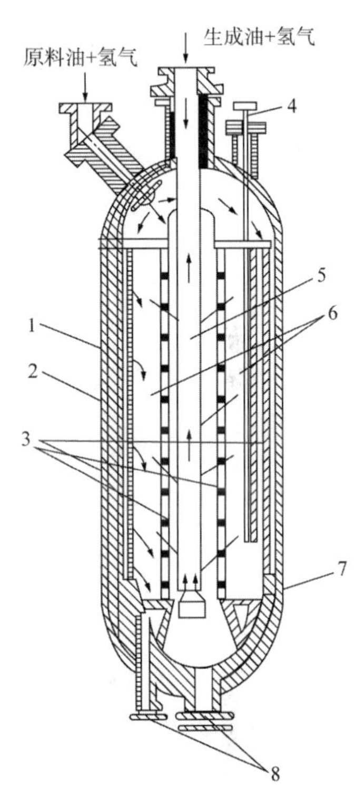

图 7-2-2　径向加氢反应器结构示意图

1—筒体；2—保温层；3—多孔衬筒；4—热偶套管；5—上引管；6—催化剂；7—陶瓷球；8—卸料口

图 7-2-3 和图 7-2-4 显示了用于反应热较大的加氢反应器，多数情况下是加氢裂化反应器或二次加工油料(如焦化柴油)以及芳烃含量较高的煤油加氢精制反应器。在这类反应器中，催化剂分层放置，各层之间注入冷却介质(冷氢)以调节反应温度。这种反应器的内部结构比较复杂，其内部结构设计直接影响到反应效果的好坏。这种反应器有两种结构形式：一种是壳壁开孔(图 7-2-3)，即在反应器器壁上开孔，供插热偶套管和注冷氢管的安装。另一种是冷氢管及热偶套管开孔均设在反应器头盖处(图 7-2-4)。在反应器壳体的内壁上有一个不锈钢的堆焊衬里，以减少 H_2 和 H_2S 对反应器壁的腐蚀作用，在衬里和筒壁之间不设绝热层，这种反应器也称热壁反应器。热壁反应器的壁温可达 400℃ 以上。有的反应器在不锈钢衬筒和筒壁之间设置绝热层，这是冷壁反应器。冷壁反应器的壁温较低，为 200℃。

随着加氢反应器向大型化发展，反应器的内部结构设计变得尤为重要。特别是对于两相进料的反应器，进料分配的好坏直接影响反应效果、催化剂寿命以及操作周期。

目前生产的加氢反应器的内部结构一般由以下几部分组成：进口扩散器(或称分散器)、液(流)体分布板、筒式滤油器(或称过滤篮筐)、催化剂床层支件、急冷箱和再分布板以及反应器出口集流器。

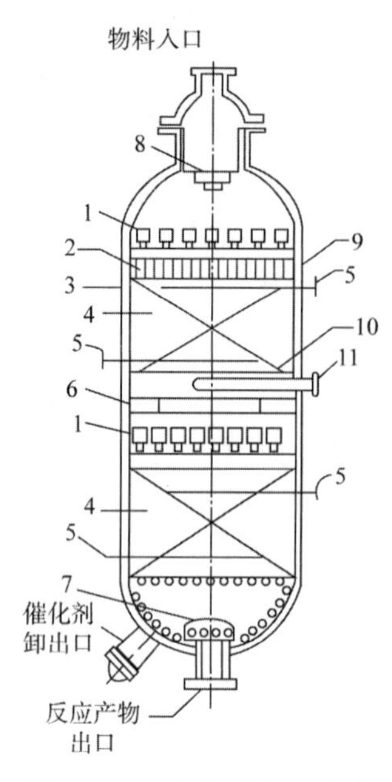

图 7-2-3　加氢裂化反应器

1—分配盘；2—篮筐；3—壳体；
4—催化剂床层；5—热电偶；6—冷氢盘；
7—收集器；8—分配器；9—陶瓷球；
10—栅板；11—冷氢管

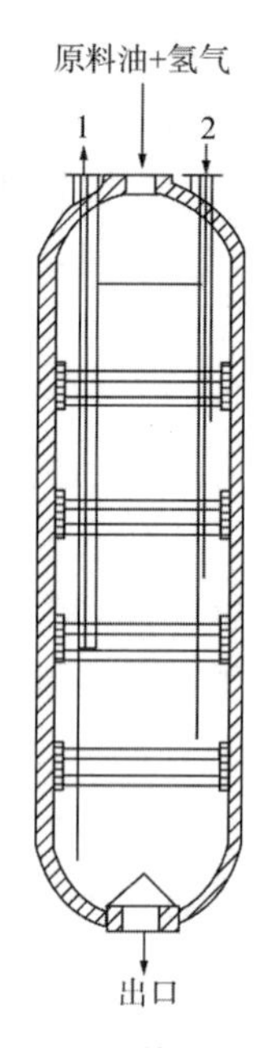

图 7-2-4　热壁反应器

1—热电偶插入处；2—冷氢注入处

反应器入口分配器如图 7-2-5 所示，反应器进料从入口进入反应器。一般流速较大，而且集中在反应器中部，为防止其直接冲到分配板上，在反应器入口处装有一个扩散器，扩散器有两个孔道。进入反应器的油气流向和孔道垂直，这样当液流进入反应器的扩散器后不会从某一子孔道处短路流出，造成分配不匀。

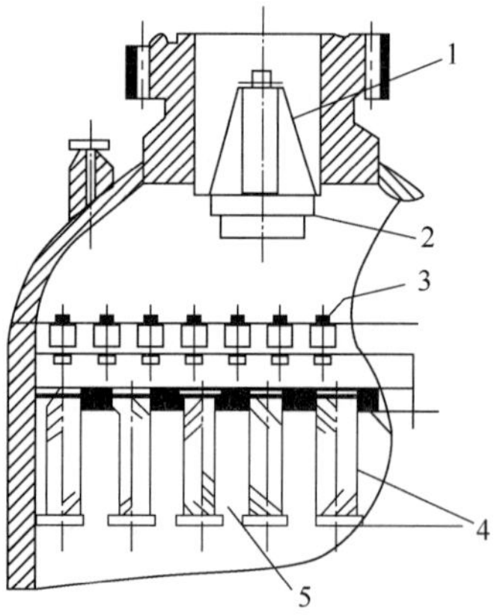

图 7-2-5　加氢反应器顶部及入口分配器结构示意图

1—扩散器(分配盘)；2—分布板；
3—进料分配盘；4—过滤篮筐；
5—陶瓷球

液体分配盘及泡帽结构如图 7-2-6所示，它是保证液体分布均匀的最重要部分。分配盘上装有带齿缝的圆形泡帽，当气液两相物料进到分配盘上后，在分配盘上就建立了液层。气体从齿缝通过，同时把液体从环形空间带上去进入下降管。如果液体负荷大，可能会淹没一部分齿缝面积；但由于减小了气体通路面积，增大了气体的流速，从而相应地又会多带走一部分液体，最终达到平衡。从下降管下来的液体呈锥状喷洒到催化剂床层上。据文献报道，这种结构形式的分配盘的另一个优点是传热效率高(达89%)，而且对安装水平度的敏感度不大。为了便于装卸催化剂，这种分布盘是由几部分做成的，升气管与盘板滚压嵌接成一体，达到基本密封。

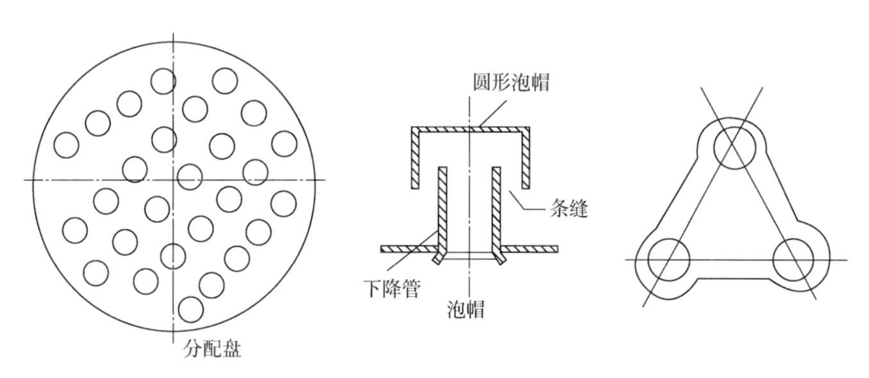

图 7-2-6　进料分配盘及泡帽结构示意图

2）筒式滤油器(或称过滤篮筐)

筒式滤油器安装在反应器顶部(图 7-2-5)，它给进料提供更大的表面积，这样就允许催化剂床层积蓄较多的垢屑或沉积物而不致过度增大床层压降。每个筒式滤油器是空心的，用链条连接在一起，并用链条固定在支撑架上，以防止卸催化剂时堵塞催化剂卸料管。链条的长度必须足够松弛，以使筒式滤油器随催化剂床层下沉。根据生产经验，在运转期间，催化剂床层下沉量约 5%。但是也有报道认为，筒式滤油器安装在分配盘的上部，反应效果更好。

3）催化剂床层支撑件

支撑催化剂床层的结构件是 T 形梁、格栅、筛网和陶瓷球。T 形梁横跨筒体，顶部逐步变尖，以减少阻力。

4）急冷箱和再分布板

急冷箱的作用是将上面床层流下来的反应物料和冷氢充分混合，使物料进入下一层催化剂床层之前重新分布均匀。急冷箱的结构如图 7-2-7 所示。急冷箱是由安装在冷氢管下面的 3 块板组成。第一块板是节流板，把反应物料集合起来排入急冷箱。在这块板上，只开有两个孔，全部物料和氢气都必须从这两个孔通过，使冷氢和反应物料充分混合。急冷箱置于急冷盘和喷散盘(筛板)之间，油气在此混合，喷散盘上开有很多小孔，使急冷箱物料由此进到第三块板(即泡帽再分布板)，再从再分布板进入下一层催化剂床层上。

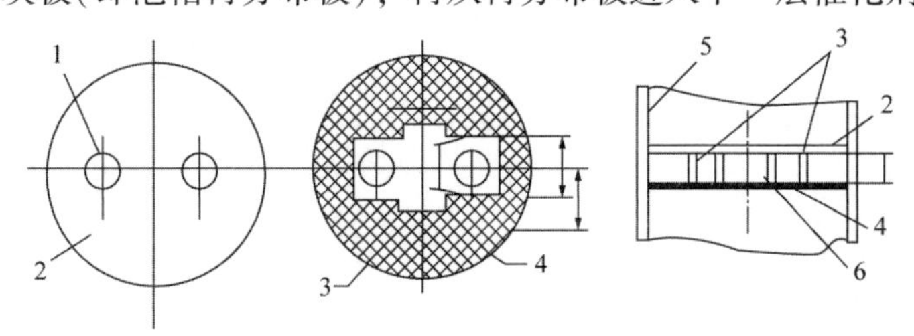

图 7-2-7　加氢反应器急冷箱结构示意图

1—节流孔；2—节流板；3—挡板；4—筛板；5—反应器壳体；6—急冷箱

使用装有这种结构急冷箱的加氢裂化和加氢精制反应器的实践证明，这种结构可以保证床层温度非常均匀，每个床层底部的温差都小于 10℃。

5）出口管上面的集油器

出口管上面的集油器起着支撑下层催化剂床层的作用。在集油器周围填入陶瓷球。图 7-2-8为加氢反应器出口集油器结构示意图。

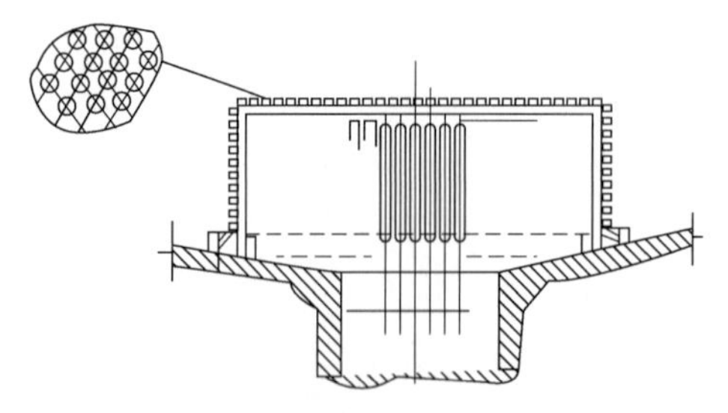

图 7-2-8　加氢反应器出口集油器结构示意图

加氢精制反应器内催化剂一般只分两层，因此采用在床层内部连通的 4 根卸料管，可把催化剂卸至反应器底部排出。

对于加氢裂化反应器，因为床层多，采用连通管时在床层之间会有气体互相串通，对加氢裂化反应不利，所以采用在每个床层的侧壁开口卸催化剂。

2. 沸腾床反应器

流化床反应器是一种以一定流速的流体(原料油和氢气)从反应器下部进入而通过装填微粒(或细粉)催化剂的床层时，使催化剂粒间空隙率随流速增加而逐渐增大，催化剂床层体积开始膨胀，直至催化剂床层被流体悬浮的反应设备，属于液固流化床反应器的范畴。液固流化床反应器大致还可划分为悬浮床反应器(或称浆态床反应器)和膨胀床反应器(或称沸腾床反应器)，主要用于加工含有较多金属有机化合物、沥青质及固体杂质的渣油场合。

当采用沸腾床加氢工艺处理渣油及重质油时，由于克服了床层堵塞引起压降上升的缺点，以及可利用催化剂连续加入和排出废催化剂的方法来维持催化剂活性，从而使运转周期延长。

图 7-2-9 为沸腾床反应器示意图。原料油和氢气从反应器底部进料，经过分布板后均匀喷向上方，补充的新鲜催化剂从上部加入。在中心管处，通过一个循环泵在反应器内部形成催化剂和原料油的纵向内循环，强化传热传质过程。反应后的油气从上部离开反应器，废催化剂可从反应器下部卸出。沸腾床的液面通过一个液位计进行监测和控制。这种反应器的结构比较复杂，包括进、排催化剂系统，高温高压下操作的循环泵，三相(气—液—固)液位计和分布板 4 个关键部分。经过改进后的沸腾床反应器的内部结构如图 7-2-10 所示。

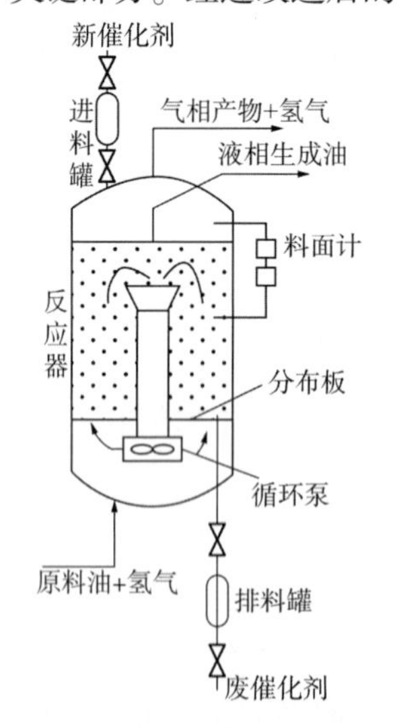

图 7-2-9　沸腾床反应器示意图

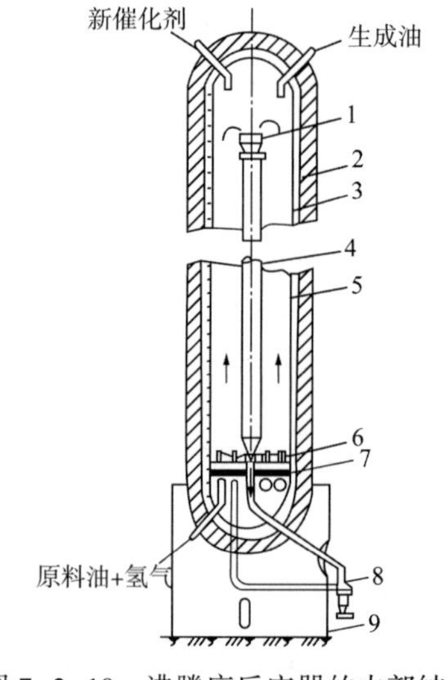

图 7-2-10　沸腾床反应器的内部结构

1—喇叭口；2—壳体；3—内保温；4—循环管；5—内衬筒；6—泡帽分布板；7—分配盘；8—循环泵；9—底座

据报道，国外炼厂沸腾床渣油加氢工业装置采用的反应器，是一个多层包扎式高压容器，有效高度为16500mm，有效容积为173m³。在衬筒和衬里之间有一层厚度为153mm隔热混凝土，使反应器壁温保持在260℃以下。

最初循环泵安装在反应器筒体内部。由于这种结构对操作和维修不便，已改成将循环泵安接在筒体外(7-2-10)。循环泵入口管由反应器底部插入，并伸至反应器上部液位计上。循环管为直径为457mm的不锈钢管，泵入口管直径约为300mm，出口管直径为200mm。循环油经反应器底部分配盘下面的环形分配管喷出，再通过分配盘均匀地分配，形成流化状态。分配盘上装有泡帽，起分配作用。原料油由反应器底部进入，经分配器喷出，然后与循环油一起经分配盘进入反应空间，生成油由反应器顶部排出。新催化剂由进料系统自顶部加入，废催化剂由底部排出。泡帽分配器可以保证气液均匀分布在反应器截面上。为了防止液体和催化剂在装置停工时发生倒流现象，泡帽结构中有一个单向止回球阀，安装在升气管的上部开口处。装在升气管顶部的泡帽可以使液体反射回来，再往下经过分布板，然后再向上分配。

沸腾床反应器可使用两种催化剂：一种是很细的粉末状催化剂，另一种是0.8mm挤条剂。这两种催化剂在工业上使用都很成功。

3. 移动床反应器

移动床反应器在生产过程中催化剂可以连续或间断地移动加入或卸出，适用于加工含有较高金属有机化合物和沥青质的渣油原料场合，以避免在加工过程中容易引起床层迅速堵塞和催化剂快速失活的问题。

按照使用状态下反应器内部的高温介质是否直接与器壁接触，加氢反应器还可以分为冷壁结构和热壁结构两种。按反应器本体结构的特征，加氢反应器可分为单层结构和多层结构。单层结构中又有钢板卷焊结构和锻焊结构两种；多层结构用于加氢反应器上的一般有绕带式、热套式等多种形式。

二、加氢反应器的操作条件

以滴流床反应器为例，滴流床反应器的设计内容主要包括催化剂装入量、反应器容积、直径、高度、压降和急冷。

1. 催化剂装入量

根据装置年处理量和空间速度，可以由式(7-2-1)计算出催化剂用量：

$$V_c = \frac{C}{t\rho S_V} \tag{7-2-1}$$

式中 V_c——催化剂用量，m^3；

C——年加工油量，kg；

t——年有效生产时间，h；

ρ——原料油密度，kg/m^3；

S_V——体积空速，h^{-1}。

2. 反应器容积

反应器容积可按以下公式计算：

$$V_r=\frac{V_c}{V_F} \tag{7-2-2}$$

式中 V_r——反应器容积，m^3；

V_c——催化剂用量，m^3；

V_F——有效利用系数。

有内保温的反应器，其有效利用系数(即可装入催化剂的体积与反应器体积之比)只有0.5~0.6；无内保温的反应器，当催化剂不分层置放时，有效利用系数约为0.8。

3. 反应器的直径和高度

反应器的高度和直径，可根据试验、生产经验和工艺要求来确定。一般来说，应着重考虑反应热的排出、混相进料的分配以及床层压降。

对反应热不大的气相进料，由于不必注入冷氢，而且物流处于气相，容易均匀分布，催化剂不需分层放置，因此采用较小的高径比。但分配情况是压降的函数，也就是说，当床层深度较浅，压降过低，将使流体分布不均，催化剂接触效率差。生产实践表明，单位床层高度(1m)压降为0.0023~0.0115MPa、高径比为0.80~0.85时，工艺装置催化剂的利用效率与实验室或中型装置数据大致吻合。因此，单位床层高度(1m)压降大于0.0023MPa以及高径比大于1.0是决定反应器直径和高度的一个重要条件。

据文献介绍，目前一些反应器的高径比为4~9；催化剂床层深度一般为4~6m，最大床层深度达11.8m。

4. 反应器的压降

反应器的压降是滴流床反应器设计的重要内容之一。压降不可设计得过小，因为过小的压降会使床层内流体分布不均；更不能设计过大，否则会使装置能耗增加，还会加大支撑内件的负荷，以及造成催化剂压碎。

在开工初期干净床层的情况下，合适的反应器压降范围如：一般装填为0.08~0.12MPa；密相装填为0.18~0.25MPa。

反应器内件的阻力降在设计内件尺寸时就已确定，其数值范围如下：入口分配器为0.003~0.006MPa；泡帽分布器为0.004~0.008MPa；冷氢箱为0.010~0.030MPa；支撑盘为0.003~0.006MPa；收集盘为0.004~0.007MPa。

反应器的压降包括反应器进、出口压降及催化剂床层压降。其中，入口压降包括入口膨胀及通过分配器的压降；出口压降包括通过集气圈开口及出口收缩的压降。

1）入口压降 $\Delta p_{入}$

$$\Delta p_{入}=\Delta p_1+\Delta p_2+\Delta p_3 \tag{7-2-3}$$

式中 $\Delta p_{入}$——进口部分总压降，0.1MPa；

Δp_1——管线到反应器分配器扩大引起的压降，0.1MPa；

Δp_2——冲击在分配器底板上造成的压降，0.1MPa；

Δp_3——通入分配器开口处引起的压降，0.1MPa。

2）出口压降 $\Delta p_{出}$

$$\Delta p_{出}=\Delta p_4+\Delta p_5 \tag{7-2-4}$$

$$\Delta p_4 = 14.25\times10^{-6}\rho_{出}u_{集}^2 \quad (7-2-5)$$

$$\Delta p_5 = 5.09\times10^{-6}\rho_{出}u_{出}^2 \quad (7-2-6)$$

式中　$\Delta p_{出}$——出口总压降，0.1MPa；

Δp_4——通过集气圈开口处引起的压降，0.1MPa；

Δp_5——由集气圈进口管线收缩引起的压降，0.1MPa；

$\rho_{出}$——反应器出口处流体的密度，kg/m³；

$u_{出}$——反应器出口处流体的速度，m/s；

$u_{集}$——集气圈开口处流体线速度，一般可取9~12m/s。

5. 催化剂床层压降

关于床层压降的计算公式很多，但只有两个计算公式适合计算加氢反应器的床层压降，即仿照流体在空管中流动的压降公式而导出的Ergun公式，以及用于计算混相床层压降时采用的Larkin推导的关联式。前者适用于单相流压降计算，后者常用于滴流床压降计算。

Ergun固定床压降计算公式如下：

$$\frac{\Delta p}{L} = 150\frac{(1-\varepsilon)^2}{\varepsilon^3}\cdot\frac{\mu u}{d_p^2 g} + 1.75\frac{\rho_f u^2}{d_p g}\cdot\frac{1-\varepsilon}{\varepsilon^3} \quad (7-2-7)$$

式中　u——流体空床层平均流速，m/s；

ε——床层空隙率；

μ——流体黏度，Pa·s；

Δp——床层压降，0.1MPa；

L——床层长度，m；

d_p——颗粒直径，m；

g——重力加速度，9.8m/s²；

ρ_f——流体密度，kg/m³。

从式(7-2-7)中可以看出，增大流体空床层平均流速u，减小颗粒直径d_p，以及减小床层空隙率ε，都会使床层压降增大，其中以空隙率的影响最为显著。

Ergun公式作为单相压降的计算公式，在加氢精制反应器床层压降计算和反应器尺寸的确定中，已被国外许多工程公司推荐使用。

在加氢过程中，反应系统内有大量含氢气体存在，原料油流过反应器时，根据原料油的沸程、操作条件以及催化剂的性能，可能有3种流动状态：全气相状态（汽油或重整原料加氢精制）；两相鼓泡流状态（连续液相），如在轻柴油加氢精制运转初期反应器入口及出口处；两相滴流状态（连续气相）。单相流体经过床层的压降比两相（混相）的压降小，因此在混相情况下压降计算采用Ergun公式时要对该式进行两相校正。国外工程公司推荐两种校正方法：一种是用Larkin关联式进行校正，另一种是采用Mobil公司在加氢反应器设计规程中推荐的方法。一般在初步设计要求对反应器进行初算时，Larkin关联式比较简便，但计算结果偏低。

用Mobil公司推荐的方法计算反应器压降时，首先要确定两相流动状态。由于反应器的进料状态会因运转周期的开始和结束而发生变化，因此必须根据装置运转的初期和末期反应器入口和出口条件下原料油的性质分别计算出压降，然后取其平均值作为反应器的计算压降。这时得到的压降乃是反应器干净床层压降。在操作过程中，由于催化剂积炭以及床层颗粒压实，压降会逐渐增大。因此，反应器的设计压降应等于计算压降的 4～5 倍。经验表明，以运转周期为准，混相进料的干净床层压降以不超过 0.08MPa 为宜，1m 床层高度压降不应小于 0.0021MPa。这样可以保证液体进料在固体颗粒表面上有良好的分布。

关于利用 Mobil 公司推荐方法和 Larkin 关联式计算加氢反应器的详细内容，可参阅相关文献资料。

在选定反应器高径比(如 8～12)后，如果计算所得的压降超过允许范围，则需要调整反应器直径和床层深度，直到计算的压降在允许的范围为止。

6. 急冷

石油加氢反应的脱硫、脱氮、烯烃饱和、芳烃饱和以及加氢裂化等大多为放热反应，只有蜡分子的异构化反应为吸热反应，因此一般加氢反应总体表现为放热。为了使反应受控，并得到理想的产品分布，通常控制反应温升在如下范围：一般加氢处理温升小于 60℃；加氢裂化前加氢处理温升小于 45℃；加氢裂化(分子筛催化剂)温升小于 20℃。

为了取出反应器中多余热量，一般采用循环氢对反应系统进行急冷。对于放热量特别大的情况，也可采用急冷油作为急冷介质。急冷氢用量要经过仔细计算，并留有较大余地。一般急冷氢控制阀的设计最大流量为其正常量的 1～2 倍。

第三节　催化裂化典型设备

催化裂化过程是原料在催化剂存在时，在 470～530℃和 0.1～0.3MPa 的条件下，发生以裂解反应为主的一系列化学反应，转化成气体、汽油、柴油、重质油(可循环作原料或出澄清油)及焦炭的工艺过程。其主要目的是将重质油转化成高质量的汽油和柴油等产品。催化裂化生产工艺过程主要由反应—再生系统、分馏系统、吸收—稳定系统和烟气能量回收系统 4 部分组成。反应—再生系统是催化裂化装置的核心，其任务是使原料油通过反应器或提升管，与催化剂接触反应生成产物，产物送至分馏系统处理。反应过程中生成的焦炭沉积在催化剂上，催化剂不断进入再生器，用空气烧去焦炭，使催化剂得到再生。焦炭燃烧放出的热量，经再生催化剂转送至反应器或提升管，供反应时耗用。

一、催化裂化反应—再生器的形式及特点

1. 反应(沉降)器的形式及特点

1）提升管反应器结构

（1）预提升段。

预提升段位于提升管底部。催化剂从再生斜管上方进入后需及时松动流化、重新分布、转向、加速、提升，运动复杂且设计难度很大，预提升结构设计的好坏直接影响催化剂的循环量。预提升段内设有蒸汽分布环和预提升蒸汽分布器。蒸汽分布环用于松动、流化底部催化剂，使催化剂在底部分布均匀，以利于提升；预提升蒸汽分布器为多喷嘴蒸汽分布板，用以均匀分布预提升蒸汽(或干气)和提升催化剂。

（2）进料段和喷嘴。

进料段和喷嘴位于预提升段位置之上，借助于进料喷嘴使原料雾化并迅速与高温再生催化剂接触反应，喷嘴的雾化效果对反应的产品收率和分布影响很大。按雾化形式，喷嘴

分为以下几类：

① 靶式喷嘴。油高速撞击金属靶破碎成液滴，并在靶柱上形成液膜，高速蒸汽掠过靶面破坏液膜雾化。靶式喷嘴要求油压高、蒸汽压力高、喷嘴压降大。

② 喉管式喷嘴(图 7-3-1)。利用收敛—扩张形成的孔道，使用时尽量提高流速，流体克服油的表面张力和黏度的约束，并利用气相和液相的速度差，撕裂液体薄膜而雾化，其速度高、雾化性好，但高速会使催化剂粉碎，并增加能耗，还会产生管线和设备振动。

③ 气泡雾化喷嘴。蒸汽经由小孔进入油所在的外腔，使得油中产生大量气泡，从出口喷出，气泡爆破使油充分雾化。图 7-3-2 显示了多孔 Y 形喷嘴。

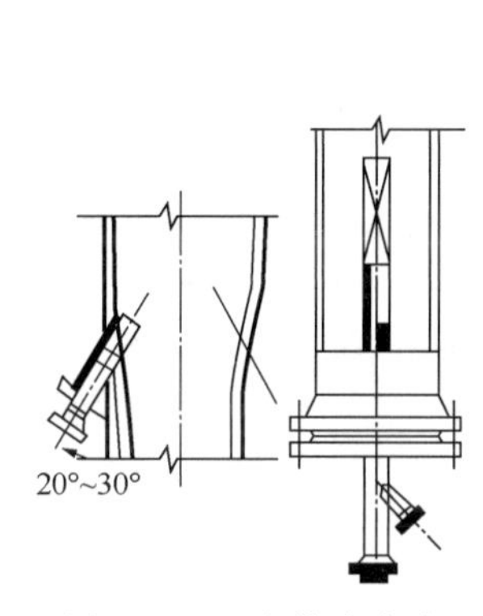

图 7-3-1 喉管式喷嘴

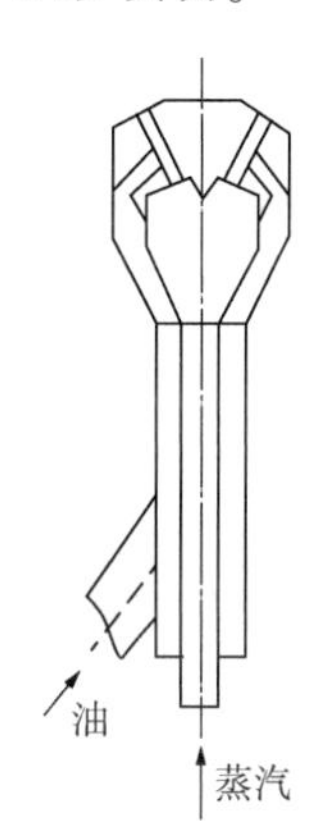

图 7-3-2 多孔 Y 形喷嘴

④ 两相流体的液体离心式喷嘴。气液两相在喷嘴混合腔内形成的气液两相流体，在一定压力作用下进入涡流器的螺旋通道，被迫进行回旋流动，油被加热并稀释，气液两相旋转激烈混合，黏度降低。在离心力作用下，液体被碾成薄膜，在气流的冲击下，进而破碎雾化。液体离心式喷嘴节能高效，采用较低的油压和使用较少的雾化蒸汽就能使油达到理想的雾化效果。

(3) 第二反应器。

为降低汽油烯烃含量，新催化剂在提升管反应后设第二反应器(以下简称二反)，二反采用床层反应，下设分布板。

(4) 终止反应段。

终止反应段在二反后。反应得到理想产品时使反应停止，避免过度裂化和生焦，一般喷入急冷油或水来降温，以减慢和终止反应。

2) 提升管反应器出口结构

(1) 提升管反应器出口设粗旋风分离器，粗旋风分离器出口设膨胀节与沉降器单级旋风分离器入口直连，沉降器内基本不结焦，但结构复杂，投资高，操作要求高。

(2) 提升管反应器出口粗旋风分离器与沉降器单级旋风分离器入口靠近，保持小距离，不直接连接，可自由膨胀，结构简单，投资少，但油气仍直接进入旋风分离器外，沉降器结焦问题不能解决。

(3) 提升管反应器出口采用旋流快分和封闭罩，单级旋风分离器通过分配器与封闭罩顶垂直管承插连接，当满足热补偿要求时，油气不进入沉降器大外壳，沉降器内部结焦安全可靠，但结构复杂。

(4) 提升管反应器出口为分布板结构形式，位于汽提段入口处，远离旋风分离器入

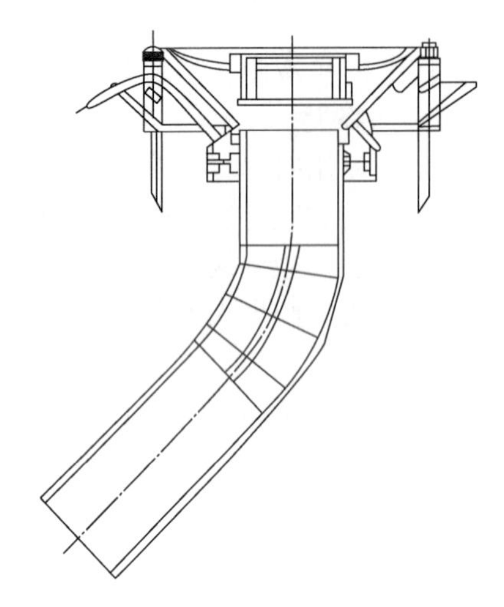

图 7-3-3　进料弯管和分布板结构

口，多在催化裂解和第二反应器及蜡油催化中使用(图 7-3-3)。

3）旋风分离系统

(1) 旋风分离器的结构形式。

近几年采用的高效旋风分离器有 GE 型、BY 型、PV 型和 PX 型几种(图 7-3-4)。

分离效果一般要求达到 99.9%。

(2) 料腿。

料腿上端与旋风分离器下口相焊接，铅垂或小于 15°垂直悬吊于旋风分离器内，其作用是防止气体反窜，确保旋风分离器正常工作。

(3) 拉杆。

拉杆将旋风分离器料腿相互连接成整体结构，增加刚度并改变单个旋风分离器和料腿组件的自振频率，用以抵抗摆动和扭转振动。

(4) 旋风分离器和料腿夹持导向结构。

旋风分离器组数不多时，用拉杆不能使旋风分离器料腿连成整体结构或因内部结构阻碍不能连接拉杆时，多采用夹持导向结构，用以抵抗振动载荷。

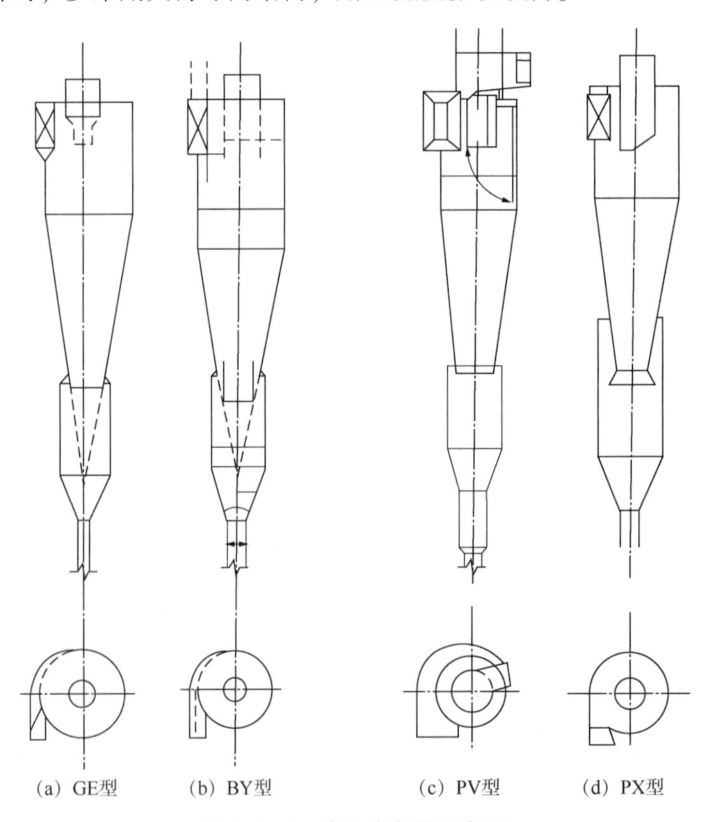

图 7-3-4　旋风分离器示意图

(5) 料腿下端密封设施。

① 悬吊舌板式翼阀(图 7-3-5)的密封性好，应用广泛。

② 重锤式翼阀(图 7-3-6)用于稀相中的料腿密封，制造现场安装调试要求高。

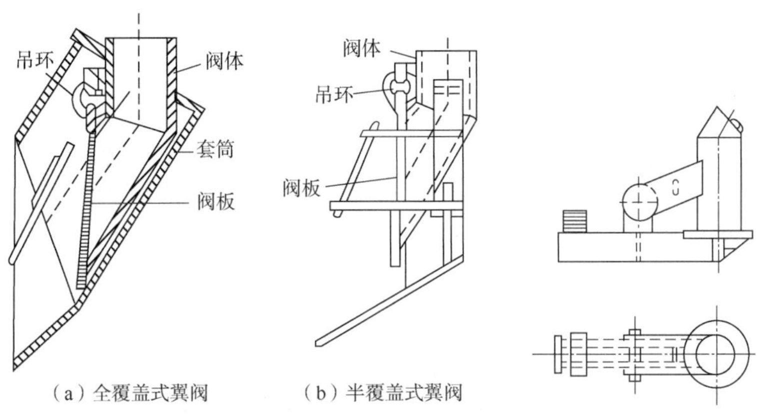

(a) 全覆盖式翼阀　　(b) 半覆盖式翼阀

图 7-3-5 悬吊舌板式翼阀　　图 7-3-6 重锤式翼阀

③ 倒锥(图 7-3-7)在密相床层中使用，用于再生器一级旋风分离器料腿下口。结构简单，制造方便。

④ 防冲挡板(图 7-3-8)用于再生器一级旋风分离器料腿下口，制造简单。

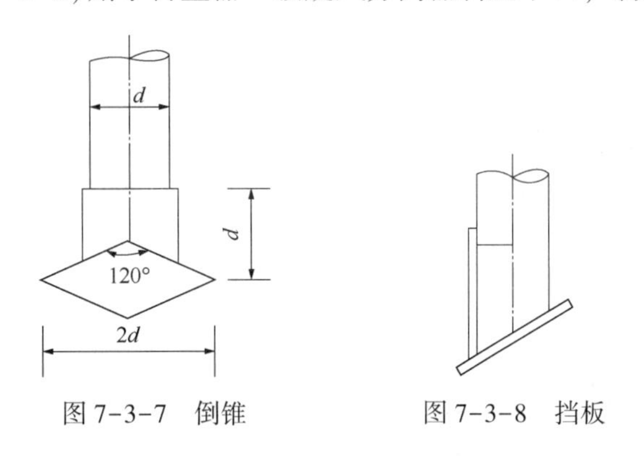

图 7-3-7 倒锥　　图 7-3-8 挡板

(6) 集气室形式与吊挂结构。

① 内集气室。

位于壳体内，吊于上封头顶，由筒体和封头两部分组成，或由筒体、锥底和封头三部分组成。

a. 二级旋风分离器出口管焊于集气室球形顶盖，一级旋风分离器用吊杆悬吊于顶封头内壁，由于一级旋风分离器、二级旋风分离器吊点高，不同操作时有膨胀差，因此安装时一级旋风分离器吊杆螺母与吊耳间要留膨胀间隙，但由于预留间隙难以计算准确，以及制造安装误差等，膨胀差难消除，一级旋风分离器和二级旋风分离器连接通道经常变形、开裂，现已少用(图 7-3-9)。

b. 二级旋风分离器出口管焊于集气室锥底，一级旋风分离器出口管悬吊于集气室筒壁，都与集气室连接，悬吊于集气室，无膨胀差，应用效果较好(图 7-3-10)。

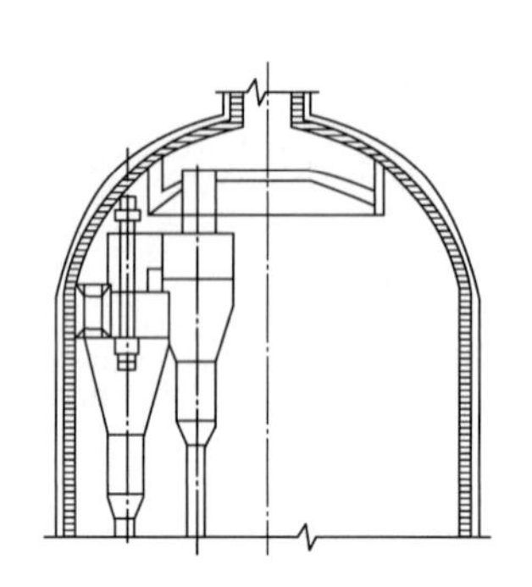

图 7-3-9　二级旋风分离器出口管焊于集气室球形顶盖的结构示意图

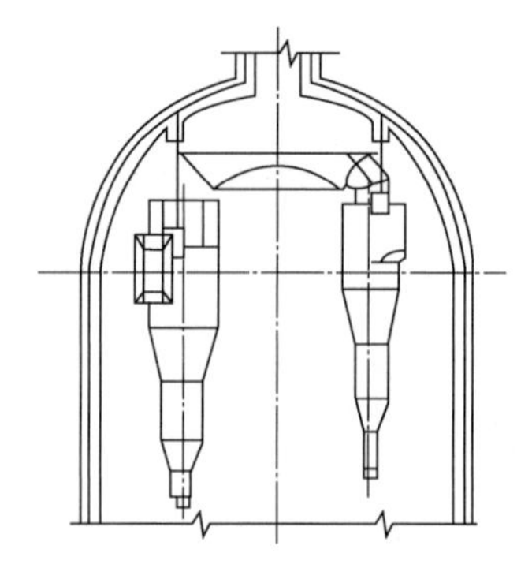

图 7-3-10　二级旋风分离器出口管焊于集气室锥底的结构示意图

c. 二级旋风分离器出口管焊于集气室，一级旋风分离器吊于横梁上，横梁一端焊在集气室外壁上，另一端用铰链板悬吊在壳体顶封头内壁，旋风分离器径向可热膨胀移动，但轴向膨胀差未全部补偿。此结构复杂，制造要求高、耗材多、造价高，很少采用(图 7-3-11)。

② 外集气室。

位于壳体顶封头外，自成一容器，多个二级旋风分离器升气管穿过壳体与集气室相通并支承外集气室。外集气室按形状分为卧式、立式、椭球式和环管式(图 7-3-12)。由于增加了再生器顶标高，吊装难度大。

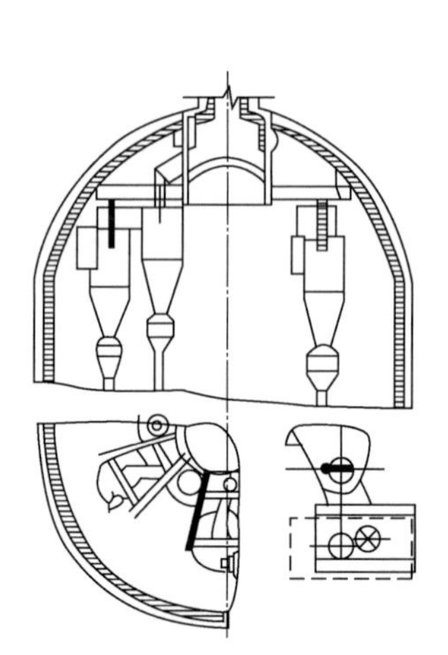

图 7-3-11　二级旋风分离器出口管焊于集气室的结构示意图

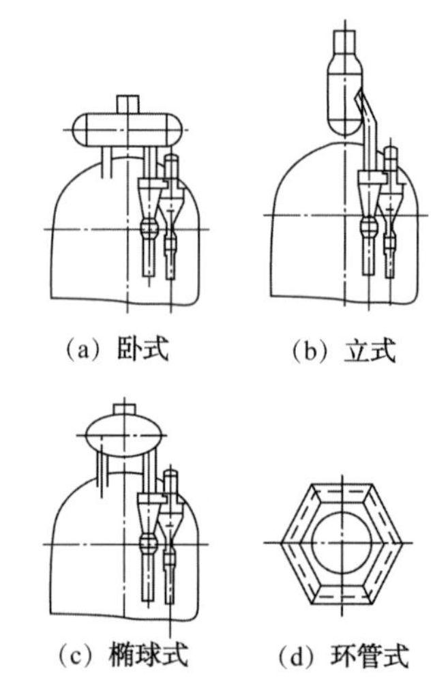

图 7-3-12　外集气室

旋风分离器悬吊结构基本相同，二级旋风分离器出口管穿过外壳去外集气室，与外壳和外集气室均相焊悬吊在外壳上，一级旋风分离器出口管悬吊在外壳上的一个小吊挂包内，吊挂包内吊点与二级旋风分离器穿过壳体处的标高等高，可满足轴向和径向膨胀的要求。

4) 旋流快分系统

(1) 旋流快分器。

三臂式向下旋转喷出式快分，催化剂喷出后沿封闭罩内壁向下。

(2) 封闭罩。

封闭罩在沉降器密相段中心，支承、固定有以下两种方式：

① 封闭罩中部设支耳用横梁支承，横梁支承在外壳上，封闭罩上、下部设纵向夹板，夹住外壳内的立板，使封闭罩不得转动、摆动和振动，又可向上、向下热膨胀。

② 封闭罩下部用裙座支撑在沉降器外壳锥段上，裙座开孔应保证旋风分离器下来的催化剂顺利进入汽提段。

(3) 预汽提挡板。

分别固定于提升管外和封闭罩内，用以快速将催化剂夹带的油气提前汽提出来。

(4) 溢流密封圈。

密封罩下口有一环形空间，轴向有一重叠段，汽提段的气体不能进入外壳与封闭罩之间的环形空间，而环形空间内的催化剂达到一定料位后可顺利进入汽提段。

(5) 气体分配器。

位于封闭罩顶，吊在集气室上，封闭罩内油气向上经气体分配器分配后分别进入各旋风分离器。

(6) 承插式补偿器。

封闭罩上口与气体分配器通过承插式补偿器连接并密封，承插式补偿器结构简单、可靠、效果好。

5) 汽提挡板、汽提蒸汽盘管和栅格

(1) 汽提挡板的形式。

① 环形汽提挡板(图 7-3-13)。内环形挡板焊在内提升管外，无内提升管时，可焊在一个假管外；外环形挡板焊在汽提段外壳内，挡板上设若干通气小管，用以增强汽提作用。环形汽提挡板结构简单，制造、安装检修方便，因此被广泛采用。

② 条形汽提挡板(图 7-3-14)。在无内提升管、无隔热耐磨衬里的热壁汽提段可采用，因设计、制造、安装不便，现已很少采用。

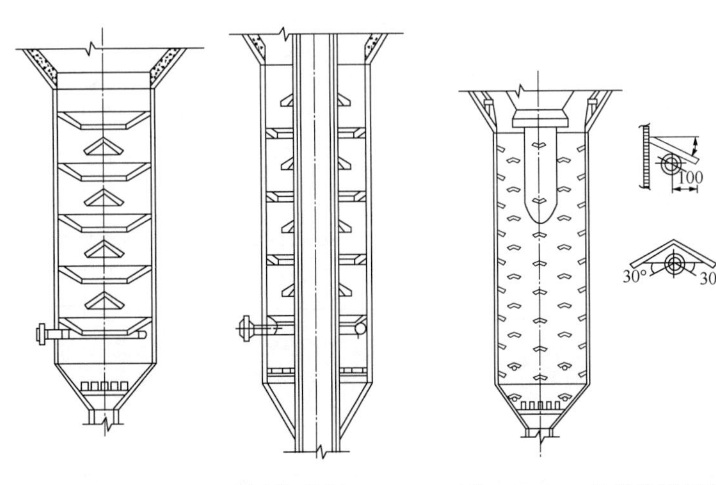

图 7-3-13　环形汽提挡板　　图 7-3-14　条形汽提挡板

（2）汽提蒸汽管的形式。

① 直管式。多与人字条形汽提挡板配合使用，汽提管一端与汽提段壳壁焊接，另一端用管卡固定在器壁的支耳上。直管式汽提蒸汽管现已很少采用。

② 环管式。环管式汽提蒸汽管目前使用较为普遍，其支、吊结构如下：

a. 水平夹支。当环形汽提管入口管与蒸汽环管等标高时采用，水平夹持结构既承重又允许水平移动和径向膨胀。视环大小可设若干个水平夹。

b. 铰链悬吊。当环形汽提管入口管高于蒸汽环管标高时采用，既能悬吊，还能水平移动。视环大小可设若干个吊点，吊点标高与入口管标高应相等。

c. 铰链支承。当环形汽提管入口管低于蒸汽环管标高时使用。视环大小可设若干个铰支，支点要与入口管等标高。

（3）栅格。

栅格可设在汽提段底部，也可设在待生斜管入口，栅格可以开孔径为 80～100mm 方孔，用以阻挡大块焦，防止堵塞待生滑阀。

6）提升管出口的快分结构

（1）粗旋风分离器。

粗旋风分离器分离效率高，可靠性好，因此被广泛采用（图 7-3-15）。粗旋风分离器和具有汽提挡板、汽提蒸汽管的料腿，使油气与催化剂提前分离，减少过度反应，但结构复杂，操作难度大。

（2）倒 L 形快分。

倒 L 形快分结构简单，效率高，压降较大。外提升管催化常用倒 L 形快分（图 7-3-16）。

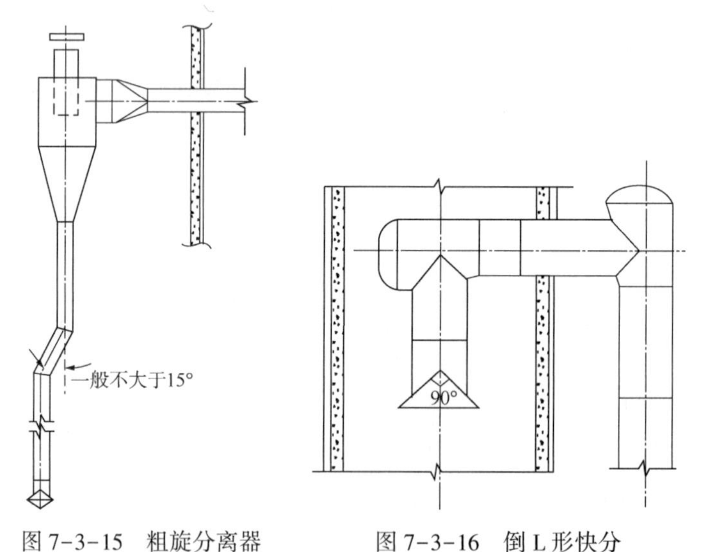

图 7-3-15　粗旋分离器　　　　图 7-3-16　倒 L 形快分

（3）T 形快分。

T 形快分适用于大型催化内提升管，是两侧倒 L 形快分的组合（图 7-3-17）。

（4）蝶形快分。

蝶形快分结构简单、制造方便、投资小；但效率不高，现已很少采用。

（5）伞帽快分。

伞帽快分结构简单、压降小、磨损小，投资小；但效率低，现已很少采用。

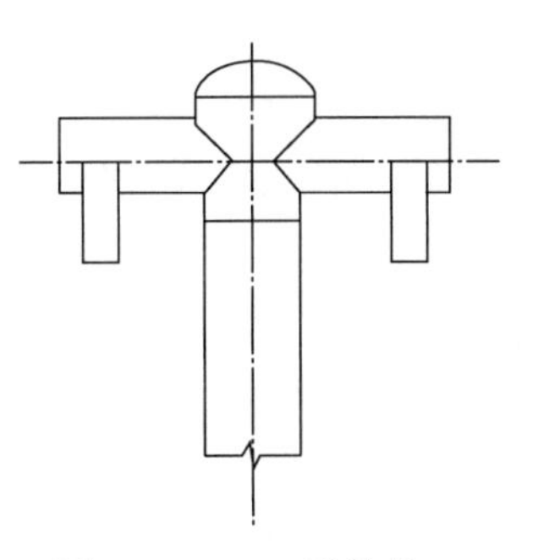

图 7-3-17　T 形快分

2. 再生器的结构形式及特点

1）再生器的种类和形式

再生器分为单段床层式再生器、带烧焦罐的再生器、带预混合段的再生器(图 7-3-18)、第一再生器、第二再生器、第一再生器与第二再生器同轴的再生器。其中，第一再生器与第二再生器同轴的再生器分类如下：(1)第一再生器上第二再生器下同轴，第二再生器无旋风分离系统，第二再生器催化剂和烟气经分布板直接进入第一再生器下部，第二再生器下设主风分布器，第一再生器设顶旋风分离系统。(2)第一再生器下第二再生器上同轴，第一再生器顶和第二再生器外(内)均设旋风分离系统，第一再生器、第二再生器分别设烟道。第一再生器和第二再生器下部分别设主风分布器。第一再生器催化剂从下部用风经半再生提升管道进入第二再生器下部(图 7-3-19)。

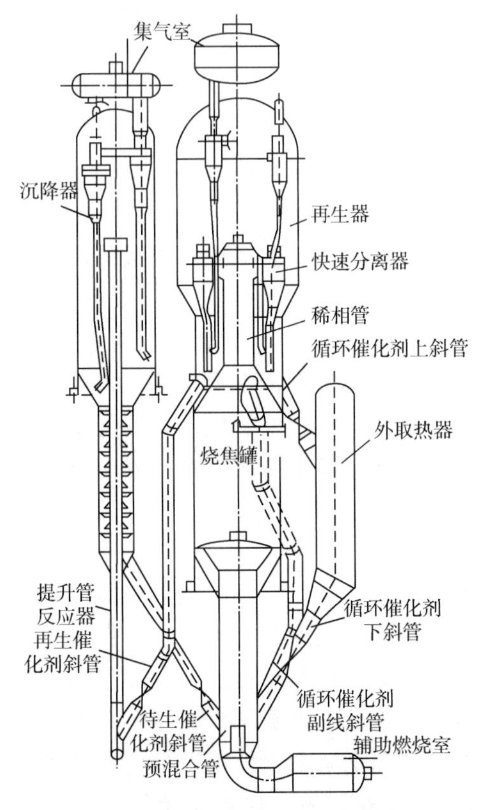

图 7-3-18　带预混合提升管的前置烧焦罐重油催化裂化

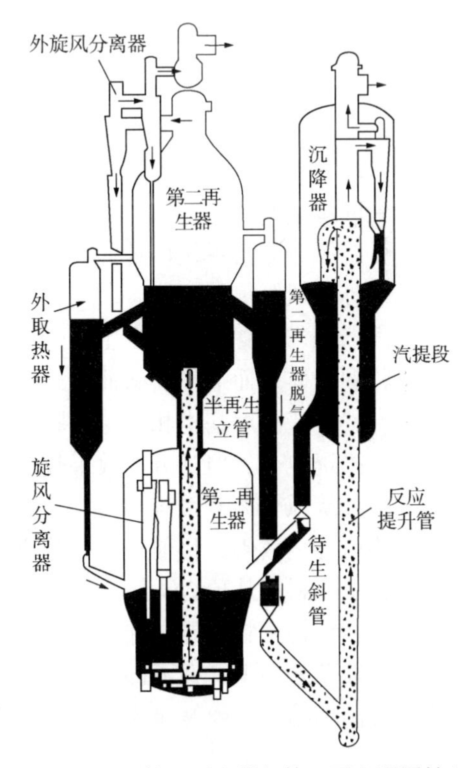

图 7-3-19　第一再生器与第二再生器同轴和沉降器并列

2）烟气收集和旋风分离系统

（1）再生器一般采用双级多组旋风分离器，悬挂于再生器顶壳体内，可向下和水平自由膨胀。

（2）设内集气室收集烟气，二级旋风分离器中心管与内集气室相焊，并悬吊其上，一级旋风分离器通过吊板悬吊在集气室筒壁上，与二级旋风分离器可同步膨胀，结构协调。

（3）设内集气室收集烟气，二级旋风分离器中心管与内集气室焊接，并吊在内集气室筒壁上，一级旋风分离器吊在外壳上，为使一级旋风分离器和二级旋风分离器轴向能同步协调膨胀，特在外壳上设计一向上凸出的吊包结构，使悬吊点与二级旋风分离器吊点等高。

（4）设内集气室收集烟气，二级旋风分离器焊在内集气室上，一级旋风分离器悬挂在横梁上，横梁用铰链悬吊，一端吊在内集气室筒壁，另一端吊在外壳内壁。

（5）设外集气室收集烟气，外集气室置于再生器顶外，有卧罐式、立罐式、椭球式和环管式多种，二级旋风分离器出口与外壳相焊后并通过外壳再与外集气室相焊，并支撑外集气室。一级旋风分离器用一个或两个铰链悬挂在凸出外壳的一个吊挂包筒内，悬吊点要与二级旋风分离器悬吊点满足等高悬吊要求。

（6）拉杆结构。拉杆是增强旋风分离器系统的整体刚度以及防振的构件。拉杆将旋风分离器所有料腿相互连接成一个整体，大大增强了单个旋风分离器抗横向力和旋转力的能力，还改变了单个旋风分离器的自振频率，减少了共振的可能。

3）外旋风分离器系统

第二再生器内操作温度高达760℃，又有较多的过剩氧，1Cr18Ni9旋风分离器置于其内，易氧化损坏，寿命短。为节省投资，可将旋风分离器布置在第二再生器顶外，组成外旋风分离器系统，外旋风分离器采用冷壁设计，内设隔热耐磨衬里，外壳用碳钢，可与第二再生器外壳同步协调膨胀。按催化剂回收需要，外旋风分离器系统有单级外旋风分离器系统和双级外旋风分离器系统两种。

（1）单级外旋风分离器系统。

旋风分离器均匀布置在第二再生器壳体顶封头外，通过弹簧支撑在第二再生器顶外的钢架上，料腿顺壳体外而下最后斜插入第二再生器下部，由于外旋风分离器与第二再生器同为冷壁设计，外壁温度基本相等，热膨胀量较少，膨胀基本协调。单级外旋风分离器系统结构简单，投资也少，但其分离效果较差，现已很少使用。

（2）双级外旋风分离器系统。

为提高旋风分离效果，目前外旋风分离多采用双级结构。二级旋风分离器均布于第二再生器顶封头上，料腿从顶封头插入第二再生器，料腿直插入第二再生器分布器上方，并设翼阀，用夹持结构将料腿导向并固定。一级旋风分离器均布于第二再生器顶封头外，料腿顺第二再生器壁外而下，在下部斜插入第二再生器内，一级旋风分离器料腿做成冷壁结构。外旋风分离器结构用弹簧箱支撑在第二再生器顶部钢架上，外旋风分离器和第二再生器外壁温度相近，热膨胀差小，膨胀基本协调。双级外旋风分离器系统的结构较单级复杂，但分离效果大大提高，可较好地满足回收催化剂的要求。

4）主风分布器

主风进入再生器烧焦罐的主要要求是主风应与催化剂充分接触。这就要求主风分布器要将主风分布均匀。主风分布器结构多种多样，各有特征，主要有树枝状主风分布器、环状主风分布器和分布板。

（1）树枝状主风分布器。

① 总管由外壳底部引入并支撑整个分布器的结构和重量。上端用封头封死。

② 4 根主管成十字分布，与总管上部垂直相连通，在主管长 2/3 处加斜撑，支承在总管下部，防止主管高温下变形。多根支管水平等间距垂直横穿主管并与主管相焊相通，主管、支管末端均用盲板焊死。在支管、主管上，均匀分布着若干 45°或 90°向下喷气的耐磨喷嘴，用以均匀分布主风，以利于烧焦。

③ 为避免其他内构件的阻挡，也可做成 2 根或 4 根总管的分布器，则主管一般就改为 2 根，支管除直状支管以外还有环状支管，结构多变，但都是在支管上设多个喷嘴，以利于主风分布均匀。

④ 通过总管支承在外壳内壁上，由于热膨胀要求，主管、支管的另一端均不得与壳壁再次焊接。

（2）环状主风分布器。

主风多由壳体底封头向上引入或由外壳壁径向引入。

① 整圈环状分布器。

分布器做成一个圆环，喷嘴均布在环管上。也有做成同心的两个整环，大环在外，管径大；小环在内，标高约高于大环，管径小。可由两个主风入口分别进入，也可从一个入口引入，在器内连通。整环刚性好，不易变形，但主风从环的一处引入，环向分布欠佳，催化剂不易排除，支承结构应考虑热膨胀，采用的支吊结构主要如下：

a. 铰链支吊结构。在垂直方向上用等高支承或等高悬吊的结构来解决热膨胀，水平径向膨胀在膨胀方向上设计铰链板，用一对可旋转的铰链来解决热膨胀问题。

b. 水平夹持结构。若主风入口与分布环管同标高，则无垂直方向膨胀问题，但是具有水平径向膨胀问题，可采用允许水平方向自由移动的承重结构的水平夹持构件来解决热膨胀问题。

② 两半环组成的环形分布器。

整圈环状分布器由于各喷嘴离主风入口距离不等，而引起喷入气体量也随之变化，引起主风分布不均，尤其当空气环压降小时，不均匀性更大，影响烧焦效果。此外，整环一旦催化剂进入环中，总在环管内旋转，难以排除，若采用两个或三个进气口，做成两半环或 1/3 段环，可解决分布不均问题，并可将进入环内的催化剂吹到环的末端排除。承重结构仍可用铰链支吊、水平夹持，还可用管卡导向。但再生器外主风管线和调节阀增多。

（3）分布板。

为了增加分布板的刚度和热膨胀弹性，分布板多设计成下凹蝶形多孔板，多用裙筒支承于壳体的内环梁上，裙筒与外壳衬里间留有足够的热膨胀间隙，环形热膨胀间隙填满陶瓷纤维毯，可满足分布板受热后径向膨胀的需要。为防止烘炉或短时过热和磨损，分布板上、下两面均设耐磨衬里。分布板小孔焊耐磨短管，耐磨短管有金属钴剂合金耐磨短管或非金属耐磨管。当分布板直径太大时，分布板径向热膨胀量大，在支承裙筒下外壳连接处产生很大热变形和热应力，容易引起裙筒失稳和分布板变形鼓包。

5）重叠式第一再生器、第二再生器之间的结构

（1）分布板。

为使第二再生器中含有 CO 和 O_2的高温烟气均匀进入第一再生器底部，并托起第一再生器的催化剂床层，在第一再生器下设分布板较好，分布板结构与单个再生器的相同。

（2）空气环。

由于第一再生器与第二再生器之间是分布板结构，烟气从第二再生器进入第一再生器底部时还带有催化剂，分布板两侧均有衬里，第一再生器烧焦需要的主风用环管引入并分配均匀，空气环与单个再生器的空气环结构相同，环外设耐磨衬里。

6）烧焦罐与再生器之间的结构

（1）分隔锥、稀相管和粗旋风分离器。

烧焦罐下部密相烧焦，上部采用稀相管烧焦，为降低进入再生器稀相烟气的催化剂浓度，在稀相管出口端设粗旋风分离器。为支承稀相管和粗旋风分离器，烧焦罐与再生器之间多采用锥形分隔结构或拱形顶结构。锥形结构简单，温度应力小，常被优先采用。

（2）低压降分布板。

分隔锥、稀相管和粗旋风分离器占满了再生器密相，粗旋风分离器和料腿、拉杆、旋风料腿、翼阀等部件太多，设计布置困难，流化效果也不理想，采用低压降分布板，可使再生器床层烧焦能力增强，烟气进入再生器底分布也均匀，再生器催化剂沉降空间增高，此结构简单，烧焦效果较好。

7）待生催化剂入口结构

（1）船形溢流分布器。

进入再生器的待生催化剂进入一个船形的槽中，船底通入风使之流化，催化剂从船形槽两侧多个均布的齿形口洒在再生器催化剂床层上，分布较均匀，有利于烧焦。船形溢流分布器要有一定刚度，防止高温变形失效。

（2）旋转式切向入口。

待生催化剂切向进入再生器床层上部，催化剂缓慢旋转运动烧焦，减少催化剂返混。从另一侧引出烧焦后催化剂去提升管参加反应。

8）再生催化剂出口结构

（1）溢流漏斗。

为增加催化剂循环量，催化剂出口一般设计一个大锥形斗，按结构不同可分为固定式溢流斗和悬挂式溢流斗。

① 固定式溢流斗：下端固定在再生斜管内壁，顶端伸入再生器内一定高度的锥斗。由于热膨胀不协调，常变形、开裂失效。

② 悬挂式溢流斗：溢流斗较大较高时多设计成此形式，漏斗用螺栓或卡子等悬挂在再生器外壳内壁，下口插入再生斜管入口处，受热时能自由胀缩，效果较好。但是悬挂式溢流斗结构复杂，设计、制造、安装难度大。

（2）淹流锥管。

锥斗较低，一般比主风分布器约高一点，埋在催化床层中，多做成固定式，锥斗下端焊接在再生斜管内壁。

9）取热结构形式及特点

取热元件可放在再生器内，也可另设计一个壳体放在再生器外。根据放置位置不同，取热元件可分为内取热器和外取热器。

（1）内取热器。

内取热器的特点是投资少，工艺简单，取热量固定，灵活性小，易漏损。水平取热管排管多，传热好，但易产生气水分层现象；垂直取热管气水流动状态好，不产生分层，布管少、变形大。内取热管材质多用Cr5Mo，不宜用0Cr18Ni9Ti钢管。内取热器有以下几种结构：

① 水平环形取热管。再生器内件多、开口多、较难布置，由于径向热膨胀量大，承重和固定结构与热膨胀矛盾，热变形、热应力大，结构固定不好易开裂(图7-3-20)。

② 水平管盘式取热管。盘管元件不需整圈，根据再生器内部布置可长、可短，布置方便，元件分若干组，末端不固定可满足热膨胀伸长需要，承重固定、导向比较方便(图7-3-21)。

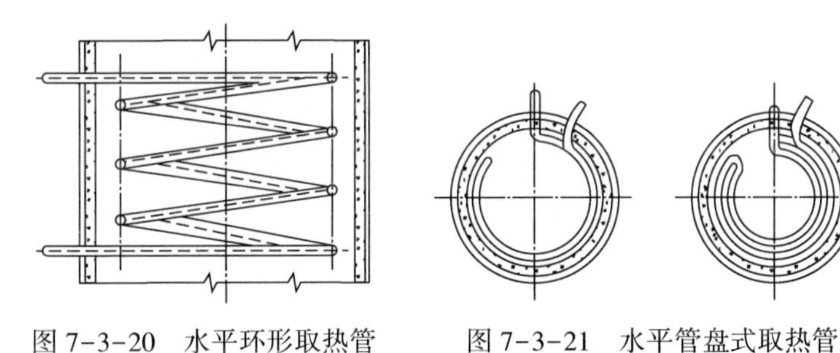

图7-3-20　水平环形取热管　　图7-3-21　水平管盘式取热管

③ 垂直蛇管式取热管。布置方便，承重结构简单，但气水循环不好，蛇管下部易变形，上弯头易汽蚀(图7-3-22)。

④ 垂直管束式取热管。布置较难，联箱易漏、承重简单方便(图7-3-23)。

⑤ 垂直套管式取热管。布置方便，取热效率低，外部配管复杂(图7-3-24)。

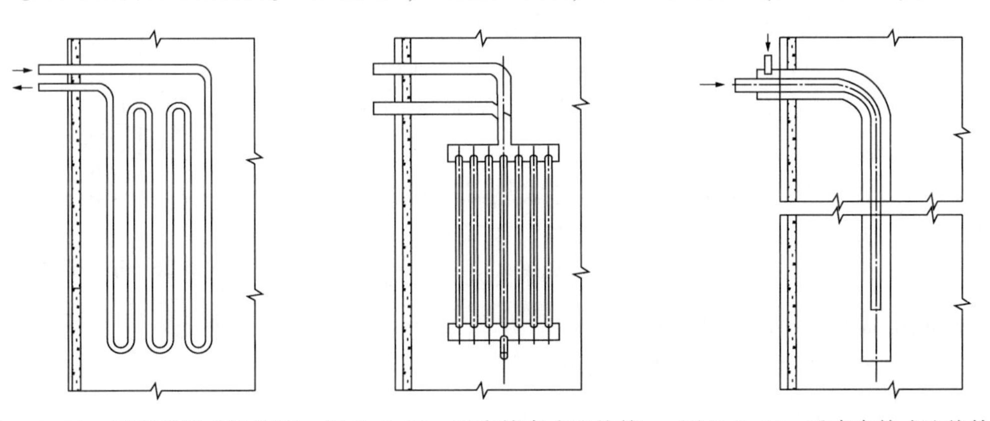

图7-3-22　垂直蛇管式取热管　图7-3-23　垂直管束式取热管　图7-3-24　垂直套管式取热管

（2）外取热器。

取热管悬吊在再生器外较小的带隔热耐磨衬里的壳体中，将再生器内催化剂引入其中，取热后催化剂返回再生器，控制催化剂引入量则控制取热量，方便灵活，受用户欢迎。外取热器的特点是投资大，占地多，取热量可调节，调节催化剂流量可很好地调节再生温度，方便、灵活地满足了催化再生器操作需要。

① 下流式外取热器。

取热管处于密相流化床中，传热系数高、效果好、耗风量小；但催化剂入口、出口均布置在外取热器同一侧，器内温度不均匀，各取热管和取热套周向受热不均易产生变形弯曲。外取热器布置要求再生器有足够的标高。

② 上流式外取热器。

取热管处于流化床稀相，传热效率低，耗风量大；但布置方便，再生器标高低。

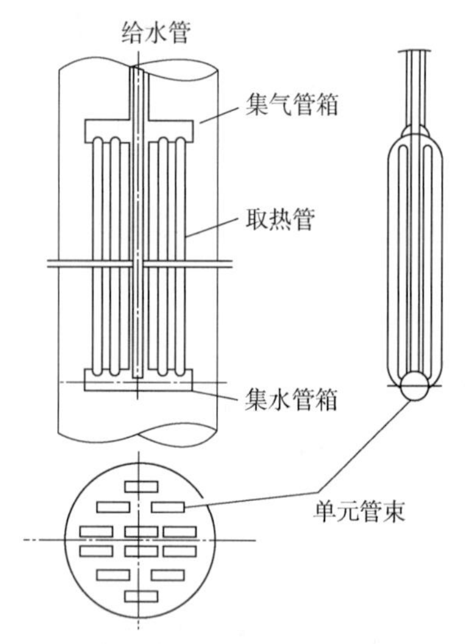

图 7-3-25　联箱单元取热管束

③ 外取热管形式。

a. 联箱单元取热管束(图 7-3-25)。每个单元管束由给水管、取热管、取热套管、集气联箱、集水联箱和集气管组成，给水向下流动，到集水联箱后均匀分散进入各取热管和取热套管，被加热汽化产生蒸汽后向上升到集气联箱，进入集气管后从上部引出；取热管中水汽化产生的气泡升举趋势与水流动方向一致，不会产生气阻现象，联箱单元取热管束具有较高的水力可靠性和操作可靠性，但焊接接头多、距离近，对制造、焊接要求很严格，焊接应力大，必须进行整体热处理消除焊接残余应力。

b. 单套管取热管束(图 7-3-26)。只有给水管和取热套管组成，给水向下流动进入管底翻转后向上进入取热套管，取热水汽化产生的气泡升举趋势与取热套管中水流动方向一致，不会产生气阻现象。单套管取热管束安全可靠，结构简单，焊接接头少，制造容易，单元取热面积小，组合后外取热器壳体稍大，投资稍大。

c. 翅片管束式取热管。与联箱式取热管束水力学原理相同，只是取消了专门的联箱，加大取热套管，改为取热管拐弯后与取热套管直接相焊，焊缝减少，但焊缝间距离近的问题并未解决，应进行整体热处理。

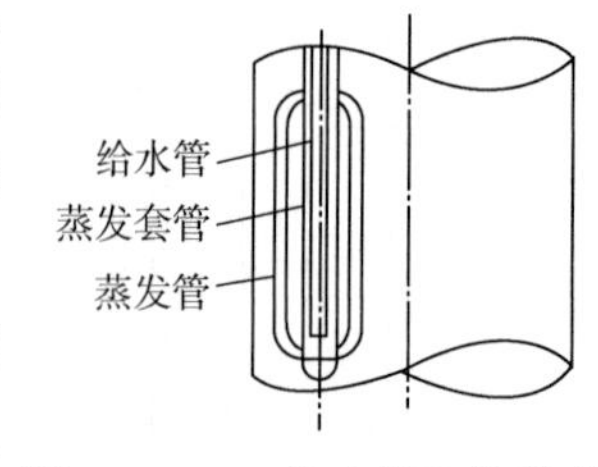

图 7-3-26　单套管取热管束

④ 取热管束或取热套管均悬吊于外取热器外壳顶封头或筒体上段，下端自由，受热后可自由伸长，管束中下部设定位、导向架，减少取热管弯曲和振动。下设增压风分布器，以满足催化剂流化需要，强化取热效果。

3. 沉降器与再生器同轴的结构特点

沉降器与再生器同轴的结构特点如下：

(1) 沉降器汽提段置于再生器内。

① 汽提段内温度为 500℃、汽提段外温度为 700℃，壁内外同处高温，按热壁设计用 0Cr18Ni9 不锈钢制作壳体。

② 汽提挡板也用0Cr18Ni9不锈钢材质。

③ 汽提蒸汽盘管结构形式如下：

a. 汽提蒸汽盘管入口管线横向穿过再生器壳体进入汽提段，蒸汽引入管线采用0Cr18Ni9Ti材质并应考虑高温热膨胀，要有足够的热补偿能力。热胀差迫使引入管线在再生器内绕弯，造成支承困难，若热补偿能力不够或支承不好拉坏后，烟气与油气互窜，造成操作困难，并可引起重大事故。

b. 蒸汽盘管入口从沉降器密相段进入，向下穿过汽提挡板与蒸汽盘管相连，此方案避免了穿过再生器高温区，安全度较好，但由于要穿过多层挡板，结构较复杂，问题也较多。

（2）待生立管处于再生器中心。

待生立管垂直插入再生器密相区下部，下端出口用一塞阀控制催化剂循环量。立管采用热壁设计，选用0Cr18Ni9材质，内、外设耐磨衬里。

（3）反应提升管为外提升管。

（4）再生器烟气采用环管式外集气室(图7-3-27)。

在旋风分离器组数较多时，多采用此种结构。

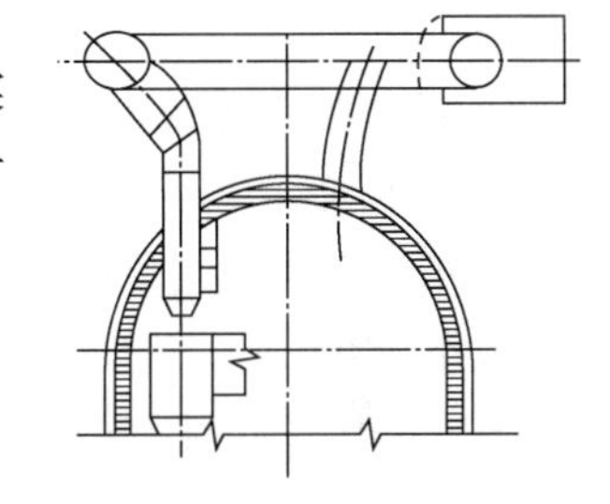

图7-3-27　环管式外集气室

4. 带隔热耐磨衬里设备壁厚的决定

1）衬里设备外壁温度

由于重油催化裂化烟气露点温度在120～140℃之间，为避免产生露点腐蚀，应使设备外壁在温度160～170℃下工作，这就是器壁衬里设计温度。

2）由外壁温度决定衬里厚度和衬里材料导热系数和性能

先假设多个衬里厚度和衬里导热系数试算外壁温度，用试算法筛选出合适的衬里厚度和衬里导热系数，衬里厚度一般取100mm、120mm或150mm。

3）壁厚强度计算温度

沉降器和再生器等带衬里的设备内部结构复杂，内构件多要悬吊、支承、固定在壳体上，器内的高温使内件的温度也很高，热量从内构件传到外壁，局部壁温升高。局部过热点的温度有时会到300℃。衬里局部破坏还会使壁温超过300℃。为安全考虑，并参照国外有关资料，取350℃作为壁厚强度计算温度。

4）强度计算决定的壳体和锥体厚度

再生器壳体直径大，锥形过渡段和与之相连接的筒体壁厚多由强度计算决定。此外，再生器的大开口很多，管路支架、吊架的承载也很大，局部应力要严格控制。

5）由刚度和结构要求决定的壁厚

设备衬里施工时翻身、吊装都要求壳体变形小，为防止翻身、吊装时未烘干的衬里与壳体内壁分开或衬里开裂，使衬里短命，壳体设计厚度应有一定的刚度。

5. 烟气的走向形式

对于一个再生器的系统，烟气从再生器去三级旋风分离器除尘后去烟机做功，再去废热锅炉或CO锅炉降温后去烟囱。

对于两个再生器的系统，烟气走向有以下3种：

（1）第一再生器烟气和第二再生器烟气不混合，第一再生器烟气去三级旋风分离器除尘后去烟机做功，再去 CO 锅炉降温后去烟囱；第二再生器烟气去另一三级旋风分离器除尘后直接去废热锅炉降温后去烟囱。此方案部分压力能未回收，能耗大。

（2）第二再生器烟气先进取热炉降温到 500℃后，与第一再生器烟气混合后进三级旋风分离器除尘后去烟机做功，再进 CO 锅炉降温后去烟囱。

（3）第二再生器烟气与第一再生器烟气离开再生器后，马上混合在一段高温烟道燃烧，并进高温取热炉取热降温到 720℃，入三级旋风分离器除尘后去烟机做功，再去废热锅炉降温后去烟囱。此方案热能和压力能回收效率高。

三级旋风分离器下的含尘烟气再经四级旋风分离器除尘，烟气达到环保要求后，也排入烟囱。

6. 材料选用原则

1）沉降器和再生器壳体用材

沉降器和再生器内壁均设隔热耐磨衬里，绝大部分壁温降到 200℃以下，个别热点的温度也小于 350℃，允许使用塑性好、可焊性好、价格低廉的碳钢。沉降器壳体用 20R 或 16MnR；再生器壳体有应力腐蚀倾向，优先选用对应力腐蚀不敏感的 20R，当直径大、壁厚、焊缝需热处理时，应选用 16MnR，一般也应焊后热处理，消除残余应力。沉降器还可采用热壁设计，壳体多采用 15CrMoR。

2）沉降器内用材（温度在 490~520℃之间）

（1）内旋风分离器系统。

旋风分离器内集气室、旋风分离器吊挂、翼阀、料腿、拉杆、检修平台、导向架宜用 15CrMoR 或 20R，蒸汽环可用 20 号或 20R。

（2）汽提段（操作温度在 460~500℃之间）：内壁设隔热耐磨衬里时，壳体用 20R 或 16MnR；内壁无隔热耐磨衬里时，壳体用 15CrMoR；汽提挡板用 Q235B 或 15CrMo。

3）再生器内件用材

再生器内温度高达 750℃，短时更高。

（1）内旋风系统。

旋风分离器、料腿、拉杆、翼阀、导向架、吊挂、内集气室等均可用 0Cr18Ni9 或 0Cr17Ni12Mo2；吊挂还可选用高温强度更高的合金 INCOLOY800。

（2）粗旋风分离器系统。

粗旋风分离器、稀相管、导向架、料腿、拉杆等都宜选用 0Cr18Ni9。

（3）其他内件。

分布板、支撑筒、空气环支架、吊架、检修平台、溢流管、待生管入口分配器、外取热气体返回分配器等均宜选用 0Cr18Ni9。

4）壳体上的开口用材

（1）接管内壁有隔热耐磨衬里的大开口。

① 沉降器接管法兰均用 20 号钢，螺栓选用 35CrMoA，螺母选用 30CrMoA，垫片齿型复合垫选用 1Cr13+柔性石墨，衬板选用 0Cr13。

② 再生器接管在内衬里中分段，外段接管、法兰选用 20 号钢，内段接管选用

0Cr18Ni9，衬板选用 0Cr18Ni9。

（2）接管内壁无隔热耐磨衬里的开口。

① 沉降器接管与法兰多用 20 号钢，螺栓选用 35CrMoA，螺母选用 30CrMoA，垫片齿型复合垫选用 1Cr13+柔性石墨垫，衬板选用 0Cr13。

② 再生器壳体内衬里中分段，外段接管、法兰选用 20 号钢，内段接管选用 0Cr18Ni9，衬板选用 0Cr18Ni9

5）衬里用柱形锚固钉、端板等用材

锚固钉、端板选用 0Cr13。

油气阻挡圈选用 Q235A，Ω 形、Y 形锚固钉选用 0Cr18Ni9，隔热耐磨衬里用龟甲网选用 0Cr13，直接焊在碳钢或 15CrMo、Cr5Mo 上的龟甲网也选用 0Cr13，直接焊在 0Cr18Ni9 钢板或钢管上的龟甲网选用 0Cr18Ni9。

6）内取热器

取热管选用 Cr5Mo；支架、吊架选用 0Cr18Ni9；翅片选用 0Cr18Ni9。

7）外取热器用材

（1）壳体内壁设隔热耐磨衬里，壳体选用 20R；

（2）取热管和进水管选用 20g 或 Cr5Mo，过热管选用 Cr5Mo；

（3）流化风分布器和内件均选用 0Cr18Ni9。

7. 反应—再生系统波纹管膨胀节

波纹管膨胀节是用作补偿管线和设备的热膨胀变形的管件。

1）膨胀节的结构形式和功能

催化反应—再生系统常用 U 形波纹管膨胀节，按其基本结构和吸收变形的方式不同，主要分类如下：

（1）轴向膨胀节。

主要吸收膨胀节轴向的变形，以及少量横向位移和转移。膨胀节的盲板力和弹性反力外传，盲板力用支架和设备支承(图 7-3-28)。使用时应特别注意盲板力的破坏性。

（2）复式膨胀节。

可同时吸收膨胀节轴向和侧向变形及转角；膨胀节的盲板力和弹性反力外传(图 7-3-29)。盲板力由支架和设备来承受，使用时应特别注意盲板力的破坏性。

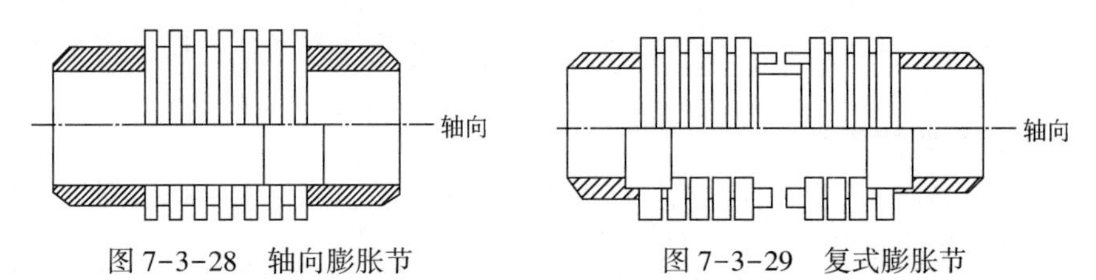

图 7-3-28　轴向膨胀节　　图 7-3-29　复式膨胀节

（3）铰链膨胀节。

铰链膨胀节只能进行转角变形，多是两个或三个为一组使用，吸收变形(图 7-3-30)。能吸收铰链板间的轴向位移和单一平面的角位移，膨胀节的盲板力由铰链板、铰链轴等附件吸收，不外传，角位移引起的波纹管弹性反力

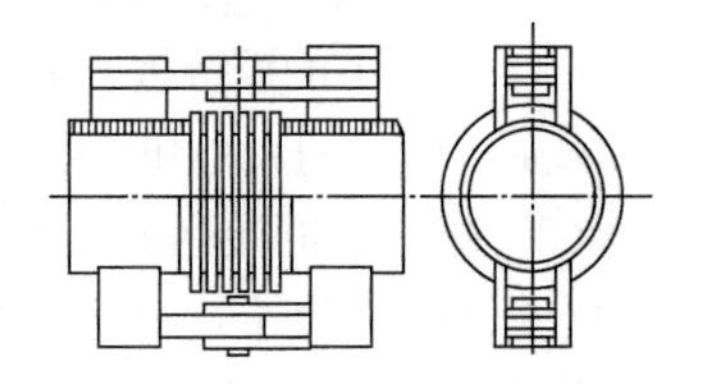

图 7-3-30　铰链膨胀节

外传。

(4) 平衡环膨胀节。

平衡环膨胀节能进行多平面转角变形，是两个或三个为一组使用，吸收多平面变形(图 7-3-31)。可吸收多平面内的角位移及铰链板间的轴向位移，膨胀节盲板力由大拉杆、螺母和大环板等附件吸收，不外传，角位移引起的波纹管弹性反力外传。

(5) 大拉杆膨胀节。

可吸收多平面内的侧向位移和拉杆内的轴向位移；膨胀节的盲板力由大拉杆、螺母和大环板等附件吸收，不外传，角位移引起的波纹管弹性反力外传(图 7-3-32)。大拉杆螺母不得拆卸。

(6) 压力平衡膨胀节。

可吸收膨胀节轴向和横向位移，膨胀节的盲板力由平衡波纹管、拉杆、销轴等附件吸收，不外传，横向位移引起的波纹管弹性反力外传(图 7-3-33)。

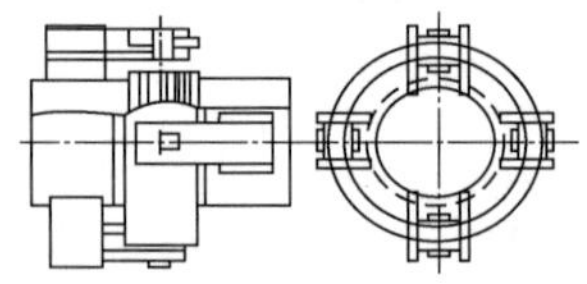

图 7-3-31　平衡环膨胀节

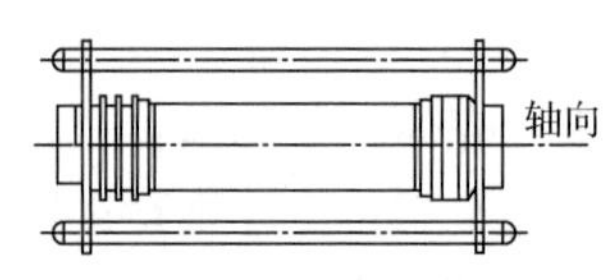

图 7-3-32　大拉杆膨胀节

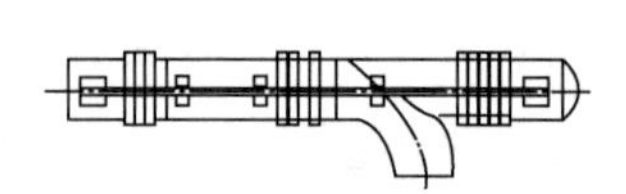

图 7-3-33　压力平衡膨胀节

2) 波纹管材质选用原则

过去蜡油催化波纹管材料选用 0Cr18Ni9Ti 或 0Cr17Ni12Mo2Ti 已能满足要求，随着蜡油催化改重油催化和新型重油催化装置的投产，操作条件更加苛刻，操作温度高达 750℃，原料中氯化物、硫化物增多，烧焦强度增加，导致烟气中 NO、NO_2、SO_2的产生，使介质的腐蚀性大大增加，致使蜡油催化条件下设计的波纹管多发生磨蚀穿孔、应力磨蚀开裂和腐蚀疲劳断裂破坏。参照国外重油催化装置膨胀节波纹管材质选用情况，必须选用抗高温、耐腐蚀的合金 INCOLOY825 或 INCONEL625，选材主要考虑了以下操作介质和环境：

(1) 高温环境。

再生烟气温度为 700~800℃，反应油气温度为 500~550℃。

(2) 强酸性腐蚀环境。

烧焦强度提高，烟气中 NO、NO_2、SO_2的产生和水蒸气的存在，停工冷却后，将成为强酸性腐蚀介质。

(3) 连多硫酸腐蚀环境。

烟气中硫化物较多，停工后，氧气进入生成连多硫酸，能将 18-8 型不锈钢腐蚀开裂。

(4) Cl^-应力腐蚀开裂环境。

3) 使用膨胀节的注意事项

(1) 膨胀节的铰链板、平衡环、大拉环等附件是膨胀节的工作元件，操作过程中要承受很大的载荷，附件的大小和厚度是经强度或刚度计算确定的，不得随意拆除、更改和更换。

(2) 膨胀节的装运螺栓在运输、吊装和安装过程中起保护波纹管作用。不得拆卸和松开(预变位过程除外)，但必须在安装就位完毕后在烘炉前拆除或松开(需要拆除的装运螺栓，制造厂在发货时用不同颜色油漆进行了标记)。

（3）膨胀节对支座有横向推力，夹持结构和止推支座都是按推力大小和方向设计的，不能随意移位、改变和取消。

（4）膨胀节内套筒开口有方向性，应与介质流向一致，当介质和膨胀节内套筒开口向上时，应在内套筒下端开泪孔，用来排除凝液。

（5）不得强力组装膨胀节，不得用膨胀节来补偿安装误差。

（6）应按设计要求对膨胀节进行预变位。预变位可减小管线的变形和对支座的推力。

（7）衬里烘炉升温前，与膨胀节配合使用的弹簧支架、吊架上弹簧定位块必须拆除，使弹簧进入工作状态。

（8）应经常检查膨胀节的变形情况，如有无泄漏、失稳、鼓胀、扭曲和严重变形等异常情况。

8. 衬里

1）高耐磨衬里

高耐磨衬里材料按胶黏剂的不同分为气硬性高耐磨材料和水硬性高耐磨材料两类。

（1）气硬性高耐磨材料。

以磷酸铝为胶黏剂的优点如下：在空气中可固化，施工后不需喷水养护，便于检修、抢修时用，与钢材的黏结力强，耐磨性好，高温性能好。缺点如下：施工和易性差，气温高时固化速度较快，价格高。可用龟甲网或Y形钉直接锚固在构件上，多用于耐磨要求很高的旋风分离器、粗旋风分离器、旋流快分器、空气环等反应器和再生器内构件的单层耐磨衬里。

（2）水硬性高耐磨材料。

以纯铝酸钙水泥为胶黏剂的优点如下：施工性能好，强度高，价格低。缺点如下：与钢材黏结力和耐磨性比气硬性高耐磨材料差，施工后要喷水养护。多用于要求耐磨性高的双层衬里的耐磨层，如外旋风分离器、外旋风分离器料腿、提升管、双动滑阀或蝶阀和易冲刷的烟道段。

2）隔热耐磨衬里

随着重油催化裂化技术的发展，对再生设备的操作条件要求越来越苛刻，再生温度达750℃（短时超温可达900℃），因此传统的用龟甲网支撑的矾土水泥隔热耐磨衬里已不能满足需要。此外，传统结构衬里复杂，施工工序多、周期长，龟甲网接头焊缝质量难保证，加上高温应力的作用，龟甲网和衬里常产生翘曲、开裂或脱落，衬里寿命缩短，检修工作量大，影响开工周期和经济效益，经过多年的研究开发，无龟甲网钢纤维增强单层衬里已问世。

（1）无龟甲网隔热耐磨单层衬里。

新衬里材料强度高，耐火混凝土中加入增强钢纤维，提高了衬里的抗裂、抗拉、抗弯、抗剪性能，采用Ω形锚固钉支承、固定，保证了衬里的单层整体性，提高了衬里的相对韧性、抗应变和耐冲击能力，延长了衬里的使用寿命，可达8年不大修。

（2）无龟甲网隔热耐磨双层衬里。

此衬里开发成功后，应用不太理想。无龟甲网耐磨层与隔热层性能差别大，经多次热循环后易脱落。

（3）龟甲网隔热耐磨双层衬里。

该衬里结构为传统结构，但其所用衬里材料的性能已有较大改进和提高，隔热料的

110℃抗压强度从小于1.5MPa提高到大于2.5MPa；耐磨层110℃抗压强度从小于20MPa提高到大于50MPa，使用寿命已大大提高。

二、反应—再生系统工艺计算

以下通过具体的计算示例说明反应—再生系统工艺计算的基本方法。有一点必须强调的是，由于催化裂化过程的复杂性，有些问题尚不能仅靠理论计算来解决。即使有些设计计算可以依靠某些计算方法，但是仍然要十分重视用实际生产数据来比较、检验计算结果。

在工艺设计计算之前首先要根据国民经济和市场的需要以及具体条件选择好原料和生产方案，如主要是生产柴油—汽油方案，还是汽油—气体方案等。第二步是参考中试和工业生产数据制定总物料平衡和选择相应的主要操作条件。

催化裂化反应—再生系统的工艺设计计算主要包括以下几个部分：

（1）再生器物料平衡，决定空气流率和烟气流率。

（2）再生器烧焦计算，决定催化剂藏量。

（3）再生器热平衡，决定催化剂循环量。

（4）反应器物料平衡、热平衡，决定原料预热温度。结合再生器热平衡决定燃烧油量或取热设施。

（5）再生器设备工艺设计计算，包括壳体、旋风分离器、分布管(板)、淹流管、辅助燃烧室、滑阀、稀相喷水等。

（6）反应器设备工艺设计计算，包括汽提段和进料喷嘴的设计计算。

（7）反应器和再生器压力平衡，包括催化剂输送管路和旋风分离器系统。

（8）催化剂储罐及抽空器。

（9）其他细节，如松动点的布置、限流孔板的设计等。

以某提升管催化裂化装置的再生器(单段再生)物料平衡和热平衡计算为例，分别说明上述项目中的一些主要内容。再生器的主要操作条件见表7-3-1。

表7-3-1　再生器主要操作条件

项目	数据	项目	数据
再生器顶部压力，MPa	0.142	空气相对湿度,%	50
再生温度,℃	650	CO_2/CO(体积比)	1.5
主风入再生器温度,℃	140	O_2,%(体积分数)	0.5
待生剂温度,℃	470	焦炭氢碳比(质量比)	10/90
大气温度,℃	25	再生剂含碳量,%(质量分数)	0.3
大气压力，MPa	0.1013	烧碳量，t/h	11.4

1. 燃烧计算

1) 烧碳量及烧氢量

烧碳量$=11.4\times10^3\times0.9=10.26\times10^3kg/h=855$kmol/h。

烧氢量 $=11.4\times10^3\times0.1=1.14\times10^3$kg/h $=570$kmol/h。

烟气中 CO_2/CO(体积比)为1.5，则生成 CO_2 中的C为 $855\times1.5/(1.5+1)=513$kmol/h $=$ 6156kg/h。生成CO中的C为 $855-513=342$kmol/h $=4104$kg/h。

2）理论干空气量

碳烧成 CO_2 需要的 O_2 量 $=513\times1=513$kmol/h。

碳烧成CO需要的 O_2 量 $=342\times0.5=171$kmol/h。

氢烧成 H_2O 需要的 O_2 量 $=570\times0.5=285$kmol/h。

理论需要 O_2 量 $=513+171+285=969$kmol/h $=31008$kg/h。

理论带入 N_2 量 $=969\times79/21=3645$kmol/h $=102060$kg/h。

因此，理论干空气量为 $969+3645=4614$kmol/h 或者 $31008+102060=133068$kg/h。

3)实际干空气量

烟气中过剩 O_2 量为0.5%(体积分数)，则

$$0.5\%=\frac{\text{过剩}O_2\text{量}}{CO_2\text{量}+CO\text{量}+\text{理论}N_2\text{量}+\text{过剩}N_2\text{量}+\text{过剩}O_2\text{量}}$$

求解上述方程，得到过剩 O_2 量 $=23.0$kmol/h $=736$kg/h；过剩 N_2 量 $=23.1\times79\div21=86.9$kmo/h $=2436$kg/h；实际干空气量为 $4614+23.0+87=4724$kmol/h 或者 136240kg/h。

4）需湿空气量(主风量)

大气温度为25℃，相对湿度为50%，查空气湿焓图，得到空气的湿含量为0.010kg蒸汽/kg干空气。

因此，空气中的蒸汽量等于 $136240\times0.010=1362$kg/h 或者等于76.0kmol/h，则湿空气量为 $4724+76=4800$kmol/h 或者 $4800\times22.4=107.5\times10^3$m^3/h $=1792$m^3/min。此即正常操作时的主风量。

5）主风单耗

$$\frac{\text{空气量}}{\text{焦量}}=\frac{107.5\times10^3}{11.4\times10^3}=9.43\text{m}^3/\text{kg焦}$$

6）干烟气量

由以上计算已知干烟气中的各组分的量，将其相加，即得干烟气量。

$$\begin{aligned}\text{总干烟气量}&=CO_2\text{量}+CO\text{量}+O_2\text{量}+N_2\text{量}\\&=513+342+23.0+(3645+87)\\&=4610\text{kmol/h}\end{aligned}$$

按各组分的分子量计算各组分的质量流率，然后相加即得总干烟气的质量流率为137380kg/h。

7）湿烟气量及烟气组成

湿烟气量及烟气组成见表7-3-2。

表 7-3-2 湿烟气量及烟气组成

组分	流量		分子量	组成,%(物质的量分数)	
	kmol/h	kg/h		干烟气	湿烟气
CO_2	513	22572	44	11.1	9.58
CO	342	9576	28	7.4	6.39
O_2	23	736	32	0.5	0.43
N_2	3732	104496	28	81.0	69.68
总干烟气	4610	137380	29.8	100.0	—
生成蒸汽	570	10260	18	—	—
主风带入蒸汽	76	1362	—	—	13.92
待生剂带入蒸汽①	72.2	1300	—	—	—
吹扫、松动蒸汽②	27.8	500	—	—	—
总湿烟气	5353	150802	—	—	100.0

①按 1t 催化剂带入 1kg 蒸汽以及催化剂循环量为 1300t/h 计算。

②粗估算值。

8）烟风比

湿烟气量/主风量(体积比)= 5356/4800 = 1.12。

2. 再生器热平衡

1）烧焦放热

生成 CO_2 放热 = 6156×33873 = 20852×10^4kJ/h。

生成 CO 放热 = 4104×10258 = 4210×10^4kJ/h。

生成 H_2O 放热 = 1140×119890 = 13667×10^4kJ/h。

合计放热 = (20852+4210+13667)×10^4kJ/h = 38729×10^4kJ/h。

2）焦炭脱附热

按目前工业上仍采用的经验方法计算，则焦炭脱附热 = 38729×10^4×11.5% = 4454×10^4kJ/h。

3）主风由 140℃ 升温至 650℃ 需热

$$干空气升温需热 = 136240×1.09×(650-140) = 7574×10^4 kJ/h$$

1.09 为空气的平均比热容，单位为 kJ/(kg·℃)。

$$水气升温需热 = 1362×2.07×(650-140) = 144.0×10^4 kJ/h$$

2.07 为水气的平均比热容，单位为 kJ/(kg·℃)。

4）焦炭升温需热

假定焦炭的比热容与催化剂的相同，也取 1.097kJ/(kg·℃)，则焦炭升温需热 = 11.4×10^3×1.097×(650-470) = 225.0×10^4kJ/h。

5）待生剂带入蒸汽需热

$$1300×2.16×(650-470) = 51×10^4 kJ/h$$

2.16 为蒸汽的平均比热容，单位为 kJ/(kg·℃)。

6）吹扫、松动蒸汽升温需热

$$500\times(3816-2780)=52\times10^4\text{kJ/h}$$

3816 和 2780 分别为 1MPa 饱和蒸汽和 0.142MPa、650℃过热蒸汽的热焓，单位为 kJ。

7）散热损失

$$582\times\text{烧碳量(以 kg/h 计)}=582\times10260=597\times10^4\text{kJ/h}$$

8）给催化剂的净热量

给催化剂的净热量＝焦炭燃烧热－(焦炭脱附热+主风由 140℃升温至 650℃需热+焦炭升温需热+待生剂带入蒸汽需热+吹扫、松动蒸汽升温需热+散热损失)

$$=38729\times10^4-(4454+7574+144+225+51+52+597)\times10^4$$

$$=25632\times10^4\text{kJ/h}$$

9）计算催化剂循环量

$$25632\times10^4=G\times10^3\times1.097\times(650-470)$$

因此，$G=1298\text{t/h}$。

再生器热平衡情况见表 7-3-3。

表 7-3-3　再生器热平衡

入方，10^4kJ/h		出方，10^4kJ/h	
焦炭燃烧热	38729	焦炭脱附热	4454
		主风升温	7718
		焦炭升温	225
		带入蒸气升温	103
		散热损失	597
		加热循环催化剂	25632
合计	38729	合计	38729

3. 再生器物料平衡

再生器物料平衡情况见表 7-3-4。

表 7-3-4　再生器物料平衡

入方，kg/h			出方，kg/h		
干空气		136240	干烟气		137380
蒸汽	主风带入	1362	蒸汽	生成蒸汽	10260
	待生剂带入	1300		带入蒸汽	3162
	松动、吹扫	500	循环催化剂		1298×10^3
焦炭		11400	合计		1448.802×10^3
循环催化剂		1298×10^3			
合计		1448.802×10^3			

计算时需注意的事项如下：

(1) 计算散热损失时可以用案例中的经验计算方法，对于小装置，用此经验公式会有较大误差，必要时也可用下式计算：

$$散热损失=散热表面积\times传热温差\times传热系数 \tag{7-3-1}$$

其中，传热温差是指器壁表面温度与大气的温度之差，对于厚度为100mm衬里的再生器，其外表面温度一般约为110℃。传热系数与风速有关，可查阅有关参考资料，一般情况下也可取71.2kJ/(m^2·℃·h)。

(2) 反应器的热平衡计算与再生器热平衡计算方法类似。通常是由再生器热平衡计算求得循环催化剂供给反应器的净热量以后，再由反应器热平衡计算原料油的预热温度，从而决定加热炉的热负荷。反应器热平衡的出、入方各项如下：

入方：

① 再生催化剂供给的净热量；

② 焦炭吸附热，其值与焦炭脱附热相同。

出方：

① 反应热；

② 原料由预热温度(一般是液相)升温至反应温度(气相)需热量；

③ 各项蒸汽入口状态升温至反应温度所需的热量。各项蒸汽包括进料雾化蒸汽、汽提蒸汽、防焦蒸汽和松动、吹扫蒸汽。

④ 反应器散热损失。

由反应器热平衡计算得的原料油预热温度应低于400℃，否则会产生过多的热裂化反应。在预热温度超过400℃时，应考虑在再生器烧燃烧油，此时，规定预热温度为400℃或更者更低，计算需要的再生器供热量，再由再生器热平衡计算求得所需的喷燃烧油量。

(3) 空气的湿含量也可以用以下方法计算。已知主风的露点 T(由相对湿度也可从图表查得)，由蒸汽表查得露点 T 时的饱和蒸汽压力 p，若主风压力为 $p_{主}$，则主风中的蒸汽含量(物质的量分数)：

$$y=p/p_{主} \tag{7-3-2}$$

又由 y=主风中的蒸汽量/(干空气量+主风中的蒸汽量)，即可计算得主风中的蒸汽量。

第四节　催化重整典型设备

催化重整是以石脑油为原料，有重整催化剂和氢气存在的条件下，在一定温度和压力下使烃类分子重新排列成新的分子结构的过程。催化重整的主要目的是生产高辛烷值汽油组分；为化纤、橡胶、塑料和精细化工提供原料(苯、甲苯、二甲苯，简称BTX)；生产化工过程所需的溶剂、油品加氢所需高纯度廉价氢气(75%~95%)和民用燃料液化气等副产品。因此，重整装置不仅是炼厂工艺流程中的重要组成部分，而且在石油化工联合企业生产过程中也占有十分重要的地位。

目前，我国催化重整的工艺有两种类型，即半再生重整工艺和连续重整工艺。它们所配备的重整反应器也因年处理量和工艺条件等不同有所区别。一般在半再生重整装置内，其处理规模小(小于 40×10^4t/a)，反应压力高(一般操作压力为 1.5MPa 左右)，反应的操作苛刻度为中等，操作周期为 1~2 年，因此大多数选择的是固定床轴向或径向反应器。连续重整工艺的发展，使我国炼厂的重整技术有了更快的提高，它采用的反应器为移动床径向反应器，并增加一套催化剂连续再生系统，使在重整反应不中断的条件下，催化剂能连续地进行反应和再生，反应后的失活催化剂在再生系统再生后又成为新鲜催化剂重新返回反应系统。

一、重整反应器的结构和材料

1. 结构形式

1）轴向反应器

轴向反应器如图 7-4-1 所示。

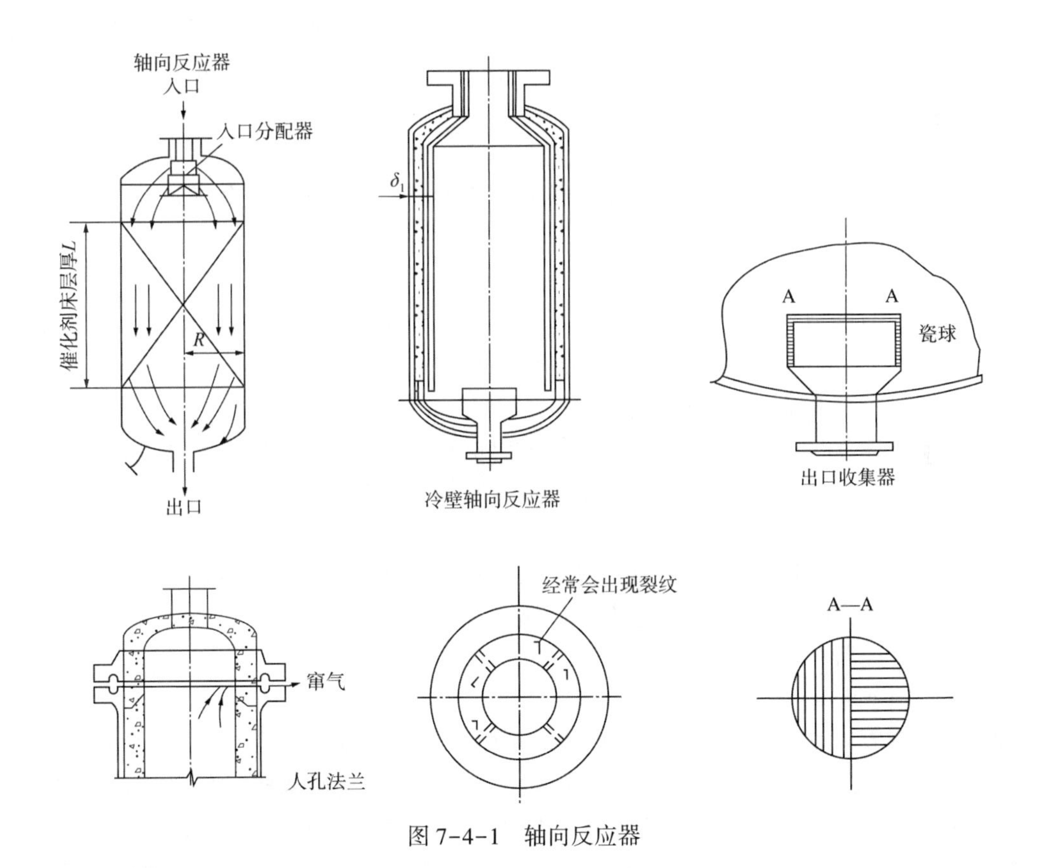

图 7-4-1　轴向反应器

(1) 结构说明。

轴向反应器是结构形式最简单的反应器，筒体内装入催化剂，油气自上而下垂直穿过催化剂床层而进行反应，反应器本身设有油气入、出口和催化剂卸料口。为了使反应过程中气流分布均匀，反应充分，轴向反应器高径比不能过小，否则会造成气流分布不均匀，操作中使反应器的压降增大。因此，轴向反应器只适用于年处理量低、反应压力稍高的装置，如在 20 世纪 60—80 年代我国(15~30)$\times10^4$t/a 半再生重整装置普遍采用轴向反应器结构。

(2) 轴向反应器的零部件。

① 人孔大法兰。

由于催化重整反应器是在氢气介质下操作，因此在结构上应要求减少泄漏点，以提高设备的安全性。反应器上人孔是一个不可缺少的出入通道，油气入口分配器架设在人孔上是合理的。但是装置在开工前进行设备检查时，经常会发现人孔法兰的密封面有氢气泄漏现象。分析原因后发现人孔法兰的垫片十分关键，反应器的操作温度为520~540℃、操作压力为中压，人孔直径大(500mm左右)，垫片可以选择钢垫圈或0Cr13的缠绕垫圈，垫圈在制造和安装中若精度不够或安装时受力不均匀，就一定会有氢气泄漏现象，因此人孔大法兰及其密封是关键。

② 卸料口(包括测温口)。

过去的轴向反应器只有催化剂卸料口，不设测温口，20世纪90年代后，半再生重整装置的重整反应器借用卸料口增设催化剂床层不同高度的测温热电偶，能检测反应温度的突变，这是一种安全措施。

③ 入口分配器。

气体通过入口分配器能被很均匀地分配到反应器床层。入口的气体速度是不等的，因此要设计成不等的开孔面积，以达到最好的油气分配效果。

④ 出口收集器。

从现用的出口收集器都改用为筛网结构，其具有缝隙均匀、接触催化剂的表面光滑、不易堵塞等优点，保证油气都能通过而不携带催化剂。

⑤ 冷壁轴向反应器的不锈钢套。

冷壁反应器内的不锈钢套是一个十分重要的构件，该衬套为壁厚为3mm的薄壳，其底封头直径贴靠在设备的底封头上，薄壳和设备壳体相同(尺寸不同)，它悬挂在人孔大法兰上的边沿上，薄壳与混凝土衬里有20mm间隙，与下封头也有20mm间隙。该衬套接触催化剂，是催化剂的保护层，但本身不承压，因此要求薄板焊接质量严格，不能在操作时因出现憋压造成焊缝撕裂事故。

2) 径向反应器

(1) 结构说明。

我国自1975年以后，新建的和改扩建的重整装置中普遍采用径向反应器结构，至今已有很大发展。径向反应器按内构件集气管、分气管和催化剂盖板的结构不同，可分为3种形式(图7-4-2)。图7-4-2(a)所示结构中，分气管为扇形筒(扇形筒是可挪动的)，盖板为活动帽罩；图7-4-2(b)所示结构中，分气管为环形筒，盖板为固定帽罩，它可以由4台单反应器并列连接，组成连续重整的反应器；图7-4-2(c)显示了单台冷壁径向反应器；图7-4-2(d)显示了单台环形筒径向反应器。图7-4-3是4台反应器重叠式组合，分气管采用带升气管的扇形筒，盖板是固定形结构。

(2) 径向反应器的零部件。

① 中心管(集气管)。

中心管由内外两层不同的圆筒和筛网组成，内层圆筒的外表面按圆周方向均匀地开若干个小孔(孔径 φ5~6mm)，该开孔率是中心管工艺设计的关键，合理的开孔率能使油气在整个流通面积上达到均匀分布。当开孔面积过大时，气体通过床层的阻力降小，会造成沿中心管顶底界面上的气量分配不均匀，因此应根据所需控制的压降和流体分布进行工程设计。中心管圆筒外部的筛网具有接触面光滑和流通面积最大的优点。在固气相接触的反应器内，筛网的孔间隙小，固体催化剂不会被镶嵌在筛网的缝隙内，因此能保证催化剂顺利流通和反应。即使在反应操作后期，也不会增加反应器的阻力降。

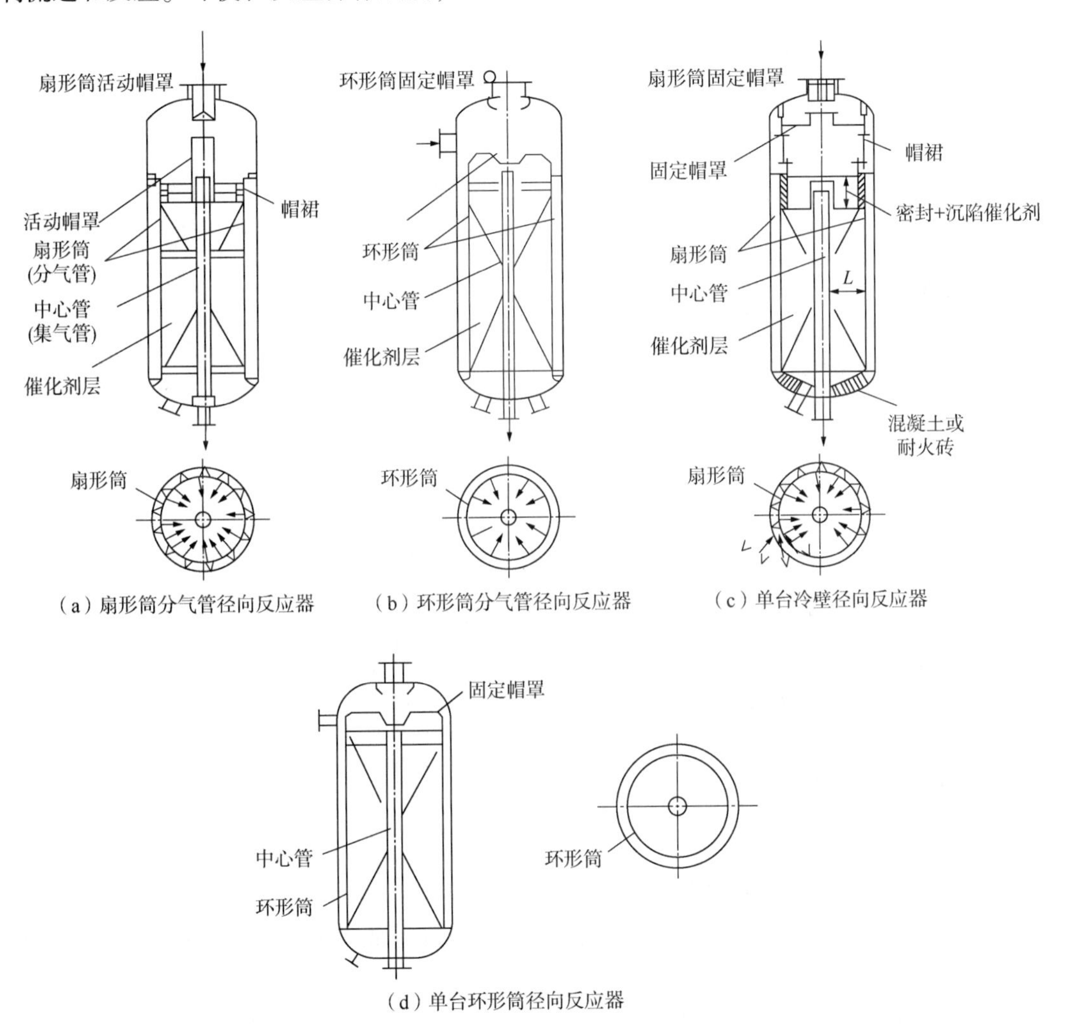

图 7-4-2　固定床式径向反应器

② 扇形筒或环形筒(分气管)。

此两种结构都能满足油气径向流动的要求，只是在制造、安装、维修等方面各有特点。

扇形筒由壁厚为 3mm 的 Cr18Ni9Ti 钢板制成，外表面(在朝向催化剂的一侧)上开有长为 10mm、宽为 1mm 的长条孔，各开孔的圆角处都不允许有尖锐的棱角，制造成型要求精度很高，每个扇形筒都应紧贴在反应器的圆周壁处，采用膨胀圈和螺栓固定，但固定的紧密度很严格，它既要使扇形筒不能移动，以保持扇形筒不会变形，同时还要考虑到在操作

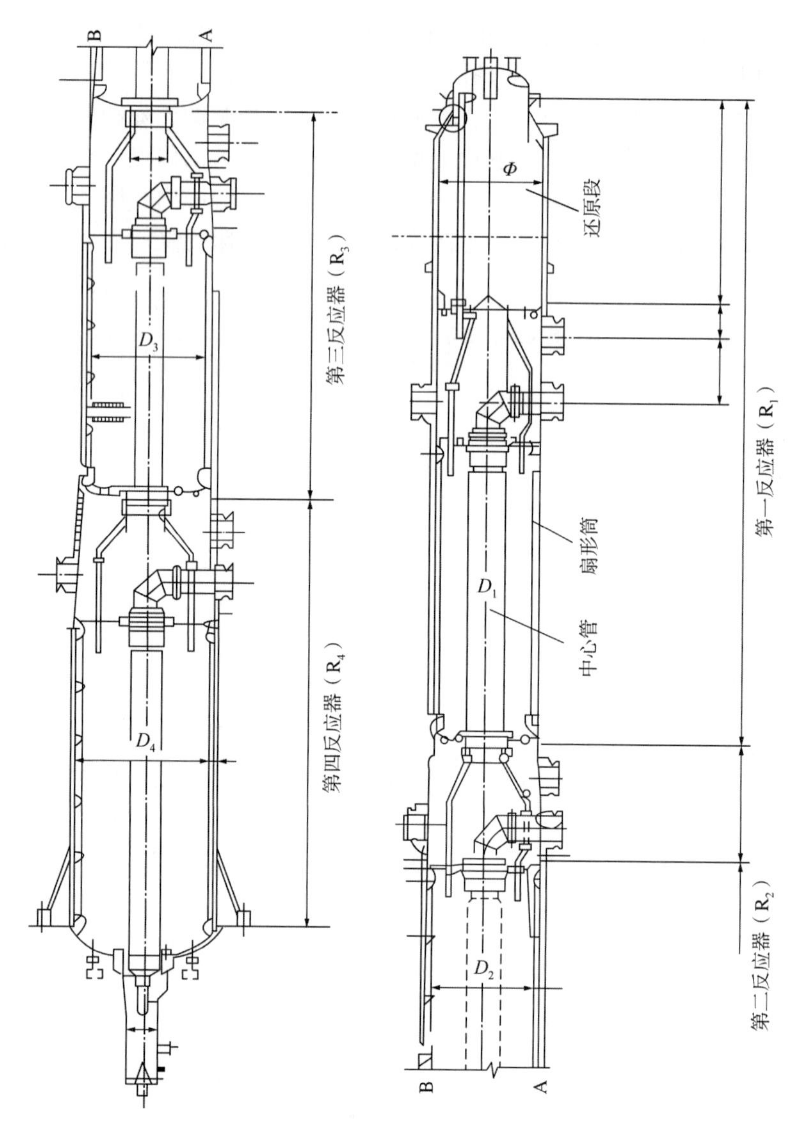

图 7-4-3　重叠式径向反应器

状态下扇形筒热膨胀需要的间隙，并在反应器停工检修时能很方便地从人孔（或顶部开孔处）卸出，进行清扫后重复使用。

重叠式径向反应器一般由 3 个或 4 个径向反应器重叠安装组合而成，每个反应器的内构件之间有紧密关联。以中心管为例，每个反应器内中心管在安装时，除满足本体的垂直度外，还应满足整体设备的垂直度。而且每个中心管底部均安装膨胀节，以吸收在操作状态与管线连接所产生的推力和在高温下的膨胀力。扇形筒的结构方面也有特点，在重叠式反应器内的扇形筒底部有一个相似的小升气管，它的制造精度要求很严格，与壳体的密封板的装配精度要求更为严格。密封板与小升气管之间有很精确的间隙值，间隙值根据设备操作温度、材质、床层高度在其温度下的膨胀系数精确计算而得，不同反应器的密封板和扇形筒的间隙值都不相同，因此在安装重叠式反应器内的扇形筒时，该间隙值将被确定为反应器安装是否符合要求、能否满足进油的一个重要标志，也是专利商验收和考查是否符合开工要求的一个重要数据值。从我国当前几套连续重整装置开工前的检查情况来看，该间隙值大部分都不符合要求，几乎都要对扇形筒的小升气管和密封板重新进行返修，直到符合要求为止。

③ 环形筒。

环形筒也可称为与中心管或壳体内径对应的同心圆。环形筒是若干个特殊筛网由螺栓拼装而成，其直径根据催化剂的装填量等工艺参数决定，检修时拆装和再组装会有些难度，原因是长期在高温操作下会产生局部变形。

④ 筛网。

目前采用的筛网结构，如中心管的扇形筒、环形筒的结构，油气出入口的结构(图 7-4-4)，大多来自美国约翰逊筛网公司的专利。与一般使用的钢板冲孔和金属丝网相比较，约翰逊网提供了更大的有效流动面积，因此界面速度低，增加了工艺过程的效率。由于筛网本身的强度高、筛面光滑、筛条精致、经久耐用，因此减少了催化剂被破碎的可能性，也减少了停工时间和检修费用。

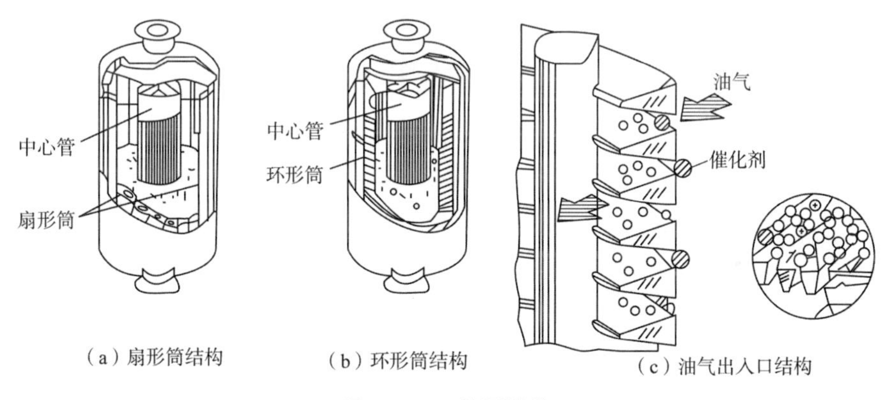

图 7-4-4 筛网结构

2. 材料选择

临氢装置压力容器的材料选择首先考虑的是设备的氢腐蚀，在重整反应器的设计条件(氢压力和操作温度、介质等)下应满足抗氢腐蚀曲线(Nslson 曲线)的要求，要注意必须采用最新版本和其提出的注意事项。根据不同的操作条件，设计中要考虑留有足够的安全裕量。

在 20 世纪 60—80 年代，许多企业的重整反应器大都采用冷壁结构，其中的隔热衬里材料是以矾土水泥为胶结剂、大颗粒膨胀珍珠岩为主要骨料的混凝土，采用手工捣制成形，经过精心施工和烘干等规范程序，能获得比其他配方的衬里更低的容重、导热系数和线收缩系数，并有较高的高温抗压强度特点。当设备内部温度为 520℃、压力为 2MPa 的操作条件下，壳体外壁温度低于 100℃(壳体的变色漆温度约为 150℃)，衬里质量很好，衬里不剥落，不窜气，表面只出现毛发裂纹。在正常操作时，平稳、安全。20 世纪 80 年代以后，因国内外市场的需要，重整装置的生产规模有了很大的提高。当前，我国的重整装置处理能力已达(200～300)×10^4t/a 的规模，工艺要求的重叠式径向反应器直径为

2500~3000mm，切线高度为12.1~14m，包括还原段反应器总高可达100m左右，设备向大型化发展。设备的主体材料壳壁采用2.25Cr1Mo，内件材料为0Cr18Ni9Ti或0Cr18Ni11Ti。其中，对反应器可能发生的氢损伤要引起足够重视。从资料上可知，氢损伤一般发生的部位在母材，即焊缝金属。因此，为使设备安全操作，就应正确选择抗氢材料，尽量减少材料中的有害杂质(如S、P、Sn、Sb等)，设备在制造过程中必须做好焊后热处理，并控制外加载荷形成的应力水平。

由于重整反应器的器壁在高温下操作，因此除了考虑材料的抗氢性能，还应考虑材料的抗高温蠕变性能。据有关实验证明，高温损伤发生的裂纹位置一般在应力集中的开口部位、外部构件(裙座、支耳等)的安装部位和焊缝热影响区。

二、催化重整反应器的设计计算

现场的设计计算原则应在检测的基础上进行，对原设备的受压和非受压元件的计算则应与设备的原设计计算书和图纸上各元件的计算、制造检验(包括各类探伤要求)所遵守的规范相一致。若以引进为主的设备，还应遵守设备图纸上所遵守的国外相应的规范。

第八章

盐化工机械设备

目前，我国已形成以纯碱和氯碱为龙头、下游产品开发并存的盐化工产业格局。氯碱工业是最基础的化学工业之一，其烧碱及众多氯产品除应用于化学工业本身以外，还应用于轻工业、纺织工业、冶金工业、石油化学工业以及公共事业等。本章对盐化工典型设备进行了分析介绍。

第一节　盐水精制生产典型设备

一、螯合树脂盐水精制过程

螯合树脂是一种带有螯合能力基团的高分子化合物，它是一种具有环状结构的配合物，也是一种离子交换树脂。与普通交换树脂不同的是，螯合树脂能够吸附金属离子，形成环状结构的螯合物。螯合物又称内络合物，是由螯合物形成体(中心离子)和某些合乎一定条件的螯合剂(配位体)配合而成的具有环状结构的配合物。螯合树脂对特定离子具有特殊的选择能力，以日本产品 CR-10 螯合树脂为例，其选择离子的能力如下：$Hg^{2+}>Cu^{2+}>Pb^{2+}>Ni^{2+}>Cd^{2+}>Zn^{2+}>Co^{2+}>Mn^{2+}>Ca^{2+}>Mg^{2+}>Ba^{2+}>>Na^{+}$。

螯合树脂的交换原理是螯合树脂在水合离子作用下，交换基团—COONa 水解成—COO^{-}和 Na^{+}。在盐水精制时，因为树脂对离子的选择性顺序为 $H^{+}>Ca^{2+}>Mg^{2+}>Ba^{2+}>>Na^{+}$，所以 Ca^{2+}、Mg^{2+}和 Ba^{2+}离子就被树脂螯合成稳定性高的环状聚合物。

在连续操作中，第一个塔作为初制塔，除去盐水中大多数的 Ca^{2+}和 Mg^{2+}；第二个塔作为精制塔，以确保盐水中的 Ca^{2+}和 Mg^{2+}含量降到控制指标以下。当塔内树脂床达到最大的吸附能力时，再流出塔的盐水中 Ca^{2+}和 Mg^{2+}含量会急剧增加。因此，需要在树脂床还未达到最大处理能力时对其再生。

二、树脂塔的结构

树脂塔为钢衬低钙镁橡胶的桶体结构(图 8-1-1)，下有树脂支撑设施。树脂支撑设施一般有两种形式：一种是管板加水帽形式，管板材质为钢衬低钙镁橡胶，水帽材质为 ABS；另一种是管板夹支撑网形式，管板材质为钢衬低钙镁橡胶，支撑网材质为 PVDF(规格为 60 目)。在树脂支撑设施中装填有树脂，在其顶部有盐水分布器。图 8-1-2 为盐水

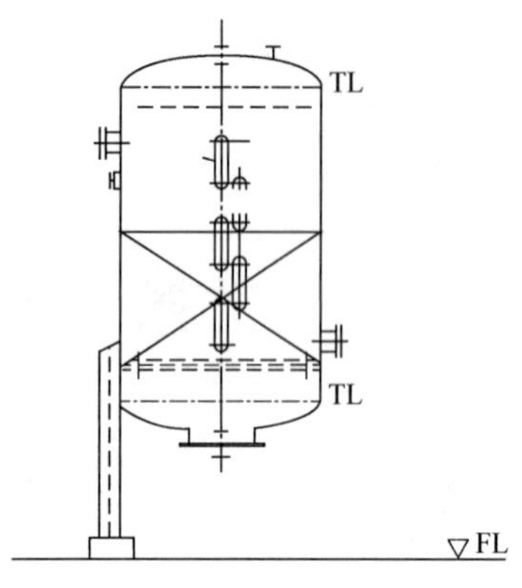

图 8-1-1　树脂塔结构示意图

分配示意图。

图 8-1-3 为全金属塔内件示意图。采用截面形状为等腰三角形的金属丝，在骨架上螺旋缠绕成管，根据需要控制螺距形成不同的缝隙，分别制作成过滤管和反洗拦截管。将过滤管安装在树脂塔底部，在树脂塔任何工作状态时，只允许盐水或反洗水正常通过，而树脂不能从塔的底部流出；反洗拦截管安装在树脂塔反洗水出口上，树脂塔再生反洗时，允许反洗水和破碎的小颗粒树脂通过，而正常粒径的树脂不能从反洗管口流出。

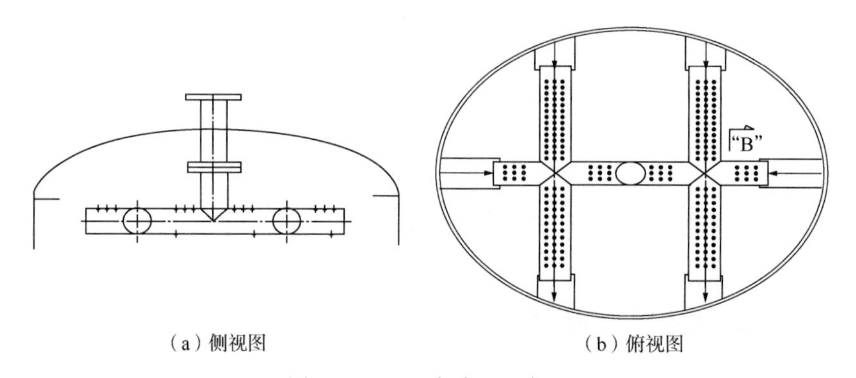

（a）侧视图　　（b）俯视图

图 8-1-2　盐水分配示意图

三、树脂塔安装注意事项

树脂塔安装注意事项如下：

（1）水帽的安装力度要适中。水帽与塔底板接触的紧固部位上、下各有一个橡胶密封垫圈。下部有两个扁螺母重叠使用，上面一个为紧固螺母，下面一个为防松锁紧螺母。塔底板上、下衬胶面均应平整。在安装时，上面接触塔底板的一个螺母不应旋拧过紧，以防水帽柄受力过大，特别是在温度变化较大时可能会产生更大的应力；而防松锁紧螺母与紧固螺母应旋紧，防止水帽松动脱落。

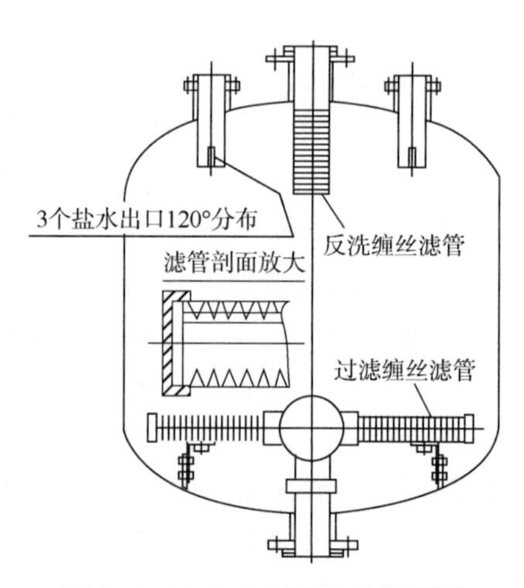

图 8-1-3　全金属塔内件示意图

（2）盐水分布器的安装要求应水平，防止盐水分布不均或树脂再生不充分。

四、树脂塔操作过程中异常情况处理

1. 盐水精制杂质离子的增加

当出现初制塔出口 Ca^{2+} 和 Mg^{2+} 浓度和超过 200μg/L，或者精制塔出口 Ca^{2+} 和 Mg^{2+} 浓度和

超过 20μg/L，或者精制塔出口 Sr^{2+}浓度超标时，应检查下列各项：

（1）进树脂塔盐水有害离子及悬浮物含量增加。

进树脂塔盐水要求 Ca^{2+}和 Mg^{2+}浓度和小于 3.0mg/L、悬浮物含量在 1mg/L 以下。螯合树脂的交换容量是一定的，如果盐水 Ca^{2+}、Mg^{2+}含量过高，通过树脂床层时会有部分 Ca^{2+}、Mg^{2+}来不及螯合交换而进入后道工序。螯合树脂对沉淀物是没有螯合交换能力的，当悬浮物含量过高时，会使悬浮物进到树脂塔里附着在树脂表面，影响交换能力，严重时还会堵塞树脂颗粒间隙，造成床层压降上升快，加速树脂破损，导致树脂失效。

（2）进树脂塔盐水 pH 值变化。

树脂对 Ca^{2+}、Mg^{2+}的交换能力随盐水的 pH 值上升而增大。但盐水 pH 值一般不大于 11，这是因为当盐水 pH 值大于 11 时，在高浓度盐水中的 Mg^{2+}以 $Mg(OH)_2$胶状存在，螯合树脂对分子态的 $Mg(OH)_2$胶状沉淀是没有螯合交换能力的。一般螯合树脂的最佳盐水 pH 值为9.0±0.5。当 pH 值太低时，螯合树脂以 H 型存在，失去了离子交换能力，此时必须进行再生，使螯合树脂从 H 型转化为 Na 型。

（3）进树脂塔盐水流量及温度的变化。

盐水流量的波动会影响盐水与螯合树脂的接触时间及反应时间，低流量盐水与螯合树脂的螯合交换时间较长，因此盐水中 Ca^{2+}、Mg^{2+}交换得较彻底；反之，高流量盐水与螯合树脂反应时间较短，因此盐水中 Ca^{2+}、Mg^{2+}交换得就不彻底，会使处理后的盐水中 Ca^{2+}、Mg^{2+}含量增加。除盐水流量以外，盐水合适的温度也会使螯合树脂发挥其最佳的螯合交换能力，温度太低会降低树脂的螯合交换能力，温度太高会缩短树脂的使用寿命，因此树脂最佳操作温度为 50~60℃。

（4）进树脂塔盐水中游离氯的浓度超标。

游离氯是强氧化剂，容易对树脂造成氧化降解，不仅损害了树脂的强度，还降低了树脂的交换能力。盐水有时会含有一定量的氯酸盐，当酸再生时，与盐水中的酸反应生成游离氯，从而会损害树脂。当发现游离氯超标时，要及时调整在线自动加亚硫酸盐的数量，控制游离氯在合格范围内。

有观点认为，在系统中增加活性炭保护装置，使游离氯与活性炭发生反应，达到保护树脂的目的。该办法理论上是可行的，但并不能完全起到保护树脂的作用。最好的办法还是及时调整在线自动加亚硫酸盐的数量。

2. 螯合树脂性能的下降

1）螯合树脂破碎

用于螯合树脂再生的化学品浓度太高或受氧化物的影响，会导致螯合树脂破碎，从而造成螯合树脂离子交换能力的下降。

2）螯合树脂中毒

正常情况下螯合树脂的颜色是浅黄色的，若树脂的颜色不正常，就意味着被有机物或重金属等氧化或污染。

3）螯合树脂层不平整

螯合树脂层不平整会导致塔内盐水分布不均匀，影响树脂交换能力。

4）螯合树脂数量不足

如果螯合树脂数量不足，应缩短树脂塔的操作时间，并及时补充树脂。

3. 螯合树脂再生不正常

1）再生所用的化学试剂不符合要求

再生所用的化学试剂若数量不足，应采用两倍数量的化学品再生(倍量再生)，直至调节好数量。

2）再生反冲洗时螯合树脂膨胀速率不正常

若再生反冲洗时螯合树脂膨胀速率不正常，就必须调节好纯水的温度和流量。

3）螯合树脂塔出口 pH 值不正常

若再生后螯合树脂塔出口 pH 值低于标准值，有可能是因为氢氧化钠加料不充分，必须确认和调节与氢氧化钠加料有关的项目。

4）螯合树脂再生不充分

螯合树脂工作一段时间以后，必须进行离线再生，将 Ca 型、Mg 型树脂转化为 H 型树脂，再转化为 Na 型树脂，以备下次在线工作。如果再生不彻底，树脂吸附的 Ca^{2+}、Mg^{2+}交换不下来，再次在线运行时就不能再进行螯合交换，会严重影响树脂的螯合交换量。

第二节　盐酸合成典型设备

一、选择生产方法

盐酸，又名氢氯酸，是一元酸，为氯化氢的水溶液(工业用盐酸会因有杂质三价铁盐而略显黄色)。盐酸是一种强酸，浓盐酸具有极强的挥发性，因此盛有浓盐酸的容器打开后能在上方看见酸雾，那是氯化氢挥发后与空气中的水蒸气结合产生的盐酸小液滴。盐酸是一种常见的化学品，在一般情况下，浓盐酸中氯化氢的质量分数在 38%左右。

工业上制取盐酸时，首先在反应器中将氢气点燃，然后通入氯气进行反应，制得氯化氢气体。氯化氢气体冷却后被水吸收成为盐酸。在氯气和氢气的反应过程中，有毒的氯气被过量的氢气所包围，使氯气得到充分反应，防止了对空气的污染。在生产上，往往采取使另一种原料过量的方法使有害的、价格较昂贵的原料充分反应。近年来，工业上还发展了由生产含氯有机物的副产品氯化氢制盐酸的方法。例如，氯气与乙烯反应，生成二氯乙烷($C_2H_4Cl_2$)，它再经过反应生成氯乙烯。氯乙烯制聚氯乙烯的原料，氯化氢是制氯乙烯的副产品。

$$C_2H_4Cl_2 \longrightarrow C_2H_3Cl+HCl$$

合成盐酸分两步：氯气与氢气作用生成氯化氢，再用水吸收氯化氢生产盐酸。合成氯化氢的反应如下：

$$Cl_2+H_2 \longrightarrow 2HCl$$

此反应若在低温、常压和没有光照的条件下进行，则反应速率非常缓慢，但在高温和光照的条件下，反应会非常迅速，放出大量热。氯气与氢气的合成反应必须很好地控制，否则会发生爆炸。由于反应后的气体温度很高，因此在用水吸收之前必须冷却。当用水吸收氯化氢时，也有很多热量放出，放出热量使盐酸温度升高，不利于氯化氢气体的吸收，因为溶液温度升高，氯化氢气体的溶解度就降低，因此生产盐酸必须具有移热措施。

工业上氯化氢吸收有两种方法，即冷却吸收法和绝热吸收法。当被吸收气体氯化氢含量高时，采用绝热吸收法；而氯化氢含量低时，则采用冷却吸收法。以合成法制取氯化氢，气体中氯化氢含量较高，因此多采用绝热吸收法。

二、盐酸合成炉操作条件

1. 温度

氯气和氢气在常温、常压、无光的条件下反应进行得很慢，当温度升至440℃以上时，即迅速化合，在有催化剂的条件下，150℃时就能剧烈化合，甚至爆炸。因此，在温度高的情况下氯气和氢气可以完全反应。如果温度高于500℃，则有显著的热分解现象，一般控制合成炉出口温度为400~450℃。

2. 水分的控制

水分是促进氯气与氢气反应的媒介，绝对干燥的氯气和氢气是很难反应的，微量水分存在时可以加快反应速率。一般认为，如果水含量超过0.005%，则对反应速率没有多大的影响。

3. 氯气和氢气分子比的控制

在氯化氢合成过程中，氯气和氢气按1∶1的分子比化合，实际生产中是氢气过量，一般控制在5%左右，不超过10%，否则，原料成分或操作条件稍有波动，就会造成氢气供应过量，这对防止设备腐蚀、提高产品质量、防止环境污染都是不利的，而且氢气过量太多会有爆炸的危险。

三、选用关键设备

目前，国内外的盐酸合成炉的炉型主要分为铁制炉和石墨炉两大类。铁制炉耐腐蚀性能差，使用寿命短，合成反应难以利用，操作环境较差，目前采用较少；而石墨炉具有耐腐蚀性能强、使用寿命长、导热性强、产量大、操作简便等优点，现在盐酸生产企业基本都采用石墨炉生产盐酸。

石墨炉一般是立式圆筒形石墨设备，由炉体、冷却装置、燃烧反应装置、安全防爆装置、吸收装置、视镜等附件组成。石墨炉分二合一石墨炉和三合一石墨炉。二合一石墨炉是将合成和冷却集为一体的炉子；三合一石墨炉是将合成、冷却、吸收集为一体的炉子。

三合一石墨炉中，石英燃烧器安装在炉的顶部，喷出的火焰方向朝下。合成段为圆筒状，由酚醛浸渍的不透性石墨制成，设有冷却水夹套，炉顶有一环形的稀酸分配槽，内径与合成段筒体相同。从分配槽溢出的稀酸沿内壁向下流，一方面冷却炉壁，另一方面与氯化氢接触形成浓度稍高的稀盐酸作吸收段的吸收剂。与合成段相连的吸收段由6块相同的圆块孔式石墨元件组成，其轴孔为吸收通道，径向孔为冷却水通道。为强化吸收效果，增加流体的扰动，每个块体的轴向孔首末端加工成喇叭口状，并在块体表面加工径向和环形沟槽，经过上一段吸收的物料在此重新分配进入下一块体，直至最下面的块体。未经吸收的氯化氢经下封头气液分离后去尾气塔，成品盐酸经液封送入贮槽。

合成盐酸工艺主要设备由合成炉(完成氯化氢气体合成)、石墨冷却器(移去合成反应生成热)、降膜吸收塔(氯化氢气体被水吸收制成盐酸)及附属设备组成。

1. 合成炉

合成炉集合成、冷却氯化氢气体于一体，合成炉内是石墨制筒体，外层是铁制夹层。炉底由氢气石英套筒和氯气石英套筒构成，氯气由下端进内套筒与由外套筒下端进入的氢气混合，在顶部燃烧合成氯化氢。工作介质是氯气和氢气。

这里有一个原则是氯气必须在内、氢气在外，确保氯气被充分反应，不让氯气在高温下过量。在合成炉燃烧段，夹套层可以通入纯水副产蒸汽，同时还可以降低生成的氯化氢气体的温度，合成炉上段用石墨冷却器进行降温，从而生产出合格的氯化氢气体。合成炉结构如图 8-2-1 所示。

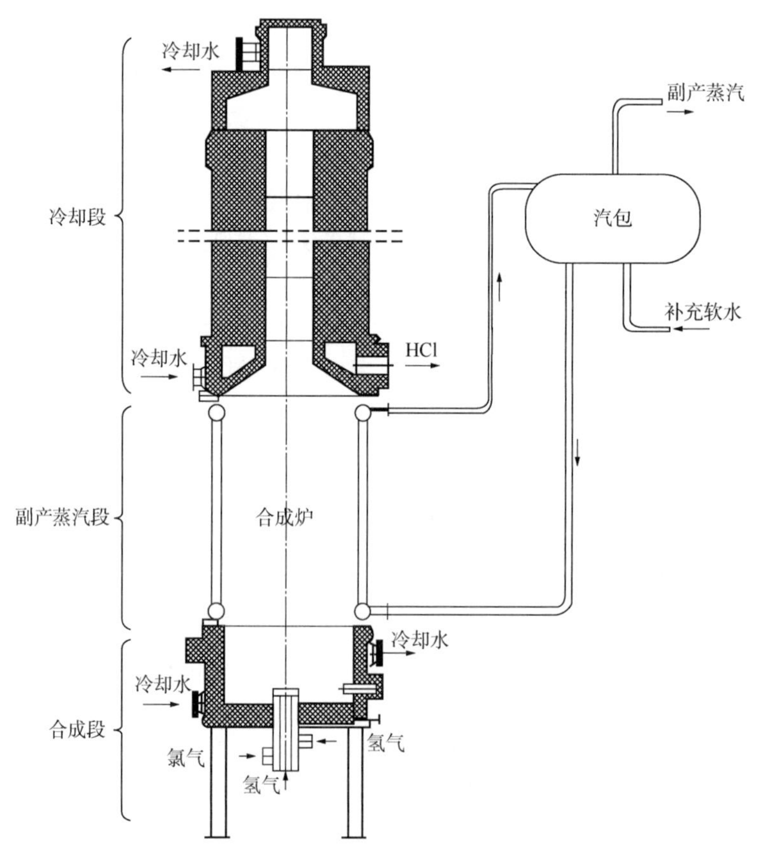

图 8-2-1　合成炉结构示意图

2. 石墨冷却器

石墨冷却器属于石墨换热器的一种，当物料在设备中换热运行后，只出现一种状态或出现两种物料状态但不需要分离时，选用石墨冷却器即可。

3. 降膜吸收塔

降膜吸收塔是生产盐酸的重要设备，吸收塔的上封头有一个圆形的衬胶挡板，在石墨分布板上，每根列管的顶端有一个成膜器，在其上沿圆周有 4 个 V 形开口，稀酸从挡板下流入(形成一个液封)，液面达成膜器 V 形开口处，从开口处沿切线方向流入管内，沿管壁旋流而下，在管内壁形成一层液膜。氯化氢气体由上而下流入管内，与液膜并流接触，被水吸收形成盐酸。而吸收热经石墨管传递给冷却水带走。需要注意的是，成膜器一定要在一个水平线上，否则会造成吸收液(稀酸)分布不均，使气体有短路走向，不经吸收引出降膜塔，造成吸收不佳，一般用成膜器下端的丝口调节水平。

第三节　电解法生产烧碱典型设备

一、离子膜电解法概述

离子膜电解是使用离子选择性透过膜电解的简称，是离子分离和电解装置的结合体，具有电场驱动分离膜和电解装置的双重特性，其电解原理和过程与隔膜法一致，膜分离过程遵循全氟羧酸磺酸复合膜规律。

离子膜电解过程中，由于离子膜只允许 Na^+通过膜，阻挡 Cl^-和 OH^-透过，因此不但可以分开产品氯气与氢气，而且可以防止烧碱与盐水的混合，克服了隔膜法电解过程碱中混合盐的问题，也规避了水银法电解电压高和汞污染问题。因此，离子膜电解法自发明以后得到迅速发展，快速替代隔膜法和水银法，成为目前主要的烧碱生产方法。

离子膜电解法的核心技术是保证离子膜能长期稳定运行以及开停车时膜和电解装置安全。为此，除电解槽以外，还需建设直流供电系统、开停车液体排放循环系统、阴阳极液进料循环系统、气体压力保持系统和紧急事故应急处理保护系统等，各系统在 DCS 协同下相互配合完成离子膜电解装置运行。

离子膜电解法电解食盐水的研究始于 20 世纪 50 年代，由于所选择材料的耐腐蚀性能差，一直未能获得实用性的成果，直到 1966 年美国杜邦公司开发了化学稳定性较好、用于航空燃料电池的全氟磺酸阳离子交换膜，离子膜电解法电解食盐水才有了实质性进展，并于 1972 年以后大量生产转为民用。

二、离子膜电解法制烧碱工艺条件与选择

离子膜电解法氯碱生产工艺对离子膜性能的要求如下：

(1) 能始终保持良好的电化学性能和较好的机械强度和柔韧性。电解时，阳极是强氧化剂氯气、次氯酸根及酸性溶液，阴极是高浓度 NaOH，电解温度为 85~90℃。在这样的条件下，离子膜不应被腐蚀和氧化。

(2) 具有较低的膜电阻，以降低电解能耗。

(3) 具有较高的离子选择透过性。

离子膜只允许阳离子通过，不允许阴离子通过，否则会影响碱液的质量及氯气的纯度。

离子交换膜的性能由离子交换容量(IEC)、含水率、膜电阻 3 个主要特性参数决定。离子交换容量(IEC)以膜中 1g 树脂所含交换基团的物质的量表示；含水率是指 1g 干树脂中的含水量，单位为%；膜电阻则以单位面积的电阻表示，单位为 Ω/m^2。上述各种特性相互联系又相互制约。例如，为了降低膜电阻，应提高膜的离子交换容量和含水率；但为

了改善膜的选择透过性，却要提高离子交换容量而降低含水率。

根据离子交换基团的不同，离子膜可分为全氟磺酸膜、全氟羧酸膜以及全氟羧酸磺酸复合膜。

（1）全氟磺酸膜。

全氟磺酸膜的主要特点是酸性强，亲水性好，含水率高，电阻小，化学稳定性好。由于磺酸膜的固定离子浓度低，对 OH^- 的排斥能力小，致使 OH^- 的反迁移数量大，因此电流效率小于 80%，且产品的 NaOH 浓度小于 20%。因此，可以在阳极液内添加适量盐酸中和 OH^-，以保证良好的氯气质量。

（2）全氟羧酸膜。

全氟羧酸膜是一种弱酸性和亲水性小的膜，含水率低，且膜内的固定离子浓度较高，因此产品的 NaOH 浓度可达 35%左右，电流效率可达 96%以上。全氟羧酸膜的缺点是膜的电阻较大。

（3）全氟羧酸磺酸复合膜。

全氟羧酸磺酸复合膜是一种性能比较优良的离子膜。使用时较薄的羧酸层面向阴极，较厚的磺酸层面向阳极，因此兼有羧酸膜和磺酸膜的优点。同时由于 R—COOH 的存在，可阻止 OH^- 反迁移到阳极室，确保了高的电流效率，电流效率达 96%，NaOH 浓度可达 33%~35%。又因 R—COOH 层的电阻低，能在高电流密度下运行，且阳极液可用盐酸中和，产品氯气质量好。

三、离子膜电解槽分类

目前，工业生产中使用的离子膜电解槽形式很多，无论是哪一种类型，每台电解槽都是由若干电解单元组成，每个电解单元均包括阳极、离子交换膜和阴极 3 个部分。根据供电方式的不同，离子膜电解槽分为单极式和复极式两大类。

对一台单极式电解槽而言，电解槽内的直流电路是并联的。因此，通过各个电解单元的电流之和就是通过这台单极电解槽的总电流，各个电解单元的电压是相等的。而复极式电解槽则相反，槽内各个单元的直流电路都是串联的，各个单元的电流相等，电解槽的总电压是各个电解单元的电压之和，因此每台复极式电解槽都是低电流、高电压运转的。单极电解槽与复极电解槽的性能比较情况见表 8-3-1。

目前，世界上的离子膜电解槽类型很多，较为典型的是美国的 MGC 单极式电解槽和日本的旭化成复极式电解槽。

1. MGC 单极式电解槽

MGC 单极式电解槽由端板和拉杆、带有导管的阳极组件、带有导管的阴极组件、铜电流分布器、密封垫圈组件及槽间连接铜排 6 个部件组成。图 8-3-1 显示了 MGC 单极式电解槽装配情况。该电解槽的阴极液和阳极液的进出口比较简单，阴极液为强制循环，阳极液为自然循环。在阳极与弹性阴极之间安放离子膜。阳极盘与阴极盘的背面有铜电流分布器，将串联铜排连接在钢电流分布器和连接铜排上。整台电解槽由连接铜排支撑。连接铜排下面是绝缘垫和支座。每台电解槽的阳极和阴极不超过 30 对。

表 8-3-1 单极电解槽与复极电解槽的性能比较

项目	单极电解槽	复极电解槽
性能	单元槽并联，连接点多，安装较复杂； 供电是低电压、高电流，电流效率低，电压效率低； 电流是径向输入，内部设置金属导电体，可使电流分布均匀； 电解槽之间用铜排连接，铜消耗量多，且槽间电压损失大(30~50mV)； 膜的有效利用率较低，只有72%~77%； 电解液循环方式一般为自然循环，极个别为强制循环； 一台电解槽发生故障，可以单独停车检查，其余可继续运转，开工率高，但电解槽检修拆装比较烦琐； 电解槽占地面积大，数量多，维修量大，费用高； 一般适用于小规模生产，单台生产能力小，可根据不同需求自由选择电解单元槽的数量	单元槽串联，配件少，安装方便； 供电是高电压、低电流，电流效率高，电压效率高； 电流是轴向输入，电流分布均匀，电解槽之间不用铜排连接，一般用复合板或其他方式，槽间电压损失小(3~20mV)； 膜的有效利用率较高，可达92%； 电解液循环方式为自然循环和强制循环； 一台电解槽发生故障，需停下全部电解槽才能检修，影响生产，但电解槽检修拆装比较容易； 电解槽占地面积小，数量少，维修简单方便，费用低； 一般适用于大规模生产，单台生产能力大，电解单元槽的数量不能随意变动

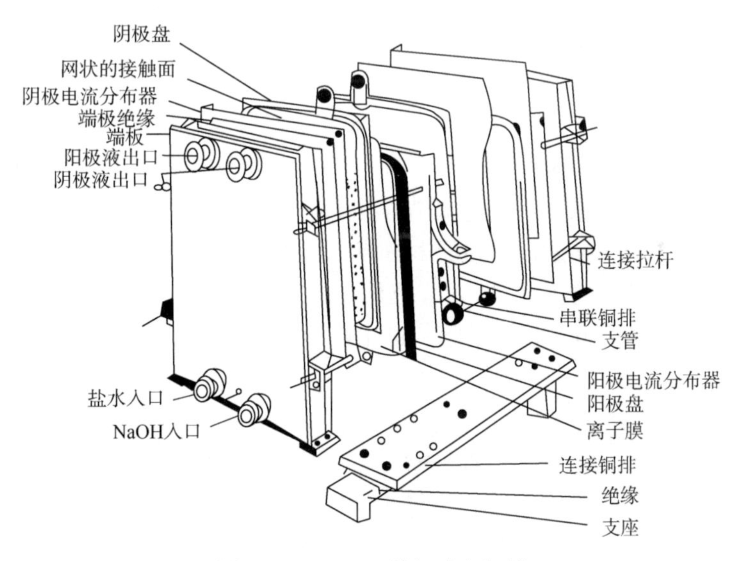

图 8-3-1 MGC 单极式电解槽

2. 旭化成复极式电解槽

旭化成复极式电解槽是我国最早引进、使用较为广泛的一种离子膜电解槽。该电解槽由单元槽、总管、挤压机、油压装置 4 大部分组成，其外形构造及组装如图 8-3-2 所示。

单元槽两边的托架架在挤压机的侧杆上，依靠油压装置供给油压力推动挤压机的活动端头，将全部单元槽进行紧固密封。两侧上下的 4 根总管与单元槽用聚四氟乙烯软管连接，并用阴、阳极液泵进行强制循环。该种电解槽结构紧凑，占地面积小，操作灵活方便，维修费用低，膜利用率高，电流效率高，槽间电压压降小，也比较适合于万吨级装置的小规模的整流配套。它的缺点如下：因依靠油压进行紧固密封，开停车及运转时对油压装置的稳定性要求很高，稍有不稳定就可能出现事故。

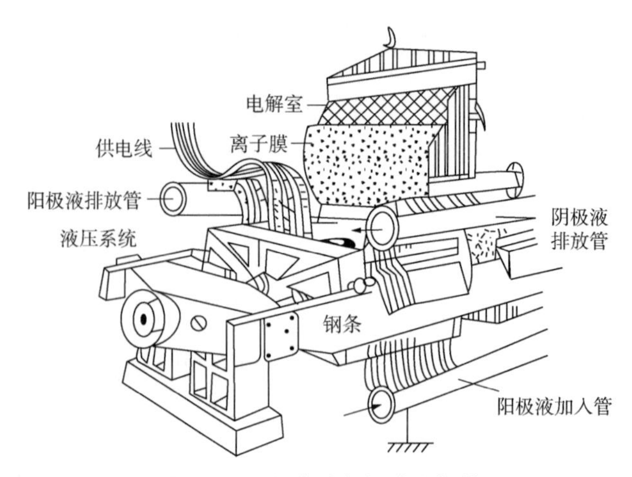

图 8-3-2 旭化成复极式电解槽

四、电解槽结构

电解槽是进行电解反应的装置。电解槽由槽体、阳极和阴极组成，多数用隔膜将阳极室和阴极室隔开。按电解液的不同，电解槽分为水溶液电解槽、熔融盐电解槽和非水溶液电解槽 3 类。当直流电通过电解槽时，在阳极与溶液界面处发生氧化反应，在阴极与溶液界面处发生还原反应，以制取所需产品。电解所用主体设备可分为隔膜电解槽和无隔膜电解槽两类。隔膜电解槽又可分为均向膜(石棉绒)、离子膜及固体电解质膜(如 β-Al_2O_3)等形式；无隔膜电解槽又分为水银电解槽和氧化电解槽等。电解槽材料可以是钢材、水泥、陶瓷等。钢材耐碱，因此应用最广。对于腐蚀性强的电解液，钢槽内部用铅、合成树脂或橡胶等衬里。

一台旭化成自然循环复极离子膜电解槽是由油压单元，2 个阳极端子槽，2 个阴极端子槽，166 个复极单元槽，166 张离子膜，进出口总管、软管及侧杠组成(图 8-3-3)。

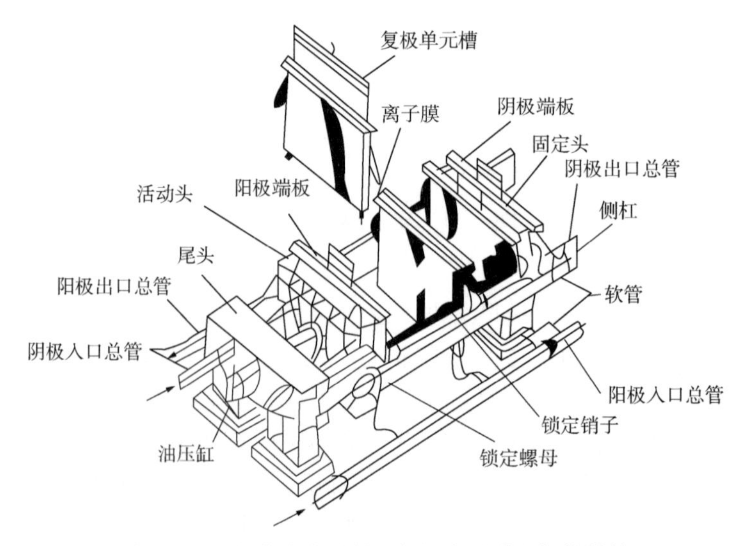

图 8-3-3 旭化成自然循环复极离子膜电解槽结构

五、离子膜电解装置的腐蚀

离子膜电解装置（主要指单元槽，阴、阳极液进、出口总管等）通常存在化学腐蚀、间隙腐蚀、泄漏电流腐蚀 3 种腐蚀。

化学腐蚀主要是阴、阳极系统不同的化学介质对材料的腐蚀。在阴极系统中，主要是 90℃的含量为 32%（质量分数）的 NaOH 对材料的腐蚀。各公司在阴极系统选用的材料大致有镍（Ni）、不锈钢（SUS310S 或 00Cr25Ni20）和非金属材料（CPVC、PVC+FRP、PTFE、PFA 等）3 种。但在既要耐 NaOH 腐蚀又要导电的部位（如阴极盘、阴极筋板、阴极网等），最好使用镍材料，因为镍既有良好的耐碱腐蚀性，又是电阻较低的材料。在输送 NaOH 液体的部位，可采用 SUS310S、非金属材料或钢衬里材料（如总管，包括阴极液进、出口总管）。

在阳极系统中，世界各公司都无一例外地选用了耐腐蚀性能最好的金属材料——钛（Ti），当然在阳极液输送管等部位，也有选用 CPVC+FRP 增强树脂等非金属材料。

在离子膜电解装置中，钛材料在通常使用情况下，其电位接近钝化区，通过溶液中的氯气溶解后生成的次氯酸或次氯酸根离子的氧化作用（生成 TiO_2）来维持钝态，反应式如下：

$$Cl_2+H_2O \longrightarrow HCl+HClO$$

$$HClO+OH \longrightarrow ClO^-+H_2O$$

因此，在离子膜电解装置的阳极系统中，钛材料表面有流动的含氯气电解质溶液部位有很高的耐腐蚀性，几乎是不腐蚀的。

六、电解槽操作条件

离子膜电解槽的操作关键是使离子膜能够长期稳定地保持较高的电流效率和较低的槽电压，进而稳定直流电耗，延长离子膜的使用寿命，不因误操作而使膜受到严重损害，同时也能提高成品质量。

1. 盐水质量

离子膜电解法制碱中，进入电解槽的盐水质量是技术关键，其对离子膜的寿命、槽电压、电流效率及产品质量有着重要的影响（表 8-3-2）。

表 8-3-2 盐水中杂质含量及其对膜的影响

离子种类	容许量	对膜的影响
Ti、V、Cr Mo、W、Co	<11mg/L	在膜上形成杂质层
Fe	44~55μg	在膜上形成杂质层，含量低只影响槽电压，含量高也影响电流效率
Ni	22~550μg/L	在膜上形成杂质层，主要影响槽电压
Ca、Mg	22~33μg/L	在膜内形成沉淀，使槽电压升高，电流效率下降。Ca 主要使电流效率下降，槽电压略有升高；Mg 主要使槽电压升高，电流效率略有下降
Sr	55~550μg/L	在膜内形成结晶沉淀，使槽电压升高，电流效率下降

续表

离子种类	容许量	对膜的影响
Ba	110~1100μg/L	在膜内形成结晶沉淀，使槽电压略有升高，电流效率略有下降
Al	55~110μg/L	在膜内形成结晶沉淀，使电流效率下降
SiO_2	5.5~11mg/L	在膜内形成结晶沉淀，使电流效率下降
SO_4^{2-}	3.3~5.5g/L	在膜内形成结晶沉淀，使电流效率下降
ClO_3^-	<16g/L	在盐水系统中积累

对膜的影响最为明显的还是 Ca^{2+}、Mg^{2+}，它们微量存在就会使电流效率下降，使槽电压上升。

2. 阴极液 NaOH 浓度

阴极液 NaOH 浓度与电流效率之间存在一个极大值。随着阴极液 NaOH 浓度的升高，阴极侧膜的含水率就降低，膜内固定离子浓度随之上升，因此电流效率上升。但是，随着 NaOH 浓度继续升高，由于 OH^- 的反渗透作用，膜中 OH^- 的浓度也增大，当 NaOH 浓度超过 35%甚至 36%以后，膜中 OH^- 离子浓度增大的影响起决定作用，使电流效率明显下降。不同交换容量的膜的阴极液 NaOH 浓度的极大值是不同的。膜的交换容量越大，阴极液 NaOH 浓度的极大值也就越高，即高交换容量的膜适宜于制取高浓度 NaOH。同时，阴极液 NaOH 浓度对槽电压也有影响。一般是 NaOH 浓度越高，槽电压越高。当 NaOH 浓度上升 1%时，槽电压就要增加 0.014V。因此，长期稳定地控制阴极液中 NaOH 浓度是非常重要的。

3. 阳极液中 NaCl 浓度

一般阳极液中 NaCl 浓度越低，电流效率也随之降低。主要是由于 NaCl 浓度过低时，水合 Na^+ 中结合水太多，使膜的含水率增大。一方面，由于阴极室的 OH^- 容易反渗透，导致电流效率下降；另一方面，阳极液中的 Cl^- 也容易通过扩散迁移到阴极室，导致碱液中 NaCl 含量增大。如果长时间地在低 NaCl 浓度下运行，还会使膜膨胀，严重时导致起泡、分层，出现针孔而使膜遭到破坏。但阳极液中 NaCl 浓度也不宜太高，否则会引起槽电压上升。

一般对于离子膜电解槽出口阳极液中 NaCl 浓度，强制循环控制在 190~200g/L，自然循环控制在 200~220g/L。

4. 电流密度

离子膜电解时存在极限电流密度，即电流密度的上限。电流密度在较大的范围内变化时，对电流效率的影响很小，但对槽电压和产品碱中 NaCl 的含量有明显的影响。随着电流密度的升高，膜电阻、膜电位及槽电压也随之升高，电场对 Cl^- 的吸引力也会随之增强，如此增大了 Cl^- 向阴极一侧的移动阻力，降低了阳极液中 NaCl 的浓度。

在工业生产中，为了在高的电流效率下获得高纯度的 NaOH，运转时的电流密度都接近极限电流密度。

5. 电解液温度

每一种离子膜都有一个最佳操作温度范围，在这个范围内，温度的上升会使离子膜阴极一侧的空隙增大，使 Na^+的迁移数增多，有助于电流效率的提高。同时，也有利于提高膜的导电度，降低槽电压。每一种电流密度下也都有一个取得最佳电流效率的温度点。例如，Nafion 膜的操作温度范围较宽，为 70～90℃，温度每上升 1℃，槽电压下降5～10mV；常用的电解槽操作温度为 80～90℃，往往随电流密度而变化。

6. 阳极液 pH 值

阴极液中的 OH^-通过离子膜向阳极室反渗透不仅直接降低阴极电流效率，而且反渗透进入到阳极室的 OH^-还会与溶解于盐水中的氯发生一系列副反应，降低阳极电流效率。

可采用向阳极液中添加盐酸的方法，可以将反渗透过来的 OH^-中和除去，从而提高电流效率。一般离子膜电解槽对出槽阳极液 pH 值进行控制，电解槽加酸 pH 值在 2～3，电解槽不加酸 pH 值在 3～5。

7. 电解液流量

在一般离子膜电解槽中，气泡效应对槽电压的影响是明显的。当电解液循环量少时，电解液浓度分布不均匀，槽内液体中气体率将增加，气泡在膜上及电极上的附着量也将增加，从而导致槽电压上升。因此，无论是单极槽还是复极槽、自然循环还是强制循环，进槽电解液流量都很小，但电解液的循环量还是很大的，这样可以使槽内电解液浓度分布均匀。此外，电解过程中产生的热量主要还是靠电解液带走，因此必须保持电解液有充分的流动，除去多余的热量，将电解液温度控制在一定的水平。

第四节　氯乙烯悬浮聚合典型设备

一、悬浮聚合的主要设备

1. 设备选型基本原则

1）满足工艺要求

在充分考虑工艺要求的同时，力求做到技术先进、经济合理。选择的设备与生产规模相匹配，并保证最大的单位产量；在符合产品品种变化要求的同时，保证产品的质量；在降低劳动强度的同时，提高劳动生产率；能减少原材料及相应的公用工程(水、电、气)的单耗；能改善环境保护，设备生产容易，材料方便易得，操作及维修保养方便。

在选择生产设备时，同时满足上述方面的条件是比较难的，但可以参照上述几个方面对设备进行详细的比较，并确定最适宜的方案。

2）设备成熟可靠

在工业生产中，所选用设备的技术性能、设备材质都要具有一定的可靠性。尤其对生产中的关键设备，一定要在充分调查研究和对比的基础上，做出科学合理的选择。

3）尽量采用国产设备

在设备选型时，尽可能首选国产设备，如果由于生产的需要，在保证设备先进可靠、经济合理的前提下，也可以引进少量进口装置或关键设备，同时也应考虑引进应用时如何消化吸收以及仿制工作。

2. 聚合工段的主要设备

在悬浮聚合生产过程中，聚合反应器通常可分为釜式、塔式、管式和特殊型4种。其中，应用最广的为釜式聚合反应器(以下简称聚合釜)，在聚合物生产中70%左右都采用搅拌釜。当物料为高黏度聚合体系时，优先选择塔式、特殊型聚合反应器。

1）聚合釜

聚合釜是一种多功能型的反应聚合装置，既适合于处理低黏度的悬浮聚合、乳液聚合，也可用于高黏度的本体聚合和溶液聚合过程。根据其操作方式，可以进行间歇、半连续、单釜和多釜连续操作，进而满足不同类型聚合过程的要求。一般在釜中设有搅拌装置，目的是保证釜中物料具有较好的流动性、充分混合与传热、液滴的充分分散或固体物料的均匀悬浮。

聚合釜主要是采用夹套和各种内冷构件进行除热，如设置蛇管、内冷挡板等。在使用内冷构件时，需要注意的是，容易产生物料的混合死角、物料黏附于器壁、构件表面和粒子间的凝聚等现象。除此之外，也可以采用单体或溶剂的蒸发达到除热目的，或使用物料釜外循环冷却、冷进料等方式进行除热。

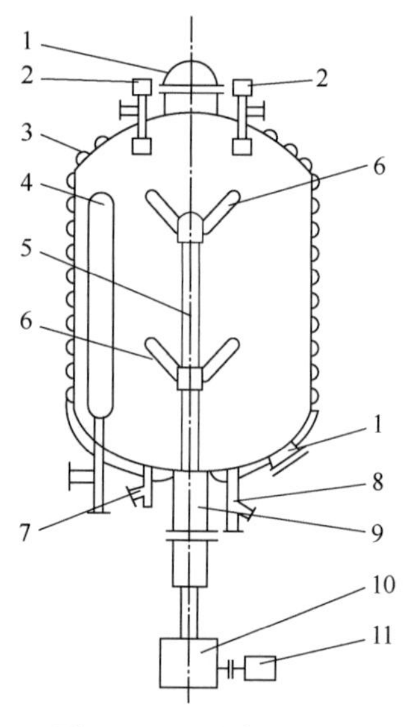

图8-4-1 聚合釜

1—人孔；2—冲洗、喷涂装置；3—夹套；4—内冷挡板；5—搅拌轴；6—搅拌叶；7—引发剂、分散剂入料阀；8—出料阀；9—机械密封；10—加速机；11—电动机

常见的聚合釜以立式为主，如日本信越的127m³聚合釜、古德里奇的70m³聚合釜、吉林化工机械的45m³聚合釜、锦西化工机械的LF70型70m³聚合釜。但随着聚合反应器的大型化，为了减少搅拌轴的振动和提高密封性能，可将顶伸式搅拌装置改为底伸式。

在使用过程中，对聚合釜具有严格的要求。根据聚合过程的特点，要求从以下两个方面考虑：首先是设备安全可靠性，在保证安全生产前提下，除了满足聚合釜的强度和刚度要求，还应留有一定的裕量；其次是工艺工程的合理性，也就是聚合釜的设计和制造，聚合釜应以满足聚合工艺为基础，具有高效的传热部件、稳定的聚合过程、合理的搅拌装置，使树脂质量得到一定的保证，表面镜面抛光，方便于清釜涂布。聚合釜的结构如图8-4-1所示。

聚合釜制造具有以下工艺特点：

(1) 筒体外表面处理。

在半圆管夹套焊接前，筒体外表面进行特殊处理，减少半圆管夹套内冷却水的阻力和表面锈蚀，提高传热效率。

(2) 半圆管夹套圆弧过渡。

在半圆管夹套进出口管处圆弧过渡，采用特殊模具加工成圆弧过渡段，减少压力阻力降。

(3) 内冷挡管连接口整体安装。

下封头与内冷挡管连接口校正和焊接采用整体工装模具，并且下封头与内冷挡管连接口整体二次机加工，保证 4 个内冷挡管连接口在同一平面和垂直度，防止内冷挡管连接面的泄漏或晃动。

（4）机加工面或抛光面保护。

在制造过程中，对所有的法兰密封面、机加工面和电解抛光面进行贴膜保护。

（5）电解抛光。

聚合釜不锈钢复合板的抛光层板采用日本或瑞典进口的无探伤 304 不锈钢板，避免釜内电解抛光过程中出现针孔现象。电解抛光采用日本的先进技术和设备，釜内表面及内件表面均打磨光滑平整并圆弧过渡，所有与介质接触的表面(筒体内表面、搅拌轴、桨叶、内冷挡管等)均进行电解抛光处理，以保证釜内的表面质量要求。

LF70 型 70m^3 聚合釜结构特点见表 8-4-1。

表 8-4-1　LF70 型 70m^3聚合釜结构特点

序号	部件名称	特点
1	减速机	采用日本原装进口，采用垂直交叉轴的结构形式，设有重载轴承，品质好，传递力矩大，噪声小，寿命长，结构紧凑，体积不到国产减速机的一半，方便下封头配管的布置
2	机械密封	采用国际品牌，采用双端面平衡型机械密封，运行可靠。动环材料为硬质合金，静环材料为浸锑石墨，辅助密封圈采用氯橡胶 O 形密封圈，密封腔设有冷却水夹套。端部配置注水系统，防止固体颗粒进入机封系统，使用寿命大于 12000h，允许泄漏量单面不大于 5mL/h
3	人孔	顶部人孔采用气动式带安全联锁装置和限位行程开关控制，配有人孔控制系统气动阀柜，控制人孔的开启、关闭和自锁。底部人孔通过手动旋转手轮，带动丝杆及导轨机构上下运动，实现人孔盖的启闭，人孔密封面采用特殊结构机加工，选择特殊材料 O 形密封圈，运行中密封可靠，无泄漏

2）汽提设备

（1）PVC 浆料之釜式汽提工艺。

聚合反应的浆料，经出料至汽提处理槽内，向其中加入消泡剂并在自压存在下，排气回收未聚合的单体送至气柜，同时向处理槽底部通入水蒸气进行升温至 85℃时，关闭排气回收阀，开启真空泵使槽内抽真空，真空度达 0.035～0.040MPa，此状态下持续 1h 左右，经过旋液分离器，分离出脱吸的氯乙烯单体所夹带的树脂泡沫，再经冷凝器，使部分饱和水蒸气冷凝，通过真空泵送至氯乙烯单体回收装置，经汽提后的处理槽内浆料通过冲入氮气平衡压力后，待离心干燥处理。

该工艺比较简单，易于操作及投资少，使产品中残留单体可降低到10～30mg/kg；但产品中的杂质离子比较难控制，在反应过程中，树脂也会因局部过热容易变黄、变红。因此，该工艺适用于中小型企业生产。

（2）PVC 浆料之塔式汽提工艺。

塔式汽提是指在塔板上水蒸气与 PVC 浆料连续逆流接触进行的传质过程。在高温下，物料停留时间短，最终使 PVC 浆料中残留的氯乙烯单体得到大量脱除并且回收，而且对产品质量影响较小，从而达到大规模、高标准生产的要求。

3）干燥器

干燥机械在选型时需要综合考虑的因素如下：首先是物料特性，包括物料形态、物理性能、热敏性能、物料与水分结合状态等；其次是对产品品质的要求；最后就是使用地环境及能源状况以及一些其他要求。

聚氯乙烯树脂是一种粉末状物料，具有热敏性特点、黏性极小，属于多孔性物料，可以将其干燥过程看作一种非结合水的干燥，即经历表面汽化和内部扩散的不同控制阶段。根据此特点，在干燥过程中采用二级装置。按照工艺流程的要求，通常采用气流干燥器和沸腾床干燥器。

（1）气流干燥器。

气流干燥器主要是通过气流的瞬时干燥将聚氯乙烯树脂表面水分去除，此为第一级干燥。干燥过程中的干燥强度取决于引入热量的多少，通过加大风量和提高温度，可以使较高的湿含量迅速降低，接近临界湿含量的水平。其具体操作是将含水率为20%~25%的聚氯乙烯树脂湿料，首先经过螺旋输送机，到达第一级脉冲气流干燥器，再吹入热风，进入旋风分离器捕集，经干燥后，树脂的含水率为3%~5%。

气流干燥器的特点是强度比较大，操作时间极短，热效率较高、设备简单便于操作且处理量极大，产品质量均匀可靠。

（2）沸腾床干燥器。

气流干燥器干燥所得树脂的内部水经沸腾床干燥器进行干燥、扩散，此为第二级干燥。在此过程中，应该降低风速和延长干燥时间，最终使湿含量达到干燥的要求。其主要操作是物料通过控制阀加入沸腾床干燥器，由第一室向最后一室慢慢逐渐推移。首先吹入热风，使沸腾床内树脂以流化状态溢流至出口，再经文丘里加料混合后，吸入至冷风管进行冷却。最后，经旋风除尘器捕集至滚筒筛和振动筛进行过筛，成品包装。

卧式多室式沸腾干燥器的结构特点如下：可调节灵活进入各室的热空气温度、物料在沸腾床内的停留时间、进料的速度等；并且由于气流的压降损失较低，使干燥器易于操作，而且具有较好的稳定性，适于干燥粒径为0.02~4mm的物料。

4）离心机

离心机主要用于树脂悬浮液的脱水。选择悬浮液分离的离心机时，主要根据以下两点：按产品要求选型；按被分离悬浮液的性质、状态选型。

由悬浮聚合法生产而得的产品，其颗粒大小为60~150μm。依据上述选型的原则，沉降式或过滤式离心机均可适用于含有固体颗粒尺寸在100μm左右或更大时的悬浮液。

以螺旋沉降式离心机为例进行说明，其主要特点为分离效果好、能耗较低、工作负荷轻、工作可靠、寿命长、振动小、噪声低。图8-4-2显示了卧式螺旋沉降式离心机的结构。

从图8-4-2中可以看出，电动机通过V形皮带驱动旋转轴，以2000~3500r/min的高速旋转，通过齿轮箱装置，使转筒与螺旋之间产生同方向的旋转差，即螺旋转速稍慢于转筒，但两者旋转方向是相同的，悬浮液浆液经旋转轴加料孔加入转鼓内部，在离心力的作用下，由于固体颗粒的相对密度较大，因此最终会降于转筒内面，通过相对运动的螺旋推向圆锥部分的卸料口排出；而通过圆筒部分另一端的溢流堰把母液排出。外罩与转筒之间设置有若干隔板，其作用就是防止卸出的“液固”返混。所有增加圆锥部分可以使物料离心更充分，更完全地排出湿树脂的水分；也可以通过延长圆筒部分使母液的沉降更完美，排

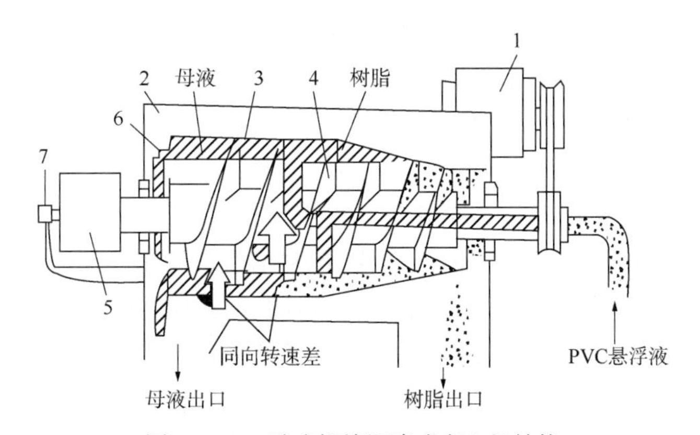

图 8-4-2　卧式螺旋沉降式离心机结构

1—电动机；2—外罩；3—转筒；4—螺旋；5—齿轮箱；6—溢流堰板；7—过载保护

出母液的固含量更低。如果机器已经给定，其最大处理能力以及湿树脂含水量或母液含固量也可以通过调节溢流堰板深度来调节。

卧式螺旋沉降式离心机的结构特点如下：从材质角度看，均采用不锈钢材质与物料接触，对于螺旋顶端、进料区表面及湿树脂卸料口等易摩擦部位，采用堆焊耐磨的硬质合金处理。从装置角度看，该离心机设有过载安全保护装置，系由齿轮箱的小齿轮轴伸出，与装在齿轮箱外的转矩臂连接构成。正常情况下，由于弹簧的作用，转矩臂将顶压着转矩控制器，而一旦转筒内固体物料量过多，或螺旋叶片与转筒内壁的余隙为物料轧住时，螺旋发生过载，转矩臂就会自动脱开转矩控制器，使转筒与螺旋之间转速差顿时消失，从而避免转筒、螺旋或齿轮箱的损坏。此外，该离心机同时设有专用的润滑油循环系统，其中包括油泵及冷却器等，正常工作情况下严格要求油的温度、压力和流量。需要注意的是，在安装或使用过程中，出料管或进料管周围应留有足够的间隙及选用软性连接，目的是减少机器的振动进而保持稳定地运转。

因此，相比于转鼓式离心机，螺旋沉降式离心机具有很多优点，如操作连续、处理能力大、运转周期长、母液固含量低、处理浆料的浓度和颗粒度的范围宽等，目前已成为聚氯乙烯树脂生产中最广泛采用的脱水设备。

5）出料槽

在工艺流程中，出料槽的作用是连接上、下工序，也就是起间断操作的聚合过程与连续操作的汽提、离心、干燥过程之间的缓冲作用。

依据聚合釜容积及台数，通常出料槽分为 18.8m^3、45m^3及 70m^3几种规格。

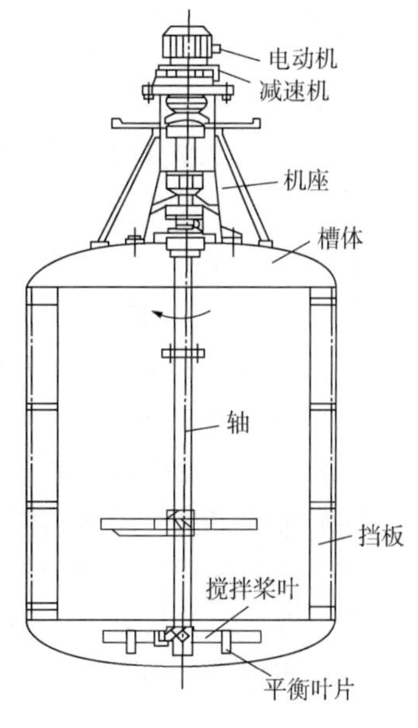

图 8-4-3　70m^3出料槽结构

70m^3出料槽的结构如图 8-4-3 所示，其电动机功率为 7.5kW，搅拌转速为 36r/min。

通常来说，采用顶伸式、无底轴瓦长轴结构的搅拌方式。由于在下层的 4 块平板斜桨叶下方沿垂直方向各焊制一块平衡叶片，作用是限制轴在运动时产生晃动，从而出现了无底轴瓦。该出料槽内壁设有呈 90°且固定在内壁上的直挡板。该结构对树脂质量的提高、设备使用寿命的延长、动力电耗的节约等方面均起着重要作用。

当前，许多小型工厂仍习惯于使用 18.8m^3“顶伸式”出料槽，搅拌系统为鼠笼式或平板斜桨式，其转速较 70m^3出料槽高出几倍，大大增加了动力电耗，同时由于底轴瓦的存在，也易产生塑化片杂质。另外一种“底伸式”出料槽也被应用，配以底伸式推进式搅拌桨叶，底轴封的密封方式为水环式填料函密封、黏滞螺旋密封、机械密封。这种结构的特点如下，虽然搅拌转速仅仅比常用的结构快一倍，但采用的桨叶尺寸比较小，同时动力电耗要降低 2/3 左右，并且无底轴瓦产生塑化片的弊病，因此得到了广泛的应用。由于树脂颗粒在聚合结束时已定形，出料槽搅拌的主要作用是使槽内树脂不发生沉降，不致引起出料槽通道堵塞。

二、悬浮聚合的岗位操作

1. 聚合釜入料

1）聚合设定

在聚合釜入料之前进行的重要步骤如下：

（1）聚合釜搅拌电动机的电源必须是完好的。

（2）确保所有的聚合釜的特殊阀门和控制阀门的供气系统是完好无损的。

（3）关闭聚合釜人孔盖并且紧固环处在锁紧位置。

（4）开启所有的冷却水供水和回水总管上的阀门。

（5）打开所有进出聚合釜工艺总管上的阀门。

（6）聚合釜搅拌密封具有规定的油液位和氮气压力。

（7）紧急事故终止剂氮气钢瓶压力达到 10MPa，关闭所有钢瓶切断阀和钢瓶压力调节器，关闭紧急终止剂储罐到聚合釜之间的阀门。

2）聚合釜的抽真空及置换

如果聚合釜人孔被打开过，在入料前必须对聚合釜进行排空置换工作，即先将聚合釜内抽成很低的真空度，把釜内的空气大部分移出，然后用氯乙烯单体破坏该真空度，使釜内压力恢复，将釜内的残留空气进一步除去。具体步骤如下：

（1）确保在 30min 内无其他设备要求使用真空泵。

（2）必须检查所要抽真空釜的状态。

（3）打开去真空罐工艺管线的阀门。

（4）关闭去真空罐底部的排污阀。

（5）开始抽真空，启动真空泵，检查釜上抽真空切断阀、釜回收总切断阀、检查汽水分离器的液位是否符合开车条件。

（6）当聚合釜内真空度达到-0.05MPa 时，关闭釜上抽真空切断阀、釜回收总切断阀及真空泵。

（7）打开单体入釜切断阀。

(8) 启动单体泵向釜内加入氯乙烯单体。

(9) 控制适当的流量和流量计的累计量。

(10) 当累计达到所需入釜单体数量(一般为 2~3m^3)后关闭单体泵，关闭单体入釜切断阀、单体回流阀、单体入釜调节阀流量计，并使其恢复到所需状态。

(11) 打开出料底阀。

(12) 打开釜底蒸汽调节阀和蒸汽切断阀。

(13) 保持釜内压力达到 0.4MPa 以上。

(14)关闭出料底阀、蒸汽调节阀、蒸汽切断阀。

(15) 检查聚合釜有无漏点。

(16) 打开高压回收阀、捕集器入口调节阀、捕集器入口切断阀、釜上回收切断阀、釜回收总阀进行高压回收。

(17) 当回收流量下降至低限值时，关闭高压回收阀，打开低压回收阀及压缩机进行低压回收。

(18) 当聚合釜内压力达到 0.05MPa 时，停止低压回收，关闭所有釜上及回收系统的阀门，关闭压缩机。

(19) 关闭所有阀门。聚合釜置换工作完毕，准备进行涂壁入料工作。

3) 聚合釜涂壁

聚合釜的涂壁过程包括涂壁前的冲洗、涂壁和涂壁后的冲洗 3 个操作步骤。

(1) 涂壁前的冲洗水泵的操作如下：

① 打开冷水槽到泵进口的所有阀门。

② 打开泵的出口到聚合釜的阀门。

③ 打开冷水槽回流管上的阀门。

④ 确保泵出口压力在正常范围内(1.58MPa)。

⑤ 打开出料泵的出口到废水槽的所有阀门。

(2) 聚合釜涂壁过程如下：

① 打开从涂釜液贮罐到入釜泵管线上阀门。

② 打开从涂釜液加料泵到聚合釜管线上阀门。

③ 关闭在涂壁管线上的排气阀和排污阀。

④ 核实涂壁液不在配制当中。

(3) 最后为涂壁后的冲洗工作，此操作同涂釜前冲洗。最后一次冲洗后，关闭喷淋阀。到此，聚合釜入料已经做好准备。

4) 缓冲剂入料

在聚合釜加入缓冲剂之前，缓冲剂系统必须按照工艺规定的要求做好准备，并检查以下项目：

(1) 缓冲剂配制/贮槽内具有足够的缓冲剂满足加料。

(2) 保证缓冲剂配制槽搅拌处于运行状态。

(3) 缓冲剂加料泵处于正常状态。

(4) 缓冲剂向聚合釜加料期间停止进行缓冲剂溶液的配制。

(5) 当聚合单元入料时，进行如下操作：

① 打开缓冲剂贮槽底部出料阀。

② 启动缓冲剂加料泵。

③ 打开缓冲剂总管阀门。

④ 打开聚合釜入水切断阀。

⑤ 打开聚合出料阀。缓冲剂开始加入聚合釜。

(6) 观察缓冲剂累计流量表的计量，当缓冲剂的指标量被加入后，关闭缓冲剂贮槽出料阀。打开冲洗水阀，冲洗管线。关闭加料泵，关闭缓冲剂总管线阀门。

(7) 聚合釜为下一步水和单体入料做好准备。

5) 单体和去离子水的入料

(1) 氯乙烯单体。

① 选一台单体泵，将所选的泵的阀门位置设定如下：

a. 打开泵的进口和出口阀门。

b. 油密封单元处于标准状态(液位和压力)。

c. 打开油密封单元循环水进、出口阀，且通入循环水。

② 未选单体泵的阀门位置设定如下：

a. 关闭泵的进口和出口阀门。

b. 油密封单元处于标准状态(液位)。

c. 打开油密封单元循环水进出口阀，且通入循环水。

③ 检查氯乙烯单体到聚合釜的管道，确保全部手阀处于正确的位置：

a. 关闭到计量罐的阀门。

b. 打开流量计的进口和出口阀门。

c. 打开被选的氯乙烯单体加料过滤器进、出口阀，关闭未选氯乙烯单体加料过滤器进、出口阀。

d. 打开到聚合釜的阀门。

④ 检查氯乙烯单体的静压安全阀处于正确的位置。

⑤ 检查氯乙烯单体入料时的液位和温度处于正常状态。

(2) 去离子水。

① 检查冷热水加料泵的阀门位置：检查从热水槽到管道，打开阀门，检查且打开泵回流阀门；打开热水泵的进口和出口阀门；检查冷水槽到冷水加料泵的管道，打开阀门，并检查泵的回流阀门应处于打开的状态；打开冷水加料泵的进口和出口阀门；检查并确认聚合釜水入料总管阀门处于正确的位置：关闭到计量罐的阀门；打开流量计的进口和出口阀；打开到聚合釜的阀门。

② 检查水入料时的液位和温度处于正常状态。

6) 聚合釜温度的调节

在加入分散剂或引发剂之前，检查聚合釜内温度。釜内温度若在工艺要求的范围之内，将继续入料，反之，则必须调整釜内温度，此操作过程称为釜内温度调节。

（1）检查聚合釜温度。

（2）当釜内温度比极限值高时，则按照工艺规定的流量打开冷却水阀门。

（3）当釜内温度达到目标值时，关闭冷却水阀门。

（4）当釜内温度比极限值低时，可以通过蒸汽升温。将聚合釜夹套冷却水回水阀关闭，将聚合釜进夹套冷却水排污阀打开。

（5）当釜温达到指示值时，将釜夹套冷却水排污阀关闭，将釜夹套冷却水回水阀打开。

7）链调节剂的入料

在聚氯乙烯生产过程中，有些需要使用链调节剂。链调节剂贮存在调节剂贮罐中，并通过链调节剂加料泵和计量系统由调节剂贮罐向釜内入料。具体操作步骤如下：

（1）关闭从贮槽至聚合釜加料管道上所有排气阀和排污阀，打开总管上的阀门。

（2）打开到贮槽的循环管道的阀门。

（3）检查加料泵是否处于正常状态。

（4）确保链调节剂加料泵、计量系统流量计和流量调节阀、总管切断阀处于正常模式。

（5）核实链调节剂没有配料。

（6）链调节剂入料。

（7）控制调节剂加入总量，当加料量等于工艺量减去超前量时，关闭聚合釜切断阀、关闭总管切断阀、停止入料泵。

8）分散剂的入料

具体步骤如下：

（1）分散剂贮槽内具有足够的分散剂溶液用于加料，并且贮槽搅拌处于运行状态。

（2）贮槽内的分散剂溶液处于自身循环，且当向分散剂计量罐内加料时，不能向分散剂贮槽内加入分散剂溶液。

（3）分散剂计量罐冲洗水和分散剂入料总管冲洗水可按要求设定冲洗水量。

（4）打开分散剂入釜泵前、后总管的阀门，打开入料切断阀前的阀门。

（5）关闭分散剂入料总管上所有的排污阀和排气阀。

（6）分散剂入料前检查：入釜泵出口阀、罐冲洗水阀、管路冲洗水阀、入釜总管切断阀、釜底角阀全部处于关闭状态；分散剂入料泵处于停止状态。

（7）启动入釜泵，打开入釜泵出口切断阀，打开分散剂入釜总管切断阀，打开聚合釜入釜底阀，开始加入分散剂。

（8）当分散剂加至冲洗设定点时，开始计量罐的冲洗，打开冲洗水阀，直到预先设定冲洗水重量达到高限值，然后关闭分散剂计量罐冲洗水阀。

（9）当达到预先设定的重量低限值时，关闭分散剂入釜泵出口阀和停分散剂入料泵。

（10）打开冲洗阀冲洗分散剂入料总管。

（11）当管道冲洗水加入量达到工艺规定量时，关闭聚合釜分散剂、引发剂角阀，关闭总管截止阀，关闭管道冲洗水阀。

（12）最后的分散剂冲洗完成时，在引发剂加料前，给分散剂充分混合留足时间。

9）引发剂入料

具体步骤如下：

（1）引发剂贮槽内总固体含量不低于引发要求。

（2）引发剂贮槽搅拌处于运行状态。

（3）引发剂贮槽内的溶液处于自身循环。

（4）当向引发剂加料罐内加料时，不能向引发剂贮槽内加入引发剂溶液。

（5）加料罐冲洗水和引发剂入料总冲洗水可按要求设定冲洗水量。

（6）打开入料泵前后的总管阀门和釜底角阀前后的阀门。

（7）关闭引发剂入料总管上所有的排污阀和放气阀。

（8）引发剂加料前，应检查循环阀打开，备料阀关闭，泵出口阀关闭，罐冲洗水阀关闭，管路冲洗水阀关闭，停止入釜泵。

（9）开始加入引发剂。

（10）当引发剂加至冲洗设定点时，开始引发剂加料罐的冲洗，打开冲洗水阀，直到预先设定的冲洗水量达到设定值，然后关闭引发剂加料罐冲洗水阀。

（11）当达到预先设定的重量低限值时，关闭泵出口阀和停止入料泵。

（12）打开冲洗阀，冲洗引发剂入料管。

（13）当管道冲洗水加入量达到工艺规定值时，关闭聚合釜分散剂、引发剂角阀，关闭总管切断阀，关闭管路冲洗水阀。

（14）引发剂入料操作结束，开始聚合反应。

10）终止剂入料

具体步骤如下：

（1）关闭所有从终止剂配制槽到聚合釜的管线上的排污阀和排气阀。

（2）打开终止剂配制槽底部的阀门。

（3）终止剂泵和其计量系统处于工作状态。

（4）关闭流量计的旁通阀。

（5）终止剂不在配制当中。

（6）关闭聚合釜注水切断阀。

（7）打开终止剂泵出口阀。

（8）打开聚合釜上终止剂加入阀。

（9）当终止剂的流量在完成工艺的加入量时，关闭终止剂加料阀，关闭终止剂泵出口阀，停止终止剂加料泵。

（10）打开聚合釜注水阀，并设定最大流量冲洗水去聚合釜的总管。

（11）当达到满足工艺要求的冲洗水量时，关闭注水阀。

（12）检查在终止剂配制槽中有足够下一釜次入料用的终止剂溶液剩余量。

（13）此时聚合釜已做好出料和回收的准备。

2. 聚合釜出料

聚合釜出料包括由聚合釜出料泵送浆料到浆料罐、冲洗聚合釜、移出全部树脂颗粒和回收聚合釜内及浆料罐中未反应的单体。罐回收步骤是在浆料泵出料和冲洗聚合釜这两个阶段过程中进行的。具体步骤如下：

(1) 检查出料泵轴封水阀处于打开位置并通有轴封水。

(2) 打开到浆料罐的阀门。

(3) 对泡沫捕集器做如下准备工作：

① 关闭到紧急终止剂的阀门。

② 打开到喷淋水总管上的阀门。

③ 打开冲洗水管线上的阀门。

④ 关闭管线上所有的排污阀和排气阀。

(4) 对浆料罐做如下准备工作：

① 设置合适的搅拌用水量。

② 所有手动阀处于正确位置。

③ 关闭所有管线的排污阀和排气阀。

④ 如果浆料罐打开过人孔，要对其进行抽真空。

⑤ 关闭所有在聚合釜和浆料罐之间的浆料管线上的排气阀和排污阀。

⑥ 倒料泵通入轴封冲洗水。

第九章

煤化工机械设备

我国能源结构的基本特点是富煤、贫油、少气，这就决定了煤炭在一次能源中的重要地位。与石油和天然气相比，我国煤炭的储量比较丰富，总量约为 5.6×10^{12} t，其中已探明储量为 1×10^{12} t，采储量和产量均居世界前列，而且随着勘探工作的发展，数量还在逐年增加。

我国的煤炭资源不仅采储量和产量大，而且种类较全。主要分布地区是华北、西北，其次是西南、华东。从我国煤炭生产的品种来看，无烟煤约占总产量的20%，烟煤约占75%，褐煤只占5%。目前，我国煤炭主要应用于火力发电、工业锅炉、铁路运输、民用、炼焦化学工业、化学肥料工业等行业或部门。

煤化工装备种类较多，一般分为动设备、静设备和成套设备。动设备是指有驱动机带动的转动设备，主要有往复压缩机、离心压缩机、离心泵、高速泵、屏蔽泵、潜水泵、真空泵、齿轮泵以及汽轮机等；静设备主要有加氢反应器、塔、换热器、储罐、气化炉、还原炉等压力容器和管道、阀门；成套设备主要有膜分离成套设备、膜回收成套设备、污泥脱水成套设备以及变压吸附成套设备等。其中，有相当数量的设备或机械属于特种设备或特种机械，如锅炉、压力容器、气瓶及压力管道、起重设备等。

煤化工生产中输送各种介质的管线错综复杂，设备密集，且存在腐蚀性很强的多种介质。因此，煤化工企业大量采用不锈钢等耐腐蚀材料，在设备防腐方面投入巨大。产品多为苯、酚、萘、焦油、合成气、液体燃料、甲醇等腐蚀性强、毒性大、易燃易爆的化工产品，因此进入现场的检修和生产人员要掌握一定的化学知识，并配备适用于化工区域作业的劳保防护用品。煤化工生产区域现场特殊作业的场合多，存在的安全隐患也较多，同时对环保的要求较高，因此检修过程也需要一定的环保措施。

现代煤化工生产装置的规模越来越向大型化、技术密集型、自动化方向发展。本章选取煤化工中的几个典型生产工艺对煤化工机械设备进行介绍。

第一节　炼焦典型设备

焦化厂配煤过程的主要工序包括来煤接收、储存、倒运、配合混匀、粉碎等，这些过程在焦化厂属于煤的准备部分，因此也称备煤。焦化厂昼夜用煤量很大，涉及的煤种多，煤场占地面积大，对配煤设备机械化和自动化作业程度要求高，且备煤对焦炭质量影响大。

我国常用的配煤系统是由配煤槽及其下部的定量给料机构进行配煤。配煤槽顶部一般采用移动皮带输送机进行装料。本节着重介绍我国焦化企业采用的配煤装置。

一、配煤槽

配煤槽是用来储存各单种煤料的设备，一般设置在给料设备之上。配煤槽的数量和容量取决于煤料和焦化厂的生产规模。配煤槽数量一般应比配煤所用煤种数多两三个，以作备用。这是因为有时要更换煤种或维护设备，或煤质波动大的煤需要两个槽同时配煤，以提高配煤准确度。配煤槽的总容量应能保证焦炉一昼夜的配煤量。表 9-1-1 中列出了参考配煤槽个数和容量。

表 9-1-1 配煤槽个数和容量

焦化厂规模(焦炭)，10^4t/a	配煤槽直径，m	单槽容量，t	配煤槽个数
40~60	7	350	6~7
90	8	500	7~8
120	8	500	10~12
180	10	800	12~14

配煤槽主要由卸煤装置、槽体和锥体 3 部分组成。按槽体的截面形状，配煤槽可分为方形槽和圆形槽两种。由于方形槽容易挂料，影响配煤的准确性，因此广泛采用的是圆形槽。圆形槽断面积较小，投资省，挂料轻，槽体侧壁和底部压力分布均匀，一般为钢筋混凝土结构。直径小于 6m 的配煤槽也可用砖砌筑。

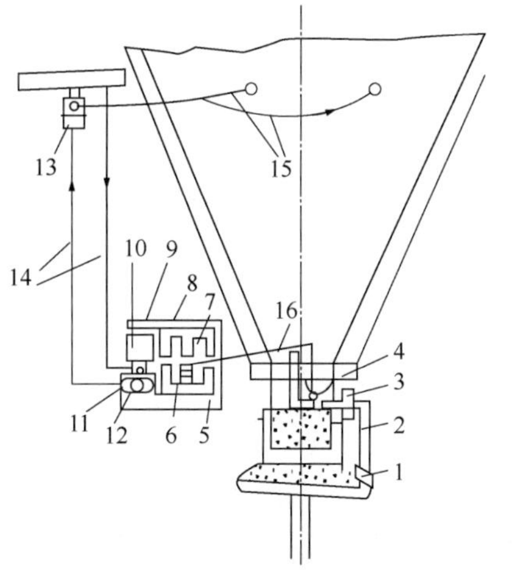

图 9-1-1 风力振煤装置

1—挡煤板；2—探尺；3—转动架；4—水银接点；5—电磁铁架；6—电磁铁；7—线圈；8—压板；9—开关按钮；10—电动气阀；11—送风口；12—出风口；13—风阀；14—送风管；15—吹风管；16—电线

配煤槽顶部一般采用移动胶带机卸料；当来煤胶带机从端部引入顶部时，可采用卸料车卸料；小型焦化厂也有用犁式卸料器卸料的。配煤槽下部是锥体部分，即圆锥形下料斗或曲线形下料斗部分，下料斗下部和配煤盘联结，其倾斜角应大于 60°，同时内壁面应力求光滑，减少摩擦，以保证配煤槽均匀放料。槽的高度与直径之比不应小于 1.6，放煤口直径不应小于 0.7m。配煤时，为保证煤量稳定，配煤槽的煤量高度应保持在 2/3 以上，并防止在一个煤槽内同时上煤和放煤。

煤料在配煤槽内由上往下移动，通过下料斗到配煤盘，由配煤盘将煤放到配煤皮带上。下料斗内壁通常安装有风力振煤装置，以便及时处理放料口上部的堵塞或悬料现象。图 9-1-1 显示了风力振煤装置。风力振煤装置由一套送风管路和风阀组成，风阀前的管路为送风管，与具有一定压力的风源相接；风阀后的管路为吹风管，其出口固定在槽底的锥形壁面上，风嘴向下喷，防止煤里的水分流入风管。风的停送由风阀控制，风阀可以自动控制，也可手动控制。

风力振动装置是消除堵塞或悬料的一种装置，但要防止堵塞，还应从本质上加以解决。煤料下降时，若煤料重力大于下料斗对煤料的摩擦力，煤料就可以顺利降落。因此，增加煤料的下降力，减小摩擦，是减少堵塞的基本方法。与圆锥形下料斗相比，双曲线形下料斗的平均截面收缩率小于圆锥形下料斗，阻力小，因此用双曲线形下料斗只要收缩率合格就能保证煤料下行通畅。

目前，焦化厂多数用双曲线形下料斗，内衬瓷砖或其他光滑耐磨的材料。

二、定量给料装置

在配煤槽下部的定量给料装置有两种：一种是配煤盘；另一种是电磁振动给料机。

1. 配煤盘

配煤盘又称圆盘给料机，设在配煤槽下部，实现下料控制、达到定量给料的目的。

配煤盘由圆盘、调节套筒、刮煤板及减速传动装置等组成(图 9-1-2)。配煤时，用升降套筒上下调节或改变刮煤板插入深度来调节给料量。配煤量需较大幅度调节时，用升降套筒调节；当调节量较小时，则用改变刮煤板插入深度来调节。

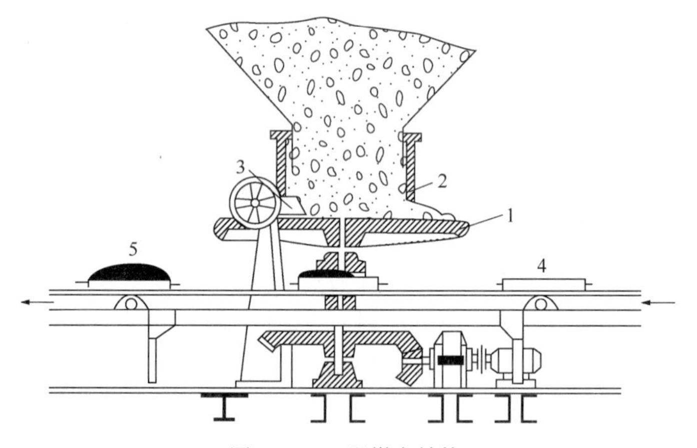

图 9-1-2　配煤盘结构

1—圆盘；2—调节套筒；3—刮煤板；4，5—铁盘

配煤盘的优点是调节简单、运行比较可靠、维护方便，目前在我国广泛使用。但设备笨重，耗电量大，刮煤板易挂杂物，影响配煤的准确性，需经常清扫。

2. 电磁振动给料机

电磁振动给料机是一种利用电磁铁和弹性元件配合形成振动源，使给料槽做高频率的往复运动，槽上的物料以某一角度被抛出的给料机械。电磁振动给料机的结构如图9-1-3所示。电磁振动给料机由给料槽体、激振器和减振器等组成，而激振器又由连接叉、衔铁、板弹簧组、铁芯和激振器壳体组成。连接叉和槽体固定在一起，通过它将激振器的振力传递给槽体，从而使槽体振动。板弹簧组是储能机构，连接前质体和后质体组成双质体的振动系统。

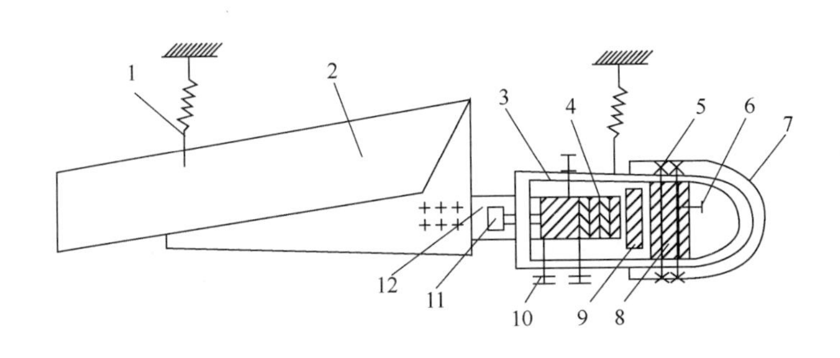

图 9-1-3　电磁振动给料机结构

1—减振器及吊杆；2—给料槽体；3—激振器壳体；4—板弹簧组；5—铁芯的压紧螺栓；6—铁芯的调节栓；7—密封罩；8—铁芯；9—衔铁；10—检修螺栓；11—顶紧螺栓；12—连接叉

前质体由槽体、连接叉、衔铁及槽体 10%~20% 的物料组成；后质体由激振器壳体、铁芯组成，铁芯上固定着线圈，线圈的电流是经过单相半波整流的。当电流接通时，在正半周内有电流通过，衔铁和铁芯间产生吸力，前质体向后移，后质体向前移，同时板弹簧产生变形，储存一定的弹性势能；在负半周内，线圈中无电流通过，电磁力消失。由于储存的弹性势能的作用，使衔铁和铁芯分开，前、后质体返回到各自原来位置。如此往复振动，使物料连续向一定方向移动，从而完成定量给料任务，物料量的大小靠振幅来调节。

电磁振动给料机的优点是结构简单、维修方便、布置紧凑、投资少、耗电量小、调节方便，但安装调整时要求严格，调整不好时将产生很大的噪声，煤料水分较大或黏结性大时卸料不均匀。

三、自动配煤系统

为使配煤操作更为准确，现在许多焦化厂都采用自动化控制的配煤操作系统进行配煤操作。自动化配煤就是在配煤装置下方设称量小胶带机和电子秤，通过调节配煤盘的转速来控制单种煤的配入量，保证配煤比例和配入量的准确和恒定。称量小胶带机为长度约为 4m 的框架式或悬臂式胶带机。

电子秤自动配煤装置按要求的配入量，煤量经配煤盘或电磁振动给料机送到称量小胶带机上，均匀铺在胶带机上的煤经过称量区时，由称量托辊和称框作用于重量传感器上。重量传感器由弹性元件和贴附在弹性体上的电阻应变片组成，这些电阻片按适当的顺序组成电桥。

根据电桥平衡原理，在一定电压下无负载时，电桥处于平衡状态，输出电压为 0；当传感器承受重量时，因弹性元件变形，桥臂电阻失去平衡，电桥处于不平衡状态，输出电压不为 0。速度传感器是一个速度变换器，即靠变换器的滚轮和胶带直接摩擦而转换成转速，再将此转速转换成速度信号，用以模拟胶带机的速度大小。一方面，该信号与质量传感器得出的质量信号相乘，模拟瞬时输送量；另一方面，又相当于一个小发电机，产生质量传感器所需的供桥电压。传感器送出的毫伏信号和质量输送成正比，此毫伏信号经毫伏变送器将信号放大并转换为4~20mA的电流信号，再经质量显示仪表和比例积分单元，分别指示出瞬时量和累计量。当实际下料量与给定值(通过的电流量)发生偏差时，调节器给出偏差信号，再转换成电压信号，自动调节配煤盘转速和电磁振动给料机的振幅，使下料量回到给定值，实现自动配煤的目的。

四、粉碎装置

炼焦中，煤料的细度和粒度对焦炭质量和焦炉操作有很大影响，因此装炉煤必须粉碎。目前，焦化厂常用的粉碎设备有锤式粉碎机和反击式粉碎机两种类型。

1. 锤式粉碎机

锤式粉碎机在大、中型焦化厂应用较多，主要由转子、锤子、箅条、调节机构及外壳组成。转子位于粉碎机的中心位置，转子外缘上等距离安排着10排轴，每个轴上交错安装着7个相同的锤子(活动连接)，当电动机带动转子旋转时，锤子便向半径方向伸展，产生很大的动能，将煤块击打粉碎。

箅子安装在转子下部，箅子和转子之间的距离通过箅子的升降进行调节，以控制煤料的细度，其调节是通过手动摇把进行的，箅条间距也可以调节。粉碎后的煤，一部分通过箅条缝隙被压出；另一部分主要通过窗孔排出。

锤式粉碎机结构简单、生产效率较高、细度容易调节、耗电量小；但锤头磨损大，对铁物较敏感，易造成设备损坏。

2. 反击式粉碎机

近年来，反击式粉碎机应用较为广泛。反击式粉碎机主要由转子、锤头及前、后反击板组成。当煤料进入粉碎机后，靠锤头的作用将煤粉碎，其中大颗粒的煤被旋转的锤头打击后，又被抛向反击板，与反击板撞击又被粉碎一次，被反弹回来的煤再被锤头打击，如此反复，由于煤块受击打的次数增多，煤料粉碎的效率就提高了，其中大煤块撞击次数多于小煤块，因此煤料粉碎得较均匀。

反击式粉碎机的结构简单、维修方便，粉碎效率高，耗电量较小；但锤头易磨损，粉尘较大，操作环境差。

五、焦炉

现代焦炉主要由炭化室、燃烧室、蓄热室、斜道区、炉顶区和基础部分组成。炉体最上部是炉顶，炉顶之下为相间排列的炭化室和燃烧室，其下为蓄热室，燃烧室通过斜道区与蓄热室相连，每个蓄热室下部的小烟道通过废弃开闭器与烟道相连。烟道设在焦炉基础内或基础两侧，烟道末端通向烟囱。焦炉断面如图9-1-4所示。

1. 炭化室

炭化室是煤隔绝空气进行干馏的场所，一般由硅质耐火材料砌筑成带锥度的长方形空间。顶部有三四个加煤孔(捣固式焦炉的炭化室顶部的装煤孔是备用的)，一两个导出干馏煤气的上升孔，两端有内衬耐火材料的可打开铸铁炉门。整座焦炉靠推焦车一侧称机侧，另一侧为焦侧。

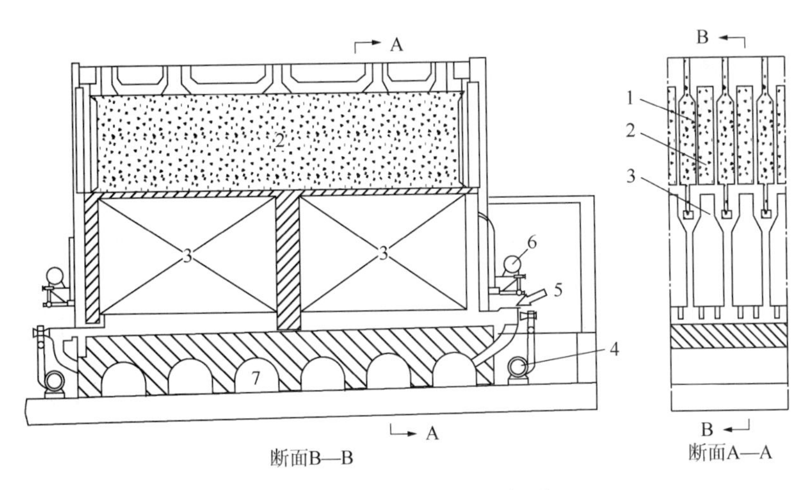

图 9-1-4 焦炉断面示意图

1—燃烧室；2—炭化室；3—蓄热室；4—贫煤气管；5—空气入口；6—富煤气管；7—烟道

对于顶装煤的常规焦炉，为顺利推焦，炭化室水平截面呈梯形，焦侧大于机侧，两侧宽度之差称为锥度，一般焦侧比机侧宽 20~70mm，大多数情况下为 50mm。捣固焦炉由于装入炉的捣固煤饼机侧、焦侧宽度相同，因此炭化室锥度为 0 或很小(0~20mm)。为使荒煤气顺利导出，炭化室内的装煤高度(由平煤杆拉平的煤线至炭化室地面距离)低于炭化室的总高，装煤高度称为炭化室的有效高度。在高度方面，大型焦炉一般为 4~6m。在长度方面，大型焦炉一般为 13~16m，由于炉门衬砖深入炉内(此厚度为 365~420mm)，使炭化室实际装煤空间的长度(即有效长度)比炭化室的全长略小。炭化室的有效容积等于炭化室的有效长度、平均宽度和有效高度的乘积。焦炉命名中，多以炭化室的高度尺寸反映炭化室的大小及焦炉的规模，如我国的 JN43-80 型焦炉，就是指炭化室总高度为 4.3m。

提高焦炉的生产能力可依靠提高炭化室的容积来实现，一般来说，随着炭化室长度的增加，焦炉的生产能力成比例增加，长度增加的极限取决于技术装备的条件，如推焦杆的长度。增加高度可增大焦炉的生产能力，且由于煤料堆密度的增加，有利于焦炭质量的提高；但受到高向加热均匀的限制，而且炉门、炉门框生产时的清扫也将增加困难。炭化室的宽度对焦炉的生产能力与焦炭质量均有影响，增加宽度虽能提高焦炉容积，装煤量多，但因煤料传热不良，随宽度增大，结焦时间大为延长，结焦速率降低。

2. 燃烧室

燃烧室位于炭化室两侧，其中分成许多立火道，煤气和空气在其中混合燃烧，产生的热量由炉墙间接传递给炭化室，对煤进行高温干馏。因此，每座焦炉的燃烧室都比炭化室多一个。

燃烧室长度与炭化室相同，锥度与炭化室相同但方向相反，这样可以保持炭化室之间机焦两侧的中心距是相同的，便于维持焦炉炉组的准直。燃烧室一般比炭化室稍宽，以利于辐射传热。燃烧室内的顶端空间高度低于炭化室顶的高度，二者间的差值称为加热水平高度。焦炉设置加热水平高度的目的是防止对炭化室顶部空间加热过度。在保证焦饼上下均匀成熟的前提下，应控制煤干馏热解产物的二次热解，提高炼焦化学产品的质量和产率。

3. 蓄热室

蓄热室的作用是回收燃烧室出来的高温废气的废热，同时预热燃烧所用空气或贫煤气。蓄热室位于炉体炭化室和燃烧室下部，其上部经斜道与燃烧室相连，下部经废气盘分别与分烟道、贫煤气管和大气相通。现代焦炉蓄热室由顶部空间、格子砖、箅子砖、小烟道以及蓄热室隔墙等构成。对于下喷式焦炉，主墙内还有直立砖煤气道，用于导入焦炉加热用的焦炉煤气，即采用焦炉煤气加热时，不通过蓄热室，直接由砖煤气道导入立火道燃烧。

现代蓄热室均为横蓄热室，其中心线与燃烧室中心线平行，其优点是能使每个燃烧室为独立系统，便于单独调节；当局部产生问题时，可以关停几个炉室，不会影响整座焦炉；蓄热室的格子砖可以保证各燃烧室的煤气和空气长向均匀分配；蓄热室端部面积小，热辐射损失小；炭化室和蓄热室构成一个整体，炉体较坚固。

4. 斜道区

从位置上看，斜道区既是蓄热室的封顶，又是燃烧室、炭化室的底部；从作用上看，斜道区是燃烧室和蓄热室的连通道，是焦炉加热系统的一个重要部位。不同类型的焦炉，斜道区结构不同。

每个立火道底部都有两条斜道：一条通空气蓄热室，另一条通贫煤气蓄热室。复热式焦炉还有一条砖煤气道，通焦炉煤气。斜道内各走不同压力的气体，要防止窜漏。斜道内设有膨胀缝和滑动缝，以吸收砖体的线膨胀。

通过更换不同厚度和高度的火焰调节砖，可以调节煤气和空气的接触点的位置，以调节火焰高度。移动或更换不同厚度的牛舌砖可以调节进入火道空气量或高炉煤气量。

斜道区的倾斜角应该大于30°，以免积灰堵塞，斜道的断面收缩角应小于7°，砌筑时力求光滑，以降低阻力。同一个火道内两条斜道出口中心线的夹角，决定了火焰的高度，应与高向加热均匀相适应，一般约为20°。

斜道出口收缩和突然扩大，使上升气流的出口阻力增大，增大的阻力约占整个斜道的75%。因此，当改变调节砖厚度而改变出口截面积时，能有效地调节高炉煤气量和空气量。

5. 炉顶区

炭化室盖顶砖以上部位称炉顶区。炉顶区设有装煤孔、看火孔、上升管孔、拉条沟及烘炉孔（投产后堵塞不用）等。炉顶区的高度关系到炉体结构强度和炉顶操作环境，大型焦炉为1000~1200mm，并在不受压力的实体部位用隔热砖砌筑。炉顶区的实体部位也需设置平行于抵抗墙（位于焦炉两端，防止焦炉膨胀变形）的膨胀缝，一般用黏土砖和隔热砖砌筑。炉顶表面用耐磨性好的砖砌筑。

6. 焦炉基础平台、烟道和烟囱

焦炉基础平台位于焦炉地基之上。焦炉两端设有钢筋混凝土的抵抗墙，抵抗墙上有纵拉条孔。焦炉砌在基础平台上，依靠抵抗墙和纵拉条紧固炉体。焦炉机、焦侧下部设有分烟道，通过废气盘与各小烟道连接，炉内燃烧产生的废气通过分烟道汇合到总烟道，然后由烟囱排出。

烟囱的作用是向高空排放燃烧废气，并产生足够的吸力，以便使燃烧所需的空气进入加热系统。

抵抗墙对炉体的纵向膨胀起一定的约束作用，因此炉顶设置纵拉条，来限制炉体纵向膨胀变形，约束抵抗墙柱顶的位移。

六、焦炉附属设备

炼焦生产中，需要对焦炉设置一些附属设备和机械，主要有炉门设备、加热设备、导出煤气设备、焦炉机械、熄焦设备、筛焦设备及其他附属设备。

1. 护炉设备

焦炉砌体的主要材料是硅砖。在高温生产状态下，炉体受到各种外力的作用(如炉体材料 SiO_2晶体在高温下发生形态转变，使砌体产生膨胀；此外，在结焦过程中，煤料膨胀及推焦时焦饼的压缩所产生的侧压力和静摩擦力、摘炉门时炉体受到强大的冲击力等)，若不加保护，很容易产生破坏，特别是炉头易产生裂缝和损坏。在焦炉生产操作时，为使炉体具有足够的结构强度，并保证它的完整和严密，需要配置适当的护炉设备。

护炉设备安装在焦炉砌体外，利用可调节的弹簧势能，连续不断地向砌体施加数量足够、分布合理的保护性压力，使砌体在自身膨胀和外力作用下仍保持完整、严密，从而保证焦炉正常生产。这些设备可分为沿炉组长向(纵向)和燃烧室长向(横向)的保护。

2. 炉门

炭化室的机、焦两侧是用炉门封闭的，炉门的严密与否对防止炭化，室内冒烟、冒火和炉门框、炉柱的变形、失效有密切关系。摘下炉门后，焦炭可从炭化室推出，挂上炉门后，可向炭化室内装煤。现代焦炉对炉门的基本要求是结构简单、密封严实、操作轻便、维修方便、容易清扫。

较为常见的是自封式刀边炉门，其结构如图 9-1-5 所示。自封式刀边炉门是靠固定在炉门整个周边上的刀边，压紧在炉门框的平面上，进行铁对铁的密封，炉门的外壳由铸铁制成。炉门内侧设有砖槽，槽内砌有黏土衬砖，衬砖与槽间隙有隔热材料，以减少散热。炉门刀边既可轧制而成，也可用角钢制作。在刀边支架周边上安装有调节顶丝，以调节刀边使其与炉门框封严。炉门靠横铁螺栓将炉门顶紧，摘挂炉门时用推焦车和拦焦车上的拧螺栓机构将横铁螺栓松紧，转动横铁脱离挂钩，取下炉门，此操作时间较长，作用力不易控制。

近年来为提高密封性，也广泛采用双边刀和敲打边刀及气封门。

3. 荒煤气导出设备

荒煤气导出设备的作用如下：一是顺利导出各炭化室内产生的荒煤气，不致因煤气压力过高而引起冒烟冒火，同时要保持和控制炭化室在整个结焦过程中为正压；二是将出炉荒煤气适度冷却，不致因温度过高而引起设备变形、阻力升高和鼓风、冷凝的负荷增大，但又要保持焦油和氨水具有良好的流动性。

荒煤气导出设备主要包括上升管、桥管、水封阀、集气管、焦油盒、吸气管以及相应的喷洒氨水系统。

1）上升管和桥管

上升管直接与炭化室相连，由钢板焊接或铸铁铸造而成，内衬耐火砖。桥管(也称Ⅱ

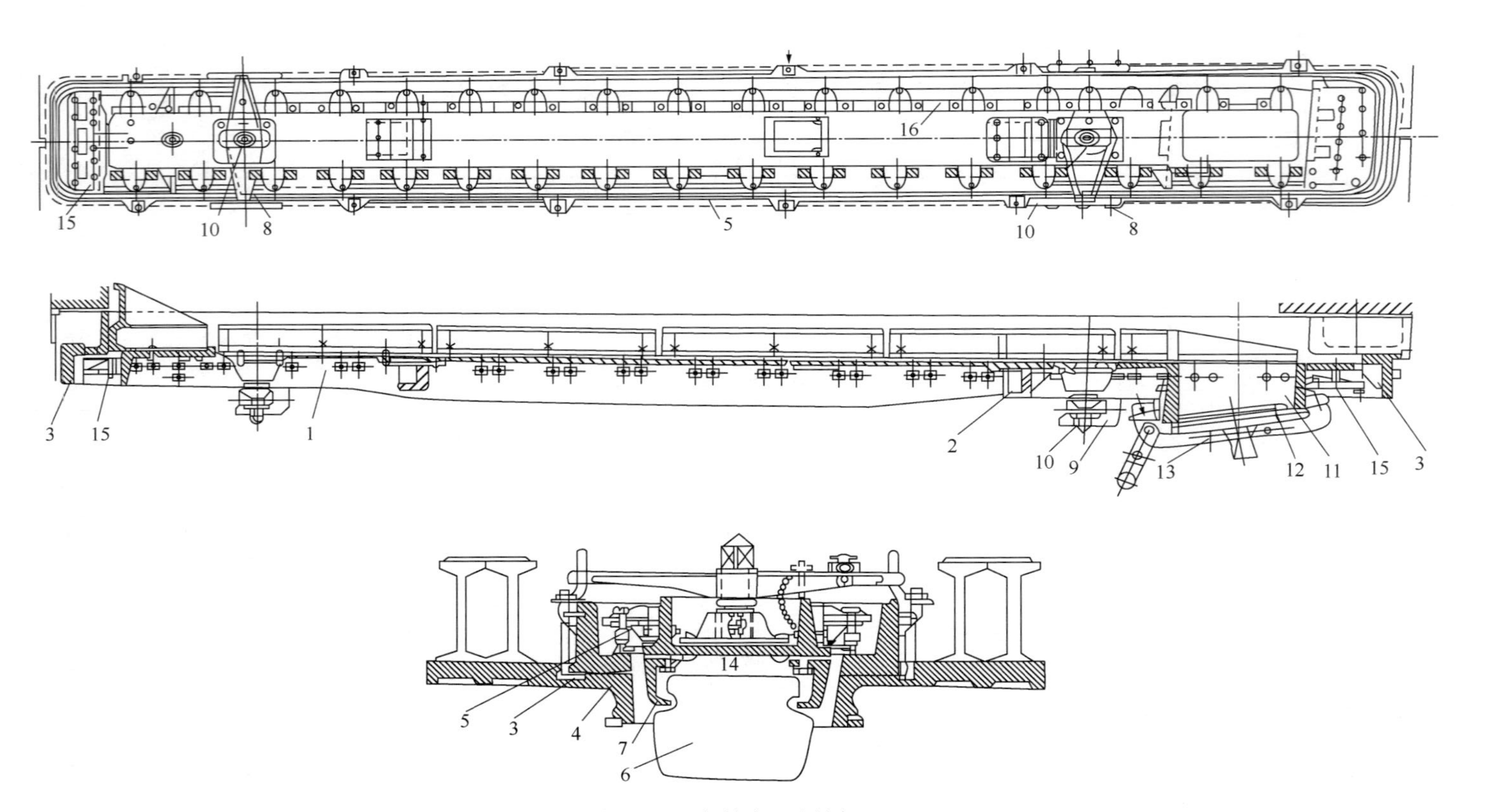

图9-1-5　自封式刀边炉门

1—外壳；2—提钩；3—刀边；4—角钢；5—刀边支架；6—衬砖；7—砖槽；8—横铁；9—炉门框挂钩；10—横铁螺栓；11—平煤孔；12—小炉门；13—小炉门压杆；14—砌隔热材料空隙；15—支架；16—横铁拉杆

型管）为铸铁弯管，桥管上设有氨水和蒸汽喷嘴。水封阀靠水封翻板及其上面桥管氨水喷嘴喷洒下来的氨水形成水封，切断上升管与集气管的连接。翻板打开时，上升管与集气管连通。

由炭化室进入上升管的温度为700℃左右的荒煤气，经桥管上的氨水喷嘴连续不断地喷洒氨水（氨水温度为75~80℃），由于部分氨水蒸发大量吸热，煤气温度迅速下降。若用冷水喷洒，氨水蒸发量降低，煤气冷却效果反而不好，并使焦油黏度增加，容易造成集气管堵塞。冷却后的煤气、循环热氨水和冷凝焦油一起流向煤气净化工序。

为保证氨水的正常喷洒，循环氨水必须不含焦油，且氨水压力稳定。桥管上的蒸汽在装煤时打开，依靠其喷射作用产生的吸力，便于荒煤气导出，减轻装煤时冒烟冒火，蒸汽压力为690~785kPa。

荒煤气的冷却效果除受氨水压力、温度和质量影响以外，还受到氨水的雾化程度的影响。喷嘴的结构可直接影响氨水的雾化程度，雾化好则冷却效果好。为提高喷嘴的喷射力和雾化程度，提高冷却效果和利于桥管冲刷，氨水喷嘴的结构经过逐步改进，出现了多种类型的氨水喷嘴。

2）集气管和吸气管

集气管是用钢板焊接或铆接而成的圆形或槽形的管子，沿整个炉组长向置于炉柱的托架上，以汇集各炭化室中由上升管来的荒煤气以及由桥管喷洒下来的氨水和冷凝下来的焦油。集气管上部每隔一个炭化室均设有带盖的清扫孔，以清扫沉积于底部的焦油和焦油渣。上部还有氨水喷嘴，以进一步冷却煤气。

集气管可以按6%~10%的倾斜度安装，以利于集气管中的氨水、焦油冷凝液等的流动。集气管倾斜方向与焦油、氨水的导出方向相同。

每个集气管上设有放散管，当荒煤气压力大或开工时放散用。桥管专供荒煤气排出，其上装有手动或自动的调节翻板，用以调节集气管的压力。桥管下方的焦油盒供焦油、氨水通过，并定期由此捞出焦油渣。经桥管和焦油盒后，煤气与焦油、氨水又汇合于吸气管，为使焦油、氨水顺利流至回收车间的气液分离器并保持一定的流速，吸气管应有1%~1.5%的坡度。

集气管分单集气管和双集气管两种形式。单集气管多布置在焦炉的机侧，其优点是投资省、炉顶通风较好等，但装煤时炭化室内气流阻力大，容易造成冒烟冒火。双集气管由于煤气由炭化室两侧析出而汇合于吸气管，从而降低了集气管两侧的压力，使全炉炭化室压力分布较均匀，装煤时炭化室压力低，减轻了冒烟冒火，易于实现无烟装煤。双集气管有利于实现炉顶机械化清扫炉盖，但基建投资大，炉顶通风较差。

总之，荒煤气导出设备既要保证焦炉炭化室内产生的气体顺利导出，控制合适稳定的集气管压力，又要防止炉门的冒烟着火，还要使各炭化室在结焦末期保证正压，能保证荒煤气冷却到80~100℃，使焦油和氨水保持良好的流动性，以便顺利排出。

4. *焦炉加热设备*

焦炉加热设备的作用是向焦炉输送和调节加热用的煤气、空气以及排出燃烧后的废气。

炼焦生产要求供热均匀稳定的同时，还能灵活方便地进行调节。因此，在煤气管道上还设置有调节和控制用的各种节流管件及测温、测压、测流量的接点；为改善加热条件，还配备预热器、水封等附属设备。

大型焦炉一般为复热式，可用两种煤气(贫煤气和富煤气)加热，配备两套加热煤气系统；单热式焦炉只需配备一套焦炉煤气加热系统。复热式焦炉和单热式焦炉的加热管系基本相同。

5. 废气导出设备

焦炉废气系统由废气盘，机、焦侧分烟道和总烟道翻板组成。

1）废气盘

废气盘也称废气开闭器，是控制焦炉加热用的空气、煤气以及排出废气的装置。大致可分为提杆式双砣盘型和杠杆式交换砣型两种。

(1)提杆式双砣盘型废气盘。

由筒体、砣盘、两叉部和连接管组成。两叉部内有两条通道，分别与空气蓄热室和煤气蓄热室的小烟道连接，上部设有进空气盖板。筒体内设有两层砣盘，上砣盘的套杆套在下砣盘的芯杆外面，芯杆经小链与交换链条连接。

当用贫煤气加热时，空气叉上部的空气盖板与交换链连接，煤气叉上部的空气盖板关死。气流上升时，筒体内两个砣盘落下，上砣盘将煤气与空气隔开，下砣盘将筒体与烟道弯管隔开；气流下降时，煤气交换旋塞靠单独的拉条关死，在废气交换链提起两层砣盘的同时空气盖板关闭，使两叉部与烟道接通排出废气。

当采用焦炉煤气加热时，两叉部的空气盖板均与交换链连接，上砣盘可用卡具支起使其一直处于开启状态，仅用下砣盘开闭废气。气流上升时，下砣盘落下，空气盖板提起；气流下降时，则相反。

砣杆提起的高度和砣盘落下后的严密程度均对气流有影响，因此要求全炉砣杆提起高度应一致，砣盘严密无卡砣现象，还应保证废气盘与小烟道及烟道弯管的连接处严密。贫煤气流量主要取决于支管压力和支管上调节流量的孔板直径，与蓄热室的吸力关系不大；空气流量取决于风门开度和蓄热室的吸力；废气流量则主要取决于烟囱吸力。

(2) 杠杆式交换砣型废气盘。

与提杆式双砣型废气盘相比，杠杆式交换砣型废气盘用煤气砣代替贫煤气交换旋塞，通过杠杆卡轴和扇形轮等转动废气砣、煤气砣和空气盖板，省去了贫煤气的交换拉条。

2）烟道翻板

烟道翻板的作用是调节和控制烟道吸力，一般设置有机、焦侧分烟道和总烟道翻板。在总烟道和各分烟道上设有测量温度和吸力的接点。

3）交换设备

交换设备是改变焦炉加热系统气体流动方向的动力设备和传动机构，包括交换机和传动拉条。

焦炉无论用哪种煤气加热，交换都要经过 3 个基本过程：先关煤气，再交换废气和空气，最后开煤气。这是因为先关煤气可防止加热系统中有剩余煤气而发生爆炸事故；煤气关闭后，有一短暂的时间间隔，再进行空气和废气的交换，以使残余煤气完全烧尽；交换废气和空气时，废气砣和空气盖要稍微打开，以免吸力过大而受冲击。

第二节　粗提与精制典型设备

一、煤气初冷器

煤气初冷器分为间接式煤气初冷器和直接式煤气初冷器，对应有间接初冷法和直接初冷法。

1. 粗煤气的间接初冷

粗煤气通过间接初冷器，温度从80~85℃降至25~35℃，鼓风机送入电捕焦油器除去煤气中的焦油雾后，送往煤气净化的后续工艺装置。冷却后的煤气中焦油含量降至1.5~2g/m^3，经鼓风机和电捕焦油器进一步分离后，最终降至0.05g/m^3。间接初冷法的主要设备是间接式初冷器。

粗煤气间接初冷器采用管壳式冷却器，管间走煤气，管内走冷却水，煤气与冷却介质不直接接触，两者逆流或错流通过管壁间接换热，使煤气冷却，气液两相只是间接传热而不发生传质过程。在初冷器内，煤气中的焦油气、水蒸气和萘大部分都冷凝下来，部分氨、硫化氢和氰化氢等溶解于冷凝液从煤气中分离出来，使煤气得到初步净化。

间接初冷器有立管式和横管式两种。立管式间接初冷器是定型设备，换热面积有2100m^2、1350m^2、1200m^2、900m^2和340m^2等多种。换热器竖直放置，壳体截面呈圆形、长椭圆形或方形。换热管径有38mm、45mm、57mm和76mm几种。直立的钢管束装在上、下两块管板之间，被5块纵向折流板分成6个管组，因而煤气通路也分成6个通道。由于煤气流过初冷器时温度逐步降低，并冷凝出液体，煤气的体积流量逐渐减小，因此折流板间距由热端至冷端逐渐减小，以保证煤气流速基本不变。水箱隔板与折流板对应放置，立管式间接初冷器冷却水与煤气逆流间接换热。上水箱敞开，冷却水从冷却器煤气出口端底部下水箱进入，依次通过各管束后排出冷却器外。

当接近饱和的煤气进入初冷器后，即有水蒸气和焦油气在管壁上冷凝下来，冷凝液在管壁上形成很薄的液膜，在重力作用下沿管壁向下流动，并因不断有新的冷凝液加入，液膜逐渐加厚，从而降低了传热系数。在初冷器前几个流道中，因冷凝焦油量多，温度也较高，萘多溶于焦油中；在其后通路中，因冷凝焦油量少，温度低，萘晶体将沉积在管壁上，使传热系数降低，煤气流通阻力也增大。在煤气上升通路上，冷凝物还会因接触热煤气而又部分蒸发，因而增加了煤气中萘的含量。上述问题都是立管式冷却器的缺点。为克服这些缺点，可在初冷器后几个煤气流道内，用萘含量较低的混合焦油进行喷洒，可解决萘的沉积堵塞问题，还能降低出口煤气中的萘含量，使之低于集合温度下萘在煤气中的饱和浓度。

立管式间接初冷器一般均为多台并联操作，煤气流速为3~4m/s，煤气通过阻力为0.5~1kPa。这种初冷器结构简单，管内的水垢便于清扫；但冷却水流速低，传热效果差，煤气中萘的净化效果不好。

横管式间接初冷器具有直立长方体形的外壳，换热管与水平面成3°角横向配置。管板外侧管箱与冷却水管连通，构成冷却水通道，可分两段或三段供水。两段供水是供低温水和循环水，三段供水则是供低温水、循环水和采暖水。煤气自上而下通过初冷器，冷却水由每段下部进入，低温水供入最下段，以提高传热温差，降低煤气出口温度。在冷却器壳程各段上部，设置喷洒装置，连续喷洒含煤焦油的氨水，以清洗管外壁集结的焦油和萘，同时可以从煤气中吸收一部分萘。横管冷却器用 ϕ54mm×3mm 的钢管，管径细且管束小，因而水的流速可达 0.5~0.7m/s。又由于冷却水管在冷却器断面上水平密集布设，使与之成错流的煤气产生强烈湍动，从而提高了传热系数，并能实现均匀冷却，煤气可冷却到出口温度只比进口水温高 2℃。

横管式初冷器结构复杂，管内的水垢难于清扫，要求使用水质好或经过处理萘含量低的冷却水；但冷却水流速高，传热效率好，冷却后的煤气萘含量低，净化效果好。

横管冷却器与竖管冷却器两者相比，横管冷却器有更多优点，如对煤气的冷却、净化效果好；节省钢材，造价低，冷却水用量少；生产稳定，操作方便，结构紧凑，占地面积省。因此，近年来，新建焦化厂广泛采用横管冷却器，已很少采用竖管冷却器。

管式冷却器的缺点是金属耗用量大，还须清除管内的水垢和管外壁上沉积的焦油、萘等沉积物。管外沉积物的熔点约为 50℃，可采用热煤气清扫，即将初冷器内的冷却水全部放空，注入温度约为 65℃的热煤气。管内含有的水垢和积沙可用机械法或酸洗法清除，酸洗使用 3%的稀盐酸和 4%的甲醛(稀酸量的 0.2%，作为缓蚀剂)，温度约为 50℃。为了克服上述缺点，可采用直接冷却器，即煤气与冷却水直接接触，不仅金属用量少，同时还可洗涤煤气；或者采用先间接冷却至 55℃，再直接冷却至 30℃，这样所需传热面积减少，节省一部分投资。

此外，煤气初冷器耗水量较大，每 1000m^3煤气用水量约为 20m^3，若采用空气和水两段冷却方法，可减少用水量。

2. 粗煤气的直接初冷

我国一些小型焦化厂多采用直接初冷流程。在气液分离器中分离出煤焦油和氨水的粗煤气，进入直接初冷器。在此，煤气与喷洒氨水直接接触换热，使粗煤气冷却至 25~30℃，可以除去 97%的焦油、60%的萘、80%的氨和 50%的硫化氢和氰化氢，有较好的净化效果。

直接冷却器是煤气与冷却水直接接触和混合时，把热量传给冷却水而完成冷却的，虽有较好的净化效果，但因设备较多、投资较大，应用不如间接初冷器普遍，大部分应用于中小型焦化厂。直接冷却器结构有木格填料式、空塔喷淋式和金属隔板式几种。

木格填料式初冷器中，煤气自下而上通过初冷器的木格填料，冷氨水从塔上部通过喷头喷洒在木格填料上，使表面润湿形成冷却煤气的传热表面。这种形式的初冷器容易被煤气中的焦油和萘堵塞，蒸汽吹扫时，焦油易沥青化，效果不好，一般用于小型焦化厂。

空塔喷淋式初冷器(又称空喷初冷塔)为钢板焊制的中空直立塔。一般采用的空喷初冷塔分上下两段，煤气自下而上通过空塔上下两段与喷淋的掺有 5%~10%焦油的冷氨水逆流接触而被冷却；同时，氨水中的焦油溶解并吸收煤气中的萘，使塔出口煤气萘含量小于或等于塔出口煤气温度的露点萘含量。空喷初冷塔的冷却效果主要取决于喷洒液滴的黏度及在全塔截面上分布的均匀性，为此沿塔周围安设 6~8 个喷嘴，为防止喷嘴阻塞，需定时通入蒸汽清扫。相对于填料式初冷塔，空喷初冷塔不易堵塞，煤气净化效果好，已被广泛采用。

二、焦油与氨水分离设备

粗煤气初步冷却后，冷凝下来的氨水、焦油和焦油渣需进一步分离。焦油、氨水和焦油渣组成悬浮液和乳浊液的混合物，焦油和氨水的密度差较大，容易分离。因此，所采用的焦油—氨水分离设备多是根据粗悬浮液的沉降原理制造的。但焦油渣与焦油的密度差小，粒度小，易与焦油黏附在一起，难以分离，可进一步采用离心沉降分离机除渣。

国内外广泛应用的澄清分离设备主要有卧式焦油—氨水澄清槽、立式焦油—氨水分离器、双锥形氨水分离器等。其中，以卧式焦油—氨水澄清槽的应用最为广泛，其结构如图 9-2-1所示。这种机械化焦油—氨水澄清槽为一个不规则的长方形断面的钢板焊制容器，外观看上去类似于半个船形，槽内用纵向隔板分成平行的两格，每格底部分别设有由传动链带动的刮板输送机，两台刮板输送机合用一套由电动机和减速机组成的传动装置带动。焦油、氨水和焦油渣由入口管经承受隔室进入澄清槽，经过澄清分成 3 层：上层为氨水；中层为焦油；下层为焦油渣。为使氨水均匀分布在焦油层的上部，澄清后的氨水由澄清槽的上部溢流到氨水中间槽，再用循环氨水泵送回焦炉集气管喷洒以冷却粗煤气；焦油则由槽的下部经焦油液面调节器引至焦油中间槽，在此用泵送至焦油储槽，经初步脱水后，再用泵送往焦油车间；沉积于槽底的焦油渣由移动速度为 1.74m/h 的刮板输送机缓慢刮至头部放渣漏斗内排出槽外。

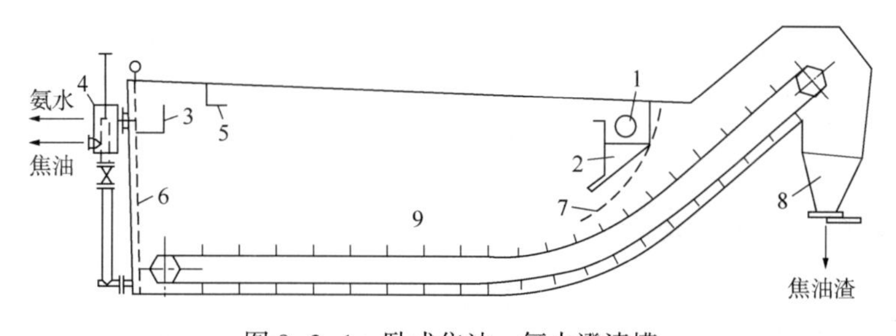

图 9-2-1　卧式焦油—氨水澄清槽

1—入口管；2—承受隔室；3—氨水溢流槽；4—液面调节器；
5—浮焦油渣挡板；6—活动筛板；7—焦油渣挡板；8—放渣漏斗；9—刮板输送机

为阻挡浮在水面的焦油渣，在氨水溢流槽附近设有高度为 0.5m 的木挡板。为了防止悬浮在焦油中的焦油渣团进入焦油引出管，在氨水澄清槽内设有焦油渣挡板及活动筛板。焦油、氨水的澄清时间一般为 0.5h。

立式焦油—氨水分离器也称锥形底氨水澄清槽，上边为圆柱形，下边为圆锥形，结构如图 9-2-2 所示，由钢板制成。冷凝液和焦油—氨水混合液由中间或上部进入，经过扩散管静置分离。分离得到的氨水通过溢流槽接管流出，上边接一挡板，以便将轻焦油由上边排出。焦油渣为混合物中最重的部分，沉于器底。为使焦油保持一定的流动性，便于排放，立式焦油—氨水分离器下部设有蒸汽夹套，器底设闸阀，焦油渣间歇地排放到带蒸汽夹套的管段内，通过闸阀将其排出。

冷凝液水封槽是回收车间最为常见的设备之一。为了排出煤气管道和煤气设备中由于煤气冷却时所形成的冷凝液，同时又不使煤气漏至大气或空气漏入煤气设备和管道，需要在冷凝液积聚处设置冷凝液排出装置——水封槽。否则由于煤气的漏出或空气的吸入，都可能使煤气和空气混合达到一定比例而形成爆炸性气体。

水封槽是由钢板焊成的直立圆筒形设备，结构如图9-2-3所示，设有冷凝液排入管和冷凝液排出管。此外，还设置了蒸汽导入管，供加热和吹扫用。冬天气温低，由于焦油黏度很大，萘容易结晶析出而堵塞水封槽，因此经常通入蒸汽进行吹扫。

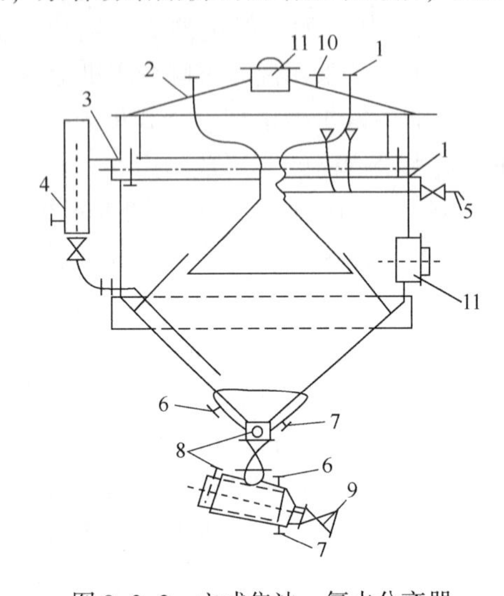

图9-2-2　立式焦油—氨水分离器

1—氨水入口；2—冷凝液入口；3—氨水出口；4—焦油出口；5—轻油出口；6—蒸汽入口；7—冷凝水出口；8—直接蒸汽入口；9—焦油渣出口；10—放散管；11—人孔

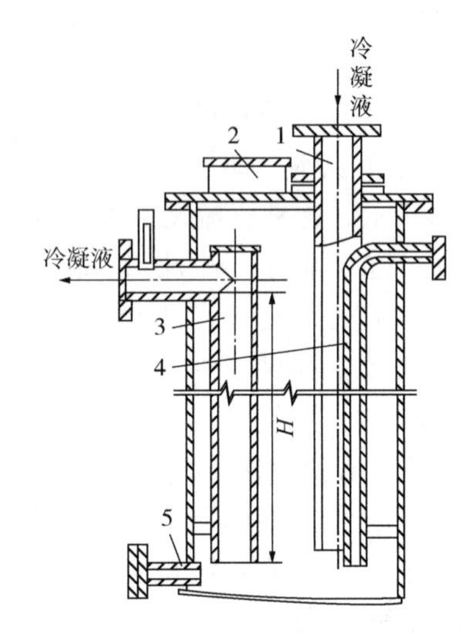

图9-2-3　冷凝液水封槽

1—冷凝液排入管；2—检查孔；3—冷凝液排出管；4—蒸汽导入管；5—放空管

三、煤气输送和储存设备

1. 煤气输送设备

煤气输送大厂使用离心式鼓风机，小厂使用罗茨鼓风机。借助鼓风机将煤气由焦炉吸出，经过管道和回收设备送到用户。焦化厂生产送出的煤气出口压力应达到4~6kPa。鼓风机前最大负压为-5~-4kPa，机后压力为20~30kPa。现代使用的鼓风机总压头为30~36kPa。

大的离心式鼓风机能力可达72000m^3/h，小的为9000m^3/h，转速为3000~5000r/min。一般4座焦炉用3台鼓风机，2台操作，1台备用。可用汽轮机，也可由电动机传动。通常有1台是汽轮机，以备断电时操作。

煤气鼓风机正常操作是焦化厂生产的关键，因此必须精心操作和维护，机体下部凝结的焦油和水要及时排出。正压操作下，鼓风机设置在初冷器之后，这样鼓风机吸入的煤气体积小，负压操作下的设备和煤气管道少。有的焦化厂将油洗萘塔及电捕焦油器设在鼓风机前，进入鼓风机的煤气中煤焦油、萘含量少，可减轻鼓风机及以后设备堵塞，有利于化学产品回收和煤气净化。

2. 煤气输送管路

煤气输送管路中管道管径的选用和管件设置是否合理及操作是否正常，对焦化厂生产具有重要意义。煤气输送管路一般分为出炉煤气管路（炼焦车间吸气管至煤气净化的最后设备)和回炉煤气管路；若焦炉用高炉煤气加热，还有自炼铁厂至焦炉的高炉煤气管路。这些管路的合理设置与维护都是至关重要的。

3. 煤气柜

煤气柜有湿式煤气柜和干式煤气柜两种。湿式煤气柜为用水密封的套筒式圆柱形结构；干式煤气柜为用稀(干)油或柔膜密封的活塞式结构。煤气柜的钟罩、塔及活塞为活动式结构，承受气体压力并保证良好的密封性能，其安装精度要求较高。煤气柜柜体材质为碳素钢和低合金钢。

湿式煤气柜有螺旋升降式和垂直升降式两种。柜内容量从几千立方米到几十万立方米，气体压力通常为0.0012~0.004MPa。螺旋升降式煤气柜的钟罩及塔节外部装有斜形轨道及导轮。当煤气进入或排出时，钟罩及各塔节沿斜形导轨呈螺旋形上升或下降。垂直升降式煤气柜的柜体在圆周方向设置立柱和导轨，钟罩及各塔节设有导轮。当煤气进入或排出时，导轮沿导轨上升或下降。各塔节之间形成水封装置，充气后起密封作用，杜绝煤气向外泄漏。垂直升降式低压湿式煤气柜主要由煤气进出管、底板、水槽、塔体、钟罩、导向装置及辊轮、配重等组成。

干式煤气柜有稀油密封的曼恩型柜、干油密封的克隆型柜和橡胶膜密封的维金斯柜等。曼恩型煤气柜安装柜体为多边形筒状直立式结构，储气量由几万立方米到十几万立方米不等。克隆型煤气柜安装柜体为正圆形，用干油密封，储气容量一般为十几万立方米到几十万立方米，储气压力一般为0.006~0.008MPa。活塞与壁板间的密封装置采用多层橡胶板，板间注入干油密封。维金斯煤气柜采用橡胶密封膜，设置在柜体金属外壳与活塞之间，形成一个既可上升又可下降的气封装置。煤气柜的储量一般不超过10×10^4m，贮气压力一般不大于0.006MPa，适用于储存含尘量高且进出速度快的煤气。

四、焦油加工设备

1. 蒸发器

蒸发器是焦油蒸馏工艺的主要设备之一，按其操作特性和功能的不同，可分为一段蒸发器和二段蒸发器。

1) 一段蒸发器

一段蒸发器结构如图9-2-4所示，为塔式圆筒形结构，一般由碳素钢或灰铸铁制成。一段蒸发器的主要功能是快速蒸出焦油中所含水分和部分轻油。经过预处理的焦油从塔中部沿切线方向进入，为防止设备内壁受到液体直接冲击而导致磨损腐蚀，在焦油入口处装有可拆卸的保护板。为了消除塔径向浓度差，塔内焦油入口位置下部装有两三层液体分配锥。焦油入口至捕雾层空间为蒸发分离的主要场所，高约2.4m。为防止部分焦油蒸发而损失，顶部设钢质拉西环捕雾层。塔底为无水焦油槽。气相空塔速度一般取0.2m/s。

2) 二段蒸发器

二段蒸发器的主要功能是将400~410℃的过热无水焦油闪蒸并使馏分与沥青分离。在两塔式流程中所用二段蒸发器不带精馏段，构造较简单；而一塔式流程中所用的蒸发器带有精馏段，其结构如图9-2-5所示。

二段蒸发器一般由灰铸铁或不锈钢塔段组成。加热后的无水焦油气液混合物由蒸发器上段(蒸发段)沿切线方向进入塔内闪蒸。为减缓焦油对器壁的冲击力和热腐蚀作用，焦油入口处设有缓冲板。焦油沿缓冲板在进料塔板上形成环流，并由周边汇入中央大降液管，越过降液管齿形堰，沿降液管内壁形成环状油膜流至下层溢流板。在此板上沿径向向四周外缘流动。再越过齿形边堰及环形降液管外壁形成环状油膜流至器底。这两层塔板的大降液管也是上升气体的通道，因此这两个降液管就形成气液两相间进行传热与传质的表面积。所蒸发的油气和进入的直接蒸汽一起进入精馏段。沥青聚于器底。二段蒸发器精馏段装有4~6层泡罩塔板。塔顶加入一蒽油作为回流液。由蒸发段上升的蒸汽汇合闪蒸的馏分蒸气与回流液体在精馏段各塔板上传热、传质，从精馏段最下层塔板侧线排出二蒽油馏分，油气从塔顶排出，送入馏分塔底部。

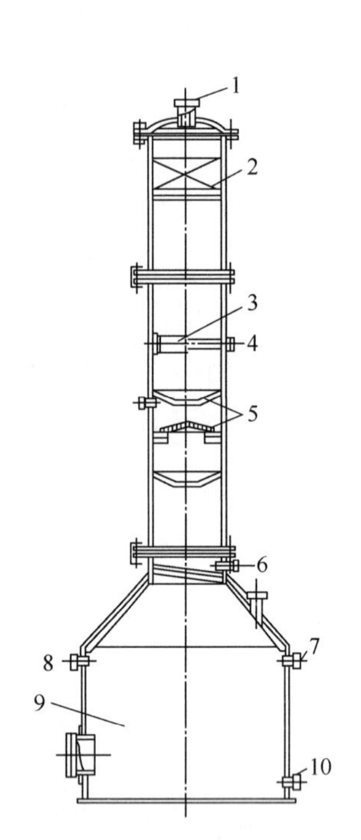

图9-2-4　一段蒸发器

1—蒸气出口；2—捕雾器；3—保护板；4—焦油入口；5—锥形液体分布槽；6—无水焦油出口；7—无水焦油入口；8—溢流口；9—无水焦油槽；10—无水焦油出口

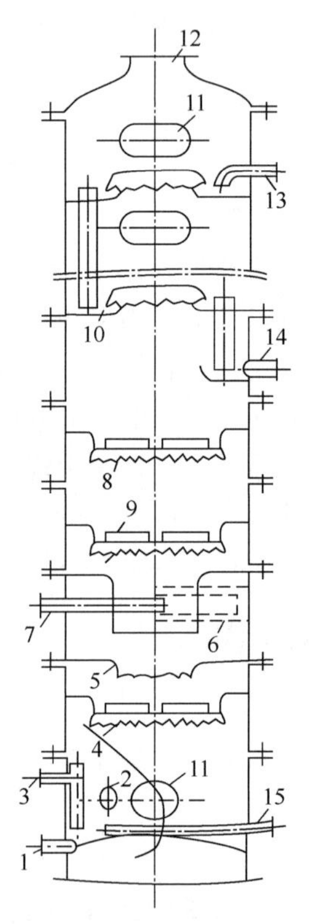

图9-2-5　二段蒸发器(一塔式流程)

1—放空口；2—浮球液面计接口；3—沥青出口；4，5，8，9—溢流塔板；6—缓冲板；7—焦油入口；10—泡罩塔板；11—人孔；12—馏分蒸气出口；13—回流液入口；14—二蒽油出口；15—蒸汽入口

在精馏段与蒸发段之间也设有两层溢流塔板，其作用是捕集上升蒸气所夹带的沥青液滴，并将液滴中的馏分蒸气充分蒸发出去。

无精馏段的蒸发器中，焦油入口以上有高于4m的分离空间，顶部有不锈钢或钢质拉西环捕雾层，馏分蒸气经捕雾层除去夹带的液滴后，全部从塔顶逸出。气相空塔速度一般取0.2~0.3m/s。

2. 馏分塔

焦油馏分塔多为条形泡罩塔或浮阀塔。塔板数为41~63层，板间距为0.35~0.45m，相应的空塔蒸汽流速为0.35~0.45m/s。馏分塔是焦油蒸馏工艺中切取各种馏分的设备，其结构如图9-2-6所示，塔体多用灰铸铁制作，分精馏段和提馏段。馏分塔底有直接蒸汽分布器(减压蒸馏时不用)，供通入直接过热蒸汽之用。

3. 焦油储槽

焦化厂回收车间所生产的粗焦油，可储存在钢筋混凝土制成的地下储槽或钢板焊制成的直立圆柱形储槽中，其中钢制的立式储槽使用较广，其容量可按储10~15个昼夜的焦油量计算。通常储槽数量都在3个以上，一个向管式炉送油，一个用作加温静置脱水，另一个用作焦油接受槽，三槽轮换使用，以保证焦油质量的稳定性和蒸馏操作的连续性。

焦油储槽结构如图9-2-7所示。内设蛇形管(管内通以蒸汽)用来加热。在储槽外壳包有绝热层以减少热量散热，使焦油保持在85~95℃，在此温度下焦油和水分分离更容易。为防止焦油槽内沉积焦油渣，槽底配制了4根搅拌管，搅拌管开有两排小孔，由搅拌油泵将焦油抽出，再经由搅拌管循环泵入槽，使焦油渣呈悬浮状态而不沉积。为搅拌均匀及节能，一般使用时间继电器依次切换搅拌管来进行循环搅拌。

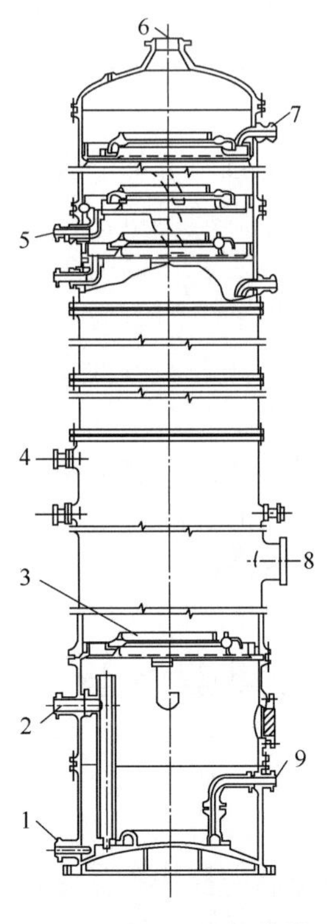

图9-2-6　焦油馏分塔

1—放空口；2—洗油馏分出口；3—条形泡罩塔板；4—萘油馏分出口；5—酚油馏分出口；6—轻油气体出口；7—回流液入口；8—油气入口；9—蒸汽入口

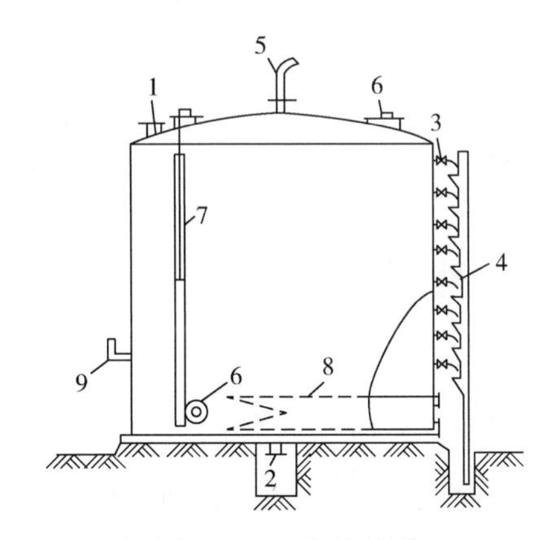

图9-2-7　焦油储槽

1—焦油入口；2—焦油出口；3—放水旋塞；4—放水竖管；5—放散管；6—人孔；7—液面计；8—蛇管蒸汽加热器；9—温度计

分离出来的水可沿槽高方向安设的带有阀门的溢流管流放出，收集到收集罐中，并使之与氨水混合，以备加工。储槽外设有浮标式液面计和温度计，槽顶设有放散管。

对于回收车间生产的焦油，含水率往往在10%左右，可经管道用泵送入焦油储槽。经静置脱水后含水率为3%~5%。外购的商品焦油则需用铁路槽车输送进厂。槽车有下卸口的，可从槽车自流入敞口溜槽，然后用泵送入焦油储槽。

外销焦油需脱水至4%以下才能输送到外厂加工。为了适于长途输送，槽车上应安装蒸汽加热管，以防焦油在冬天因气温低而难于卸出。

4. 管式加热炉

国内焦化厂常用的焦油蒸馏的管式加热炉有立式圆筒形和箱形两种结构。管式加热炉主要由燃烧室、对流室和烟囱构成。图9-2-8显示了一种常见焦油蒸馏箱形立式管式炉。炉管分辐射段和对流段，水平安装。辐射管从入口至出口管径是变化的，有4种规格，可使焦油在管内加热均匀，提高炉子热效率，避免炉管结焦，延长使用寿命。

焦油在管内流向是先从对流管的上部接口进入，流经全部对流管后，出对流段，经联络管进入斜顶处的辐射管入口，由下至上流经辐射段一侧的辐射管，再由底部与另一侧的辐射管相连，由下至上流动，最后由斜顶处最后一根辐射管出炉。

该炉设有多个自然通风和垂直向上的燃烧器，煤气通入中心烧嘴进行燃烧，有一次、二次通风口，并由手柄调节风量。燃烧嘴中有的设有废气通入管，用以喷燃有害气体。在两个燃烧器旁设有喷嘴。风箱是一个侧面为L形、断面为长方形的管状物，内衬消声材料，端部入口处设有百叶窗。燃烧器用风通过风箱时噪声被消除。

炉子采用陶瓷纤维耐火材料，以玻璃棉毡为绝热材料做内衬，辐射段和对流段采用相同形式的衬里。这种陶瓷纤维内衬的耐火和绝缘性均较好，质量轻，易施工，寿命长。

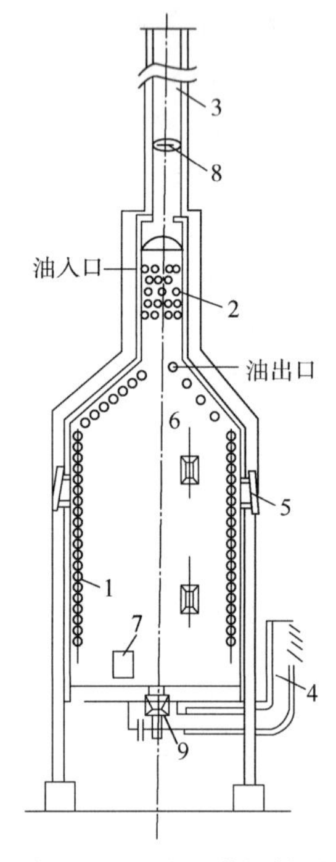

图9-2-8 焦油蒸馏箱形立式管式炉

1—辐射管；2—对流管；3—烟囱；4—风箱；5—防爆门；6—观察孔；7—人孔；8—烟囱翻板；9—燃烧器

第三节 煤气化和煤间接液化典型设备

一、气化炉

气化过程包括加料、反应和排渣3个基本工序，需要控制的操作条件有反应温度、反应压力、进料状态、加料粒度、排渣温度等。对应的气化炉由加煤系统、反应系统和排灰系统3大部分组成，对于不同的炉型，以上3个部分的结构有明显差异，但基本要求一致。加煤系统主要考虑煤如何加入以及入炉后煤粒的分布和加煤时的密封问题。反应系统是煤炭气化的主要反应场所，首要考虑的问题是如何在低消耗的情况下，使煤最大限度地转化为符合用户要求的优质煤气；其次，由于煤气化过程是在较高温度下进行的，为保护炉壁，需在炉体内壁设置衬里或夹套，夹套一方面可避免炉体及炉子内构件过热，同时可吸收气化热量副产蒸汽。排灰系统要保证炉内料层高度的稳定，同时也保证气化过程连续稳定地进行。

1. 气化炉的分类

气化炉按照不同的依据可以有不同的分类方法，常见的分类方法如下：

(1) 按照燃料在气化炉内的运动状况不同，气化炉可以分为移动床(固定床)、流化床(沸腾床)、气流床和熔融床 4 类。

(2) 按照生产操作的压力不同，气化炉可以分为常压气化炉和加压气化炉。

(3) 按照排渣方式不同，气化炉可以分为固态排渣气化炉和液态排渣气化炉。

目前，国外煤炭气化炉开发正在向加压、大容量方向发展，单台气化炉的日处理煤量从几吨发展至 2600t，4000~5000t/d 的气化炉也完成了概念设计。气化用煤从最初的只能利用不黏煤，到现在几乎可以气化从褐煤、不黏和黏结的烟煤到无烟煤所有煤种。不同的气化炉可以使用从块煤到粉煤等不同粒度的煤，碳转化率最高已大于 99%，气化效率超过 80%。

2. 气化炉装料

燃料的加入方式在一定程度上与炉子的工作情况、煤的组成及热值等有关。加料主要有间歇(针对固定床)与连续、常压与加压之分。间歇加料会使气化过程、产物组成等不稳定；而连续自动加料，则情况相反。

常压加料，先后经历了自由落下⟶不同的流槽⟶螺旋加料器⟶进煤阀⟶气动喷射等发展过程；加压装料采用料槽阀门和泥浆泵。用泥浆泵加料时，是将煤与油或水混合搅拌制成浆状悬浮液，其中含有约 60%的固体煤料，经过泵泵入气化炉。这种方法加料的不足之处如下：虽然没有机械密封部分，但气化过程液体油或水必须被蒸发，为此要消耗能量；油比水有较低的汽化热，但往往存在回收的问题；要求在储存过程中煤浆固体组分不沉降，需要不断搅拌或添加乳化剂来解决。

3. 气化炉排灰

气化炉的排灰方法与其类型有关。在固定床反应器中，煤中的矿物经过燃烧层后，基本燃尽成为灰渣，并由排灰装置排出。当以固态排渣时，为保护炉栅，灰渣层必须要有一定的厚度；为了保证以松碎的固体排出，必须选择合适的蒸汽与氧气的比例，使灰分不致熔化而结渣。在加压固定床气化炉中，采用与加料时的料槽阀门类似的方法排灰。

除灰机构主要部件有炉箅、灰盘、排灰刀和风箱等。

在流化床气化炉中，存在均匀分布并与煤的有机质同时生成的飞灰，以及几乎与煤的有机质呈分离状态的具有较大矿石组分含量的灰。后者由于密度大而聚集在炉子的底部，可由底部的开口排出；而前者则随着气化过程的进行而成为飞灰，随煤气一起流出气化炉。

气流床由于停留时间短，因此炉温较高，熔融状态的灰渣以液态的形式排出。液渣从气化炉的开口流下，在水浴中迅速冷却而成为圆状固体排出。

4. 气化炉的生产能力

一种气化方法的经济性不仅取决于气化反应器单位体积的处理能力，而且由尽可能大的气化炉尺寸所决定。例如，固定床气化炉的直径一般为 3m，过去认为直径达到 3.6m 就已是极限，再增大直径，可能由于布料不均匀而影响生产能力，得不偿失。事实上，由于旋转布料器的开发和有效使用，1969 年后，鲁奇加压气化炉的直径已达到 3.8m，并做了进一步放大的试验。因此，气化炉的尺寸不能完全由考虑物理化学和反应工程而建立的数学模型决定，还受工程技术水平的制约。

5. 典型的气化炉

1）鲁奇加压气化炉

1926 年，德国鲁奇公司开发了一种加压固定床气化设备，即鲁奇煤气化炉，煤和气化剂在炉中逆流接触，煤在炉中停留 1~3h。

（1）第一代鲁奇加压气化炉。

第一代鲁奇加压气化炉为侧面排灰炉型，主要由炉体、煤分布器、炉箅等几部分组成，其结构如图 9-3-1 所示。

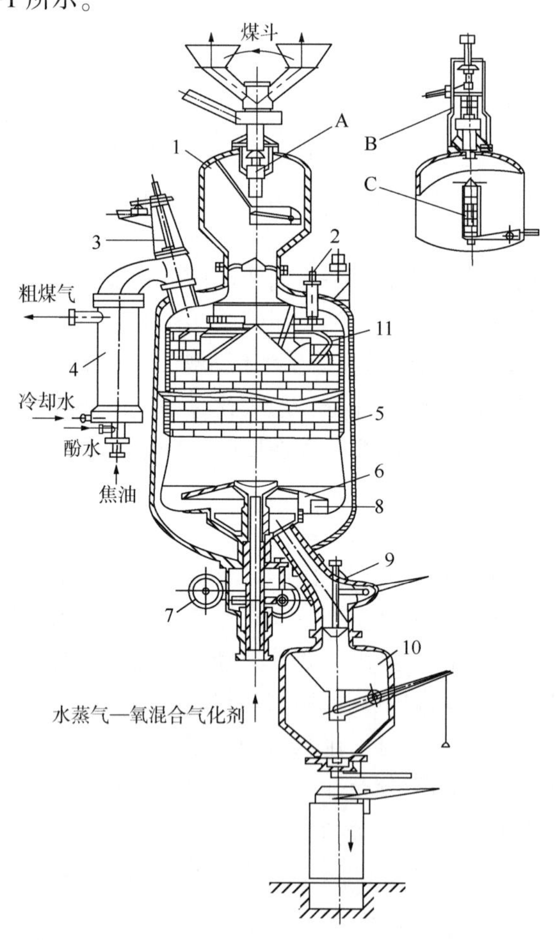

图 9-3-1　第一代鲁奇加压气化炉（直径为 2.6m，侧面排灰炉型）

1—煤箱；2—上部刮刀传动机构；3—煤气出口管刮刀；4—喷淋器；
5—炉体；6—炉箅；7—炉箅传动机构；8—刮灰刀；9—下灰颈管；10—灰箱；11—裙板；
A—带有内部液压传动装置的煤箱上阀；B—外部液压传动装置；C—煤箱下阀的液压传动装置

① 炉体。

气化炉炉体是内径为2.52m、外径为3.0m、高度为6m的圆筒体。为防止高温对炉体的损坏，在内壁的支撑圈上砌筑厚度为120~150mm的耐火砖，这样既避免了炉体受热损坏，又减少了气化炉的热损失。

气化炉筒体由双层钢板制成，在内、外壳体之间形成夹套。其外筒体承受高压，一般设计压力为3.6MPa，温度为260℃；内筒体承受低压，即气化剂与煤气通过炉内料层的阻力，一般设计压力为0.25MPa（外压），温度为310℃。内、外筒体的间距一般为40~100mm。生产时夹套内充满锅炉给水，产生的蒸汽通过上升管进入炉体较高位置的集汽包内，在集汽包内进行气液分离，分离后的蒸汽通过管道并入气化剂管内，作为气化剂的一部分，以减少新鲜蒸汽用量。当蒸汽温度降低时，设置有夹套蒸汽与气化炉出口煤气平衡管，将产生的蒸汽排入粗煤气。集汽包与夹套的连通是由两根上升管和两根下降管实现的。夹套中产生的饱和水蒸气由两根上升管引到汽包内，分离后的饱和水与补充锅炉水由集汽包底部的两根下降管导入夹套底部。整个水系统形成了自然循环，使气化炉内壁维持在气化操作压力下相应水的饱和温度之下，以避免气化炉内壁超温。由于内外筒体受热后的膨胀量不相同，一般在内筒设有补偿装置。

在炉体的顶部设置两三个直径为100mm的点火孔，其点火操作是在炉内堆好木材等可燃物，由点火孔投入火把引燃木材后逐渐开车。

② 煤分布器。

在炉膛的上部设有圆筒形裙板，中间吊有正锥体煤分布器，以便使煤下流时能在炉内均匀分布。

③ 炉箅。

炉箅设在气化炉的底部，它的主要作用是支撑炉内燃料层，均匀地将气化剂分布到气化炉横截面上，维持炉内各层的移动，将气化后的灰渣破碎并排出，因此炉箅是保证气化炉正常连续生产的重要装置。

排灰炉箅的转动是由电动机通过齿轮减速机和蜗轮蜗杆减速传动机构来带动的。煤经气化后产生的灰渣，由安装在炉箅上的3个灰刮刀将灰从炉箅的下部间隙排到灰箱，再经灰箱泄压后排出。此外，炉箅还起到支撑炉内燃料层、将气化剂均匀分布到气化炉横截面上的作用，同时维持炉内各层的移动。

在该炉型的结构中，由于气化剂是从主轴的中心进入炉内，而转动的主轴与固定的炉体、气化剂连接管子之间的密封，尺寸越大越难解决，从结构上限制了该炉型的气化剂入炉量，而且在较高温度下内衬易形成挂壁，造成气化炉床层下移困难。由于上述影响，第一代鲁奇加压气化炉单炉产气量一般为4500~5000m^3/h。

（2）第二代鲁奇加压气化炉。

在综合了第一代气化炉的运行情况后，德国鲁奇公司于20世纪50年代推出了直径为2.6m、中间排灰的第二代气化炉，其结构如图9-3-2所示。

第二代炉在炉体内的上部设置了带转动的搅拌装置和煤分布器；炉箅由单层平型改为多层塔节型结构；入炉气化剂管与传动轴分开，单独固定在炉底侧壁上；取消了炉内的耐火砖衬里；灰锁设置在炉底正中位置，气化后产生的灰渣从炉箅周边缝隙落在炉下部的下灰室，再进入灰锁。通过上述改进，第二代鲁奇加压气化炉的生产能力提高了50%以上。

(3) 第三代鲁奇加压气化炉。

第三代鲁奇加压气化炉是在第二代气化炉的基础上改进的，型号为Mark-Ⅲ，是目前世界上使用最广泛的一种炉型。第三代鲁奇加压气化炉的内径为3.8m、外径为4.128m、炉高为12.5m，操作压力为3.05MPa，生产能力高。

① 壳体。

气化炉外壳是一双层夹套筒体式外壳，夹套在生产时由锅炉给水保持液位，并在此锅炉水吸热汽化产生饱和蒸汽，此蒸汽并入气化剂管线返回气化炉内。夹套内压力比气化炉内压力约高0.05MPa，以克服系统阻力。气化炉外壁厚50mm，内壁厚30mm，夹套宽度为46mm，总容积为13m^3，夹套内产的饱和蒸汽无单独的集汽包，而是利用夹套上部空间起气液分离作用，为了提高分离效果，在内、外壳体上焊有挡板。气化炉内外壳体生产期间温度不同，热膨胀量不同，为降低温度差应力，在内套下部设计制造成波形膨胀节，用于吸收热膨胀量。正常生产期间，波形膨胀节不但可吸收25~35mm的内壳热膨胀量，而且在此还可以起到支撑灰渣的作用，这样可使灰渣在刮刀的作用下均匀地排到灰锁中。

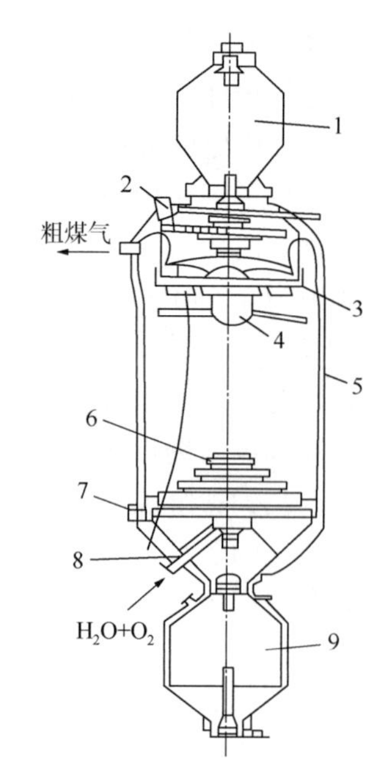

图9-3-2 第二代鲁奇加压气化炉（直径为2.6m，中间排灰炉型）

1—煤箱；2—上部传动装置；3—煤分布器；4—搅拌装置；5—炉体；6—炉箅；7—炉箅传动轴；8—气化剂进口管；9—灰箱

② 煤分布器和搅拌装置。

根据气化煤种的不同，第三代气化炉在气化不黏结煤时炉内不设搅拌器，气化黏结性较强的煤种时在炉内设置了煤分布器和搅拌器，因此可气化除强黏结性烟煤外的大部分煤种，两装置均安装在同一转速的空心转轴上，由设在炉外的传动电动机提供动力。搅拌器设在煤分布器的下部，一般设上、下两个桨叶，桨叶的断面形状为中空的三角形。由于搅拌桨在高温条件下工作，为延长使用寿命，桨叶及空心轴除采用锅炉水冷却以外，还采用特殊材料加工制造，以提高其硬度及耐磨性。煤分布器的圆盘上对称开有两个扇形孔，煤在刮刀作用下经两个扇形孔均匀地分布在炉内。空心轴的转速根据气化用煤的黏结性及气化炉生产负荷来调整，一般为10~20r/h。

从煤锁下料口到煤分布器之间的空间，能储存0.5h气化炉用煤量，以缓冲煤锁在间歇充、泄压加煤过程中的气化炉连续供煤。该炉型也可用于气化不黏煤，此时不安装布煤搅拌器，整个气化炉上部传动机构取消，只保留煤锁下料口到炉膛的储煤空间，炉体结构简单。

③ 炉箅。

第一代鲁奇加压气化炉炉箅为环形送风的平炉箅，由于平炉箅布气不均匀，灰渣中残炭含量高，并且仅能用于气化非黏结性煤，因此在后期的气化炉中已不再使用这种炉箅。第三代气化炉的炉箅分4层，相互叠合固定在底座上，顶盖呈锥体，形如宝塔。由于炉箅工作环境为高温灰渣，因此选用耐热的铬钢铸造，并在其表面加焊硬质合金的灰筋(耐磨条)。在最下层炉箅下安装刮刀，可将大块灰渣破碎，并从炉内刮至灰锁。刮刀的数量取决于下灰量，灰分含量低时装一两把，对于灰分含量较高的煤可装三四把。

炉箅各层上开有气孔，气化剂由炉底进入炉箅中心管，然后由布气孔出去通过炉箅各层间隙分布进入气化炉，达到沿气化炉横断面均匀布气的效果。各层开孔数不完全一样，如某厂使用的炉箅开孔数从上至下如下：第一层，6个；第二层，16个；第三层，16个；第四层，28个。

炉箅的转动采用液压传动装置，也有用电动机传动机构驱动的，液压传动装置有调速方便、结构简单、工作平稳等优点。由于气化炉炉径较大，为使炉箅受力均匀，采用两台液压发动机对称布置。

④ 煤锁。

煤锁是用于向气化炉内间歇加煤的压力容器，它通过泄压、充压循环将存于常压煤仓中的原料煤加入高压的气化炉内，以保证气化炉的连续生产。煤锁包括两部分：一部分是连接煤仓与煤锁的煤溜槽，由控制加煤的阀门(溜槽阀)及煤锁上锥阀将煤由煤仓加入煤锁；另一部分是煤锁及煤锁下阀，它将煤锁中的煤加入气化炉。

早期的气化炉煤锁溜槽阀多采用插板型阀来控制由煤仓加入煤锁的煤量，它的优点是结构简单，但由射线料位计检测煤锁快满时上阀会出现关闭严密。第三代以后的气化炉都已改为圆筒形溜槽阀，这种溜槽阀为一圆筒，两侧孔正好对准溜煤通道，煤就会通过上阀上部的圆筒流入煤锁。煤锁上阀阀杆上也固定有一个圆筒，它的直径比溜槽阀的圆筒小，两侧也开有溜煤孔。当上阀向下打开时，圆筒以外的煤锁空间溜不到煤；当上阀提起关闭时，圆筒内的煤溜入煤锁。这样只要溜煤槽在一个加煤循环时开一次，煤锁就不会充得过满，从而避免了仪表失误造成的煤锁过满而停炉。

煤锁上、下锥阀的密封非常重要，一旦出现泄漏将会造成气化炉的运行中断。煤锁上、下阀的锥形阀头一般为铸钢件，并在与阀座的密封处堆焊硬质合金，阀头上的硬质合金宽度为30mm，阀座的密封面也采用堆焊硬质合金，宽度与阀头相同。一般要求堆焊后的密封面硬度为48HRC。

煤锁上锥阀由于操作温度较低，一般采用硬质合金和氟橡胶两道密封，即在阀座上开槽，将橡胶密封圈嵌入其中，构成了软碰硬和硬碰硬的双道密封，这样能延长上阀的使用寿命。煤锁上、下锥阀的设计上还采用了自压锁紧形式，即在阀门关闭后，由于受气化炉或煤锁内压力的压迫，使阀头受到向上力的作用，即便误操作，阀门也不会自行打开，从而避免高温煤气外漏，保证了气化炉的安全运行。

⑤ 灰锁。

灰锁是将气化炉炉箅排出的灰渣通过升、降压间歇操作排出炉外，而保证了气化炉的连续运转。灰锁上部是气化炉炉体，下部与灰斗相连。灰锁同煤锁一样，都是承受交变载荷的压力容器，但由于灰锁储存气化后的高温灰渣，工作环境较为恶劣，因此一般灰锁设计温度为470℃，设计压力为3.6MPa，并且为了减少灰渣对灰锁内壁的磨损和腐蚀，一般在灰锁筒体内部都衬有一层钢板，以保护灰锁内壁，延长使用寿命。

灰锁上阀的结构及材质与煤锁的下阀相同，其所处的工作环境差，温度高，灰渣磨损严重。为延长阀门使用寿命，在阀座上设有水夹套进行冷却。第三代炉还在阀座上设置了两个蒸汽吹扫口，在阀门关闭前先用蒸汽吹扫密封面上的灰渣，从而保证了阀门的密封效果，延长了阀门的使用寿命。

灰锁下阀由于工作温度较低，其结构与煤锁类似，也采用硬质合金与氟橡胶两道密封。此外，为保证阀门的密封效果，第三代炉在灰锁下阀阀座上还设置了冲洗水，在阀门关闭前先冲掉阀座密封面上的灰渣，然后再关闭阀门。

灰锁上、下阀在设计上也采用可自锁紧形式。阀门关闭后，来自气化炉或灰锁的压力作用于阀头上，压差越大，关闭越紧密，下阀只有在泄完压与大气压力相近时才能打开，上阀只有在灰锁充压与气化炉压力相同时才能打开，这样就保证了气化炉的运行安全。

⑥ 灰锁膨胀冷凝器。

灰锁膨胀冷凝器是第三代鲁奇气化炉所专有的附属设备。它的作用是在灰锁泄压时将含有灰尘的灰锁蒸汽大部分冷凝、洗涤下来，一方面使泄压气量大幅度减少，另一方面保护泄压阀门不被含有灰尘的灰锁蒸汽冲刷磨损，从而延长阀门的使用寿命。

灰锁膨胀冷凝器是灰锁的一部分，其上部与灰锁用法兰连接，利用中心管与灰锁气相连通，下部设有进水口与排灰口，上部设泄压气体出口，正常操作时其中充满水。当灰锁泄压时，灰锁的蒸汽通过中心管进入膨胀冷凝器的水中，在此大部分灰尘被水洗涤，蒸汽被冷凝，剩余的不凝气体通过上部的泄压管线排至大气。膨胀冷凝器的设计压力、温度与灰锁相同，只是中心管的材质由于长期受灰蒸汽的冲刷，需要采用耐磨性能较好的合金钢。

第二代碎煤加压气化炉的灰锁没有设置膨胀冷凝器，它们的泄压是将灰锁的灰蒸汽直接通过泄压管线排出灰锁后，再进入一个常压的灰锁气洗涤器进行洗涤、除尘。这种结构的主要问题是灰锁气的泄压阀门与泄压管线由于长期受灰蒸汽的冲刷，使用寿命较短，需频繁更换泄压阀门，从而影响气化炉的正常运行。

2）德士古气化炉

德士古气化炉是一种水煤浆进料的加压气流床气化装置，为一直立圆筒形钢制耐压容器，上部是燃烧室，下部为激冷室或辐射废热锅炉。内壁衬以高质量的耐火材料，可防止热渣和粗煤气的侵蚀，同时保护气化炉壳体免受反应高温的作用，气化炉近似绝热容器，热损失很小。壳体外部还设有炉壁温度监测系统，以监测生产中可能出现的局部热点。图9-3-3 显示了德士古激冷式加压气化炉结构。

德士古激冷式加压气化炉的燃烧室和激冷室外壳是连成一体的。上部燃烧室为带拱形顶部和锥形下部的中空圆形筒体，顶部烧嘴口供设置工艺烧嘴用，下部为合成气和熔渣出口，高温熔渣和粗合成气通过渣口进入激冷室。激冷室内有和燃烧室连为一体的下降管，下降管的顶部设有激冷环，喷出的水沿下降管流下形成下降水膜，这层水膜可避免由燃烧室来的高温气体中央带的熔融渣粒附着在下降管壁上。激冷环的作用非常重要，如果激冷水分布不好，有可能造成激冷环和下降管损坏或结渣，引起局部堵塞或激冷室超温。激冷室内保持相当高的液位。夹带着大量熔融渣粒的高温气体通过下降管直接与水溶液接触，气体得到冷却，并为蒸汽所饱和。熔融渣粒淬冷成固态渣，从气体中分离出来，被收集在激冷室下部，由锁斗定期排出。饱和了水蒸气的气体沿下降管和激冷室内壁的环形空间上升到激冷室上部，经挡板除沫后，由侧面气体出口管去洗涤塔，进一步冷却除尘。气体中

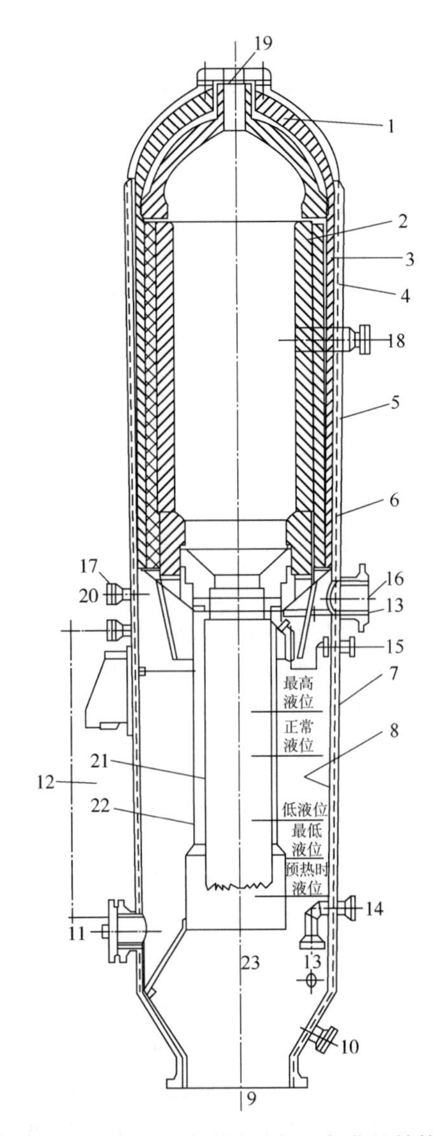

图 9-3-3　德士古激冷式加压气化炉结构

1—浇注料；2—向火面砖；3—支撑砖；4—绝热砖；5—可压缩耐火塑料；6—燃烧室段炉壳；7—激冷段炉壳；8—堆焊层；9—渣水出口；10—锁斗再循环口；11—人孔；12—液位指示器联箱；13—仪表孔；14—排放水出口；15—激冷水入口；16—出气口；17—锥底温度计；18—热电偶口；19—烧嘴口；20—吹氮口；21—下降管；22—上升管；23—再循环口

夹带的渣粒约有 95%从锁斗排出。此气化炉的结构特点如下：

(1) 反应区仅为一空间，无任何内构件，维修简单、运行可靠。只要反应物中氧的配比得当，反应瞬间即可获得合格产品。这是并流气化法的特点，也是优点。正因如此，在反应区中留存的反应物料最少。

(2) 由于反应温度很高，炉内设有耐火衬里。

(3) 为了调节控制反应物料的配比，在燃烧室的中下部设有测量炉内温度用的高温热电偶 4 支。

(4) 为了及时掌握炉内衬里的损坏情况，在炉壳外表面装设有表面测温系统。这种测温系统将包括拱顶在内的整个燃烧室外表面分成若干个测温区。通过每一小块面积上的温度测量，可以迅速地指出在炉壁外表面上出现的任何一个热点温度，从而可预示炉内衬的侵蚀情况。

(5) 激冷室外壳内壁采用堆焊高级不锈钢的办法来解决腐蚀问题。

气化炉气化效果的好坏取决于燃烧室形状及其与工艺烧嘴结构之间的匹配；而气化炉的寿命则与炉内所衬耐火材料的材质和结构形式的选择有关。

二、甲醇合成塔

为了适应甲醇合成条件，甲醇合成塔由内件和外筒两部分组成。内件置于外筒之内，核心是催化剂筐，有的还包括电加热器和热交换器。电加热器是为了满足开工时催化剂的升温还原条件；热交换器是为了完成进、出催化剂床层气体的预热和冷却。二者可放在塔外，也可放在塔内(成为内件的组成部分)。甲醇合成反应是在较高压力下进行的，因此外筒是一个能承受高压的压力容器。

甲醇合成塔的类型很多，每一种都有自身的特点和适用场合。传统的高压法甲醇合成或中压联醇生产中，多用连续的三套管并流和单管并流式反应器。中、低压法甲醇生产中，多用多层冷激式合成塔和管束式合成塔及二者的改进型合成塔。由于高压法合成甲醇生产条件苛刻，设备结构复杂，现今甲醇合成多采用低压法。以下只介绍几种典型的低压甲醇合成塔。

1. ICI 冷激式合成塔

英国帝国化学工业集团(ICI 公司)是最早采用低压合成甲醇工艺的公司，早期的甲醇合成塔为单段轴向合成塔，目前工业上采用较多的是 ICI 冷激式合成塔，最近又推出冷管式合成塔和副产蒸汽合成塔。

ICI 冷激式合成塔是在 1966 年研制成功的，为全轴向多段冷激型合成塔。合成压力为 5MPa，出口甲醇含量为 4%～6%(体积分数)。合成塔由塔体、多段床层及菱形气体分布器等组成。反应床层分为若干绝热段，两段之间通过特殊设计的菱形分布系统导入冷的原料气，使激冷气与反应气混合均匀而降低反应温度，床层各段的温度维持在一定值，因此称为冷激式合成塔。催化剂床自上而下是连续的床层，冷激气体喷管直接插入催化剂床层，这种喷头可以防止气体冲击催化剂床而损毁催化剂。菱形分布器是 ICI 冷凝式合成塔的一项专利技术，它由内、外两部分组成，激冷气进入气体分布器内部后，自内套管的小孔流出，再经外套管的小孔喷出，在混合管内与流过的热气流混合，从而降低气体温度，并向下流动，在床层中继续反应。菱形分布器埋于催化剂床中，并在催化剂床的不同高度安装，全塔共装三四组，是塔内最关键的部件。此外，合成气体喷头固定于塔顶气体入口处，由 4 层不锈钢的圆锥体组焊而成，使气体均匀分布于塔内。

ICI 冷激式合成塔结构简单，塔体是空筒，塔内无催化剂筐；采用特殊设计的分布系统进行冷激，温度控制较为方便。催化剂不分层，由惰性材料支撑，装卸方便，3h 可卸完 30t 催化剂，但装催化剂需 10h；催化剂装量大、寿命长，一般可长达 6 年。因此，合成塔单系列生产能力大，适合大型或超大型装置。ICI 冷激式合成塔的缺点是绝热反应，催化剂床层轴向温差大；为防止催化剂过热，采用原料气冷激的方法控制合成塔床层的温度，冷原料气喷入各段催化剂床层降温的同时稀释了反应气中的甲醇含量，出塔气中甲醇含量不到4%，影响了催化剂利用率；副产蒸汽量偏少，不能回收高位能的反应热；气体循环量较大，塔阻力较高，多为0.1~0.4MPa，因此操作费用高；由于阻力的限制，其高径比较小，一般多在2.2~4.0，大型化后直径很大(4~6m)，不利于设备运输。尽管如此，ICI冷激式合成塔因其结构简单、运行可靠、操作简便、设计弹性大等优势，仍是大型甲醇厂采用的一种主要塔型。

2. ICI冷管式合成塔

ICI冷管式合成塔结构类似于单段内冷式逆流合成塔，换热器在筒体之外，入塔气靠管间催化剂层的反应热来预热，温度的调节是通过旁路或调节合成塔下游进、出塔气体交换量来控制。该塔不仅投资省，而且具有压力小、操作稳定的优点。

3. ICI副产蒸汽合成塔

ICI副产蒸汽合成塔也属于单段内冷式，但气体流动是径向横流，垂直于沸腾水冷却管。该合成塔是应用了有限元分析法分析塔内气体流动和温度特性后设计的。

ICI副产蒸汽合成塔的特点如下：

(1) ICI公司通过计算，比较了催化剂在管内、水在管外及催化剂在管外、水在管内两种方案，结果表明，后者所需的管子表面积仅为前者的6/7。因此，ICI副产蒸汽合成塔的催化剂放在管外。

(2) 横向流动。入塔气进入合成塔通过一垂直分布板后，横向流过催化剂床，既减少阻力降，又增加传热系数。

(3) 列管不对称排列。根据入塔气在催化剂床层反应速率的变化，考虑设置列管的疏密程度，使反应速率沿最大速率曲线进行。

(4) 列管浮头式结构。该合成塔采用带膨胀圈的浮头式结构，解决了列管的热膨胀问题。ICI公司认为，在以天然气为原料的流程中，采用这种合成塔的优点不明显，只有在以煤为原料中副产蒸汽的合成塔中才能发挥其优点。

4. Lurgi列管式甲醇合成塔

德国鲁奇公司(Lurgi)与ICI公司是最早采用低压法合成甲醇的公司。20世纪70年代初，鲁奇公司首先使用了管束型副产蒸汽合成塔，既是合成塔又是废热锅炉。操作压力为5MPa，操作温度为249℃(壳程)/256℃(管程)，合成塔结构类似于一般的列管式换热器，结构如图9-3-4所示。在塔中，列管内装填Lurgi合成催化剂，管间为沸腾水。原料气经预热后进入反应器的列管内进行甲醇合成反应，反应放出的热很快被管外的沸水移走，副产3.5~4.0MPa的饱和中压蒸汽。合成塔壳程(沸腾水)与锅炉汽包是自然循环的，汽包上装有压力控制器，以维持恒定的压力，这样通过控制沸腾水的蒸汽压力就可以保持恒定的反应温度，变化0.1MPa相当于1.5℃。

Lurgi列管式甲醇合成塔的优点如下：

(1) 单位体积催化剂床层的传热面积较大，合成反应基本是在等温条件下进行，锅炉循环水有效地将反应热移出，可允许较高CO含量气体。

(2) 能灵活有效地控制反应温度。可通过调节蒸汽的压力，有效简便地控制床层温

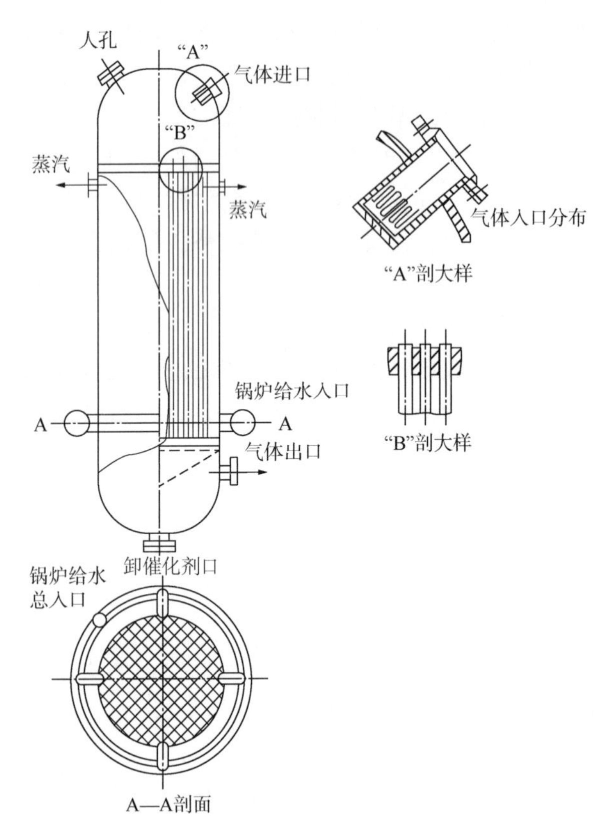

图 9-3-4 Lurgi 列管式甲醇合成塔

度，灵敏度可达 0.3℃。适应系统负荷波动及原料气温度的变化，使催化剂寿命延长。

(3) 热能利用合理，1t 甲醇副产蒸汽最高达 1.4t，该蒸汽用于驱动离心式压缩机，压缩机使用过的低压蒸汽又送至甲醇精制部分使用，因此整个系统的热能利用很好。

(4) 反应温和、副反应少，时空收率高达 0.72t/(m^3 · h)，传统 ICI 法仅为 0.234t/(m^3 · h)。

(5) 单程转化率高，合成塔出口的甲醇含量达 7%，因此循环气量减少，降低了循环回路中管件、阀门的费用和循环压缩机的能耗。

(6) 开车方便，只要将 4MPa 蒸汽通入合成塔壳程，即可加热管内的催化剂，达到起始活性温度，便可通气生产。

该塔的缺点是设备结构复杂，制作较困难，装卸催化剂不方便，对材料及制造要求较高，设备费用大。由于列管长度受到限制，放大生产只有增加管数，使合成塔的直径增大，给设计和制造带来很大困难。以 30×10^4t/a 甲醇装置为例，Lurgi 列管式甲醇合成塔的主要结构尺寸如下：塔内径为 3.8m、高度为 9.4m，催化剂床层高度为 6m，列管的直径为 ϕ44mm×2mm、长度为 7m，列管数目为 4310 根。列管合成塔的最大生产能力为 1500t/d。

由于大规模装置的合成塔直径太大，常采用两个合成塔并联，若规模更大，则采用列管式合成塔后再串联一个冷管式或热管式合成塔，同时还可以采用两个系列的合成塔并联。

5. Casale 轴径向混合流合成塔

瑞士 Casale 公司是最早开发立式绝热轴径向甲醇合成塔的公司，生产装置的产能在 2500t/d 以上。

Casale 大型轴径向甲醇合成塔的主要结构特点如下：

(1) 环形的催化剂床顶端不封闭，侧壁不开孔，造成催化剂床层上部气流的轴向流动，床层主要部分气流为径向流动。

(2) 催化剂筐的外壁开有不同分布的孔，以保证气流分布。

(3) 各段床层底部封闭，反应后气体经中心管流入合成塔外的换热器，回收热量。

(4) 由于不采用直接冷激，而采用塔外热交换，各床层段出口甲醇浓度较高，所需的床层段数较少。

(5) 由于床层阻力降的明显减少(比 ICI 轴向型塔减少 24%),因此可增加合成塔高度和减小壁厚,可选用高径比较大的塔,以降低造价。

(6) 与冷激式绝热塔相比,轴径向混合流塔可节省投资,简化控制流程,减少控制仪表。

轴径向合成塔的优点是大型化的潜力大,主要限制是操作速度应在 0.1~0.6m/s 范围内。操作速度低于 0.1m/s 时,则呈层流流动,不利于气相主体与催化剂颗粒表面之间的传质;操作速度高于 0.6m/s 时,床层压降过大,且循环压缩机负荷也难满足要求。合成塔的生产能力取决于塔的高度,合成塔过高造成催化剂装卸困难。一般塔高为 16m,相应的生产能力为 5000t/d。若能解决催化剂的装卸问题,使塔高达到 32m,则生产能力可达 10000t/d。

轴径向合成塔的缺点是催化剂筐需要更换,催化剂装卸复杂。流动床合成不仅需要消耗动力,而且需要耐磨损的催化剂,清除进入循环压缩机气体中的催化剂小颗粒也很困难。从机械设计方面,合成塔壁厚并不减小,还产生一系列复杂问题,如催化剂上、下栅板,原料气分布集气管,催化剂从旋风分离器再循环时与闸板阀连接的沉浸支管等部件的设计和制造问题。

6. 日本 TEC 公司的 MRF 反应器

日本 TEC 公司与三井东亚化学公司共同开发了一种新的甲醇合成塔,即多段、间接冷却、径向流动的合成塔,也称为 MRF 反应器。该反应器由外筒、催化剂筐以及同锅炉给水分配总管和蒸汽收集总管相连接的许多垂直的沸水管(即反应器的冷却管)组成。冷却管排列成若干层同心圆垂直埋于催化剂层中。合成气由中心管进入,然后径向流动通过催化剂层进行反应,反应后的气体汇集于环形空间,由上部出去。冷却管吸收反应放出的热量发生蒸汽,根据反应的放热速率和移热速率,合理选择冷却管的数量和间距,则使反应过程按最佳温度线进行。冷却管的排列是 MRF 合成塔的专利。生产能力为 2500t/d 的 MRF 合成塔技术规格如下:直径为 4.7m,长度为 14.1m,质量为 420t,压降为 0.3MPa,甲醇回收热量为 2.5GJ/t。

预热后的合成气进入催化剂床层的外层,气体按径向入塔通过催化剂床层,依次穿过绝热反应区和换热反应区,径向流动至催化剂筐和压力容器之间的环形空间,在换热区通过产生蒸汽的方式移去反应热。反应后的气体从位于合成塔出口的预热器中心管引出。因为 MRF 合成塔只有一个径向流动催化剂床,气体在催化剂床的流路短、流速低,所以 MRF 合成塔的压降为普通轴向流动塔的 1/10。反应热由高传热率的填充床传给锅炉列管,反应气体又垂直流过列管表面,在相同的气体流速下,这种系统的传热系数要比平行流动系统的传热系数高 2~3 倍。反应气体依次通过绝热反应区和换热反应区,这相当于多级催化床层,提供了最佳的合成反应温度。

MRF 反应器有以下特点:

(1) 气体径向流动,流道短,空速小,因此压降很小,约为轴向反应器的 1/10。

(2) 床层与冷管之间的传热效率也很高,1t 甲醇能产生超过 1t 蒸汽(在给水预热的条件下)。

(3) 单程转化率高,循环气量小。通过恰当布置锅炉列管,反应温度几乎接近理想温度曲线，使每单位容积的催化剂有较高的甲醇产率，合成塔出口的粗甲醇浓度高于8.5%。

(4) 反应过程按最佳温度线进行。及时有效地移走了反应热，确保催化剂在温和的条件下操作，使催化剂的寿命延长。合成气进口和出口的温度分别为211℃和276℃。

(5) 将无管板设计和单位甲醇产率较高的优点结合起来，能制造出大能力的合成塔，单系列合成塔的生产能力可以达到5000t/d。

(6) 由于减小了压降和气流循环速度，合成循环系统的能耗从冷激塔的111.6MJ/t减少到57.6MJ/t。

MRF反应器的缺点如下：合成塔内部结构复杂，零部件较多，长期运行的稳定性差，发生故障后难检修；副产的蒸汽压力比管壳式塔副产蒸汽压力低，蒸汽利用困难；炉水在双套管内强制循环，循环泵功率较大，泵维修的工作量较大。

5000t/d甲醇MRF合成塔的制造、运输和运转的经济效益较好。英国ICI公司甲醇合成工艺已由日本TEC公司做过改造，改进后的工艺为天然气两段转化，使用MRF新合成塔，甲醇的单位能耗降到28.5~29.2GJ/t。

7. JJD低压恒温水管式甲醇合成塔

湖南安淳高新技术有限公司开发的JJD低压恒温水管式甲醇合成塔是一种管内冷却、管间催化的合成塔。塔内的流程如下：未反应气经过布置在塔中心的径向分布器，全径向分配进入催化剂层，反应出口气经径向管收集后从合成塔下部出来，调温水经过每一根“刺刀”管(内外套管中的内管)进入底部，再从底部经“刀鞘”管(内外套管中的外管)与刺刀管之间环隙返上，进入高置于合成塔上部的蒸汽闪蒸槽，闪蒸产生蒸汽，通过调节蒸汽压力对催化剂床层温度进行控制。

第一套ϕ2800mm的JJD水管式甲醇合成塔的运行情况表明，该塔具有以下多方面的优点：

(1) 沸腾水管形如刺刀和刀鞘，为悬挂式，即只焊一端，另一端有自由伸缩空间。管子受热伸缩没有约束力，无需用线膨胀系数小且昂贵的SAF2205双相不锈钢，只用普通不锈钢管即可。壳体不受管子伸缩力的影响，壳体材质也要求不高，筒体上、下厚度相同，无须设置加强结构，无需用高强度13MnNiMoNbR等特型高强度抗氢蚀钢材，筒体材质用普通复合钢板即可。

(2) 容积系数大，同样用水进行催化剂床冷却的管壳式甲醇反应器的容积利用系数约为35%，而JJD水管式甲醇合成塔可达55%以上，这意味着同样的容器空间中，水管式反应器将比管壳式反应器可多装填催化剂。

(3) 全径向流程，即反应气垂直通过沸腾水管和被水管包围的催化剂柱层。单位容积传热面积大。ϕ2800mm塔传热面积比管壳式塔传热面积大23%。

(4) 操作弹性大，设计可控传热温差较大，以适应催化剂不同活性阶段的工况，如初期操作温度为220~230℃、合成压力为3.0~4.0MPa，后期操作温度为260~280℃、合成压力为4.0~6.0MPa的工况。

(5) 合成回路系统比较简单，合成塔是反应器加内置锅炉。设计工况比较温和，恒温、低压、低阻(阻力非常小，全床约为0.1MPa)，有利于催化剂使用寿命的延长。单程转化率高，出口甲醇浓度达5.5%~6.0%。

(6) 通过调整沸腾水管布局，适用于CO含量的变化，也适应惰性气含量的变化(联醇或副产氨的工况)。升温还原用蒸汽加热，惰性气还原，快速、安全。

(7) 设备更新时，只需更换内件，外壳继续使用。

第四节　煤直接液化典型设备

一、直接液化反应器

直接液化反应器是液化工艺中的核心设备，它是一种典型的气、液、固三相反应器，是能耐高温、耐高压、耐氢腐蚀的圆柱形高压容器。煤液化反应器的气、液相物料均从反应器底部进入，从顶部排出。由于加氢液化反应是放热反应，因此在反应过程中，会使床层温度升高，反应器设计时既要防止其出现局部过热现象，还要保证气、液、固三相良好的传热和传质。如此苛刻的使用条件给设计、制造带来很大难度。工业化生产装置反应器的最大尺寸取决于制造商的加工能力和运输条件，一般最大直径在4000mm左右，高度可达30m以上。

反应器结构设计是否合理，对设备的安全使用有很大影响。在加氢反应器技术发展过程中，曾有过因为局部结构设计不完善或不合理而造成设备损伤的例子。因此，对反应器结构最基本的要求应该是使所采用的结构在设计时就能证明是安全的，而且应该使各个部位的应力分布得到改善，使应力集中减至最小。此外，还应方便生产中的维护。图9-4-1显示了70MPa液相加氢反应器。

1. 按反应器使用状态分类

根据使用状态下高温介质是否与器壁直接接触，可分为冷壁式反应器和热壁式反应器。

冷壁式反应器：在耐压筒体的内部设有隔热保温材料，保温材料内侧是耐高温、耐硫化氢腐蚀的不锈钢内胆，但它不耐压，因此在反应器操作时保温材料夹层内必须充惰性气体至操作压力。冷壁式反应器的耐压壳体材料一般采用高强度锰钢。目前在役的冷壁式加氢反应器主要是国内20世纪80年代初建造的，后期基本不制造。

热壁式反应器：这类反应器的隔热保温材料在耐高压筒体的外侧，因此实际操作时反应器筒壁处于高温状态。热壁式反应器因耐压筒体处在较高温度状态，筒体材料必须采用特殊的合金钢(如2.25Cr1MoV或3Cr1MoVTiB)，内壁再堆焊一层耐硫化氢腐蚀的不锈钢。中国第一重型机械集团公司在20世纪80年代已研制成功热壁式反应器，目前大型石油加氢装置上使用的绝大多数是热壁式反应器。

2. 反应器本体结构分类

用于反应器本体上的结构分为单层结构和多层结构两大类。

单层结构中又有钢板卷焊结构和锻焊结构两种；多层结构有绕带式、热套式等多种形式。结构的选择主要取决于使用条件、反应器尺寸、经济性和制造周期等诸多因素。

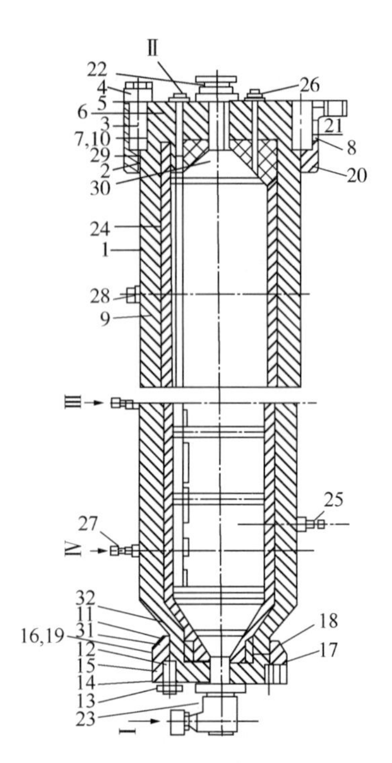

图 9-4-1　70MPa 液相加氢反应器示意

1—塔身；2—顶部法兰；3—顶部双头螺栓；4—顶部罩状螺母；5，14—垫环；6—顶盖；7—顶部自紧式密封圈；8，17—自紧式密封圈的夹圈；9—塔身保温体；10—顶部自紧式密封圈的衬片；11—底部法兰；12—底部双头螺栓；13—底部螺母；15—底盖；16—底部自紧式密封圈；18—底部锥体的保温体；19—底部自紧式密封圈的衬片；20—顶部锥体的保温体；21—安装吊轴；22—大小头；23—直角弯头；24—内筒；25—接管；26—冷氢引入管；27—取样口接管；28—堵头；29—顶盖保温体；30—顶部锥体；31—底部保温体；32—底部锥体；Ⅰ—产物进口；Ⅱ—产物出口；Ⅲ—冷氢引入口；Ⅳ—取样口

3. 内构件

由于加氢过程存在着气、液、固三相状态，因此反应器内构件性能的优劣直接影响加氢工艺的水平。特别是流体分布盘的设计，其关键是要使反应进料(气、液、固三相)有效地接触，防止煤中矿物质和催化剂固体在床层内发生流体偏流。

4. 反应器的传热和温度控制

煤炭直接液化反应器在运行过程中，温度控制是十分重要的环节。由于液化反应是强放热反应，如果反应热没有及时移出，系统温度会不断上升，而反应速率随温度的上升而加快，从而产生更多的热量，使温度更快上升，这种温度急剧上升的现象称为飞温。这样的恶性循环很可能使温度上升到高压容器耐压筒体钢材强度极限以上的危险程度，甚至引发非常重大的恶性事故。因此，在反应器温度控制的设计和运行过程中要采取多重措施，绝对避免飞温现象的发生，万不得已时必须紧急放空泄压。

直接液化反应器一般采用向反应器内注入冷氢或冷油的方法来控制温度，虽然冷氢的吸收量有限，但注入氢气后扩大了气体流量，使更多的液化油轻组分蒸发而吸收。在强制循环的反应器(如美国 HTI 的反应器)内液体流速大大增加，提高了反应器内上、下液体的返混和传热速率，使反应器的温度分布十分均匀，上、下温差不到2℃，而反应热的移出采用降低进口物料的温度来实现。这种反应器不但简化了温度控制系统，而且充分利用了反应热，降低了进料煤浆加热炉的热负荷。

二、煤浆预热器

煤浆预热器的作用是在煤浆进入反应器前，把煤浆加热到接近反应温度。小型装置一般采用电加热的方式，大型装置采用加热炉加热。许多研究者用管式预热器进行了研究，但对预热器内物料物理性质的变化、流体流动情况、传热情况等都没有充分掌握。

1. 预热器内的流体流动情况

要了解煤浆在预热器内的流体流动情况，尤其是在加热情况下的流体力学，可将预热器沿轴向模拟划分为3个区域(图9-4-2)。在这3个区域内煤浆被加热，煤粒膨胀，发生化学反应和溶解，并开始发生加氢作用。

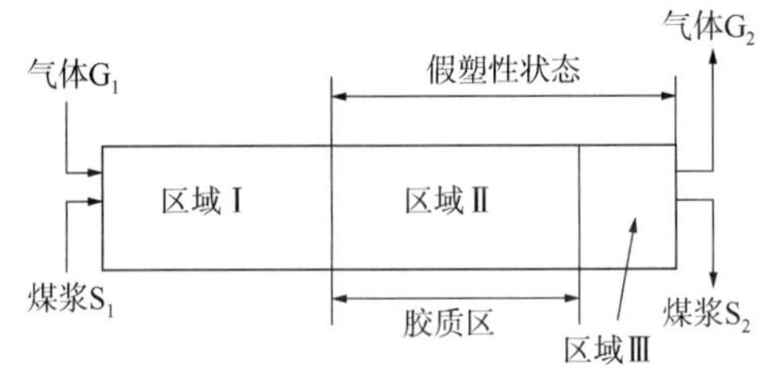

图9-4-2　煤液化预热器流体力学模型

区域Ⅰ：原料刚刚进入预热器，固体尚未溶解，可以把煤浆—气体混合物看作两相牛顿型流体。温度增高时，黏度平稳地下降，当黏度达到最低值时，此区域结束。此时，各组分的流速实际上无大变化，两相流体流动为涡流—层流或层流—层流。

区域Ⅱ：流体黏度达最低值以后，进入区域Ⅱ，此区域中主要发生煤粒聚结和膨胀，并发生溶解，因此煤浆黏度急剧增大，达到最大值，且能保持一段时间不变，成为非牛顿型流体，其流体流动多为层流。此区域又可称为胶体区。

区域Ⅲ：在区域Ⅱ生成的胶体，进入区域Ⅲ后由于发生化学变化，煤质解聚和溶解，流体黏度急剧下降，在预热器出口前，温度升高，黏度平缓下降。此混合物也是非牛顿型流体，可能呈现涡流流动。

预热器内煤浆黏度变化如图9-4-3所示。

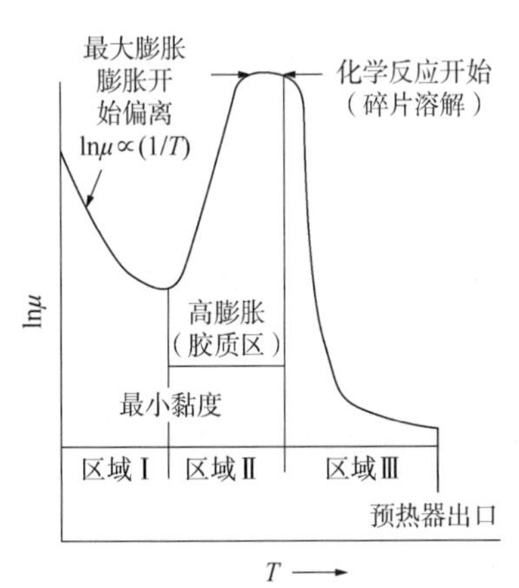

图9-4-3　预热器内煤浆黏度变化示意图

煤浆在升温过程中黏度变化很大(尤其是烟煤煤浆)，在300~400℃范围内，煤浆黏度随温度的升高而明显上升。但是在加热炉管内，煤浆黏度升高后，一方面炉管内阻力增大，另一方面流动形式成为层流，即靠近炉管壁的煤浆流动十分缓慢。这时如果炉管外壁热强度较大，温度过高，则管内煤浆很容易局部过热而结焦，导致炉管堵塞。

解决上述问题的措施如下：一方面，使循环氢与煤浆合并进入预热器，由于循环气体的扰动作用，使煤浆在炉管内始终处于湍流状态。另一方面，在不同温度段选用不同的传热强度，在低温段可选择较高的传热强度，即可利用辐射传热。而在煤浆温度达到

300℃以上的高温段，必须降低传热强度，使炉管的外壁温度不致过高，建议利用对流传热。此外，选择合适的炉管材料也能减少煤浆在炉管内的结焦。

还有一种解决预热器结焦堵塞的办法是取消单独的预热器，煤浆仅通过高压换热器升温至300℃以下就进入反应器，靠加氢反应放热和对循环气体加热使煤浆在反应器内升至反应所需的温度。

2. 煤浆加热炉

对于大规模生产装置，液化原料预热的关键设备是加热炉。用于煤浆加热的炉型主要有箱式炉、圆筒炉和阶梯炉等，且以箱式炉居多。图9-4-4显示了典型卧管式加热炉。在箱式炉中，辐射炉管布置方式有立管和卧管排列两类，选型时主要从热强度分布和炉管内介质的流动特点等工艺角度以及经济性(如施工周期、占地面积等)等方面考虑确定。对于氢和油煤浆混合料进入加热炉加热的混相流，多采用卧管排列方式，这是因为只要采用足够的管内流速，就不会发生气液分层流，还可避免立管排列时每根炉管都要通过高温区(当采用低烧时)的问题，对于两相流，当传热强度过高时很容易引起局部过热、结焦现象，而卧管排列就不会使每根炉管都通过高温区，可以区别对待。

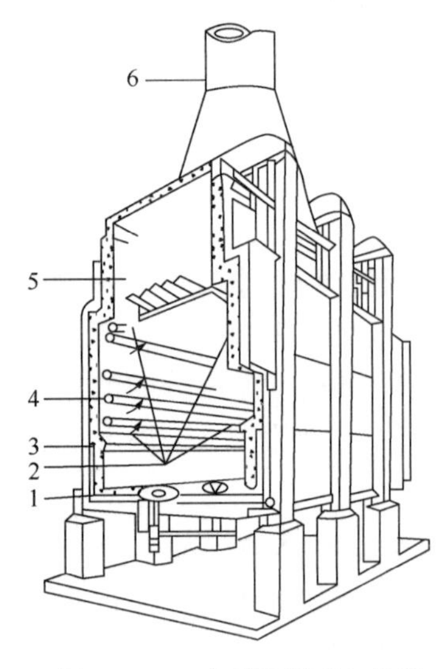

图9-4-4　典型卧管式加热炉
1—燃烧器；2—燃烧室；3—耐火衬里；4—辐射排管；5—对流排管；6—烟囱

在炉型选择时，还应注意到加热炉的管内介质中都存在着高温氢气，有时物流中还含有较高浓度的硫或硫化氢，会对炉管产生各种腐蚀。在这种情况下，炉管往往选用比较昂贵的高合金炉管(如SUS321H /SUS347H等)。为了能充分地利用高合金炉管表面积，应优先选用双面辐射的炉型，因为单排管双面辐射比单排管单面辐射的热有效吸收率要高1.49倍，相应的炉管传热面积可减少1/3，可节约昂贵的高合金管材，同时又可使炉管受热均匀。

三、高温气体分离器

反应产物和循环气的混合物，从反应塔顶部出来，首先进入高温气体分离器。在此，气态和蒸气态的碳氢化合物与由未反应的固体煤、灰分和固体催化剂组成的固体物和凝缩液体分开。高温气体分离器的工作原理主要是气液溶解平衡和气液蒸发平衡。

在高温气体分离器中，分离过程是在高温(约455℃)下进行的。气体和蒸气从设备的顶端引出，聚集在分离器底部(锥形部分)的液体和残渣进入残渣冷却器。为了防止在液体流出和排除残渣时漏气，要在分离器底部维持一定的液面。最常用形式的高温气体分离器的结构如图9-4-5所示，其顶部构造如图9-4-6所示。高温气体分离器的主要零件有高压筒、顶盖和底盖、保护管套(接触管)、产品引入管、底部锥形保温斗、冷却系统和液面测量系统。

气体在分离的同时还进行着各种化学过程，其中包括影响设备操作的结焦过程。结焦是在氢气不足、温度很高和液体及残渣长时间停留在气体分离器底部的情况下进行的。由于结焦过程的发生，分离器底部焦沉淀，使分离器容积减少，以致难于维持规定的液面和堵塞残渣的出口，在这种情况下，应立即将设备与系统分开。随着温度的降低，结焦过程的发生就减少，因此在高温气体分离器中，温度应保持比反应塔中温度低15~20℃，并且尽量缩短物料在分离器中的停留时间。高温气体分离器中的反应产物通过冷却蛇管的冷氢或冷油来冷却。在某些结构的分离器中，将冷气直接打入分离器的底部，既能避免结焦的产生，同时又对产物进行了冷却。

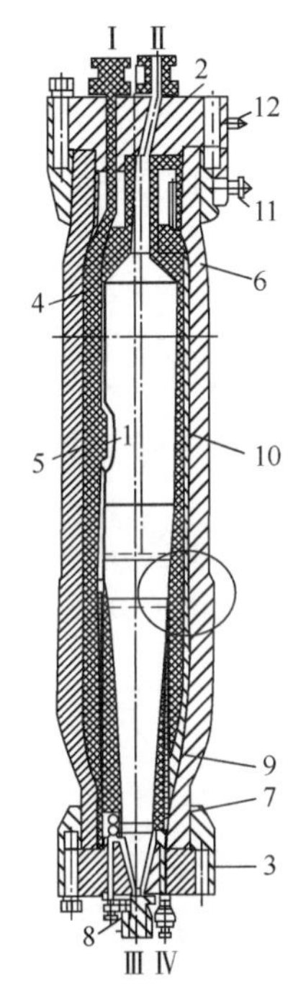

图9-4-5　高温气体分离器

1—高温气体分离筒；2—顶盖；3—底盖；4—产品引入管；5—分配总管；6—顶部蛇管；7—底部蛇管；8—双蛇管冷却器；9—底部锥形保温斗；10—保护管套；11—筒体安装用吊轴；12—顶盖安装用吊轴；Ⅰ—产品入口；Ⅱ—气体、蒸汽出口；Ⅲ—残渣出口；Ⅳ—冷气入口

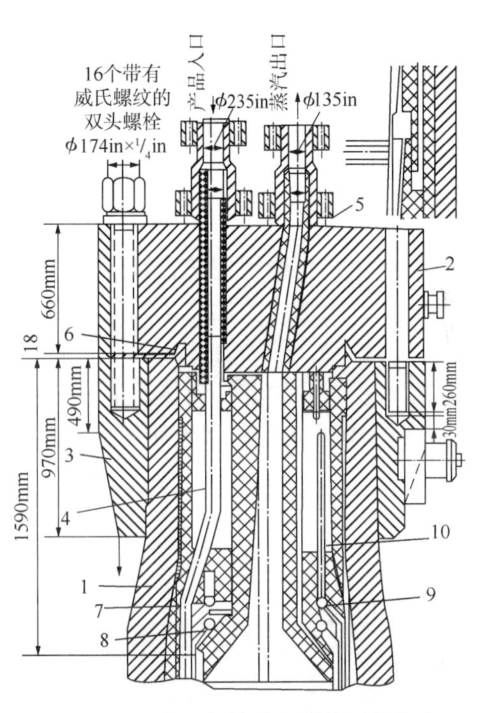

图9-4-6　高温气体分离器的顶部构造

1—筒体；2—顶盖；3—顶部法兰；4—产品引入管；5—气体、蒸汽混合物引出管；6—自紧式密封圈；7—顶部总管；8—底部总管；9—蛇管的管子；10—引出管

然而，应该指出的是，如果由高温分离器出来的气体和蒸汽的温度降得很低，会降低换热器中热量回收的效率，因此会降低装置的生产能力。

四、高压低温分离器

凝聚的反应产物与循环气体一起经过高压产品冷却器后，在40~50℃的温度下进入高压低温分离器，在此气体从液体(加氢生成的油)中分离出来。图9-4-7显示了高压低温分离器，安置与地面成约4°的倾斜角。

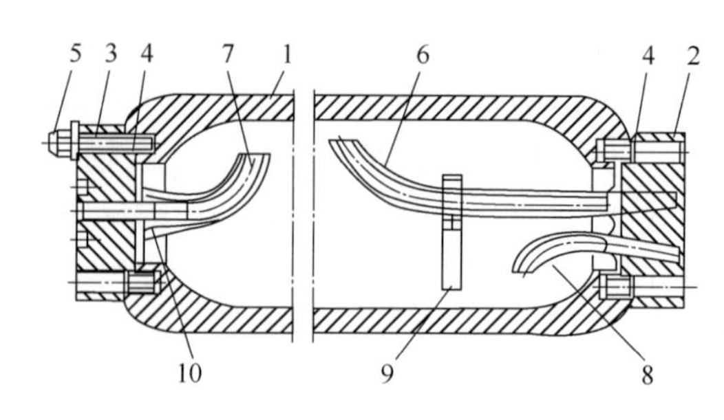

图 9-4-7　高压低温分离器

1—壳体；2—右盖；3—左盖；4—自紧式密封圈；5—双头螺栓；
6—上部气液混合物引入管；7—气体引出管；8—液体引出管；9—撑架；10—加强筋

五、高压换热器

由于煤直接液化系统所用换热器压力高，并且含有氢气、硫化氢和氨气等腐蚀性介质，因此需要使用特殊结构的换热器。参考石油加工行业的长期运行经验，采用螺纹环锁紧式密封结构高压换热器较为合适。

螺纹环锁紧式密封结构高压换热器最早是由美国雪佛龙公司和日本公司共同开发研究成功的，我国已有 10 余套加氢装置使用这种换热器，它的基本结构如图9-4-8所示。此换热器的管束多采用 U 形管式，它的独特结构在于管箱部分。

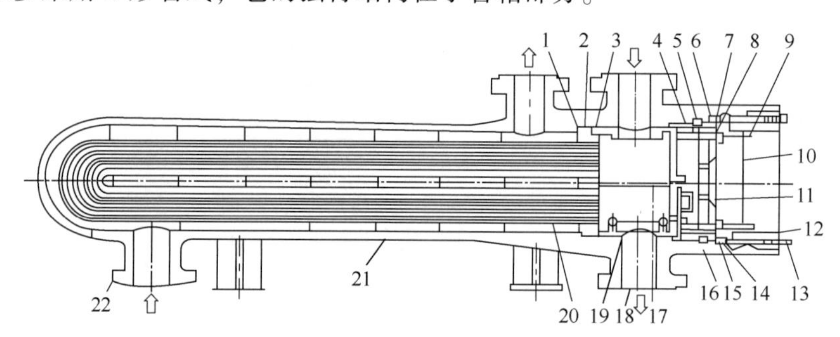

图 9-4-8　螺纹环锁紧式高压换热器(H-H 型)

1—壳程垫片；2—管板；3—垫片；4—内法兰；5—多合环；6—管程垫片；7—固定环；
8—压紧环；9—内圈螺栓；10—管箱盖；11—垫片压板；12—螺纹锁紧环；13—外圈螺栓；
14—管程内套筒；15—内法兰螺栓；16—管箱壳体；17—分程隔板箱；18—管程开口接管；
19—密封装置；20—换热管；21—壳体；22—壳体开口接管

H-H 型换热器适用于管、壳程均为高压的介质，管箱同壳程介质共用一个壳体，壳程侧顶端为封头，管箱端部用螺纹承压环旋入，就像一个大的丝堵旋入管箱。管箱与壳程筒体焊接为一个整体，所有的内构件都封装在同一壳体内部，减少了密封点泄漏的可能性；管束可单独抽出；管板是按压差设计的，其厚度较薄。

螺纹环锁紧式密封结构高压换热器主要构件的作用如下：

(1) 壳程垫片。

管程侧和壳程侧都为高压，而且压差较小，密封面上所受的合力较小，因此减少了普通换热器由于管板受到高压而发生泄漏的可能性。壳程垫片主要起到隔离壳程与管程介质的作用，即使发生泄漏也不会向外界泄漏，增加了安全性。

(2) 管板。

该管板使用了压差设计，设计压力较小，使得管板的厚度大大减薄，既减少了材料，又控制了换热器的整体体积。

(3) 管程垫片。

管程垫片是用来密封管程内介质与外界环境的垫片，该垫片的压紧力由外压紧螺栓来提供。该压紧螺栓只需提供保证密封面不发生泄漏的压紧力，而不同于普通的换热器螺栓还要提供抵消介质对封头的巨大的压力作用。因此，相对来说，该垫片极易压紧而且泄漏的可能性很小。

(4) 螺纹锁紧环和管箱盖。

螺纹锁紧环和管箱盖共同起到一个封头的作用，只不过不是采用焊接而是采用螺纹连接的形式和筒节连接。螺纹锁紧环通过螺纹的压紧力，不仅承受管程内部介质的压力，还承受内压杆穿过来的管板对内压杆的反作用力。

(5) 管程内套筒。

管程内套筒起到传递内压紧螺栓的作用，压紧管板，满足内密封圈压紧力的要求。当壳程为低压而管程为高压时，可使用图 9-4-9 所示的结构形式。这种类型的换热器的壳程同普通换热器一样，只是相当于把普通换热器的管箱和管板焊接成一个整体，管箱部分采用螺纹锁紧环的形式。管箱同壳体部分的连接采用螺栓连接。

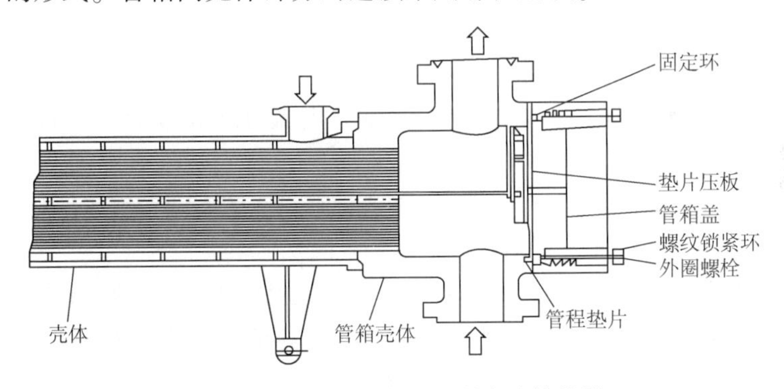

图 9-4-9 H-L 型螺纹环锁紧式换热器

螺纹环锁紧式密封结构高压换热器有如下几个突出优点：

(1) 密封性能可靠。

从图 9-4-9 中可以看出，在管箱中由内压引起的轴向力通过管箱盖和螺纹锁紧环传递给管箱壳体承受。它不同于普通法兰型换热器，其法兰螺栓载荷主要由两部分组成：一是流体静压力产生的轴向力使法兰分开，需克服此种端面载荷；二是保证密封性，应在垫片或接触面上维持足够的压紧力，因此所需螺栓大，拧紧困难，密封可达性相对较差。而螺纹环锁紧式密封结构的螺栓只需提供垫片密封所需的压紧力，流体静压力产生的轴向力通过螺纹环传到管箱壳体上，由管箱壳体承受，因此螺栓小，便于拧紧，很容易达到密封效果。在运转中，若管壳程之间有串漏时，通过露在端面的内圈螺栓再行紧固就可将力通过各种件传递到壳程垫片而将其压紧以消除泄漏。此外，这种结构因管箱与壳体是锻成或焊成一体的，既可消除像法兰型换热器在法兰处最易泄漏的弊病，又由于其在抽芯清洗或检修时，不必移动管箱和壳体，因此可以将换热器开口接管直接与管线焊接连接，减少了这些部位的泄漏点。

（2）拆装方便。

因为螺纹环锁紧式换热器的螺栓很小，很容易操作，所以拆装可在短时间内完成。同时，拆装管束时，不需移动壳体，可节省许多劳力和时间。而且在拆装时，利用专门设计的拆装架，使拆装作业可顺利进行。从拆卸、检查到重装，这种换热器所需的时间要比法兰型少 1/3 以上。

（3）金属用量少。

由于管箱和壳体是一体型，省去了包括管、壳程大法兰在内的许多法兰与大螺栓，又因在壳体上没有带颈的大法兰，其开口接管就可尽量地靠近管板。在普通法兰型换热器上靠近管板端有相当长度为死区的范围内不能有效利用的传热管面积，而在此结构中可得到充分发挥传热作用，可有效利用的管子长度约为 500mm。对于一台内径为 1000mm、传热管长度为 6000mm 的换热器，就相当于增加 8%数量的传热管。综上，可使这种结构换热器的单位换热面积所耗金属的质量大幅下降。

（4）结构紧凑、占地面积小，但是这种换热器的结构比较复杂，其公差与配合的要求也很严格。

六、高压减压阀

高压减压阀是采用控制阀体内的启闭件的开度来调节介质的流量，将介质的压力降低。同时借助阀后压力的作用调节启闭件的开度，当压力感应器检测到侧门压力指示升高时，减压阀阀门开度减小；当检测到减压阀后压力减小时，减压阀阀门开度增大，以满足控制要求。使阀后压力保持在一定范围内，在进口压力不断变化的情况下，保持出口压力在设定的范围内，保护其后面的设备或器具。

煤直接液化装置的分离器底部出料时压差很大，必须要从数十兆帕减至常压，并且物料中是含有煤灰及催化剂等固体物质的气、液、固三相流。位于高温分离器后的关键设备减压阀就是用来输送这些固体颗粒浓度高达 60%的煤浆，其工作环境为高温、高压差（温度为 455℃，前后压差约为 15MPa）、高固态浓度流体冲蚀，排料时对阀芯、阀座、孔板等阀门主要元部件的磨损相当严重。加之降压闪蒸节流元件后大量气体溢出，导致局部流速接近声速，从而使得该高压减压阀的磨蚀成为煤液化项目长周期稳定运行的重要制约瓶颈。为使磨损降低到最低限度，可采取解决办法如下：一是采取两段以上的分段减压，降低阀门前后的压差；二是采用耐磨、耐高温的硬质材料，如碳化钨、氮化硅等，此外在阀门结构上采取某些特殊设计也有可能使磨损降低到最低限度；三是在流程设计上采用一倍或双倍的旁路备用减压阀设备，当阀芯、阀座磨损后及时切换至备用系统。

目前，高压减压阀上的关键部件主要依赖进口，即使是价格昂贵的进口部件，其平均使用寿命也只有不到 400h。日本在 150t/d 中试装置中开发的减压阀，使用碳化钨制作的阀芯、烧结金刚石制造的阀座和减压孔，最长连续使用寿命为 1008h；美国 H-Coal 中试装置开发的减压阀最长使用寿命为 693h；神华煤直接液化项目从德国引进的减压阀在第一次投煤试车时，使用寿命最短的不超过 1 天，最长也不过 200h；近期日本采用 HIP 技术对阀芯进行烧结，但在煤液化项目实际应用中并未解决融合瓶颈而导致耐磨层剥离，仅使用不足 100h；而加拿大采用渗硼技术的阀芯在工业化装置中使用仅 1 天。因此，研究煤直接液化项目磨蚀规律、查找磨蚀区域的分布、分析磨蚀物的来源以及磨蚀机理，从而延长各磨蚀部位的运转周期尤为重要。

七、高压煤浆泵

高压煤浆泵的作用是把煤浆从常压系统送入高压系统，除了有压力要求，还必须达到所要求的流量。煤浆泵一般选用往复式高压柱塞泵，小流量可用单柱塞或双柱塞，大流量情况多用柱塞并联。柱塞材料必须选用高硬度的耐磨材料，还可以向柱塞根部注入少量密封油(通常用循环溶剂)的方式将煤浆与柱塞隔开，避免煤浆对柱塞的磨损。

柱塞泵的进、出口煤浆止逆阀的结构形式必须适应煤浆中固体颗粒的沉积和磨损，这是必须解决的技术问题。由于柱塞在往复运动时内部为高压而外部为常压，因此密封问题也是要解决的关键，一般采用中间有油压保护的填料密封。荷兰生产的隔膜柱塞泵在煤浆输送过程中表现出良好的性能。

第十章

精细化工机械设备

精细化工是化学工业的一个重要分支，是综合性较强的技术密集型工业。精细化工是当今化学工业中最具活力的新兴领域之一，是新材料的重要组成部分。精细化工是指以基础化学工业生产的初级或次级化学品、生物质材料等为起始原料，进行深加工而制取具有特定功能、特定用途、小批量、多品种、附加值高和技术密集的精细化工产品的生产过程。

精细化工生产过程中工艺流程长、单元反应多、原料复杂、中间过程控制要求严格，而且涉及多领域、多学科的理论知识和专业技能，其中包括多步合成、分离技术、分析测试、性能筛选、复配技术、剂型研制、商品化加工、应用开发和技术服务等。

精细化工产品种类多、附加值高、用途广、产业关联度大，可直接服务于国民经济的诸多行业和高新技术产业的各个领域，如农药、染料、涂料、油墨、颜料、高纯物试剂、食品添加剂、黏合剂、催化剂、日用化学品、防臭防霉剂、汽车用化学品、纸和纸浆用化学品、脂肪酸、稀土化学品、精细陶瓷、医药、兽药、饲料添加剂、生化制品和酶、其他助剂、功能高分子材料、摄影感光材料和有机电子材料等。

精细化工产品的生产通常以间歇式反应为主，广泛采用多品种综合生产流程和多功能生产装置，装置通用性强，机械装备复杂，规模小，单元设备投资费用低，需要精密的工程技术。本章选择精细化工生产中的医药生产作为典型代表，介绍和分析了精细化工生产工艺中使用到的化工机械和设备设施。

第一节　物料输送工艺典型设备

一、物料输送工艺设备的分类

精细化工生产过程中涉及的物料形态常常是固态、液态和气态 3 种。实现物料输送的设备种类有很多，常见的物料输送设备大致可按照物料形态分为 3 种类型：第一类是固态物料输送设备，如管链输送机、带式输送机、滚筒输送机、斗式提升机、螺旋输送机等；第二类是液态类物料输送设备，如动力式泵、容积式泵、隔膜泵等；第三类是气态类物料输送设备，如送风机、气力输送设备和隔膜泵等。

以下对带式输送机、气力输送设备和隔膜泵进行介绍。

1. 带式输送机

带式输送机又称胶带输送机。它是一种摩擦驱动以连续方式运输散碎物料或成件物品的机械，主要由机架、输送带、托辊、滚筒、张紧装置、传动装置等组成。目前，常见的输送带除了橡胶带，还有其他材料的输送带，如 PVC、PU、聚四氟乙烯、尼龙带等。各种块状、粉状、粒状等黏性物料或非黏性物料(如粮食、矿石等)都可以选用带式输送机。除了进行纯粹的物料输送，带式输送机还可以与精细化工生产流程中的各个工艺过程的要求相配合，形成有节奏的流水作业运输线。带式输送机的主要特点是机身可以很方便地伸缩，具有输送距离长、运量大、连续输送、运行可靠、易于实现自动化和集中化控制、结构简单、维修方便、成本低、通用性强等优点。

带式输送机有槽型皮带机、平型皮带机、爬坡皮带机、转弯皮带机等多种类型，输送带上还可增设提升挡板、裙边等附件，能满足各种工艺要求。输送机两侧配以工作台、加装灯架，可作为电子仪表、食品包装等装配线。

带式输送机的结构如图 10-1-1 所示。

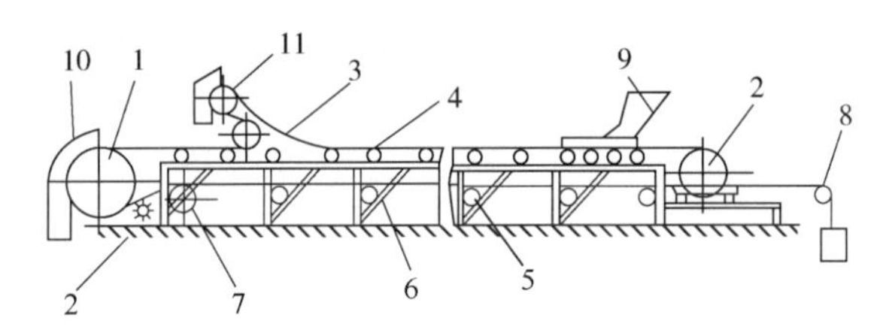

图 10-1-1 带式输送机

1—驱动滚筒；2—张紧滚筒；3—输送带；4—上托辊；5—下托辊；6—机架；7—导向滚筒；8—张紧装置；9—进料斗；10—卸料装置；11—卸料小车；12—清扫装置

1）输送带

输送带是牵引和承载物料的主要构件。它不仅要有足够的强度，还要有相应的承载能力，选用时可根据张力大小采用阻燃抗静电整芯 PVG 输送带 PVG680S—PVG2500S、阻燃抗静电整芯 PVC 输送带 PVC680S— PVC2500S 和阻燃钢绳芯带 ST/S630—ST/S4000。

输送带的连接一般应采用硫化连接，输送带在其硫化接头处的静态强度保持率要不低于 100%，使用寿命一般不少于 10 年，永久及弹性伸长率不大于 0. 2%。

输送带生产商应提供输送带的接头方法，并提供接头的胶料。提出对接头周围环境的要求和对使用的硫化器的要求，负责对使用单位接头硫化人员的技术培训，并对接头效率负责。

2）驱动装置

驱动装置由电动机、减速器、液黏软启动、制动器、逆止器、高速轴联轴器和低速轴联轴器组成。驱动单元固定在驱动架上，驱动架固定在地基上。

电动机一般采用隔爆型三相异步电动机，并能够在满负荷条件下和电压变化在额定电压±5%、频率变化在额定频率±1%范围内无故障运行。不同工作段的带式输送机，若功率相同，可选用与工作面相同的电动机，以便于维护和更换。

3）联轴器

联轴器具有承载能力大、弹性好、可靠性强、安全性高、寿命长等优点。

（1）联轴器以蛇形弹簧为弹性元件，不但有较强的弹性、较高的抗冲击能力和缓冲减震能力，而且极大地提高了联轴器传递扭矩，因此适用于有严重冲击载荷的大功率传动系统。

（2）联轴器的额定能力不低于所传递扭矩的 1.5 倍。

（3）联轴器允许转速高，在轴向、径向和角向具有良好的补偿能力，承受扭矩大，有较好的补偿综合位移的能力，便于快速拆装维修，安装及拆卸时无须移动电动机和工作机。

（4）联轴器具有很长的使用寿命，维护保养间隔时间长。

4）驱动装置架

驱动装置中减速器与电动机安装在同一底座上。驱动装置架为钢板焊接结构，与减速器、电动机底座接触的平面应进行机械加工处理。电动机底座下设有调整垫片组，在电动机两侧各装有螺杆调整器。

驱动装置架应有足够的刚度、强度和稳定性，驱动装置架与基础间的地脚螺栓应连接紧固，无异常振动。驱动装置架的制造误差不得超过有关标准的要求。所使用的金属材料的化学成分和机械性能应符合相应的标准。必须选用优质钢材，采用预处理工艺对钢材进行喷丸预处理，去轧制氧化层、铁锈及异物，以确保焊接和油漆质量，除锈等级达到 Sa2½级，同时涂预处理底漆。焊接或机械加工引起的较高的应力应给予消除，并在工艺上采取必要的控制措施。

5）滚筒

滚筒分驱动滚筒和改向滚筒。滚筒是带式输送机（皮带机）的主要传力部件，由筒皮及接盘焊接而成。一般情况下，外径在 320mm 以下的皮带机滚筒用无缝钢管作为筒皮，外径超过 320mm 的采用钢板卷制后对口焊接形成筒皮，称为焊接滚筒；有的铸钢接盘与筒皮焊接后作为筒体的一部分，即铸焊结构滚筒。

（1）驱动滚筒。

驱动滚筒是传递动力的主要部件，分单滚筒（胶带对滚筒的包角为 210°～230°）、双滚筒（包角达 350°）和多滚筒（用于大功率）等；滚筒又可分为钢制光面滚筒、包胶滚筒和陶瓷滚筒。光面滚筒制造简单，缺点是表面摩擦因数小，一般用在短距离输送机中。包胶滚筒和陶瓷滚筒的主要优点是表面摩擦因数大，适用于长距离大型带式输送机中。其中，包胶滚筒按表面形状不同可分为光面包胶滚筒、菱形（网纹）包胶滚筒和人字形沟槽包胶滚筒。人字形沟槽包胶胶面摩擦因数大，防滑性和排水性好，但有方向性要求。菱形包胶胶面用于双向运行的输送机。用于重要场合的滚筒，最好选用硫化橡胶胶面。处于爆炸危险性环境中时，胶面应采用阻燃胶面材料。

滚筒筒体使用的金属材料的化学成分和机械性能应符合相应的国家标准。焊接前应采用预处理工艺对钢材进行喷丸预处理。

轮毂的铸造质量应经过磁粉或超声波检验。对圆周焊缝和小直径滚筒的纵向焊缝应采用单面焊接双面成型的特殊工艺。滚筒周向和纵向焊缝全部采用二氧化碳气体保护焊，并应进行无损探伤检查，保证焊缝的质量。消除焊接应力，确保滚筒正常运行。

（2）改向滚筒。

改向滚筒用于改变输送带运行方向或增加输送带在传动滚筒上的围包角，滚筒采用平滑胶面。

滚筒轴应为锻件并经无损探伤提供探伤报告，其许用扭矩及许用合力均应满足设计要求。

滚筒轴在最大荷载条件下，轴在轴承座之间的挠度在不计滚筒筒皮刚度的条件下应小于1/2500，在轴的变断面处应设适当的过渡圆角，避免产生应力集中。

6）托辊

托辊是用于支撑输送带及其上的承载物料，并保证输送带稳定运行的装置。

（1）过渡托辊组。

用于承载分支(上分支)。过渡托辊组安装在输送机承载段靠近滚筒处，过渡托辊组采用5°、10°、15°、20°、25°和30°槽角的托辊组。

（2）调心托辊组。

槽型调心托辊组槽角为35°。带式输送机回程托辊使用调心托辊组可防止输送带跑偏，起对中和调偏作用。

（3）带式输送机受料点使用缓冲托辊组。

35°槽型橡胶圈式缓冲托辊组安装在受料段导料槽的下方，可吸收输送物料下落时对胶带的冲击动能，延长输送带的使用寿命。

（4）回程分支(下分支)托辊。

带式输送机选用V形托辊组和平行下托辊组交错布置。V形下托辊用于较大带宽，可使空载输送带对中V形与反V形组装在一起，防偏效果更好。

（5）托辊间距。

承载分支为1000~1200mm；回程分支为2400~3000mm；凸凹弧段间距通过计算确定，一般为500mm或600mm；缓冲托辊间距则要根据物料的松散密度、块度及落料高度而定，一般条件下可采用1/3~1/2槽形托辊间距。

托辊装配后质量指标如下：

（1）在满载条件下，带式输送机的模拟摩擦系数不大于0.020。

（2）托辊的使用寿命为3×10^4h(缓冲托辊等除外)。在使用寿命内，托辊的损坏率不得超过3%。

（3）当托辊径向负荷为250N、以550r/min的速度运转时，测得旋转阻力应不大于3.0N，当停止1h后，其旋转阻力不得超过以上数值的1.5倍。

（4）托辊外圆径向跳动量应不大于0.5 mm(缓冲托辊除外)。

（5）托辊在500N轴向力作用下，轴向位移量不大于0.7mm。

（6）托辊在具有可燃性粉尘的容器内，连续运转200h后，粉尘不得进入轴承润滑脂。在淋水工况条件下，连续运转72h后，进水量不得超过150g。

（7）轴向承载能力为15kN。

（8）跌落试验无损伤、裂痕。

7）张紧装置

一般情况下张紧装置的形式有螺旋式、车式、垂直式、液压张紧和张紧绞车等，作用是保证输送带与传动滚筒不打滑，并限制输送带在托辊组间的下垂度，使输送机正常运行，还可为输送带重新接头提供必要的行程。

8）机架

机架是带式输送机的主体构架。根据典型布置设计了3种滚筒机架（头、尾滚筒机架，传动滚筒机架，改向滚筒机架）和中间架及支腿。机架采用H型钢焊接的三角形结构，与滚筒连接的平面需经过机械加工处理。主要受拉构件的焊接部件应进行探伤检查。

机架分类如下：

（1）01机架：用于卸载滚筒机架。

（2）02机架：用于传动滚筒机架以及改向滚筒机架。

（3）03机架：用于改向滚筒机架以及机尾滚筒机架。

为了运输方便，机架由两片组成，现场安装时用螺栓连接后再焊接。

中间架可分标准型、非标准型及凸、凹弧段几种。标准型中间架长为6m，非标准型则小于6m，托辊安装位置孔距为1000和1200mm两种，非标准型孔距再根据需要现场钻孔。凸弧段中间架的曲率半径根据带宽不同分别为12m、16m、20m、24m、28m和34m共6种。（托辊间距为400mm、500mm和600mm）；凹弧段曲率半径为80m、120m和150m。

中间架支腿有Ⅰ型（无斜撑）和Ⅱ型（有斜撑）两种。支腿与中间架采用螺栓连接，便于运输。此外，安装后也可焊接。

9）导料槽

从漏斗中落下的物料通过导料槽集中到输送带的中心部位，导料槽的底边宽度为1/2～2/3带宽，断面形状为矩形。

导料槽由前段、中段和后段组成，通常由一个前段、一个后段和若干个中段组成，导料槽的长度是根据用户的需要确定的。

10）清扫器

清扫器用于清除输送带上黏附的物料。最简单的清扫装置是刮板式清扫器，此外还有P型、H型合金清扫器和空段清扫器等。

P型、H型合金清扫器应按生产厂提供的使用说明书进行安装。

空段清扫器用于清除非工作面上黏附的物料，防止物料进入尾部滚筒或垂直拉紧装置的拉紧滚筒，一般焊接在这两种滚筒前方的中间架上，并调节好吊链的长度。

11）安全防护

在机械传动的裸露部位须设安全栏杆和安全网罩。

在带式输送机沿线设安全网，防止物料飞出发生伤害事故。

带式输送机传动滚筒、改向滚筒设安全罩；张紧装置周围设安全栏杆；其他回转或移动部位设安全栏杆或安全罩，防止人员触及发生伤害事故。

安全罩一般由镀锌菱形网制作，便于拆装、搬运。

驱动方式有减速电动机驱动和电动滚筒驱动。带式输送机的核心部件是驱动部分（图10-1-2）。

调速方式有变频调速和无级变速。

机架材质有碳钢、不锈钢和铝型材。

带式输送机的特点如下：输送平稳，物料与输送带没有相对运动，能够避免对输送物的损坏。噪声较小，适合于工作环境要求比较安静的场合。

2. 气力输送设备

气体输送设备是用于压缩和输送气体的设备的总称，在各工业部门应用极为广泛。

图 10-1-2 带式输送设备的核心——电动机样式图

气力输送设备主要有以下 3 种用途：

(1) 将气体由甲处输送到乙处，气体的最初和最终压力不改变(用送风机或鼓风机)；

(2) 用来提高气体压力(用压缩机)；

(3) 用来降低气体(或蒸气)压力(用真空泵)。

气力输送设备根据产生的压力分为以下 4 类：

(1) 送风机：压力不高于 0.015MPa；

(2) 鼓风机：压力为 0.015~0.2MPa；

(3) 压缩机：压力在 0.2MPa 以上；

(4) 真空泵：压力低于大气压。

气体输送设备也可以按工作原理分为离心式、旋转式、往复式以及喷射式等。按出口压力(终压)和压缩比不同分为如下几类：

(1) 通风机：终压不大于 15kPa，压缩比为 1~1.15；

(2) 鼓风机：终压为 15~300kPa，压缩比小于 4；

(3) 压缩机：终压在 300kPa 以上，压缩比大于 4；

(4) 真空泵：在设备内造成负压，终压为大气压，压缩比由真空度决定。

气力输送设备的特点如下：

(1) 动力消耗大。输送一定质量流量的气、液体，由于气体的密度小，体积流量很大，因此气体输送管中的流速比液体要大得多，且经济流速(15~25m/s)约为液体(1~3m/s)的 10 倍。因此，以各自的经济流速输送同样的质量流量，经相同的管长后气体的阻力损失约为液体的 10 倍，气体输送设备的动力消耗往往很大。

(2) 气体输送设备体积一般都很庞大，对出口压力高的机械更是如此。

(3) 由于气体的可压缩性，因此在输送机械内部气体压力变化的同时，体积和温度也将随之发生变化。这些变化对气体输送设备的结构和形状有很大影响。因此，气体输送设备需要根据出口压力来加以分类。

典型的轴流式气力输送设备如图 10-1-3 所示。

3. 隔膜泵

隔膜泵是现代的一种新型输送机械，又称控制泵。隔膜泵实际上就是栓塞泵，是借助薄膜将被输液体与活柱和泵缸隔开，从而保护活柱和泵缸。隔膜左侧与液体接触的部分均

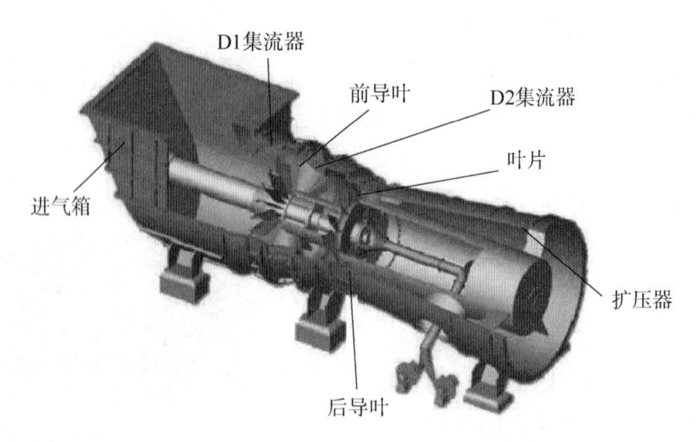

图 10-1-3　典型的轴流式气力输送设备

由耐腐蚀材料制造或涂一层耐腐蚀物质；隔膜右侧充满水或油。隔膜泵是执行器的主要类型，通过接收调制单元输出的控制信号，借助动力操作去改变流体流量，目前在国内是最新颖的一类泵。隔膜泵一般由执行机构和阀门组成，主要产品有气动隔膜泵、电动隔膜泵等。最常见的为气动隔膜泵，其主要以压缩空气为动力源，对带颗粒的液体，腐蚀性液体，易燃、易挥发、高黏度、剧毒的液体，均能很好地予以抽光吸尽。

隔膜泵有 4 种材质，分别是铝合金、铸铁、塑料和不锈钢。隔膜泵膜片根据液体介质的不同分别采用氟橡胶、聚四氟乙烯、丁腈橡胶、氯丁橡胶、聚四氯乙烯等，以此来满足不同用户的需求。

隔膜泵结构如图 10-1-4 所示，不锈钢气动隔膜泵如图 10-1-5 所示，电动隔膜泵如图 10-1-6 所示。

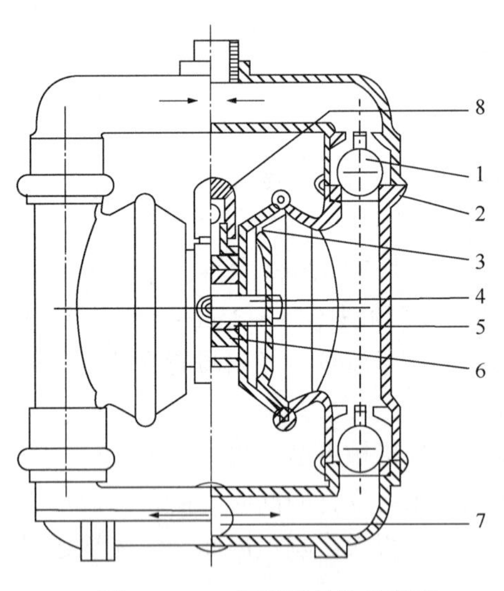

图 10-1-4　隔膜泵结构示意图

1—圆球；2—球座；3—隔膜；4—连杆；5—连杆铜套；6—中间支架；7—泵进口；8—排气口

气动隔膜泵主要由传动部分和隔膜缸头两大部分组成。传动部分是带动隔膜片来回鼓动的驱动机构，它的传动形式有机械传动、液压传动和气压传动等，其中应用较为广泛的是液压传动。隔膜泵的工作部分主要由曲柄连杆机构、柱塞、液缸、隔膜、泵体、吸入阀和排出阀等组成，其中由曲轴连杆、柱塞和液缸构成的驱动机构与往复柱塞泵十分相似。

隔膜泵工作时，曲柄连杆机构在电动机的驱动下，带动柱塞进行往复运动，柱塞的运动通过液缸内的工作液体(一般为油)而传到隔膜，使隔膜来回鼓动。

气动隔膜泵缸头部分主要由隔膜片将被输送的液体和工作液体分开。当隔膜片向传动机构一边运动时，泵缸内为负压而吸入液体；当隔膜片向另一边运动时，则排出液体。被输送的液体在泵缸内被膜片与工作液体隔开，只与泵缸、吸入阀、排出阀及膜片的泵内一侧接触，而不接触柱塞以及密封装置，这就使柱塞等重要零件完全在油介质中工作，处于良好的工作状态。

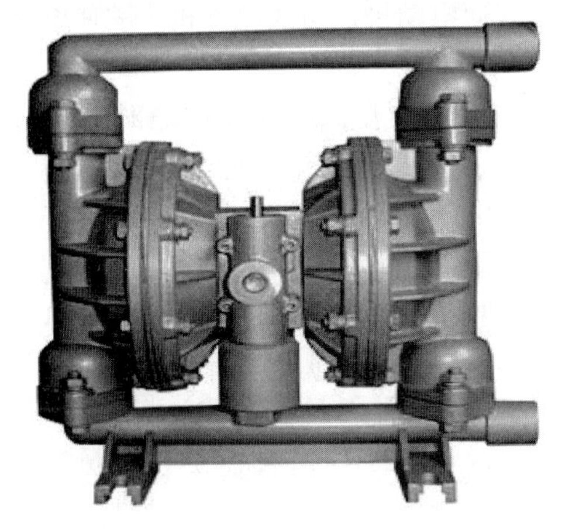

图 10-1-5 不锈钢气动隔膜泵

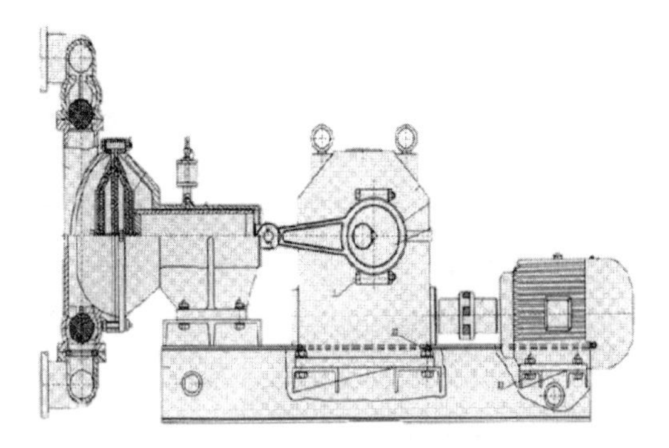

图 10-1-6 电动隔膜泵

隔膜片要有良好的柔韧性，还要有较好的耐腐蚀性能，通常用聚四氟乙烯、橡胶等材质制成。隔膜片两侧带有网孔的锅底状零件是为了防止膜片局部产生过大的变形而设置的，一般称为膜片限制器。气动隔膜泵的密封性能较好，能够较为容易地达到无泄漏运行，可用于输送酸、碱、盐等腐蚀性液体及高黏度液体。

在泵的两个对称工作腔中各装有一块隔膜，由中心连杆将其连接成一体。压缩空气从泵的进气口进入配气阀，通过配气机构将压缩空气引入其中一腔，推动腔内隔膜运动，而另一腔中气体排出。一旦到达行程终点，配气机构自动将压缩空气引入另一工作腔，推动隔膜朝相反方向运动，从而使两个隔膜连续同步地往复运动。在气动隔膜泵中压缩空气由泵的进气口进入配气阀，使膜片向右运动，则隔膜室的吸力使介质由入口流入，推动球阀进入隔膜室，球阀则因吸入而闭锁；室中的介质则被挤压，推开球阀由出口流出，同时使球阀自动闭锁，防止介质回流，就这样循环往复使介质不断从入口处吸入、从出口处排出。

气动隔膜泵的特点如下：

(1) 以压缩空气为动力，在排气时是一个膨胀吸热的过程，工作时温度降低，泵不会过热，且无有害气体排出。

(2) 不会产生电火花，气动隔膜泵不用电力为动力。

(3) 可以通过含颗粒液体，具有自吸的功能，可以空运行而不会有危险。

(4) 无须润滑，因此维修简便，不会由于滴漏而污染工作环境。

(5) 没有动密封，维修简便，避免了泄漏，工作时无死点。

(6) 隔膜泵体积小，易于移动，不需要地基，占地面积小，安装简便经济，可作为移动式物料输送泵。

电动隔膜泵的特点如下：

(1) 电动隔膜泵流通性能好，直径在 10mm 以下的颗粒、泥浆等均可以很容易地通过。

（2）电动隔膜泵不需要先灌引水，泵的吸力可以达到7m以上。

（3）电动隔膜泵品种多，泵体介质流经部分，可根据用户要求不同，分为铸铁、不锈钢、衬胶、铝合金等类型材质；泵的电动机可分为普通电动机、防爆电动机、减速电动机和电磁调速电动机。

（4）电动隔膜泵的隔膜将被输送介质和传动机械件分开，因此介质绝对不会向外泄漏；且由于电动隔膜泵本身无轴封，使用寿命大大延长；根据不同介质，隔膜可分为氯丁橡胶、氟橡胶、丁腈橡胶、聚四氟乙烯、特氟龙(F46)等，可以满足不同客户的要求。

电动隔膜泵的作用方式只是在选用气动执行机构时才会体现，其作用方式通过执行机构正反作用和阀门的正反作用组合形成。组合形式有4种，即正正(气关型)、正反(气开型)、反正(气开型)、反反(气关型)，通过这4种组合形成的隔膜泵作用方式有气开和气关两种。隔膜泵作用方式的选择主要从工艺生产安全，介质的特性，保证产品质量、经济损失最小3个方面考虑。

电动隔膜泵的流量特性是指介质流过阀门的相对流量与位移(阀门的相对开度)间的关系，常用的理想流量特性有直线、等百分比(对数)、快开三种。抛物线流量特性介于直线和等百分比之间，一般可用等百分比特性来代替，而快开特性主要用于二位调节及程序控制，因此隔膜泵特性的选择实际上是直线和等百分比流量特性的选择。

电动隔膜泵流量特性的选择可以通过理论计算，但所用的方法和方程都很复杂。目前多采用经验准则，具体从以下几方面考虑：

（1）从调节系统的调节质量分析并选择；

（2）从工艺配管情况考虑；

（3）从负荷变化情况分析。

选择好隔膜泵的流量特性，就可以根据其流量特性确定阀门阀芯的形状和结构，但对于隔膜阀、蝶阀等，由于它们的结构特点，不可能用改变阀芯的曲面形状来达到所需要的流量特性，这时，可通过改变所配阀门定位器的反馈凸轮外形来实现。

隔膜泵可用于各种剧毒、易燃、易挥发液体以及各种强酸、强碱、强腐蚀液体的输送，对于各种高温液体，其最高可耐150℃。由于隔膜泵具有无泄漏、全密封、耐腐蚀的特点，被广泛应用于制药、化工、石油、环保、电镀、水处理、国防等领域。

二、物料输送设备的操作条件

1. 带式输送机的操作条件

1）工作条件和环境、状况

工作条件：每天运转的时间、工作频率、带式输送机的服务年限、给料以及卸料的方法。

工作环境、状况：环境温度、露天或室内、环保要求、移动或固定、伸缩要求。

2）输送线路和输送带的问题

输送线路：倾角、最大长度、提升高度；直线段、曲线段的尺寸；连接尺寸等。

输送带：最大的垂度要求、模拟摩擦阻力系数、摩擦系数、安全系数。

3）物料的性质和输送量

物料的性质：松散密度、安息角、物料的粒度、最大块度情况；物料的湿度、磨损性、黏结性和摩擦系数。

输送量：料流均匀时能够直接达到的输送量；料流不均匀时可以考虑给出料流量的基本统计数据。

2. 气力输送设备的操作条件

1）气力输送系统的安装注意事项

气力输送系统的安装注意事项如下：

（1）一般情况下，料封泵装在料仓库底比较合适，落料顺畅。如果不放在库底，置于旁边也可以，但落料管斜角需不小于45°。如果装在电除尘落灰斗下部，可以一斗一泵，也可两斗两斜管一泵；特殊情况也可四斗四斜管插入一台料封泵，但所有落灰斜管的斜度均应不小于45°。

（2）料封泵一般置于坚硬的水平地面上即可，无须打基础安装地脚螺栓，当风管、出料管连接好以后，即可投运。但要求进风管与泵管连接时应安装一个挠性节头。

（3）料封泵的总高（包括料封泵灰斗）一般为3.5～4.5m，根据现场实际情况可适当变动。

（4）料封泵放置出口方向，可根据现场情况而定，一般朝向灰库所在位置的方向为宜，或根据管路的走向而定。

（5）库顶收尘器的气体散放量应大于料封泵送料带风总量。勿使库内出现正压情况，以免影响输灰系统工作。

（6）要求气源、料封泵、输灰管全系统密封良好，漏风率小于0.2%。

2）气力输送系统的启动注意事项

气力输送系统的启动注意事项如下：

（1）灰库顶除尘器启动，注意除尘器引风机是否正常运转、布袋反吹压力是否正常、各反吹电磁阀是否按照规定的顺序间隔动作。

（2）动力风机启动，注意观察电动机电流值和风机出口压力值是否正常，如发现压力快速升高或电流值增大，可能是两个进气阀未按要求打开或开启不到位，此时应立即停机检查，将其阀门开启到位。

（3）连续泵锁气器启动，注意运转是否平稳，有无卡涩现象。

（4）落灰管道，注意是否下料正常，一般可用敲击听音和手试温度的方法检测。

3）气力输送系统的紧急停车注意事项

气力输送系统的紧急停车注意事项如下：

（1）动力风机压力表值、电流值超过额定值迅速上升且不降低时，可判定为堵管，应紧急停止连续泵的锁气器运行，视情况停止动力风机。

（2）巡查发现除尘器严重鼓胀或严重外泄，应停止连续泵上的锁气器，延时10～20s停止动力风机。

（3）发现落灰管堵死不下灰，一般采取敲击振落的方法予以疏通，不必停止输送系统运行。

(4)连续泵锁气器卡涩或卡死时，应迅速停止该系统，并相应停止其上游各系统。

3. 隔膜泵的操作条件

使用气动隔膜泵操作运行时要注意以下几点：

(1) 保证流体中所含的最大颗粒不超过泵的最大安全通过颗粒直径标准。

(2) 进气压力不要超过泵的最高允许使用压力，高于额定压力的压缩空气可能导致人身伤害和财产的损失及损坏泵的性能。

(3) 保证泵压的管道系统能承受所达到的最高输出压力，保证驱动气路系统的清洁和正常工作条件。

(4) 静电火花可能引起爆炸导致人身伤亡事故和财产的损失，根据需要使用足够大截面积的导线，把泵上的接地螺钉妥善可靠接地。

(5) 接地要求符合当地法律法规要求及现场的一些特殊要求的规定。

(6) 紧固好泵及各连接管接头，防止因振动撞击摩擦产生静电火花。使用抗静电软管。

(7) 要周期性地检查和测试接地系统的可靠性，要求接地电阻小于 100Ω。

(8) 保持良好的排气和通风、远离易燃易爆物质和热源。

隔膜泵常见故障的产生原因及处理方法如下：

(1) 隔膜泵流量不足故障原因及处理方法。

① 进排料阀泄漏：检修或更换进料阀。

② 膜片损坏：更换膜片。

③ 转速太慢、调节失灵：检修控制装置、调整转速。

(2) 隔膜泵压力不足或升高故障原因及处理方法。

① 气动隔膜泵压力调节阀调节不当：调节压力阀至所需压力。

② 压力调节阀失灵：检修压力调节阀。

③ 压力表失灵：检修或更换压力表。

(3) 隔膜泵压力下降故障原因及处理方法。

① 补油阀补油不足：修补油阀。

② 进料不足或进料阀泄漏：检修进料情况及进料阀。

③ 柱塞密封漏油：检修密封部分。

④ 贮油箱油面太低：加注新油。

⑤ 泵体泄漏或膜片损坏：检查更换密封垫或膜片。

(4) 隔膜泵漏油故障原因及处理方法。

密封垫、密封圈损坏或过松：调整或更换密封垫、密封圈。

第二节　物料反应过程典型设备

精细化工中的反应过程是指实现化学转化的过程，其中除了化学反应，还包含多种物理现象，如动量传递、热量传递和质量传递等。进行反应过程最主要的目的是将原料转化为产品，工业反应过程常用的分类方法是由于不同相态的反应物系往往具有不同的动力学特征和传递特征，在化学反应工程中常按照相态将反应过程进行分类。

本节介绍了气液反应设备、离子交换反应设备、加氢反应过程设备、蒸发和结晶设备等几种物料反应过程典型设备。

一、气液反应设备

精细化工中最常用到的气液分离设备就是填料塔。填料塔的应用始于 19 世纪中叶，起初在空塔中填充碎石、砖块和焦炭等块状物，以增强气液两相间的传质。1914 年德国人 F. 拉西首先采用高度与直径相等的陶瓷环填料(现称拉西环)推动了填料塔的发展。此后，多种新填料相继出现，填料塔的性能不断得到改善。近 30 年来，填料塔的研究及其应用取得巨大进展，不仅开发了数十种新型高效填料，还较好地解决了设备放大问题。

1. 填料塔的结构

填料塔是连续式气液传质设备。这种塔由塔体与裙座体，液体分布装置，填料，再分布器，填料支承以及气液的进、出口等部件组成。

填料塔操作时，气体由塔底进入塔体，穿过填料支承沿填料的孔隙上升；液体入塔后经由液体分布器均匀分布在填料塔层上，而后自上而下穿过填料压圈，进入填料层，在填料表面上与自下而上流动的气体进行气液接触，并在填料表面形成若干混合池，从而进行质量、热量和动量的传递，以实现液相轻、重组分分离的目的。

2. 填料塔的组成

填料塔由塔体、喷淋装置、填料、再分布器、栅板以及气液的进、出口等部件组成。

1) 喷淋装置

液体喷淋装置设计得不合理，将导致液体分布不良，减少填料的润湿面积，增加沟流现象，直接影响填料塔的处理能力和分离效率。液体喷淋装置的结构设计要求如下：能使整个塔截面的填料表面很好润湿，结构简单，制造维修方便。

喷淋装置的类型很多，常用的有喷洒型、溢流型、冲击型等。

2) 填料

填料分为散装填料和规整形填料。散装填料有拉西环矩鞍填料和鲍尔环两类；规整形填料有波纹填料和非波纹形填料两类。填料是填料塔气液接触的元件，正确地选择填料对塔的经济效果有重要影响。填料塔工业化应用以来，填料的结构形式有了很大的改进，到目前为止，各种形式和各种规格的填料已有几百种。填料改进的方向为增加其通过能力以适应工业生产的需要；改善流体的分布与接触，以提高分离效率。

对填料的基本要求如下：传质效率高，要求填料能提供大的接触面，即要求填料具有大的比表面积和表面易于被液体润湿的特点。只有润湿的表面才是气液接触表面。生产能力大，气体压力降低。因此，要求填料层的空隙率大、不易引起偏流和沟流，填料经久耐用，具有良好的耐腐蚀性、较高的机械强度和必要的耐热性，取材容易、价格便宜。

在填料塔内设有一定段数和一定高度的填料层，液体沿填料表面呈膜状态向下流动，作为连续相的气体自下而上流动，与液体形成内流。

填料种类的选择要考虑分离工艺的要求，通常考虑以下几个方面：

(1) 传质效率要高，规整填料的传质效率高于散装填料。

(2) 在保证具有较高传质效率的前提下通量要大，应选择具有较高泛点气速或气相动能因子的填料。

(3) 填料层的压降要低。

(4) 填料抗污堵性能强，拆装、检修方便。

填料规格是指填料的公称尺寸或比表面积。工业塔常用的散装填料主要有 DN16mm、DN25mm、DN38mm、DN50mm、DN76mm 等几种规格。同类填料，尺寸越小，分离效率越高，但阻力增加，通量减少，填料费用也增加很多。而大尺寸的填料应用于小直径塔中，又会产生液体分布不良及严重的壁流，使塔的分离效率降低。因此，一般规定塔径与填料公称直径的比值大于 8。

工业上常用规整填料的型号和规格的表示方法很多，国内习惯用比表面积表示，主要有 $125m^2/m^3$、$150m^2/m^3$、$250m^2/m^3$、$350m^2/m^3$、$500m^2/m^3$、$700m^2/m^3$ 等几种规格。同种类型的规整填料，其比表面积越大，传质效率越高，但阻力增加，通量减少，填料费用也明显增加。选用时应从分离要求、通量要求、场地条件、物料性质及设备投资、操作费用等方面综合考虑，使所选填料既能满足技术要求，又具有经济合理性。应予指出，一座填料塔可以选用同种类型、同一规格的填料，也可选用同种类型、不同规格的填料，也可以选用不同类型的填料；有的塔段可选用规整填料，而有的塔段可选用散装填料。设计时应灵活掌握，根据技术经济统一的原则来选择填料的规格。

填料的材质分为陶瓷、金属和塑料 3 类，具体如下：

(1) 陶瓷填料具有很好的耐腐蚀性及耐热性。陶瓷填料价格便宜，具有很好的表面润湿性能；质脆、易碎是其最大缺点。在气体吸收、气体洗涤、液体萃取等过程中应用较为普遍。

(2)金属填料可用多种材质制成，选择时主要考虑腐蚀问题。碳钢填料造价低，且具有良好的表面润湿性能，对于无腐蚀或低腐蚀性物系应优先考虑使用；不锈钢填料耐腐蚀性强，一般能耐除 Cl^-以外常见物系的腐蚀，但其造价较高，且表面润湿性能较差，在某些特殊场合(如极低喷淋密度下的减压蒸馏过程)需对其表面进行处理，才能取得良好的使用效果；钛材、特种合金钢等材质制成的填料造价很高，一般只在某些腐蚀性极强的物系下使用。一般来说，金属填料可制成薄壁结构，其通量大、气体阻力小，且具有很高的抗冲击性能，能在高温、高压、高冲击强度下使用，应用范围最为广泛。

(3) 塑料填料的材质主要包括聚丙烯(PP)、聚乙烯(PE)及聚氯乙烯(PVC)等，国内一般多采用聚丙烯材质。塑料填料的耐腐蚀性能较好，可耐一般的无机酸、碱和有机溶剂的腐蚀；其耐温性良好，可长期在 100℃以下使用；塑料填料质轻、价廉，具有良好的韧性，耐冲击、不易碎，可以制成薄壁结构；它的通量大、压降低，多用于吸收、解吸、萃取、除尘等装置中。塑料填料的缺点是表面润湿性能差，但可通过适当的表面处理来进行改善。

3)液体再分布器

当液体流经填料层时，液体有流向器壁造成“壁流”的倾向，使液体分布不均，降低了填料塔的效率，严重时可使塔中心的填料不能润湿而成“干锥”。因此，在结构上宜采取措施，使液体流经一段距离后再行分布，以便在整个高度内的填料都得到均匀喷淋。

液体再分布器的分类如下：

（1）按分布器流体动力分为重力型液体分布器（孔型、堰型、压力型液体分布器，喷淋式、多孔管式液体分布器）。

（2）按分布器的形状分为管式、双层排管 、槽式、盘式、冲击式、喷嘴式、宝塔式、莲蓬式、组合式等。

（3）按液体离开分布器的形式分为孔流型、溢流型。

（4）按液体分布的次数分为单级、多级。

（5）按分布器组合方式分为管槽式、孔槽式、槽盘式。

液体在填料塔内的不良分布分为大规模不良分布和小规模不良分布。小规模不良分布由填料层内液体沟流引起，大规模不良分布由液体分布器引起，会使整个塔的效率严重下降。试验表明：填料效率越高，液体分布质量对填料性能影响越大。例如，当液体分布质量达到50%时，1m 填料理论板数等于 20 的填料，实际理论板数只有 11. 5 块；而1m 填料理论板数等于 8 的填料，实际理论板数只有 5. 5 块。

液体分布器的设计要求通常包括如下几个方面：

（1）液体分布均匀，并有一定的分布点密度，液体流量不均匀度应小于 10%；

（2）操作弹性大，对高弹性液体分布器弹性可达 10：1 以上；

（3）结构紧凑，在塔内占据空间小，气体流通面积大（不小于 25%）；

（4）功能全，如具备液体收集、分布及气体分布功能；

（5）可用于含固体杂质的液体以及有泡沫的物系；

（6）气体阻力小，操作压降低；

（7）液体浓度与温度混合性能好；

（8）防雾沫及升膜夹带；

（9）制造、安装方便，耐腐蚀；

（10）适用范围广，如蒸馏、吸收、萃取等过程的常压、加压、真空操作。

4）栅板

栅板是应用比较普遍的一种散堆填料支承件，其具有结构简单、自由截面积比较大、造价比梁形气体喷射式填料支承板低的优点。

栅板材料根据介质的腐蚀情况选材，一般推荐下列两种材料：碳素钢 Q235-A 和不锈钢 0Cr18Ni9。规整填料的支承板推荐采用格栅板，器材料可用碳素钢、不锈钢。碳素钢一般用 Q235-A；不锈钢品种和牌号视介质腐蚀情况而定。

栅板的设计通常遵守如下原则：

（1）栅板的自由截面（或空隙率）应小于填料的自由截面（或空隙率）。

（2）栅板的栅条板间距应为散堆填料环外径的 0. 6~0. 8 倍，以防止散堆填料漏掉。对于大塔径的填料支承栅板，其栅板间距可大于填料环外径，但在栅板表面必须先放一层填料环外径大于栅板条间距的散堆填料，然后再放小填料。

（3）根据填料塔径大小，栅板做成整块式和分块式。塔公称直径不大于 600mm 时，栅板为整块式；塔公称直径大于 600mm 时，栅板为分块式。分块式栅板的每块宽度应不大于 400mm，重量小于 600N，以便于从人孔中装入、取出。

5）气液的进、出口部件

气液的进、出口部件是指连接填料塔的各种管件、法兰和阀门等。

图 10-2-1 为填料塔内件整体布置图。

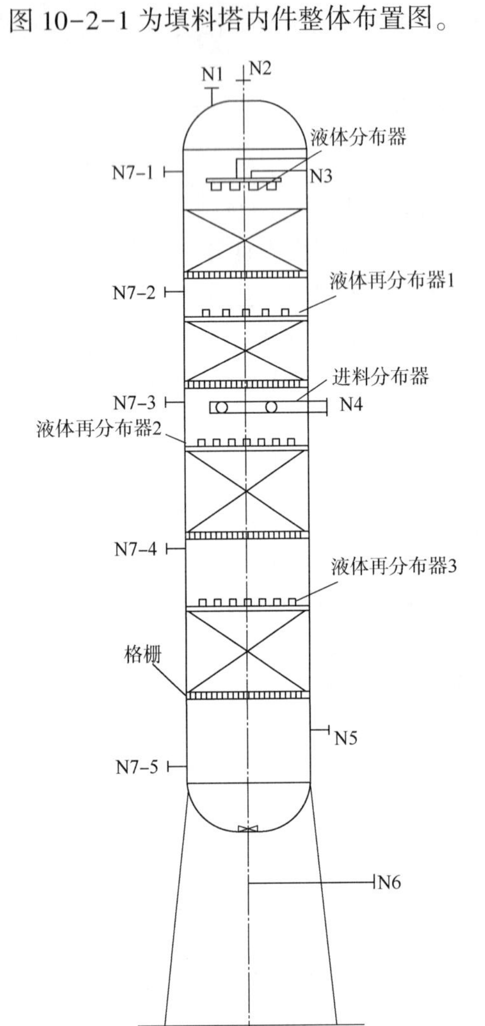

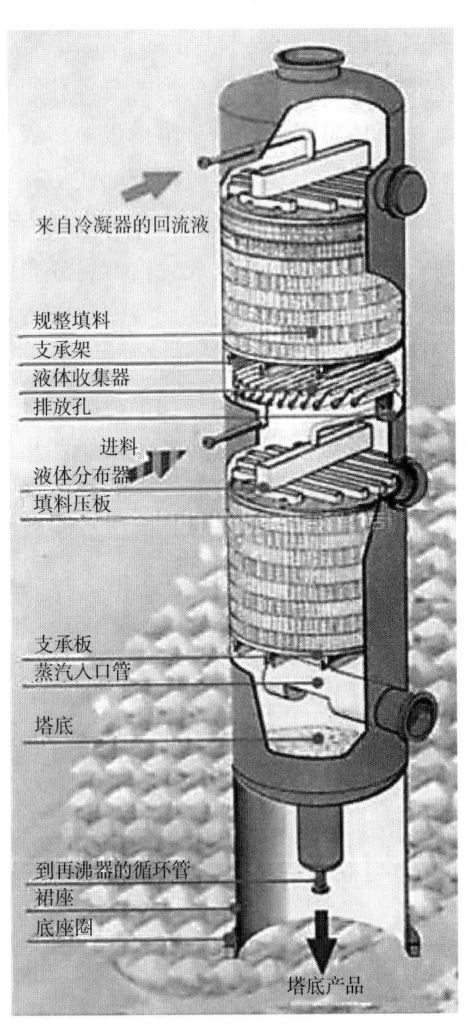

图 10-2-1　填料塔内件整体布置图

3. 填料塔的特点

填料塔的特点是结构简单，装置灵活，压降小，持液量小，生产能力大，分离效果好，耐腐蚀且易于处理易起气泡、易热敏、易结垢物料等，具体如下：

（1）生产能力大。

填料塔的传质是通过上升的蒸气和靠重力沿填料表面下降的液体逆流接触实现。若塔内件设计合理，填料塔的生产能力一般均高于板式塔。

（2）分离效率高。

塔的分离效率与被分离物系的性质、操作状态(压力、温度、流量等)以及塔的类型及性能有关。工业填料塔 1m 理论级最多可达 10 级以上，因而对于需要很多理论级数的分离操作，填料塔无疑是最佳的选择。

(3) 压降小。

填料由于空隙率较高，压降远远小于板式塔，一般情况下，板式塔压降高出填料塔5倍左右。压降的减小意味着操作压力的降低，在大多数分离物系中，操作压力下降会使相对挥发度上升，对分离十分有利。对于新塔，可以大幅度降低塔高，减小塔径；对于老塔，可以减小回流比以求节能或提高产量与产品质量。

(4) 操作弹性大。

操作弹性是指塔对负荷的适应性。塔正常操作负荷的变动范围越宽，则操作弹性越大。由于填料本身对负荷变化的适应性很大，操作弹性很大。

(5)持液量小。

持液量是指塔在正常操作时填料表面、内件或塔板上所持有的液量，它随操作负荷的变化而有增减。对于填料塔，持液量一般小于6%。

4. 填料塔的操作条件

填料塔的操作条件如下：

(1) 具有良好的操作稳定性是保证正常生产的先决条件。

(2) 具有较高的生产效率和良好的产品质量是设备设计制造核心。

(3) 结构简单，制造费用低。塔设备在能保证满足相应的工艺要求的前提下，尽量采用简单的结构，降低设备材料、加工制作和日常维护的费用。

(4) 塔设备的寿命、质量与运行安全。化工设备一般要求使用寿命在10年以上。在设计时，要综合考虑选用材料的成本、设备的运行安全、制造质量和一次性投资等之间的关系。

二、离子交换反应设备

离子交换设备是一种传统的、工艺成熟的脱盐处理设备，其原理是在一定条件下，依靠离子交换剂(树脂)所具有的某种离子和预处理水中同电性的离子相互交换而达到软化、除碱、除盐等功能。离子交换设备用于深度脱盐处理，产水电阻率动态可达到18MΩ·cm。

根据离子交换的操作方式不同，离子交换设备分为静态交换设备和动态交换设备两大类。

离子交换设备是通过离子交换树脂在电解质溶液中进行的，可去除水中的各种阴、阳离子，是制备高纯水工艺流程中不可替代的手段。离子交换器分为阳离子交换器、阴离子交换器等。当原水通过离子交换柱时，水中的阳离子和阴离子(HCO^-等离子)与交换柱中的阳树脂的H^+离子和阴树脂的OH^-离子进行交换，从而达到脱盐的目的。阳、阴混柱的不同组合可使水质达到更高的要求。

1. 离子交换罐(柱)

离子交换柱在实验室、工业中常被使用。按再生方式可分为体内再生混床、体外再生混床、阴树脂外移再生混床三种，在使用范围上可分为实验室用离子交换柱、工业用离子交换柱。

离子交换柱是指用来进行离子交换反应的柱状压力容器，是管柱法离子交换的交换设备。采用圆筒形交换柱，溶液从柱的一端通入，与柱内呈密实状态的固定离子交换树脂层或流动状态离子交换树脂床充分接触，进行离子交换。若交换后的溶液已达到预定要求，或离子交换树脂已呈“饱和状态”，就从生产线上切断柱交换，在同一柱中或其他柱内用解吸液解吸，离子交换树脂再生后用于下次交换。采用离子交换柱相当于将柱内离子交换树脂分多批次与溶液进行交换反应，交换后的溶液及时和离子交换树脂分离。流过离子交换树脂床的溶液成分随时间和床高度变化。此种方法效率高，广泛应用于生产。图 10-2-2 为离子交换柱示意图。

工业用离子交换柱除主体设备以外，还包括存放酸、碱及产品的贮槽，管道阀门，流量计，流速计及各种测定仪表等辅助设备。

离子交换柱的圆筒体的高是筒径的 2~3 倍，也有的达到 5 倍。树脂层高度约占筒高度的 50%~70%，须留有充分空间，以备反冲时树脂层的扩胀。

罐上部有溶液分布装置(使之在截面上均匀通过树脂层)，罐下部有多孔板、筛网及滤布以支持树脂层。

交换罐一般用钢板制成，内壁衬橡胶，小型交换罐由硬聚氯乙烯板或有机玻璃板制成，实验室用的交换柱一般用玻璃管制作。

附属管件用硬 PVC 管，阀门可用 PVC、不锈钢或橡皮隔膜阀门、玻璃转子流量计。

正吸附为料液从上而下流过交换树脂罐。

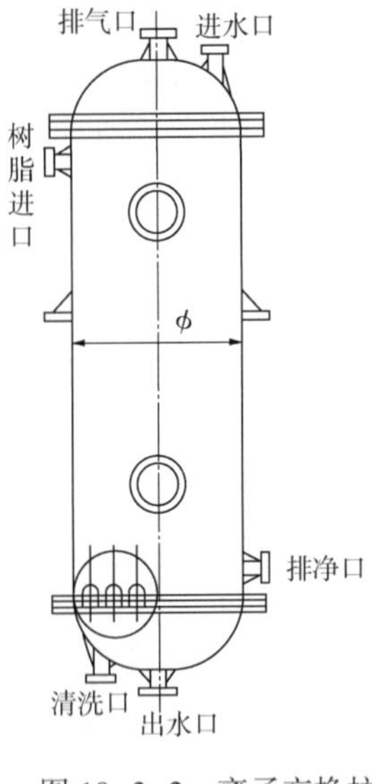

图 10-2-2　离子交换柱示意图

1）反吸附离子交换罐

反吸附为料液从下向上通过交换柱或罐。

从理论上讲，反吸附具有液固两相接触面大而且均匀，操作时不产生短路、死角，以及流速大和生产周期短等优点，因此解吸后所得的产品质量较高。但反吸附时交换树脂的饱和度不及正吸附高，因此正吸附时有可能达到多级平衡，而反吸附时最多是一级平衡。此外，罐内装的树脂层高度要比正吸附时低一些，以免树脂外溢。

为了避免或减少树脂外溢，反吸附离子交换罐上部扩口成锥形，从而使流体流速降低而减少对树脂的挟带。

2）混合床离子交换器

所谓混合床离子交换器，就是指把阴、阳离子交换树脂放置在同一个交换器中，在运行前将它们均匀混合，因此可将其看作由无数阴、阳交换树脂交错排列的多级式复合床，水中所含盐类的阴、阳离子通过交换器则被树脂交换，而得到高度纯水。在混合床中，由于阴、阳树脂是相互混匀的，因此其阴、阳离子交换反应几乎同时进行。或者说，水的阳离子交换和阴离子交换是多次交错进行的，经 H 型交换所产生的 H^+ 和经过 OH 型交换所产生的 OH^- 都不能积累起来，基本上消除反离子的影响，交换进行得比较彻底。由于阳树脂的密度比阴树脂大，因此在混合床内阴树脂在上、阳树脂在下。一般阴、阳树脂装填的比例为 2∶1，也有的装填比例为 1.5∶1，可按不同树脂酌情考虑选择。混合床也分为体内同步再生式混合床和体外再生式混合床。同步再生式混合床在运行及整个再生过程均在混合床内进行，再生时树脂不移出设备以外，且阳、阴树脂同时再生，因此所需附属设备少，操作简便。

混合床离子交换器包括以下几个部分：

（1）再生装置。

阴离子交换树脂再生碱液在高于阴离子交换树脂面 300mm 处母管进液（ϕ400mm、ϕ500mm、ϕ600mm 采用单母管进液，ϕ800mm、ϕ2500mm 采用双母管进液），管上小孔布液，管外采用塑料窗纱 60 目尼龙网布包覆。阳离子交换树脂再生酸液由底部排水装置的多孔板上排水帽进入。

（2）中排装置。

在阴、阳树脂的分界面上，中排装置用于再生排泄酸、碱还原液和冲洗，形式分为双母管式或支母管式，管子小孔外包覆塑料窗纱及 60 目尼龙网各一层。

（3）排水装置。

采用多孔板上装设 PB2-500 型叠片式排水帽，或宝塔式 ABS 型排水帽，多孔板材质按设备规格不同而异。ϕ400mm、ϕ500mm、ϕ600mm 采用硬聚氯乙烯多孔，ϕ800mm、ϕ2500mm 型采用钢衬胶多孔板。

（4）进水、出水管道内介质流速为 1.5m/s。

（5）树脂的反洗膨胀率：由于阴离子交换树脂的反洗膨胀率各不相同，结合实际运行的经验，采用反洗膨胀率为 100%，在阴、阳树脂分界面处，树脂表面层及最大反洗膨胀高度处各设视镜一个，用以观察树脂表面以及反洗树脂的情况。

（6）树脂的输送：树脂的输入和卸出均考虑采用水力输送，筒体上部设树脂输入口，在筒体下部近多孔板处设树脂卸出口。

2. 离子交换树脂

离子交换树脂是带有官能团（有交换离子的活性基团）、具有网状结构、不溶性的高分子化合物，通常是球形颗粒物。离子交换树脂的全称由分类名称、骨架（或基因）名称、基本名称组成。

孔隙结构分凝胶型和大孔型两种，凡具有物理孔结构的称大孔型树脂，在全称前加“大孔”。分类属酸性的应在名称前加“阳”；分类属碱性的，在名称前加“阴”。例如，大孔强酸性苯乙烯系阳离子交换树脂。

树脂对抗生素离子的交换容量常小于无机离子，这是因为抗生素离子较大，常常不能到达树脂所有活性中心。因此，离子交换设备的选型（大小）应该根据对小型试验结果进行放大的原则。设备的放大应遵循以下两个原则：

（1）根据单位树脂床体积中所通过溶液的体积流量相同的原则进行放大。只要了解大设备中的溶液体积流量是小设备的若干倍，就可明确大设备中湿树脂的体积，总操作时间等条件完全可与小设备相同。

（2）根据单位树脂床截面积上所通过溶液的体积流量相同的原则进行放大。此值为溶液通过树脂床的线速度。根据该原则放大时，要维持大设备与小设备的树脂床高度相同，仅直径加大，以保证两者线速度相同，实际上也保证两者接触时间相同。

树脂的牌号多数由各制造厂或所在国家自行规定。国外一些产品用字母 C 代表阳离子树脂（C 为 cation 的第一个字母），A 代表阴离子树脂（A 为 anion 的第一个字母）。我国规定离子交换树脂的型号由3位阿拉伯数字组成。第一位数字代表产品的分类：0代表强酸性；1代表弱酸性；2代表强碱性；3代表弱碱性；4代表螯合性；5代表两性；6代表氧化还原。第二位数字代表不同的骨架结构：0代表苯乙烯系；1代表丙烯酸系；2代表酚醛系；3代表环氧系等。第三位数字为顺序号，用以区别基体、交联基等的差异。此外，大孔型树脂在数字前加字母D。例如，D001是大孔强酸性苯乙烯系树脂。

3. 离子交换设备的操作条件

离子交换设备的操作条件如下：

（1）离子交换树脂含有一定水分，不宜露天存放，储运过程中应保持湿润，以免风干脱水，使树脂破碎。如果贮存过程中树脂脱水，应先用浓食盐水（10%）浸泡，再逐渐稀释，不得直接放入水中，以免树脂急剧膨胀而破碎。

（2）冬季储运使用中，应保持在5～40℃的温度环境中，避免过冷或过热影响质量。若冬季没有保温设备，可将树脂贮存在食盐水中，食盐水浓度可根据气温而定。

（3）离子交换树脂的工业产品中，常含有少量低聚合物和未参加反应的单体，还含有铁、铅、铜等无机杂质，当树脂与水、酸、碱或其他溶液接触时，上述物质就会转入溶液影响出水质量，因此新树脂在使用前必须进行预处理，一般先用水使树脂充分膨胀，然后对其中的无机杂质（主要是铁的化合物）可用4%～5%的稀盐酸除去，有机杂质可用2%～4%稀氢氧化钠溶液除去，洗到近中性即可。如在医药制备中使用，须用乙醇浸泡处理。

（4）树脂在使用中须防止与金属（如铁、铜等）油污、有机分子微生物、强氧化剂等接触，以免使离子交换能力降低，甚至失去功能。因此，须根据情况对树脂进行不定期的活化处理，活化方法可根据污染情况和条件而定，一般阳树脂在软化中易受铁的污染可用盐酸浸泡，然后逐步稀释；阴树脂易受有机物污染，可用10%NaCl+2%～5%NaOH混合溶液浸泡或淋洗，必要时可用1%双氧水溶液浸泡数分钟，其他也可采用酸碱交替处理法、漂白处理法、酒精处理及各种灭菌法等。

三、加压反应过程设备

反应釜/反应罐是综合反应容器，应根据反应条件对反应釜结构功能及配置附件进行设计。从进料、反应、出料均能够以较高的自动化程度完成预先设定好的反应步骤，对反应过程中的温度、压力、力学控制（搅拌、鼓风等）、反应物/产物浓度等重要参数进行严格的调控。反应釜一般由釜体、传动装置、搅拌装置、加热装置、冷却装置、密封装置组成，相应配套的辅助设备有分馏柱、冷凝器、分水器、收集罐、过滤器等。

搅拌装置在高径比较大时，可用多层搅拌桨叶，也可根据用户的要求任意选配。釜壁外设置夹套，或在器内设置换热面，也可通过外循环进行换热。支承座有支承式或耳式支座等。

反应釜为压力容器，按压力大小又分为低压（$0.1\text{MPa} \leq p < 1.6\text{MPa}$，代号L）、中压（$1.6\text{MPa} \leq p < 10\text{MPa}$，代号M）、高压（$10\text{MPa} \leq p < 100\text{MPa}$，代号H）、超高压（$p \geq 100\text{MPa}$，代号U）4类。

压力容器常用低合金结构钢板（如16MnR、15MnVR、18MnMoNbR等）来制作。

典型反应釜技术参数见表 10-2-1。

表 10-2-1 典型加压反应釜技术参数

开合方式	KF 快拧式
密封方式	O 形圈自紧密封
换热方式	电加热
加热功率	500~1500W①
设计温度	300℃
使用温度	50~250℃
控温精度	±1℃（无强放热、吸热情况下）
设计压力	15MPa
爆破压力	12. 5MPa
使用压力	≤10MPa②
标准材质	316L③
搅拌速度	150~1500r/min④
操作系统	YZ-MRCTR

① 不同容积，加热功率不同。

② 使用负压时应特殊说明，另装负压表和更换负压传感器。

③ 有哈氏合金、蒙乃尔合金、锆材、因科镍、钛材等特殊材质可订制。

④ 磁耦合搅拌速度为 150~1000r/min。

四、蒸发和结晶设备

蒸发和结晶是制药、化工工艺中一个常用操作单元，被普遍应用于结晶性药物的生产工序中。当前，企业的蒸发结晶设备普遍使用蒸发结晶机组碳钢、不锈钢等金属材料，其难以耐受含 Cl^- 溶液的腐蚀，目前工业材料中能耐受含 Cl^- 溶液腐蚀的只有金属钛，但金属钛的价格非常昂贵，在化工设备制造行业不能得到广泛的运用。

蒸发是指将含挥发性有机物质的稀溶液加热沸腾使部分溶剂汽化并使溶液得到浓缩的过程；结晶是指物质从液态(溶液和熔融体)或蒸气形成晶体的过程。

蒸发和结晶显著的区别如下：蒸发只移走部分溶剂使溶液浓度增大，溶质没有发生相态的变化，而结晶过程存在相态的变化。

蒸发和结晶设备主要由蒸发器、分离器、结晶器等部件构成，主要是进行溶液的蒸发处理，将溶液加热到沸腾使溶剂汽化，溶质浓度予以提高获得浓缩液，再通过结晶器获得结晶体。简单来说，就是利用蒸发的原理将物质以固体的晶体形态从蒸汽溶液或熔融物中析出。

1. 蒸发

根据对蒸汽的利用方法，蒸发操作流程可分为单效蒸发流程和多效蒸发流程。

1）单效蒸发流程

单效蒸发流程不再利用溶液蒸发时所产生的二次蒸汽，使用的设备简单、投资少，但热能利用率相对较低，比较适用于规模不太大的精细化工生产。对应的设备是单程型蒸发器(薄膜蒸发器)。

单程型蒸发器的主要特点如下：溶液在蒸发器中只通过加热室一次，不进行循环流动即成为浓缩液排出。溶液通过加热室时，在管壁上呈膜状流动，因此习惯上又称为薄膜式蒸发器。根据物料在蒸发器中流向的不同，单程型蒸发器又分以下几种：

（1）升膜式蒸发器。升膜式蒸发器的加热室由许多竖直长管组成，常用的加热管直径为25~50mm，管长和管径之比为100~150。料液经预热后由蒸发器底部引入，在加热管内受热沸腾并迅速汽化，生成的蒸汽在加热管内高速上升，一般常压操作时适宜的出口汽速为20~50m/s，减压操作时汽速可达100~160m/s。溶液则被上升的蒸汽所带动，沿管壁成膜状上升并继续蒸发，气液混合物在分离器内分离，完成液由分离器底部排出，二次蒸汽则在顶部导出。需要注意的是，如果从料液中蒸发的水量不多，就难以达到上述要求的汽速，即升膜式蒸发器不适用于较浓溶液的蒸发；其对黏度很大、易结晶或易结垢的物料也不适用。

（2）降膜式蒸发器。降膜式蒸发器同升膜式蒸发器的区别在于料液是从蒸发器的顶部加入，在重力作用下沿管壁成膜状下降，并在此过程中蒸发增浓，在其底部得到浓缩液。由于成膜机理不同于升膜式蒸发器，降膜式蒸发器可以蒸发浓度较高、黏度较大、热敏性的物料。但因液膜在管内分布不均匀，传热系数较升膜式蒸发器小，仍不适用易结晶或易结垢的物料。

(3)刮板式蒸发器。刮板式蒸发器外壳内带有加热蒸汽夹套，其内装有可旋转的叶片，即刮板。刮板有固定式和转子式两种，前者与壳体内壁的间隙为0.5~1.5mm，后者与器壁的间隙随转子的转数而变。料液由蒸发器上部沿切线方向加入(也有加至与刮板同轴的甩料盘上的)。由于重力、离心力和旋转刮板刮带作用，溶液在器内壁形成下旋的薄膜，并在此过程中被蒸发浓缩，完成液在底部排出。这种蒸发器是一种利用外加动力成膜的单程型蒸发器，其突出优点是对物料的适应性很强，且停留时间短，一般为数秒或几十秒，因此可适应于高黏度和易结晶、结垢、热敏性的物料。但其结构复杂，动力消耗大，$1m^2$传热面需1.5~3kW。此外，其处理量很小且制造安装要求高。

溶液在单程型蒸发器中呈膜状流动，对流传热系数提高，使得溶液能在加热室中一次通过不再循环就达到要求的浓度，因此较循环型蒸发器具有更大的优点。溶液不循环优点如下：(1)溶液在蒸发器中的停留时间很短，因而特别适用于热敏性物料的蒸发；(2)整个溶液的浓度，不像循环型那样总是接近于完成液的浓度，因而这种蒸发器的有效温差较大。其主要缺点如下：对进料负荷的波动相当敏感，当设计或操作不适当时，不易成膜，此时对流传热系数将明显下降。

2)多效蒸发流程

在蒸发生产中，二次蒸汽的产量较大且含大量的潜热，因此应将其回收加以利用。若将二次蒸汽通入另一蒸发器的加热室，只要后者的操作压强和溶液沸点低于原蒸发器中的操作压强和沸点，则通入的二次蒸汽仍能起到加热作用，这种操作方即为多效蒸发。

多效蒸发中的每一个蒸发器称为一效。凡通入加热蒸汽的蒸发器称为第一效，用第一效的二次蒸汽作为加热剂的蒸发器称为第二效，依此类推。采用多效蒸发器的目的是节省加热蒸汽的消耗量。常用的多效蒸发器为二效、三效、四效蒸发器。图 10-2-3 显示了三效蒸发器。

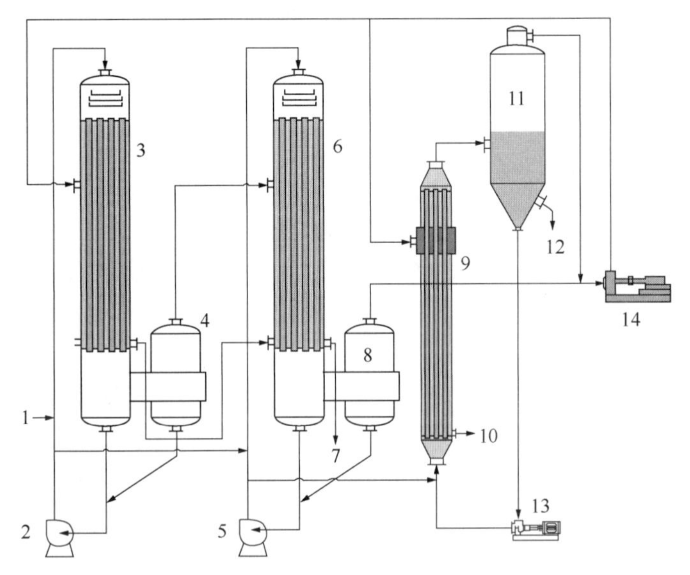

图 10-2-3　三效蒸发器流程示意图

1—进料；2，5，13—循环泵；3，6，9—加热器；4，11—蒸发室；
7，10—冷凝水；8—蒸发室；12—浓缩液；14—压缩机

理论上，1kg 加热蒸汽大约可蒸发 1kg 水。但由于有热损失，而且分离室中水的汽化潜热要比加热室中的冷凝潜热大，因此实际上蒸发 1kg 水所需要的加热蒸汽超过 1kg。根据经验，对于蒸汽经济性，单效为 0.91，双效为 1.76，三效为 2.5，四效为 3.33，五效为 3.71 等。可见随着效数的增加，蒸汽经济性的增长率逐渐下降。例如，由单效改为双效时，加热蒸汽大约可节省 50%；而四效改为五效时，加热蒸汽只节省 10%。但是，随着效数的增加，传热的温度差损失增大，使得蒸发器的生产强度大大下降，设备费用成倍增加。当效数增加到一定程度后，由于增加效数而节省的蒸汽费用与所增添的设备费相比较，可能会得不偿失。

通常多效蒸发以下 3 种操作流程：

(1) 并流加料三效蒸发的流程：溶液和二次蒸汽同向依次通过各效。这种流程的优点为料液可借相邻二效的压力差自动流入后一效，而不需用泵输送，同时由于前一效的沸点比后一效的高，因此当物料进入后一效时，会产生自蒸发，这可多蒸出一部分蒸汽。这种流程的操作也较简便，易于稳定。但其主要缺点是传热系数会下降，这是因为后序各效的浓度会逐渐增高，但沸点反而逐渐降低，导致溶液黏度逐渐增大。

(2) 逆流加料三效蒸发流程：溶液与二次蒸汽流动方向相反，需用泵将溶液送至压力较高的前一效。其优点是各效浓度和温度对溶液的黏度的影响大致相抵消，各效的传热条件大致相同，即传热系数大致相同。缺点是料液输送必须用泵，此外，进料也没有自蒸发。一般这种流程只有在溶液黏度随温度变化较大的场合才被采用。

(3) 平流加料三效蒸发流程：蒸汽的走向与并流相同，但原料液和完成液则分别从各效加入和排出。这种流程适用于处理易结晶物料，如食盐溶液等的蒸发。

2. 结晶

连续结晶器是指相较于传统单罐式间歇结晶的能够实现连续性结晶生产的装置。蒸发结晶也属于连续结晶范畴，但通常多指降温结晶或反应结晶设备，即能够实现连续进料、连续出料、连续过滤的结晶装置。常用的连续冷却结晶器有连续真空冷却结晶器和连续换热结晶器。

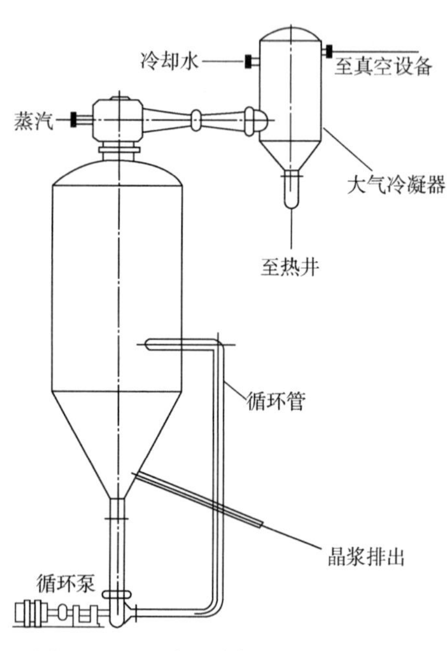

图 10-2-4　真空冷却结晶器流程示意图

1）连续真空冷却结晶器

溶液在负压条件下具有较低的沸点，溶液沸点随真空度的升高而降低。在负压条件下因溶液沸腾汽化带走大量热量从而获得低温溶液，溶质达到饱和后析出固体。图 10-2-4 为真空冷却结晶器流程示意图。

一个相对完整的真空连续结晶系统一般由真空结晶器、冷凝器、真空泵组成。高温、高浓度物料连续送入结晶器，在真空泵和冷凝器的作用下，结晶器内一直维持着负压，物料沸腾汽化带走热量，结晶器内温度相对恒定，晶体持续析出。

2）连续换热结晶器

连续换热结晶器由外置列管换热器、循环泵、结晶器组成。物料在循环泵的驱动下，在外置换热器和结晶器间进行大流量循环换热，系统热量被源源不断地移出，高温物料连续送入结晶器，因热量的持续移出，结晶器内物料温度可以维持在目标结晶温度并保持相对恒定。因物料持续送入，热量持续移出，晶体在结晶器内持续析出，从而可以连续地采出过滤。

3. 蒸发和结晶的操作条件

对于蒸发和结晶设备的操作，主要应该遵守以下原则：

(1) 首效蒸汽压强稳定：首效蒸汽压强稳定是指供一效加热室生蒸汽的压强要稳定，不能忽高忽低。首压波动大引起蒸发系统各效温度阶梯随之波动，易造成蒸发室大块盐裂缝，继而垮塌，造成堵管等。因此，首压稳定，各效温度阶梯也就基本稳定。

(2) 末效真空度稳定：末效气相间的真空度稳定，不能波动。真空度波动也会引起各效温度阶梯变化，真空度波动说明了真空系统的设备有穿孔漏气、冷却水量变化等故障，需立即查找和排除。

(3) 液面稳定：各效蒸发室液位稳定在相对的一个区间。液位波动过大时，沸腾区易结大块盐，由于有沸点升高现象存在，气相区和液相区温度不同。大块盐时露时没，温度变化引起裂缝脱落，造成危害。液位要求越稳定越好，但不可能把液面衡定在一个平面上，只能控制在一个相对的区间。液面的波动会涉及换热器管板上部有效静压差的变化，液面过低时，可能引起换热管内沸腾，造成换热管堵管；液面过高会导致蒸发室内有效气液分离空间高度降低，引起雾沫夹带而跑料。液面波动也有可能对循环泵造成不良影响。

应该通过自控装置严格控制液面稳定。

(4) 班产稳定：各生产班产量均衡稳定，不时高时低。这主要是防止工人追求产量而破坏生产的正常操作参数。

第三节　产品成型工艺典型设备

产品的成型即产品的制剂。制剂是指根据药典或其他药品标准，用原料药和辅料按照一定操作规程将其加工制成适合临床应用需要并符合一定质量标准的药剂。

一、喷雾干燥器

液体类原料生产成固体成品，最常用的方法是干燥。喷雾干燥器是一种主要用于干燥产品并分离回收的装置，适用于连续大规模生产，干燥速度快，主要适用于热敏性物料、生物制品和药物制品。

喷雾干燥器的流程如下：在干燥塔顶部导入热风，同时将料液送至塔顶部，通过雾化器喷成雾状液滴，这些液滴群的表面积很大，与高温热风接触后水分迅速蒸发，在极短的时间内便成为干燥产品，从干燥塔底排出。热风与液滴接触后温度显著降低，湿度增大，它作为废气由排风机抽出，废气中夹带的微粒用分离装置回收。

喷雾干燥器是干燥领域发展最快、应用范围最广的一种形式，适用于溶液、乳浊液和可泵送的悬浮液等，将液体原料生成粉状、颗粒状或块状固体产品。被干燥物料的干燥特性(热敏性、黏度、流动性等)和产品的颗粒大小、粒度分布、残留水分含量、堆积密度、颗粒形状等不同的质量要求决定了采用不同的雾化器、气流运动方式和干燥室的结构形式。

二、灌装和包装设备分类

灌装机一般适用于液体、膏体等产品，包装机一般适用于粉末、颗粒等产品。

1. 灌装机

液体灌装机按灌装原理可分为常压灌装机、压力灌装机、真空灌装机、自动定量液体灌装机。

1）常压灌装机

常压灌装机是在大气压力下靠液体自重进行灌装。这类灌装机又分为定时灌装和定容灌装两种，只适用于灌装低黏度不含气体的液体。

2）压力灌装机

压力灌装机是在高于大气压下进行灌装，也可分为两种：一种是贮液缸内的压力与瓶中的压力相等，靠液体自重流入瓶中而灌装，称为等压灌装；另一种是贮液缸内的压力高于瓶中的压力，液体靠压差流入瓶内，高速生产线多采用这种方法。压力灌装机适用于含气体的液体灌装。

3）真空灌装机

真空灌装机是在瓶中的压力低于大气压下进行灌装。这种灌装机结构简单，效率较高，对物料的黏度适应范围较广。

4)自动定量液体灌装机

全自动活塞式液体灌装机在原灌装机系列产品的基础上进行改良设计，并增加了部分附加定量计量功能，使产品在使用操作、精度误差、装机调整、设备清洗、维护保养等方面更加简单方便。

2. 包装机

包装机就是把产品包装起来的一类机器，起到保护、美观的作用。包装机主要分流水线式整体生产包装设备和产品外围包装设备。

包装机的种类繁多，分类方法很多。按机械种类，可分为液体包装机、粉剂包装机、颗粒包装机、贴体包装机、酱类包装机、电子组合秤包装机、枕式包装机；按包装作用，可分为内包装机、外包装机；按包装行业，可分为食品、日用化工、纺织品等包装机；按包装工位，可分为单工位包装机、多工位包装机；按自动化程度，可分为半自动包装机、全自动包装机等。

第四节　物料存储工艺典型设备

一、物料存储工艺设备的分类

精细化工中固体类物料通常存储在瓶、罐、桶或者袋中；液体类物料通常存储在瓶、罐、桶中；气体类物料通常加压存储在气瓶或者罐中。

由于储存介质的不同，储罐的形式也是多种多样的。按位置分类，可分为地上储罐、地下储罐、半地下储罐、海上储罐、海底储罐等；按储存物质分类，可分为原油储罐、燃油储罐、润滑油罐、食用油罐、消防水罐等；按用途分类，可分为原料罐、中间罐、成品罐等；按形式分类，可分为立式储罐、卧式储罐、球形储罐等；按结构分类，可分为桁架顶罐、无力矩顶罐、梁柱式顶罐、拱顶式罐、套顶罐和浮顶罐等；按大小分类，$50m^3$以上为大型储罐(多为立式储罐)，$50m^3$以下的为小型储罐(多为卧式储罐)。储罐工程所需材料分为罐体材料和附属设施材料。罐体材料可按抗拉屈服强度或抗拉标准强度分为低强钢和高强钢，高强钢多用于$5000m^3$以上储罐；附属设施(包括抗风圈梁、锁口、盘梯、护栏等)均采用强度较低的普通碳素结构钢，其余配件、附件则根据不同的用途采用其他材质，制造罐体常用的国产钢材有20、20R、16Mn、16MnR以及Q235系列等。

我国使用范围最广泛、制作安装技术最成熟的储罐是拱顶储罐、浮顶储罐和卧式储罐。

1. 拱顶储罐

拱顶储罐是指罐顶为球冠状、罐体为圆柱形的一种钢制容器。拱顶储罐制造简单、造价低廉，因此在国内外许多行业应用最为广泛，最常用的容积为$1000\sim10000m^3$，国内拱顶储罐的最大容积已经达到$30000m^3$。

拱顶储罐构成如下：

（1）罐底：罐底由钢板拼装而成，罐底中部的钢板为中幅板，周边的钢板为边缘板。边缘板可采用条形板，也可采用弓形板。一般情况下，储罐内径小于16.5m时，宜采用条形边缘板；储罐内径不小于16.5m时，宜采用弓形边缘板。

（2）罐壁：罐壁由多圈钢板组对焊接而成，分为套筒式和直线式。套筒式罐壁板环向焊缝采用搭接，纵向焊缝为对接。拱顶储罐多采用该形式，其优点是便于各圈壁板组对，采用倒装法施工比较安全。直线式罐壁板环向焊缝为对接，优点是罐壁整体自上而下直径相同，特别适用于内浮顶储罐，但组对安装要求较高，难度也较大。

（3）罐顶：罐顶有多块扇形板组对焊接而成球冠状，罐顶内侧采用扁钢制成加强筋，各个扇形板之间采用搭接焊缝，整个罐顶与罐壁板上部的角钢圈（或称锁口）焊接成一体。

2. 浮顶储罐

浮顶储罐是由漂浮在介质表面上的浮顶和立式圆柱形罐壁所构成。浮顶随罐内介质储量的增加或减少而升降，浮顶外缘与罐壁之间有环形密封装置，罐内介质始终被内浮顶直接覆盖，减少介质挥发。

浮顶储罐构成如下：

（1）罐底：浮顶储罐的容积一般都比较大，其底板均采用弓形边缘板。

（2）罐壁：采用直线式罐壁，对接焊缝宜打磨光滑，保证内表面平整。浮顶储罐上部为敞口，为增加壁板刚度，应根据所在地区的风载大小，罐壁顶部需设置抗风圈梁和加强圈。

（3）浮顶：分单盘式浮顶、双盘式浮顶和浮子式浮顶等。单盘式浮顶由若干个独立舱室组成环形浮船，其环形内侧为单盘顶板。单盘顶板底部设有多道环形钢圈加固。单盘式浮顶的优点是造价低、维修容易。双盘式浮顶由上盘板、下盘板和船舱边缘板所组成，由径向隔板和环向隔板隔成若干独立的环形舱，其优点是浮力大、排水效果好。

内浮顶储罐是在拱顶储罐内部增设浮顶而成，罐内增设浮顶可减少介质的挥发损耗，外部的拱顶又可以防止雨水、积雪及灰尘等进入罐内，保证罐内介质清洁。这种储罐主要用于储存轻质油（如汽油、航空煤油等）。内浮顶储罐采用直线式罐壁，壁板对接焊制，拱顶按拱顶储罐的要求制作。国内的内浮顶有两种结构：一种是与浮顶储罐相同的钢制浮顶；另一种是拼装成型的铝合金浮顶。

3. 卧式储罐

卧式储罐的容积一般都小于100m^3，通常用于生产环节或加油站。卧式储罐环向焊缝采用搭接，纵向焊缝采用对接。圈板交互排列，取单数，使端盖直径相同。卧式储罐的端盖分为平端盖和碟形端盖，平端盖卧式储罐可承受40kPa内压，碟形端盖卧式储罐可承受0.2MPa内压。地下卧式储罐必须设置加强环，加强还用角钢煨制而成。

二、储罐设备的操作条件

罐区的分组应充分满足全厂总工艺流程和全厂库总平面布置的规范要求。

储罐区一般应单独成区布置。但可与相关的油泵房布置在同一街区内，以便缩短储罐与泵房之间的管线长度，减少管线的摩擦阻力损失，有利于泵的抽吸，也有利于罐区的控制仪表电缆，就近引至控制室（操作人员值班室、罐区仪表控制室一般是与泵房组成一个建筑物)，对操作人员的巡回检查操作也比较方便。

冷冻或非冷冻液化石油气球罐应设置在通风性和排泄性良好的地区。

确定储罐区的基础面标高时，应充分满足与之相关的泵房内泵的净吸入头的要求。

球罐低点至地面的高度至少需 1.5m，才能保持球罐周围良好的通风性。对于底部出口的球罐，此高度必须和泵的净正吸入压头一起考虑再做决定。

原料罐区和中间原料罐区的位置，应尽量靠近与之相关的生产装置，且罐区设计地面标高应尽量高于或等于生产装置内的设计地面标高，以便使罐区至生产装置原料泵的入口管线尽量缩短，减少摩擦阻力损失，并保证装置的原料泵有足够的净吸入头，以免抽空，保证生产装置安全可靠地连续生产，尽可能地避免在生产装置外设置生产装置的原料泵。

成品罐区的位置应尽量靠近装油设施，如果是输油管线外运时，则成品罐区应尽量靠近外输管线的首站，以便及时满足成品外运的要求。

化学药剂储罐区宜靠近卸车设施布置，并应与化学药剂输转泵房布置在一个区域内。若化学药剂为汽车罐车运输进厂，则化学药剂储罐区、泵房、卸车可布置在一个区域内，如碱液、酸、氨等。

添加剂类罐区宜靠近使用添加剂的设施布置，如润滑油用添加剂等。

开工用油及污油罐区宜布置在可以处理污油的生产装置附近，如常压蒸馏装置和催化装置等，以便将回收的污油集中后及时处理再生。

石油化工企业和多数石油库及其他企业附属油库，均采用地上钢制储罐，它与地下、半地下钢罐比较，具有占地面积少、投资少、施工方便、操作及维修方便灵活等优点。地上储罐不能与半地下、地下储罐布置在同一组内。

有毒液体的储罐不能与无毒性液体储罐布置在同一组内。

腐蚀性较强液体的储罐不宜与其他液体储罐布置在同一组内。

单排布置的储罐，当平台单独布置时，宜中心线对齐；当平台联合布置时，宜切线布置。

沿管廊布置的储罐，如管廊上方无设备，可布置在管廊两侧；如管廊上方有设备，应布置在管廊一侧。

储罐宜在靠近管廊一侧布管，另一侧设置检修场地或通道。

同一罐区，储存黏度较大介质的储罐及蒸气压较高的介质储罐，应尽量地布置在罐区距相关泵房较近的一端，以尽量满足泵吸入条件的要求。

罐区中有重油扫线罐时，应将重油扫线罐布置在重油管线末端，以便能将重油管线吹扫干净；并使罐区保持整洁，方便罐区的操作和使用。

储罐的进、出油管直径较大或连接管线较多的储罐，尽可能地布置在罐区管线进、出口处，以缩短管线长度，减少投资。

罐区中两排储罐之间若有管线连接时，两排之间相对应的两个储罐的中心线可错开 0.5~1.0m 布置，以满足管线安装要求，且避免支管线与主管线出现十字形连接。

储罐基础顶面(中心)标高应该高于罐区内设计地面标高，其高度差不应小于 0.5m，且应同时满足罐前支管线安装尺寸的需要，还应满足与之相关的泵吸入高度的要求。液化烃储罐的罐底标高应根据与之相关的泵吸入高度的要求经计算确定。

一个罐组内的两排储罐之间往往是布置罐区管线带及与罐相接的支管线的地方。因此，两排储罐之间的净距，还应该同时满足管线带及支管线安装尺寸的要求。

罐区的污水排放管线及操作人员巡回检查道路，一般也是考虑布置在两排储罐之间，也应给予所需要的占地面积 。

对于储存有含酸碱物料的储罐，其周围应设有洗眼器及安全喷淋等防护设施。

储罐的放净口及泵入口附近的排污，应与地下管沟连通。

参 考 文 献

陈建俊，等，2008. 石油化工设备设计选用手册：石化设备用钢[M]. 北京：化学工业出版社.
陈伟，等，2008. 石油化工设备设计选用手册：机泵选用[M]. 北京：化学工业出版社.
丁伯民，曹文辉，等，2008. 石油化工设备设计选用手册：承压容器[M]. 北京：化学工业出版社.
董其伍，张垚，2008. 石油化工设备设计选用手册：换热器[M]. 北京：化学工业出版社.
冯连芳，王嘉骏，2008. 石油化工设备设计选用手册：反应器[M]. 北京：化学工业出版社.
高国光，武平丽，2015. 离子膜烧碱控制技术[M]. 北京：化学工业出版社.
黄嘉琥，等，2008. 石油化工设备设计选用手册：有色金属制容器[M]. 北京：化学工业出版社.
金国淼，等，2008. 石油化工设备设计选用手册：除尘器[M]. 北京：化学工业出版社.
金国淼，等，2008. 石油化工设备设计选用手册：干燥器[M]. 北京：化学工业出版社.
金国淼，2008. 石油化工设备设计选用手册：搪玻璃容器[M]. 北京：化学工业出版社.
李祥新，朱建民，2008. 精细化工工艺与设备[M]. 北京：高等教育出版社.
李志松，王少青，2020. 聚氯乙烯生产技术[M]. 北京：化学工业出版社.
李作尧，石贞芹，2017. 化工基础[M]. 北京：高等教育出版社.
刘国桢，2018. 现代氯碱技术[M]. 北京：化学工业出版社.
刘红波，郝宏强，2009. 精细化工设备[M]. 北京：科学出版社.
刘家明，赖周平，张迎恺，等，2013. 石油化工设备设计手册[M]. 北京：中国石化出版社.
刘相臣，张秉淑，2010. 石油和化工装备事故分析与预防[M]. 北京：化学工业出版社.
刘振河，2013. 化工生产技术 [M]. 2 版. 北京：高等教育出版社.
卢春喜，2014. 炼油过程及设备[M]. 北京：中国石化出版社.
罗世烈，2018. 化工机械基础[M]. 2 版. 北京：化学工业出版社.
马秉骞，2019. 化工设备使用与维护 [M]. 3 版. 北京：高等教育出版社.
马秉骞，2013. 炼油设备[M]. 北京：化学工业出版社.
潘传九，2018. 化工机械设备及维修基础[M]. 北京：化学工业出版社.
潘永亮，吉化，2014. 化工设备机械基础 [M]. 3 版. 北京：科学出版社.
濮存恬，1996. 精细化工过程及设备[M]. 北京：化学工业出版社.
邵泽波，宋树波，2012. 化工机械及设备[M]. 北京：化学工业出版社.
仝源，2017. 化工机械结构原理[M]. 北京：化学工业出版社.
王静，梁斌，2018. 无机化工专业实训[M]. 北京：化学工业出版社.
王世荣，耿佃国，张善民，2011. 无机化工生产操作技术[M]. 北京：化学工业出版社.
王志斌，高朝祥，2011. 化工设备基础[M]. 北京：高等教育出版社.
颜鑫，田伟军，张桃先，2010. 无机化工生产技术与操作[M]. 北京：化学工业出版社.
俞晓梅，袁孝竞，等，2008. 石油化工设备设计选用手册：塔器[M]. 北京：化学工业出版社.
张亚丹，刘吉祥，等，2008. 石油化工设备设计选用手册：储存容器[M]. 北京：化学工业出版社.
张艳君，王林，2013. 聚氯乙烯生产与操作[M]. 北京：化学工业出版社.
张永坚，2014. 医药化工生产设备选型[M]. 北京：化学工业出版社.
中国化工机械设备购销大全编委会，1993. 中国化工机械设备大全[M]. 成都：成都科技大学出版社.
中国石油和石化工程研究会，2009. 炼油设备工程师手册 [M]. 2 版. 北京：中国石化出版社.